"十二五"职业教育国家规划教材
经全国职业教育教材审定委员会审定

宝石学基础

（第二版）

主编 张 辉 陈雨帆 徐 钊 马智勇

地质出版社
·北京·

内 容 提 要

本教材在刘瑞等2007年主编的《宝石学基础》第一版的基础上修订而成。采用"项目导向+任务驱动"体系进行编写，共分为10个学习项目、28个学习任务。系统介绍了宝石的分类和命名、宝石的形成、宝石的结晶学特征、宝石的化学成分特征、宝石的物理特性、宝石包裹体等相关理论和知识，分别论述了钻石、天然宝石、天然玉石的基本宝石学性质与特征，宝石合成及优化处理的基本原理、工艺特点和常见人工宝石及优化处理宝石的宝石学性质，使"教中学、学中做"有机衔接起来。

全书概念简单明了，内容丰富，简明易懂，直观性强，可作为高职高专宝石类专业的教学用书，也可作为从事宝石鉴定检测的专业技术人员、宝石商贸从业者及宝石爱好者的参考用书。

图书在版编目（CIP）数据

宝石学基础 / 张辉等主编. —2版. —北京：地质出版社，2017.7（2022.6重印）

"十二五"职业教育国家规划教材

ISBN 978-7-116-10457-0

Ⅰ. ①宝… Ⅱ. ①张… Ⅲ. ①宝石－基本知识 Ⅳ. ①P578

中国版本图书馆CIP数据核字（2017）第174796号

BAOSHIXUE JICHU

责任编辑：	徐　洋
责任校对：	王素荣
出版发行：	地质出版社
社址邮编：	北京市海淀区学院路31号，100083
电　　话：	（010）66554646（邮购部）；（010）66554582（编辑室）
网　　址：	http://www.gph.com.cn
印　　刷：	河北京平诚乾印刷有限公司
开　　本：	787mm×1092mm 1/16
印　　张：	20.5
字　　数：	565千字
版　　次：	2017年7月北京第2版
印　　次：	2022年6月河北第2次印刷
审图号：	GS（2017）3668号
定　　价：	62.00元
书　　号：	ISBN 978-7-116-10457-0

（版权所有·侵权必究，如本书有印装问题，本社负责调换）

前　言

近年来，国内外珠宝首饰市场发展迅速，宝石学研究日趋全面深入，社会公众对宝玉石的认知程度不断提高，宝石学职业教育蓬勃发展。对高职高专宝石类专业人才的培养，应在突出实践技能训练的基础上，强化对必备基础知识和基本技能的掌握，同时要求学生具有适应行业和职业新进展的知识储备。

宝石学基础课程是为高职高专院校宝玉石鉴定与营销、宝玉石鉴定与加工技术、首饰设计与工艺等专业开设，是学生了解、认识宝石学基础知识的一门重要基础性课程，其内容涵盖上述专业人才从事珠宝首饰类岗位工作所必需的专业基础知识。本书第一版由地质出版社于2007年出版，目前已使用近10年。2010年，《珠宝玉石　名称》《珠宝玉石　鉴定》《钻石分级》三项推荐性国家标准进行了第二次修订，其目的是反映国内珠宝玉石市场及珠宝玉石分类命名、鉴定检测、品质分级与评价工作的最新进展，是符合实践工作要求的。高职高专珠宝类专业教育将紧扣国家相关技术标准和规范进行相应的教学内容调整，以国家标准为指导对前一版教材进行相应修订。

近年来的教学实践表明，本书第一版的编写体系、结构和主要内容仍然是合理的，具有一定的特色和优势。因此，本次修编是在第一版的基本体系和内容框架的基础上进行的，并在以下几个方面做了重要变动。

第一，为了反映宝石学的新进展，更好地体现《宝石学基础》教材的基础性、先进性和普适性，对大部分章节做了改写，部分内容与文字做了增加、删减和调整。如：删除了对常规宝石鉴定仪器、宝石加工的介绍，以避免与后续《宝玉石鉴定》等专业教材和相应课程的内容重复；着重对宝玉石基本性质和现象进行介绍和阐述，使其在专业教学内容衔接上有所侧重。

第二，在第一版基础上，将原教材的十二个章节修改为十个学习项目，通过28个学习任务的贯穿和实施，对原教材内容进行整合，突出了对于宝石类专业职业岗位需要具有重要意义的相关内容，如：宝石的分类和定名规则，宝石包裹体的观察和描述，宝玉石物理和化学特性的认识和理解等。

第三，为了直观形象地讲述宝玉石的各类基础知识和现象，便于学生学习与理解，本书借鉴了国外同类教材的表现手法，避免过多的文字叙述，针对大部分概念、现象和特征的描述均配有图片解释和说明。修订后新增插图、照片600余幅，为学生和使用者提供了直观、清晰、生动形象的知识获取途径。

第四，为了激发学生的学习兴趣，在教材体例上进行了一定的创新。在每个学习项目开始前，通过"想一想，议一议"模块启发学生思考，并辅以切合实际的引入案例或描述性文字，使学生的学习目的明确，增强学习的积极性和主动性。

本书由张辉主编。全书由张辉、陈雨帆、徐钊、马智勇共同完成。学习项目一、二、三、四、六、七、八由张辉编写，学习项目五由张辉、陈雨帆共同编写，学习项目九、十由张辉、徐钊、马智勇共同编写。全书由张辉进行统编和定稿。

本书参考和引用了第一版的部分内容，在此对第一版的编者谨表谢意。同时，在本书编写过程中，得到了云南国土资源职业学院珠宝玉石学院全体老师的支持和帮助，也得到了地质出版社的大力协作。为此，特向为本书出版付出辛勤劳动的同事和行业同仁表示衷心的感谢！

张　辉
2017年4月

第一版前言

在教育部高等学校高职高专资源勘查专业教学指导委员会的指导下，在地质出版社的组织协调下，紧密围绕培养宝石专业应用型人才这一中心任务，编写了《宝石学基础》教材。本着以应用为目的，以必需、够用为度，以讲清概念、强化实践为重点的原则，教材强调了宝石学内容的针对性和应用性；注重了内容与体系的衔接，以及方法和手段的应用；密切结合了国内外珠宝业对宝石专业学生的技能要求进行编写。

在编写过程中，编者认真总结了十几年来在宝石学教学以及在宝石鉴定、贸易和科研等中的经验与体会，深入分析了宝石学的发展态势，结合国际珠宝界在鉴定和研究中的最新资料，对宝石学的基础理论知识和鉴定方法进行了论述，力求使学生从中领会宝石学的基础理论和基础知识，掌握常规宝石鉴定仪器的工作原理与操作方法，提高学生的实际动手能力。本教材重点对常见宝玉石的化学成分、结晶学特征、宝石学性质与特征、宝石的产地与产状进行了介绍。

全书分为十二章。绪论部分根据国家珠宝玉石质量监督检验中心2003年制定的国家标准《珠宝玉石 名称》，阐述了珠宝玉石的分类和定名原则。宝石学基础部分分别介绍了结晶学、矿物学、宝石光学等相关基础理论和知识，常规宝石鉴定仪器的设计原理、结构和使用方法。宝石各论部分依次论述了钻石、彩色宝石、玉石和有机宝石的基础性质与特征、宝石合成、优化处理方法，以及宝石的产地与产状。教材简要论述了宝石的合成和优化处理方法，以及宝石加工技术，使学生全面掌握宝石学的基本知识和基本理论，为后续宝石的系统检测及质量综合评价奠定坚实的基础。

本书由刘瑞任主编，张金英任副主编。全书由张金英、秦宏宇、闻景龙、马智勇、李向东、于娜共同完成。具体分工如下：刘瑞执笔第一章和第三章；张金英执笔第二章、第四章、第五章和第十章；秦宏宇执笔第六章、第七章、第九章；马智勇执笔第八章和第十一章；闻景龙和李向东执笔第十二章；于娜执笔附录中的表格部分，并对结晶学、钻石和玉石章节部分的图件进行了清绘。全书由刘瑞进行统编和定稿。

教材编写过程中，参考和引用了部分本科教材和宝石学专著的内容。赵建刚老师对全书进行了系统全面的审阅，并提出了许多宝贵的建设性意见和建议，编者谨表谢意。最后，向为本书的出版付出辛勤汗水的全体同志表示衷心的感谢！

编 者
2007年12月

前　言

近年来，国内外珠宝首饰市场发展迅速，宝石学研究日趋全面深入，社会公众对宝玉石的认知程度不断提高，宝石学职业教育蓬勃发展。对高职高专宝石类专业人才的培养，应在突出实践技能训练的基础上，强化对必备基础知识和基本技能的掌握，同时要求学生具有适应行业和职业新进展的知识储备。

宝石学基础课程是为高职高专院校宝玉石鉴定与营销、宝玉石鉴定与加工技术、首饰设计与工艺等专业开设，是学生了解、认识宝石学基础知识的一门重要基础性课程，其内容涵盖上述专业人才从事珠宝首饰类岗位工作所必需的专业基础知识。本书第一版由地质出版社于2007年出版，目前已使用近10年。2010年，《珠宝玉石　名称》《珠宝玉石　鉴定》《钻石分级》三项推荐性国家标准进行了第二次修订，其目的是反映国内珠宝玉石市场及珠宝玉石分类命名、鉴定检测、品质分级与评价工作的最新进展，是符合实践工作要求的。高职高专珠宝类专业教育将紧扣国家相关技术标准和规范进行相应的教学内容调整，以国家标准为指导对前一版教材进行相应修订。

近年来的教学实践表明，本书第一版的编写体系、结构和主要内容仍然是合理的，具有一定的特色和优势。因此，本次修编是在第一版的基本体系和内容框架的基础上进行的，并在以下几个方面做了重要变动。

第一，为了反映宝石学的新进展，更好地体现《宝石学基础》教材的基础性、先进性和普适性，对大部分章节做了改写，部分内容与文字做了增加、删减和调整。如：删除了对常规宝石鉴定仪器、宝石加工的介绍，以避免与后续《宝玉石鉴定》等专业教材和相应课程的内容重复；着重对宝玉石基本性质和现象进行介绍和阐述，使其在专业教学内容衔接上有所侧重。

第二，在第一版基础上，将原教材的十二个章节修改为十个学习项目，通过28个学习任务的贯穿和实施，对原教材内容进行整合，突出了对于宝石类专业职业岗位需要具有重要意义的相关内容，如：宝石的分类和定名规则，宝石包裹体的观察和描述，宝玉石物理和化学特性的认识和理解等。

第三，为了直观形象地讲述宝玉石的各类基础知识和现象，便于学生学习与理解，本书借鉴了国外同类教材的表现手法，避免过多的文字叙述，针对大部分概念、现象和特征的描述均配有图片解释和说明。修订后新增插图、照片600余幅，为学生和使用者提供了直观、清晰、生动形象的知识获取途径。

第四，为了激发学生的学习兴趣，在教材体例上进行了一定的创新。在每个学习项目开始前，通过"想一想，议一议"模块启发学生思考，并辅以切合实际的引入案例或描述性文字，使学生的学习目的明确，增强学习的积极性和主动性。

本书由张辉主编。全书由张辉、陈雨帆、徐钊、马智勇共同完成。学习项目一、二、三、四、六、七、八由张辉编写，学习项目五由张辉、陈雨帆共同编写，学习项目九、十由张辉、徐钊、马智勇共同编写。全书由张辉进行统编和定稿。

本书参考和引用了第一版的部分内容，在此对第一版的编者谨表谢意。同时，在本书编写过程中，得到了云南国土资源职业学院珠宝玉石学院全体老师的支持和帮助，也得到了地质出版社的大力协作。为此，特向为本书出版付出辛勤劳动的同事和行业同仁表示衷心的感谢！

张　辉

2017年4月

第一版前言

在教育部高等学校高职高专资源勘查专业教学指导委员会的指导下，在地质出版社的组织协调下，紧密围绕培养宝石专业应用型人才这一中心任务，编写了《宝石学基础》教材。本着以应用为目的，以必需、够用为度，以讲清概念、强化实践为重点的原则，教材强调了宝石学内容的针对性和应用性；注重了内容与体系的衔接，以及方法和手段的应用；密切结合了国内外珠宝业对宝石专业学生的技能要求进行编写。

在编写过程中，编者认真总结了十几年来在宝石学教学以及在宝石鉴定、贸易和科研等中的经验与体会，深入分析了宝石学的发展态势，结合国际珠宝界在鉴定和研究中的最新资料，对宝石学的基础理论知识和鉴定方法进行了论述，力求使学生从中领会宝石学的基础理论和基础知识，掌握常规宝石鉴定仪器的工作原理与操作方法，提高学生的实际动手能力。本教材重点对常见宝玉石的化学成分、结晶学特征、宝石学性质与特征、宝石的产地与产状进行了介绍。

全书分为十二章。绪论部分根据国家珠宝玉石质量监督检验中心 2003 年制定的国家标准《珠宝玉石 名称》，阐述了珠宝玉石的分类和定名原则。宝石学基础部分分别介绍了结晶学、矿物学、宝石光学等相关基础理论和知识，常规宝石鉴定仪器的设计原理、结构和使用方法。宝石各论部分依次论述了钻石、彩色宝石、玉石和有机宝石的基础性质与特征、宝石合成、优化处理方法，以及宝石的产地与产状。教材简要论述了宝石的合成和优化处理方法，以及宝石加工技术，使学生全面掌握宝石学的基本知识和基本理论，为后续宝石的系统检测及质量综合评价奠定坚实的基础。

本书由刘瑞任主编，张金英任副主编。全书由张金英、秦宏宇、闻景龙、马智勇、李向东、于娜共同完成。具体分工如下：刘瑞执笔第一章和第三章；张金英执笔第二章、第四章、第五章和第十章；秦宏宇执笔第六章、第七章、第九章；马智勇执笔第八章和第十一章；闻景龙和李向东执笔第十二章；于娜执笔附录中的表格部分，并对结晶学、钻石和玉石章节部分的图件进行了清绘。全书由刘瑞进行统编和定稿。

教材编写过程中，参考和引用了部分本科教材和宝石学专著的内容。赵建刚老师对全书进行了系统全面的审阅，并提出了许多宝贵的建设性意见和建议，编者谨表谢意。最后，向为本书的出版付出辛勤汗水的全体同志表示衷心的感谢！

编　者

2007 年 12 月

目 录

前 言
第一版前言
学习项目一 宝石的分类和命名 ……………………………………………………（1）
　学习任务一　了解宝石分类的发展历史 ……………………………………………（2）
　　一、国际宝石分类 …………………………………………………………………（2）
　　二、我国宝石分类 …………………………………………………………………（3）
　学习任务二　认识国家标准中的宝石分类 …………………………………………（4）
　　一、国家标准的研制历程 …………………………………………………………（4）
　　二、国家标准中的宝石分类 ………………………………………………………（5）
　学习任务三　了解宝石命名的传统方法 ……………………………………………（6）
　学习任务四　认识国家标准中的宝石命名 …………………………………………（7）
　　一、命名总则 ………………………………………………………………………（7）
　　二、各类宝石具体命名原则 ………………………………………………………（7）
　　三、具特殊光学效应的宝石的命名 ………………………………………………（9）
　　四、优化处理宝石的命名 …………………………………………………………（9）
　　五、新版国家标准修订内容 ………………………………………………………（10）

学习项目二 认识宝石的形成 ………………………………………………………（11）
　学习任务一　认识宝石形成的地质作用 ……………………………………………（12）
　　一、内生成矿作用 …………………………………………………………………（13）
　　二、外生成矿作用 …………………………………………………………………（13）
　　三、变质成矿作用 …………………………………………………………………（13）
　学习任务二　认识宝石矿床的成矿特征 ……………………………………………（14）
　　一、内生宝石矿床成矿特征 ………………………………………………………（14）
　　二、外生宝石矿床成矿特征 ………………………………………………………（15）
　　三、变质作用宝石矿床成矿特征 …………………………………………………（16）
　学习任务三　了解宝石矿产的资源分布 ……………………………………………（17）
　　一、世界宝石资源分布情况 ………………………………………………………（17）
　　二、中国宝石资源分布情况 ………………………………………………………（18）
　学习任务四　认识重要宝石的典型矿床 ……………………………………………（19）
　　一、金刚石矿床 ……………………………………………………………………（20）
　　二、红宝石、蓝宝石矿床 …………………………………………………………（23）
　　三、翡翠矿床 ………………………………………………………………………（24）

学习项目三 认识宝石的结晶学特征 ………………………………………………（27）
　学习任务一　认识晶体和非晶质体 …………………………………………………（28）
　　一、晶体及其基本性质 ……………………………………………………………（28）

二、非晶质体 ………………………………………………………………………………（29）
　学习任务二　晶体对称操作及晶体分类 ……………………………………………………（29）
　　一、晶体的对称和对称要素 ………………………………………………………………（29）
　　二、晶体定向 ………………………………………………………………………………（31）
　　三、晶体的分类 ……………………………………………………………………………（32）
　学习任务三　认识宝石矿物形态及表面特征 ………………………………………………（34）
　　一、单形 ……………………………………………………………………………………（34）
　　二、聚形 ……………………………………………………………………………………（37）
　　三、晶体的规则连生 ………………………………………………………………………（37）
　　四、实际晶体形态 …………………………………………………………………………（39）

学习项目四　认识宝石的化学成分特征 …………………………………………………（43）
　学习任务一　认识宝石的化学组成及结构分类 ……………………………………………（44）
　　一、自然元素大类 …………………………………………………………………………（44）
　　二、硫化物及卤化物大类 …………………………………………………………………（44）
　　三、氧化物大类 ……………………………………………………………………………（44）
　　四、含氧盐大类 ……………………………………………………………………………（44）
　学习任务二　认识宝石的化学成分变化特征 ………………………………………………（46）
　　一、类质同象 ………………………………………………………………………………（46）
　　二、同质多象 ………………………………………………………………………………（48）
　　三、宝石矿物中的水 ………………………………………………………………………（49）

学习项目五　认识宝石的物理特性 …………………………………………………………（50）
　学习任务一　认识宝石的光学特性 …………………………………………………………（51）
　　一、光的本质 ………………………………………………………………………………（51）
　　二、自然光和偏振光 ………………………………………………………………………（52）
　　三、光的折射和全反射 ……………………………………………………………………（54）
　　四、光的干涉、衍射、散射和色散 ………………………………………………………（56）
　　五、颜色 ……………………………………………………………………………………（60）
　　六、多色性 …………………………………………………………………………………（63）
　　七、光泽 ……………………………………………………………………………………（64）
　　八、透明度 …………………………………………………………………………………（66）
　　九、特殊光学效应 …………………………………………………………………………（66）
　学习任务二　认识宝石的力学特性 …………………………………………………………（71）
　　一、硬度 ……………………………………………………………………………………（71）
　　二、韧性和脆性 ……………………………………………………………………………（73）
　　三、解理、裂理和断口 ……………………………………………………………………（73）
　　四、密度和相对密度 ………………………………………………………………………（76）
　学习任务三　认识宝石的其他物理特性 ……………………………………………………（76）
　　一、发光性 …………………………………………………………………………………（77）
　　二、电学和热学特性 ………………………………………………………………………（78）

学习项目六　认识宝石包裹体 ………………………………………………………………（81）
　学习任务一　认识宝石包裹体的概念及分类 ………………………………………………（82）
　　一、宝石包裹体的概念 ……………………………………………………………………（82）

二、宝石包裹体的分类 ……………………………………………………………… (83)

学习任务二　理解宝石包裹体的成因和研究意义 ……………………………… (89)
　　一、宝石包裹体的成因 ……………………………………………………………… (90)
　　二、宝石包裹体的研究意义 ………………………………………………………… (94)

学习任务三　掌握宝石包裹体的鉴别方法 ……………………………………… (96)
　　一、宝石包裹体的常规仪器鉴别 …………………………………………………… (96)
　　二、宝石包裹体的大型仪器鉴别 …………………………………………………… (101)

学习项目七　认识钻石 …………………………………………………………………… (104)

学习任务一　认识钻石的基本性质 ……………………………………………… (105)
　　一、矿物名称 ………………………………………………………………………… (105)
　　二、化学成分和分类 ………………………………………………………………… (105)
　　三、晶体结构和常见晶形 …………………………………………………………… (107)
　　四、光学性质 ………………………………………………………………………… (108)
　　五、力学性质 ………………………………………………………………………… (109)
　　六、内外部显微特征 ………………………………………………………………… (110)
　　七、热学性质 ………………………………………………………………………… (110)
　　八、电学性质 ………………………………………………………………………… (111)
　　九、亲油疏水性 ……………………………………………………………………… (111)
　　十、化学稳定性 ……………………………………………………………………… (111)

学习任务二　认识钻石的人工合成及优化处理 ………………………………… (111)
　　一、合成钻石 ………………………………………………………………………… (111)
　　二、优化处理钻石 …………………………………………………………………… (113)

学习任务三　钻石鉴定与钻石分级 ……………………………………………… (117)
　　一、天然钻石的鉴定 ………………………………………………………………… (118)
　　二、钻石与其仿制品的鉴定 ………………………………………………………… (124)
　　三、合成钻石及优化处理钻石的鉴定 ……………………………………………… (125)
　　四、钻石分级 ………………………………………………………………………… (129)

学习任务四　认识钻石成因及资源分布 ………………………………………… (142)
　　一、钻石的成因 ……………………………………………………………………… (142)
　　二、钻石的主要矿床类型 …………………………………………………………… (143)
　　三、钻石的资源分布 ………………………………………………………………… (144)

学习项目八　认识天然宝石 ……………………………………………………………… (148)

学习任务一　认识常见单晶宝石 ………………………………………………… (149)
　　一、红宝石和蓝宝石 ………………………………………………………………… (149)
　　二、绿柱石 …………………………………………………………………………… (153)
　　三、金绿宝石 ………………………………………………………………………… (156)
　　四、水晶 ……………………………………………………………………………… (159)
　　五、石榴子石 ………………………………………………………………………… (162)
　　六、尖晶石 …………………………………………………………………………… (170)
　　七、碧玺 ……………………………………………………………………………… (174)
　　八、托帕石（黄玉） ………………………………………………………………… (177)
　　九、橄榄石 …………………………………………………………………………… (179)

十、锆石 ··· (182)

　　十一、长石 ·· (185)

学习任务二　认识常见有机宝石 ·· (190)

　　一、珍珠 ··· (190)

　　二、琥珀 ··· (201)

　　三、珊瑚 ··· (205)

　　四、象牙 ··· (209)

　　五、煤精 ··· (211)

　　六、贝壳 ··· (212)

　　七、龟甲 ··· (213)

　　八、硅化木 ·· (215)

学习项目九　认识天然玉石 ··· (218)

　学习任务一　认识常见天然玉石 ·· (219)

　　一、翡翠 ··· (219)

　　二、软玉 ··· (229)

　　三、石英质玉石 ·· (235)

　　四、欧泊 ··· (240)

　　五、蛇纹石玉（岫玉） ··· (245)

　　六、独山玉 ·· (248)

　　七、绿松石 ·· (250)

　　八、青金石 ·· (255)

　　九、孔雀石 ·· (257)

　　十、萤石 ··· (260)

　　十一、天然玻璃 ·· (263)

　　十二、钠长石玉 ·· (265)

学习项目十　认识人工宝石和优化处理宝石 ·· (267)

　学习任务一　认识人工宝石 ·· (268)

　　一、合成宝石与人造宝石 ·· (268)

　　二、拼合宝石 ··· (277)

　　三、再造宝石 ··· (279)

　　四、仿宝石 ·· (280)

　学习任务二　认识优化处理宝石 ·· (283)

　　一、概述 ··· (283)

　　二、概念 ··· (283)

　　三、工艺要求与特点 ·· (284)

　　四、常见宝石的优化处理方法 ··· (284)

参考文献 ·· (288)

附　录 ··· (289)

学习项目一　宝石的分类和命名

　　大自然中，每一种宝石都有其特定的形成条件、化学成分和内部结构，这就决定了其特有的形态特征及物理化学性质。同时，某些宝石相互之间在成因、化学成分或内部结构上又有着某些相似之处，即具有共性。因此，宝石分类和命名的任务就是要用科学的方法揭示和表述这种共性和个性，把本质上相同、内在规律一致的一组宝石划归在一起，并使用恰当的名称表述，便于人们理解和记忆，利于宝石文化的广泛传播。因此，如何科学、合理地对宝石进行分类和命名是国际珠宝界共同关心的问题。同时，对众多宝石进行科学而正确的分类与命名是宝石学逐渐成熟的标志之一，也是提升宝石在广大消费者中的认知度、促进珠宝行业健康发展的前提条件。但由于宝石自身的特殊性，迄今为止，国际上还没有一个统一的分类和命名方案。本书中采用的宝石分类和命名方法，与我国珠宝玉石首饰行业的国家标准保持一致。

【想一想，议一议】

　　在宝石学研究与教育、珠宝行业商贸与营销中，对宝石进行正确分类和准确命名有何必要性和重要性？以自己掌握的知识为基础，你能列举出一些宝石的分类和命名方法吗？

【内容结构图】

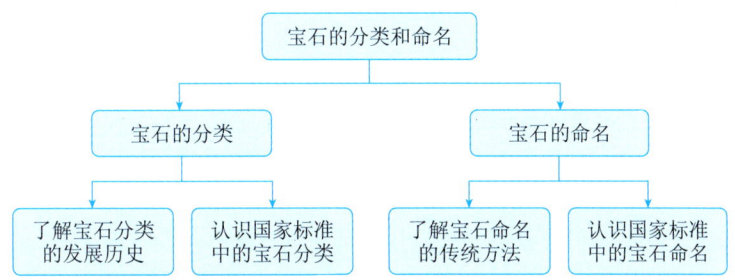

【内容提要】

　　在本学习项目中，通过对国内外宝石分类和命名方法的介绍，典型案例的剖析，使学生熟悉我国国家标准中的宝石分类与命名方案，掌握正确的宝石分类与命名方法，增强对错误现象的辨析能力。

【学习目标与要求】

　　◆　学习目标：系统学习我国国家标准中的宝石分类和命名方案，熟悉宝石分类和命名的基本原则，掌握正确方法。

　　◆　学习要求：了解宝石分类和命名的发展历史；理解《珠宝玉石　名称》等三项国家标准颁布、实施的必要性及紧迫性；熟悉我国国家标准中对宝石分类和命名的基本原则及实施细则；掌握正确的宝石分类和命名方法，能对珠宝市场中出现的错误分类和命名现象进行辨析和纠正。

【任务引入】

20世纪70年代以来，世界范围内掀起宝石热潮，广大消费者对宝石的认知度越来越高，越来越多的天然宝石及人工宝石进入市场。在珠宝行业持续升温的同时，宝石分类和命名的不规范与珠宝业健康发展之间的矛盾日益突出。由于没有统一的标准和规则约束，部分商家对宝石的分类和命名常常唯经济利益至上，其分类和命名与宝石的真实品质和价值严重背离，既违背了商业道德，又误导了消费者，损害了消费者的利益，有很长一段时间，"日内瓦红宝石""瑞士青金石""东方祖母绿""缅甸玉"等名称充斥市场。但是，应用宝石学专业知识简单辨析可知，"日内瓦红宝石"正确命名应为合成红宝石；"瑞士青金石"实为染色碧玉；"东方祖母绿"实为绿色蓝宝石；"缅甸玉"则所指范围太宽，根本无法指定具体的宝石品种。类似的情况见诸各种媒体报道，不一而足。宝石分类方案众多，命名规则混乱，一般消费者无从把握，导致宝石市场面临丧失消费者信任的危险。由此可见，采用统一的标准，规范宝石分类和命名，还原市场中宝石名称与其真实品质及价值之间的对应关系，势在必行。

学习任务一 了解宝石分类的发展历史

◆ 任务目标：了解宝石分类的发展历史，结合已掌握的矿物学、岩石学基础知识对历史上出现的宝石分类方法进行简单评述。

◆ 任务要求：梳理宝石分类发展的历史线索，结合自己的理解和分析，写一篇简单的评述报告。

【学习材料】

按照宝石的概念与其必备的条件，目前世界上能被用作宝石的矿物、矿物集合体和岩石有两百多种。由于这些宝石具有明显的商品特性，价格相差悬殊，并且存在有机与无机、矿物与岩石、单晶与集合体之分；再者，宝石和玉石的工艺性质各具特色，所以无论从单一宝石学，还是从矿物学观点，都难以提出一个统一的、全面的、被各方面公认的分类方案。因此，目前关于宝石分类的认识还存在较大分歧。从宝石学研究历史来看，以往的宝石分类方案主要分类依据是化学成分、结构和构造、宝石学性质、品级档次、商业价值、应用领域等，以往的一些分类方案都是按照其中的一个或几个方面来对宝石进行划分的。

一、国际宝石分类

国际上对宝石进行系统的分类始于20世纪初，一些具有代表性的分类方案见表1-1-1。

表1-1-1 国外具有代表性的宝石分类方案

分类者及年代	代表性著作	主要分类依据	划分的类别
日本 铃木敏（1916）	《宝石志》	档次	①正宝石；②正宝石少见者；③半宝石；④准宝石
日本 久米武夫（1927）	《通俗宝石学》	档次	①正宝石；②半宝石（著名者）；③半宝石（比较著名者）；④饰石（半透明到不透明，历史上著名者）；⑤饰石（半透明至不透明）

续表

分类者及年代	代表性著作	主要分类依据	划分的类别
日本 西冈薰佑（1932）	《宝石之话》	档次、成分	①宝石；②准宝石；③饰石；④金属矿物宝石；⑤有机质宝石
印度 戴施潘德（1978）	—	成分	①自然元素；②氧化物；③硫化物；④卤化物；⑤碳酸盐；⑥硅酸盐；⑦磷酸盐
美国 赫尔巴特ＣＳ（1979）	《宝石学》	档次、成分、来源	①主要宝石；②次要宝石；③其他宝石和饰石；④有机质宝石；⑤人造宝石
前苏联 基夫林柯ＥЯ	《宝石和玉石矿床普查与评价》	档次、结构	①宝石；②宝石-玉石；③玉石

在西方，尤其是英国、美国，在很长一个时期内，比较流行的是将宝石分为正宝石和半宝石两大类，以硬度作为分类依据，摩氏硬度大于8者为正宝石，小于8者则为半宝石。但由于许多宝石的价值并不主要取决于硬度，如欧泊硬度仅为6，但其价值却高于硬度为8的托帕石；此外，随着硬度低于8的宝石的大量发现，半宝石的概念逐渐被废弃。目前正宝石与半宝石的分类方案已不再使用。

二、我国宝石分类

我国对宝石分类的研究开展较晚，主要始于20世纪70年代末期，公开发表论著不多。各种分类方案的一个共性就是强调了玉石的概念及其在分类中的地位，比较一致地将矿物集合体组成的宝石称为"玉石"。我国主要的宝石分类方案见表1-1-2。

表1-1-2 中国部分具有代表性的宝石分类方案

分类者及年代	代表性著作	主要分类依据	划分的类别
栾秉璈（1978）	《宝石和彩石的分类和鉴别》	结构、成分	①宝石（符合工艺要求的单晶体）；②彩石（符合工艺要求的岩石，包括玉石）；③有机质宝石（动植物性工艺美术原料）
梁永铭（1979）	《宝石和玉石》	结构、用途	①宝石；②玉石；③石雕材料与装饰石
赵永魁（1980）	《玉石简介》	结构、用途	①宝石；②玉石；③彩石
栾秉璈（1985）	《宝石》	用途、成分、来源	①宝石；②玉石（彩石）；③砚石；④有机质宝石；⑤人造宝石和仿宝石
王福泉（1985）	《宝石通论》	结构	①宝石（珍贵宝石和普通宝石两个亚类）；②玉石（玉、玉石、彩石三个亚类）
周国平（1989）	《宝石学》	成分	按群、种、亚种分类
汤素仁（1990）	《非金属矿物原料特性与应用》	成分、档次	①宝石（珍贵宝石、高档宝石、普通宝石三个亚类）；②玉石（高档玉石、普通玉石、彩石三个亚类）
王顺金（1991）	《宝石与玉石》	结构	①广义宝石（包括宝石、有机质宝石、人造宝石）；②广义玉石（包括玉石、彩石、砚石、仿造石）
李娅莉（1992）	《宝石学基础教程》	成分、用途	①常见宝石；②不常见宝石；③有机宝石；④人造宝石；⑤仿造宝石

续表

分类者及年代	代表性著作	主要分类依据	划分的类别
吴惠群（1994）	《实用宝玉石学》	结构	①宝石（天然宝石、有机宝石和人造宝石三个亚类）；②玉石（玉石、印章石和砚石三个亚类）
宋焕斌（1997）	《宝石学导论》	结构、用途	①宝石类（包括天然无机宝石、天然有机宝石和人造宝石）；②玉石类［包括玉、玉石和人造玉（石）］；③彩石类（包括印章石、砚石和饰石）

从表1-1-2可以看出，我国历史上的宝石分类方案与国外方案相比，强调玉石的概念，一般习惯将宝石（广义）分为宝石（狭义）、玉石、彩石三大类。这里的宝石（狭义）专指矿物单晶体和晶体碎块，玉石专指矿物集合体（岩石），但是对彩石的定义分歧较大，应用上也比较混乱。为规范珠宝市场中宝石名称的使用，出台一个国家层面的、统一的、各方均能认可的宝石分类方案和标准显得尤为迫切。

学习任务二　认识国家标准中的宝石分类

◆　任务目标：熟悉我国国家标准中的宝石分类体系，理解国家标准中宝石分类的基本原则及相关规定。

◆　任务要求：对比1996年版、2003年版、2010年版《珠宝玉石　名称》（GB/T 16552）中对宝石分类的相关规定，找出不同点，并分析国家标准中对宝石分类规定进行相应修订的原因。

【学习材料】

一、国家标准的研制历程

20世纪90年代以来，中国的珠宝行业持续发展，广大消费者对宝石的认识不断加深，珠宝市场供销两旺。但快速发展带来的市场不规范性也日益突出。部分珠宝市场中宝石的不正确分类与不规范命名，以及宝石鉴定与检测机构尚无国家层面并得到各方认可的分类命名及鉴定检测标准可执行，严重影响了我国珠宝市场的健康发展。

1996年11月，由全国珠宝玉石标准化技术委员会提出并归口，由国家珠宝玉石质量监督检验中心负责起草的《珠宝玉石　名称》《珠宝玉石　鉴定》《钻石分级》三项珠宝玉石国家标准开始制定，1996年10月首次发布，并于1997年5月1日正式执行。经过几年的使用，2002年11月进行首次修订，并于2003年7月1日发布首次修订版本，于2003年11月1日实施；2010年9月26日三项国家标准二次修订版发布，于2011年2月1日实施。2010版三项国家标准为最新版本。

《珠宝玉石　名称》等三项国家标准的出台及实施，对中国的珠宝市场具有重大的意义。它结束了我国珠宝市场长期缺乏统一的宝石分类和命名、珠宝鉴定和检测标准的历史，以制度的形式规范了我国珠宝玉石的分类、命名及鉴定检测，保障了广大经营者及消费者的权益，对我国珠宝玉石首饰行业市场的兴旺起到了极大的推动作用。

《珠宝玉石　名称》等三项国家标准，在制定中参考了国际珠宝行业先进经验及同类标准，从规范我国珠宝市场，提高生产者、经营者水平和信誉，保护消费者权益的角度出发，保

证了我国珠宝行业走向正常、健康、规范的发展轨道，同时与国际接轨，使我国珠宝行业顺应世界的发展潮流。标准的出台将我国珠宝行业中各类名称统一起来，在我国范围内，诸如珠宝玉石鉴定、文物鉴定、商贸、海关、保险、典当、资产评估以及科研教学、文献出版等领域中，凡涉及珠宝玉石名称时，均应按照《珠宝玉石 名称》(GB/T 16552)中所规定的分类总则进行。

二、国家标准中的宝石分类

我国珠宝玉石首饰行业国家标准对宝石给出了明确的定义和分类，分类的主要原则如下：

◆ 宝石的成因类型，即以天然成因或人工制造为依据，将宝石分为两大类。然后再根据宝石的组成和性质进一步划分。

◆ 考虑国际的通用性、习惯性，尽量采用目前国际上普遍使用的、趋于统一的分类原则进行分类。

◆ 突出我国以玉石为特色的传统珠宝玉石品种。

我国现行的《珠宝玉石 名称》(GB/T 16552)将宝石分为：天然珠宝玉石（包括天然宝石、天然玉石、天然有机宝石）、人工宝石（包括合成宝石、人造宝石、拼合宝石、再造宝石）和仿宝石。

1. 天然珠宝玉石

由自然界产出，具有美观、耐久、稀少性，具有工艺价值，可加工成饰品的物质。按照组成和成因不同，又可分为天然宝石、天然玉石和天然有机宝石。

天然宝石 由自然界产出的，具有美观、耐久、稀少性，可加工成饰品的矿物的单晶体（可含双晶）。

天然玉石 由自然界产出的，具有美观、耐久、稀少性和工艺价值的矿物集合体，少数为非晶质体（如天然玻璃）。

天然有机宝石 由自然界生物生成，部分或全部由有机质组成，可用于首饰及饰品的材料，如象牙、玳瑁等。人工养殖珍珠（简称"珍珠"），由于其养殖过程和产品与天然珍珠的自然性及产品特征基本相同，所以被划归为天然有机宝石。

2. 人工宝石

完全或部分由人工生产或制造，用作首饰及饰品的材料（单纯的金属材料除外），分为合成宝石、人造宝石、拼合宝石和再造宝石。

合成宝石 完全或部分由人工制造且自然界有已知对应物的晶质体、非晶质体或集合体，其物理性质、化学成分和晶体结构与所对应的天然珠宝玉石基本相同。如合成红宝石和合成祖母绿等，与天然红宝石和祖母绿的化学成分、晶体结构相同，宝石学性质也基本一致。

人造宝石 由人工制造且自然界无已知对应物的晶质体、非晶质体或集合体，如人造钛酸锶、人造钇铝榴石、人造钆镓榴石等。

拼合宝石 由两块或两块以上材料经人工拼合而成，给人以整体印象的珠宝玉石。

再造宝石 通过人工手段将天然珠宝玉石的碎块或碎屑熔接或压结成具整体外观的珠宝玉石，如再造琥珀、再造绿松石等。

3. 仿宝石

用于模仿某一种天然珠宝玉石的颜色、特殊光学效应等外观特征的珠宝玉石或其他材料。如塑料仿珍珠、玻璃仿蓝宝石等。"仿宝石"不代表珠宝玉石的具体类别。

学习任务三　了解宝石命名的传统方法

◆ 任务目标：了解国内外宝石学发展历史中的一些传统命名方法，能够结合已掌握的宝石分类知识对历史上出现的宝石命名方法进行分析和评述。

◆ 任务要求：梳理宝石命名发展的线索，搜集相关资料，开展小组讨论，列举宝石命名传统方法中的一些不合理现象，结合自己的理解和分析，以小组为单位提交分析评述报告。

【学习材料】

人类对宝石的使用历史悠久。早期人们仅对宝石矿物开展外观形态及物理性质上的初步研究，还未探知宝石矿物的内部结构，对不同宝石之间在化学成分、原子组成、晶体结构上的差异还未充分认识，故对不同宝石的命名往往凭经验或直观感觉。之后，考虑到大多数天然宝石都是矿物或岩石，国际宝石矿物协会力求使用矿物名称来统一宝石命名。但是，多数珠宝行业从业人士对矿物和岩石名称比较陌生，而某些工艺名称、商业名称可以反映宝石的某些特点，易于被人们接受，并沿用至今。

在长期的珠宝贸易中，由于历史和地域差异等原因，目前国际珠宝界对于宝石的命名尚无统一的原则和标准。国内外历史上对宝石的命名曾有如下传统方法。

1. 以颜色直接命名

如红宝石、绿宝石、海蓝宝石、黄晶、紫晶等。由于认识水平所限，早期人们无法准确鉴别宝石，只能以颜色直观感觉来命名宝石，于是导致同一名称包含多个品种的混乱现象。如绿宝石这一名称下就可能包含祖母绿、绿色蓝宝石、绿色碧玺、绿色辉石等所有绿色的宝石品种，甚至包括绿色玻璃。

2. 以特殊光学效应命名

如使用星光效应、猫眼效应直接命名，于是产生了星光宝石、金星石、猫眼等名称。然而，此种命名方法有明显的不合理性，如同一猫眼名称下的金绿宝石和其他具猫眼效应的宝石价格差异很大。

3. 以产地命名

以产地命名有两种情况。一是以产地直接命名，使产品带有地方特色，便于销售，久而久之这些产地名演变成了宝石品种的名称，例如，"和田玉"为产于新疆和田的优质软玉，"岫玉"为产于辽宁岫岩县的蛇纹石玉。然而以产地命名往往使同一宝石品种有多种名称，以蛇纹石玉为例，在我国就有"南方玉""信宜玉""泰山玉"等名称，使人难以辨别。二是把一个普通的宝石品种，用产地和与其颜色相似的某高档宝石的名称联合命名，如原捷克斯洛伐克产的一种红色石榴子石，被称为"波西米亚红宝石"。

4. 以矿物或岩石名称直接命名

这是宝石界普遍采用的一种方法，即根据宝石的化学成分、晶体结构命名，科学、准确，为国际所公认，特别适用于一些新发现宝石品种的命名，如尖晶石、绿柱石、石榴子石等。

5. 采用古代的一些传统名称

如翡翠、琥珀等，这些名称往往与古代的一些传说有关。

6. 以生产厂家、生产方法、样式工艺、商业名称等命名

如查塔姆祖母绿、助熔剂法红宝石、吉尔森欧泊等。

7. 以音译命名

如托帕石（Topaz）、欧泊（Opal）等。

8. 以人名命名

如亚历山大石为具变色效应的金绿宝石，即变石。

由上述可知，传统命名方法的不规范及不统一造成了宝石名称的不准确性和含混性，从而给珠宝贸易的正常开展带来了很多困难。针对这些问题，我国制定的国家标准给出了相应的宝石命名原则。

学习任务四　认识国家标准中的宝石命名

◆ 任务目标：熟悉我国国家标准中的宝石命名体系，理解标准中宝石命名的基本原则及相关规定。

◆ 任务要求：对比1996年版、2003年版、2010年版《珠宝玉石　名称》（GB/T 16552）中对宝石命名的相关规定，找出不同点，并分析国家标准中对宝石命名规定进行相应修订的原因。

【学习材料】

《珠宝玉石　名称》以矿物、岩石名称作为天然宝石材料的基本名称。对于部分传统名称，源于矿物但又不完全等同于矿物名称，可是这些名称已普遍被国际珠宝界接受，并且成为某些宝石的特征名称，国家标准仍给予采纳和继续使用，作为天然宝石材料的基本名称，如翡翠、软玉、玛瑙、钻石、祖母绿、红宝等。另外，考虑到我国传统珠宝业习惯，古代沿用至今并已被广泛接受、且有确切对应的天然矿物（岩石）的名称，及部分由产地命名的珠宝玉石名称，在国家标准中也被保留下来，如和田玉与岫玉，分别指软玉和蛇纹石玉，但这些由产地演变而来的玉石名称不再具有产地的含义。

我国国家标准《珠宝玉石　名称》（GB/T 16552—2010）中所规定的宝石名称命名原则规定如下。

一、命名总则

珠宝玉石命名应按标准（GB/T 16552—2010）附录A中的基本名称和标准中所规定的各类定名规则及附录B的要求进行确定。

1）附录A中未列入的其他名称，使用时应加括号并在其前注明附录A中所列出的同种矿物（岩石）或材料的珠宝玉石名称。如允许使用"萤石（软水紫晶）"方式命名，但标准不鼓励使用这种方式，鼓励使用"萤石"直接命名。

2）附录A中未列入的其他矿物（岩石）、材料名称可直接作为珠宝玉石名称。

3）"珠宝玉石""宝石"不能作为具体商品的名称。

二、各类宝石具体命名原则

1. 天然珠宝玉石

（1）天然宝石

直接使用天然宝石基本名称或其矿物名称，无需加"天然"二字。

①产地不参与命名，如："南非钻石""缅甸蓝宝石"。②禁止使用由两种或两种以上天然宝石组合名称命名某一种宝石，如："红宝石尖晶石""变石蓝宝石"等。"变石猫眼"除外。③禁止使用含混不清的商业名称，如："蓝晶""绿宝石""半宝石"。

（2）天然玉石

直接使用天然玉石基本名称或其矿物（岩石）名称，在天然矿物或岩石名称后可附加"玉"字；无需加"天然"二字，"天然玻璃"除外。

①不用雕琢形状定名天然玉石。②不能单独使用"玉"或"玉石"直接代替具体的天然玉石名称。③附录A表A.2中列出的带有地名的天然玉石基本名称，不具有产地含义。

（3）天然有机宝石

直接使用天然有机宝石基本名称，无需加"天然"二字，"天然珍珠""天然海水珍珠""天然淡水珍珠"除外。

①"养殖珍珠"可简称为"珍珠"，"海水养殖珍珠"可简称为"海水珍珠"，"淡水养殖珍珠"可简称为"淡水珍珠"。②产地不参与天然有机宝石命名，如"波罗的海琥珀"。

2. 人工宝石

（1）合成宝石

必须在其所对应天然珠宝玉石名称前加"合成"二字，如"合成红宝石""合成祖母绿"等。

①禁止使用生产厂、制造商的名称直接命名，如"查塔姆（Chatham）祖母绿""林德（Linde）祖母绿"等。②禁止使用易混淆或含混不清的名词定名，如"鲁宾石""红刚玉""合成品"等。

（2）人造宝石

必须在材料名称前加"人造"二字，如"人造钇铝榴石"，"玻璃""塑料"除外。

①禁止使用生产厂、制造商的名称直接定名。②禁止使用易混淆或含混不清的名称命名，如"奥地利钻石"等。③禁止用生产方法参与命名。

（3）拼合宝石

必须在组成材料名称之后加"拼合石"三字或在其前加"拼合"二字。

①可逐层写出组成材料名称，如："蓝宝石、合成蓝宝石拼合石"。②可只写出主要材料名称，如："蓝宝石拼合石"或"拼合蓝宝石"。

（4）再造宝石

必须在所组成天然珠宝玉石基本名称前加"再造"二字，如："再造琥珀""再造绿松石"。

3. 仿宝石

仿宝石命名规则为：①在所模仿的天然珠宝玉石基本名称前加"仿"字。②应尽量确定具体珠宝玉石名称，且采用下列表示方式，如："仿水晶（玻璃）"。③确定具体珠宝玉石名称时应遵循本标准规定的所有命名规则。④"仿宝石"一词不应单独作为珠宝玉石名称。

遵循本标准时应注意，使用"仿某种珠宝玉石"表示珠宝玉石名称时，意味着该珠宝玉石：①不是所仿的珠宝玉石（如："仿钻石"不是钻石）。②所用的材料有多种可能性（如："仿钻石"可能是玻璃、合成立方氧化锆或水晶等）。

三、具特殊光学效应的宝石的命名

1. 猫眼效应

可在珠宝玉石基本名称后加"猫眼"二字，如"磷灰石猫眼""透辉石猫眼"等。只有"金绿宝石猫眼"可直接命名为"猫眼"。

2. 星光效应

可在珠宝玉石基本名称前加"星光"二字，如"星光红宝石""星光透辉石"。具星光效应的合成宝石，在所对应天然珠宝玉石的基本名称前加"合成星光"四字，如"合成星光红宝石"。

3. 变色效应

可在珠宝玉石基本名称前加"变色"二字，如"变色石榴子石"。具变色效应的合成宝石定名方法，是在所对应天然珠宝玉石的基本名称前加"合成变色"四字，如"合成变色蓝宝石"。"变石""变石猫眼""合成变石"除外。只有具有变色效应的金绿宝石方可直接命名为"变石"；如果金绿宝石同时具有猫眼效应和变色效应，则可直接命名为"变石猫眼"。

4. 其他特殊光学效应

除星光效应、猫眼效应和变色效应外，在珠宝玉石中所出现的其他特殊光学效应（如砂金效应、晕彩效应、变彩效应等）不参加命名，可以在相关质量文件中附注说明。

四、优化处理宝石的命名

优化处理的定义：除切磨和抛光以外，用于改善珠宝玉石的颜色、净度、透明度、光泽或特殊光学效应等外观及耐久性或可用性的所有方法。分为优化和处理两类。

1. 优化

传统的、被人们广泛接受的、能使珠宝玉石潜在的美显现出来的优化处理方法。常见的优化方法有：热处理、漂白、浸蜡、浸无色油、染色（玉髓、玛瑙类）。命名时直接使用珠宝玉石名称，可在相关质量文件中附注说明具体优化方法。

2. 处理

非传统的、尚不被人们广泛接受的优化处理方法。常见的处理方法有：染色（翡翠、石英岩等）、漂白充填（翡翠）、浸有色油、充填（玻璃充填、塑料充填或其他聚合物等硬质材料充填）、辐照、激光钻孔、覆膜、扩散、高温高压处理等。定名规则如下。

1）在珠宝玉石基本名称处注明：
——名称前加具体处理方法，如："扩散蓝宝石""漂白、充填翡翠"；
——名称后加括号注明处理方法，如："蓝宝石（扩散）""翡翠（漂白充填）"；
——名称后加括号注明"处理"二字，如："蓝宝石（处理）""翡翠（处理）"。应尽量在相关质量文件中附注说明具体处理方法，如："扩散处理""漂白、充填处理"。

2）不能确定是否经过处理的珠宝玉石，在名称中可不予表示，但应在相关质量文件中附注说明，如："可能经过××处理"或"未能确定是否经××处理"。

3）经多种方法处理的珠宝玉石按1）或2）进行命名，也可在相关质量文件中附注说明"××经人工处理"，如："钻石（处理）"，附注说明"钻石颜色经人工处理"。

4）经处理的人工宝石可直接使用人工宝石基本名称命名。

五、新版国家标准修订内容

《珠宝玉石 名称》（GB/T 16552—2010）与 2003 版相比，进行了许多修改，使珠宝玉石在命名时更具科学性、更符合市场成长及宝石学发展的需求。现简要介绍部分修订内容。

1. 增加的内容

从增加的内容看，一方面新版国家标准在不损害消费者利益的前提下，将近年来市场接受程度广、群众基础好、有利于行业发展的一些宝石名称纳入，如"发晶""黄龙玉""汉白玉""蜜蜡""血珀""蓝珀"等名称；另一方面针对宝石优化处理的技术发展和最新动向，新增了多种优化处理方法的命名，如在蓝宝石、祖母绿、鸡血石、绿泥石等宝石中新增"染色"处理方法命名，在祖母绿、碧玺、托帕石、水晶、黝帘石（坦桑石）、萤石、珊瑚等宝石中新增"覆膜"处理方法命名，在祖母绿、海蓝宝石、石榴子石、水晶、石英岩、大理石等宝石中新增"充填"处理方法命名，琥珀新增"有色覆膜""加压加温改色""充填"等处理方法命名，以符合宝石鉴定检测工作的实际需要。

新版国家标准中还增加了"珠宝玉石饰品"的定义及定名规则，使珠宝玉石首饰鉴定检测证书中的珠宝玉石饰品的名称更加准确。

2. 删除的内容

从删除的内容看，新版国家标准删除了一些不容易界定、市场接受程度差或易混淆的宝石命名，如删除软玉中的"闪石玉"、蔷薇辉石中的"京粉翠"、火山玻璃等。

3. 修改的内容

从修改的内容看，新版国家标准对旧版中的一些表述进行了修改，如修改了拼合宝石的命名规则；将"蓝田玉"主要组成矿物由方解石、蛇纹石改为"蛇纹石化大理石"；珊瑚材料名称由"贵珊瑚"改为"珊瑚"；处理方法中红宝石、祖母绿、碧玺等宝石"浸有色油"修改为"染色"，使其所指更加准确。

【学习小结】

通过本项目学习，要求学生熟悉宝石分类和命名的发展历程，重点掌握新版《珠宝玉石 名称》国家标准中关于宝石的分类和命名规则：宝石分为天然珠宝玉石和人工宝石两大类，天然宝石、天然玉石、天然有机宝石、合成宝石、人造宝石、拼合宝石和再造宝石七个小类。掌握宝石的命名原则，宝石命名是以矿物、岩石名称作为天然宝石材料的基本名称，同时也采纳和继续使用部分传统的宝石名称。《珠宝玉石 名称》（GB/T 16552—2010）是我国珠宝行业涉及宝石分类与命名工作的基本依据。

【思考与练习】

1）国际宝石分类与我国宝石分类方案之间有何异同点？
2）试述国家标准中对宝石分类的基本原则和方法。
3）列举历史上对宝石命名的传统方法，指出其中的不合理性，并进行分析。
4）对比《珠宝玉石 名称》（GB/T 16552）的历次版本，从宝石命名角度分析国家标准进行修订的原因。
5）简述国家标准中对宝石命名的基本方法。

学习项目二　认识宝石的形成

宝石以其稀有性作为固有特征，因为以宝石自然聚合形成的宝石矿床是极为罕见的。天然宝石在自然界中经历了一个漫长的形成过程，它是自然界温度、压力、时间与空间、化学及物理作用在一定条件下的奇妙组合。从世界范围看，宝石形成的地质情况极其复杂，矿体一般较小，形态产状奇特，宝石储量极少，分布极不均匀。了解宝石的形成，对宝石业界工作者具有特殊的意义。首先，世界范围内宝石需求量的持续上升，与天然宝石这一不可再生资源日益匮乏之间的矛盾日益突出，寻找新的宝石矿床成为业界关注焦点，深入理解和认识宝石成矿机理是宝石找矿的必备基础。其次，宝石形成过程中，其内部保留了众多的结晶遗留痕迹，即广义上的宝石包裹体，准确识别包裹体的成因、类别和宝石学特征，亦是宝石鉴定检测中判别天然宝石、人工宝石和仿宝石的决定性依据。再次，对现有宝石资源的科学合理利用，同样有赖于对宝石形成的正确认识。

【想一想，议一议】

认识和理解宝石的形成对于宝石学研究者、宝石鉴定检测工作者、宝石商贸人士和普通消费者有何意义？以现已掌握的矿物学、岩石学知识为基础，结合自身实际，谈谈如何将宝石的形成与实际职业工作相联系。

【内容结构图】

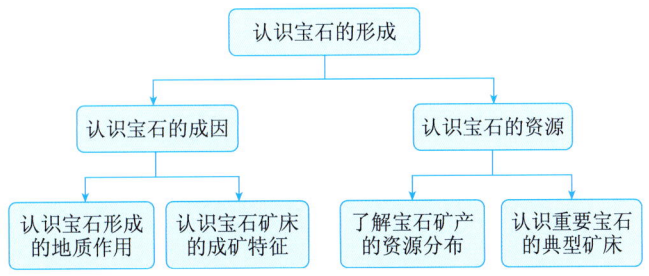

【内容提要】

在本学习项目中，通过对宝石形成地质作用、宝石矿床成矿特征、世界宝石资源分布情况的介绍，以及重要宝石典型矿床特征的剖析，使学生熟悉宝石的成因机理和矿床特征，掌握识别宝石包裹体成因和类别的初步能力。

【学习目标与要求】

◆ 学习目标：理解宝石成矿地质作用的基本含义，熟悉各类宝石矿床成矿特征，熟悉世界和中国宝石资源的分布情况，较深入了解重要宝石典型矿床及其包裹体特征。

◆ 学习要求：以列表方式对学习材料进行归纳总结，并能将宝石形成相关知识和实际职业岗位工作进行恰当联系，增强理论联系实际的能力。

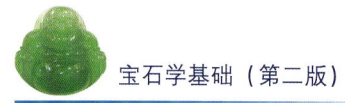

【任务引入】

宝石鉴定检测工作中,准确识别包裹体的成因和类别可以为鉴定检测提供决定性依据。例如,宝石鉴定检测站接样一件红宝石饰品(图2-0-1),待检测,该样品表面裂隙中分布大量暗灰色物质,与红宝石主体光泽及硬度明显不同,按一般鉴定思路极易被确定为"充填处理红宝石"。但是,高倍放大检测中发现,该暗灰色包裹体具层状结构和解理,用钢针在不显眼处探测发现该类包裹体硬度不大。联系该包裹体特征与红宝石成因,可初步确定该包裹体为云母类物质,其后拉曼光谱测试也证明该物质确为珍珠云母。这是因为,红宝石成因复杂,多产于深变质岩系的大理岩、玄武岩、片麻岩、变粒岩、云母片岩及伟晶岩中,与刚玉伴生的主要矿物为云母、透辉石、尖晶石、方柱石、榍石等。珍珠云母的发现,证明该红宝石饰品为天然成因,且未经任何充填处理,鉴定结果为"红宝石"。同时也说明认识宝石的成因对宝石类专业职业的实际工作具有重要意义。

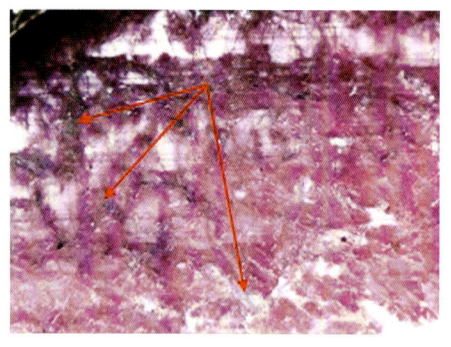

图2-0-1 红宝石中的珍珠云母

学习任务一 认识宝石形成的地质作用

- 任务目标:认识宝石形成的几种地质作用,并理解其形成的基本过程和机制。
- 任务要求:回顾地球构成、岩石圈构成和地质作用分类相关知识,梳理宝石形成的宏观地质线索。

【学习材料】

天然宝石是地球的产物,地球由地核、地幔、地壳组成,由于它们在地球中所处的位置不同,导致温度、压力各不相同。这些差异导致它们之间相对运动,形成了地壳断裂、火山喷发和地震等各种复杂的地质作用。这些地质作用使得新的宝石矿物形成,此后,通过火山喷发、岩浆侵入、地壳抬升以及风化剥蚀等作用,将地球深处结晶的宝石矿物带到地壳上部。

宝石形成的地质作用,根据能量来源可分为内生成矿作用、外生成矿作用和变质成矿作用,相应地形成内生矿床、外生矿床和变质矿床(图2-1-1)。

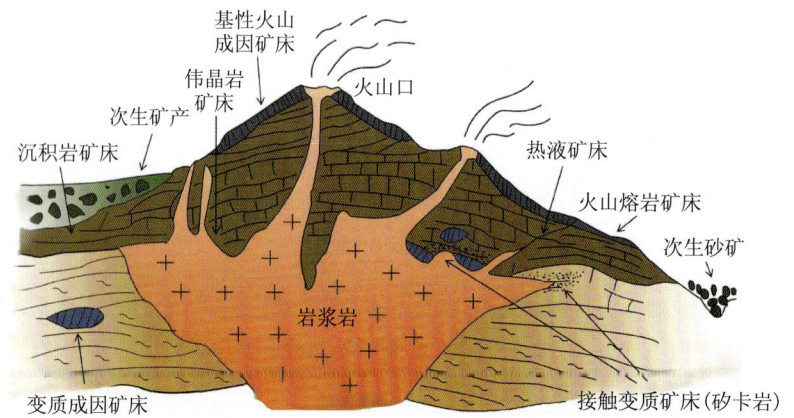

图2-1-1 宝石矿床成因类型示意图

一、内生成矿作用

内生成矿作用指其能量来自地球内部，与岩浆活动等地球内部营力作用有关的一系列成矿作用，是在地球不同深度的压力和温度下完成的。按照其物理化学条件的不同，可分为岩浆成矿作用、伟晶岩成矿作用、热液成矿作用和火山成矿作用。

1）岩浆成矿作用：在岩浆的结晶和分异过程中，使有用组分富集成矿的作用，这种作用形成的矿床称为岩浆矿床。含矿岩浆经过比较完全的分异作用，使铁、铜、镍、铬等金属及其化合物高度集中而成的熔浆称为矿浆，矿浆沿母岩裂隙贯入而生成贯入矿体（多为富矿）。

2）伟晶岩成矿作用：富含挥发组分的熔浆经过结晶分异和气液交代，使有用组分聚集成矿的作用，这种作用形成伟晶岩矿床。

3）热液成矿作用：在含矿热液活动过程（包括与围岩的相互作用过程）中，使有用组分集中成矿的作用，形成的矿床称热液矿床（见汽化－热液矿床）。热液矿床的形成条件复杂多样，矿床数量很多。热液矿床的成矿方式主要有两种：一种是充填作用，即含矿溶液在化学性质不甚活泼的围岩中运动时，因温度、压力以及溶液内部组分的变化，使矿质在围岩的裂隙和孔洞中发生沉淀的作用；另一种是交代作用，即溶液与围岩发生化学反应时，两者间的物质组分进行交换，互有组分的带入和带出，并导致成矿物质富集的作用，交代作用形成的矿体常产于化学性质活泼的岩石中。

4）火山成矿作用：泛指与火山活动有关的成矿作用。它不仅包括与地表火山作用有关的各种成矿作用，也包括与造成地表火山现象的次火山作用有关的成矿作用。主要分为溢出地表的岩流成矿作用、火山的喷气成矿作用、火山热泉成矿作用、火山沉积成矿作用以及次火山岩浆成矿作用和次火山汽化－热液成矿作用等。

二、外生成矿作用

也称为表生成矿作用，是指在地壳表层，主要在太阳能影响下，在岩石、水、大气和生物等外营力相互作用过程中，使成矿物质富集的各种成矿作用，包括风化成矿作用和沉积成矿作用。

1）风化成矿作用：地表岩石经风化作用，使有用物质基本在原地聚集成矿的作用，由这种作用形成的矿床称风化矿床，原有矿床在经受风化作用时，可使成矿组分进一步富集，因而提高了矿床的经济价值。

2）沉积成矿作用：地表的成矿物质（岩石风化产物、火山喷出物、生物有机质等）经过沉积分异（机械的、化学的、生物的）而集中形成矿床的作用，其所形成的矿床称为沉积矿床。

三、变质成矿作用

地壳中已经形成的矿物和岩石，由于地壳构造运动和岩浆、热液活动的影响，温度和压力的改变，使其在矿物组分、结构和构造上发生改变而形成新的矿物、岩石或矿床的成矿作用。按照成矿地质环境和成矿方式可分为接触变质成矿作用、区域变质成矿作用和混合岩化成矿作用。

1）接触变质成矿作用：侵入体与围岩接触时，围岩受热变质重结晶而形成矿床的作用，所形成的矿床称为接触变质矿床。

2）区域变质成矿作用：在区域变质作用下，使有用矿物富集的作用，所形成的矿床称为区域变质矿床。

3）混合岩化成矿作用：在深变质条件下，由于富碱硅质深熔熔浆和变质热液交代而发生混合岩化的过程中，使围岩中的有用物质活化转移而在有利条件下富集成矿的作用，这种作用形成的矿床称为混合岩化矿床。

学习任务二　认识宝石矿床的成矿特征

◆ 任务目标：熟悉内生、外生和变质成矿作用形成的宝石矿床的典型特征和产出的主要宝石品种。

◆ 任务要求：从成因作用、成因类型、主要产出宝石种类、实际意义等方面，以列表方式归纳总结各类宝石矿床成矿特征。

【学习材料】

一、内生宝石矿床成矿特征

1. 岩浆岩型宝石矿床

岩浆是存在于地下深处的高温、高压、成分复杂、富含挥发分的硅酸盐熔融体，岩浆矿床是岩浆结晶与分异作用过程中成矿物质聚集而形成的矿床。不同的岩浆产生不同的岩浆矿床。产于深成岩浆中的宝石，结晶于岩浆早期，结晶环境稳定，结晶时间长，晶形一般完好。随着岩浆沿着岩石裂缝不断喷发冲击，就会将地下深处形成的宝石带到地壳上部或地表。该类矿床产出的宝石主要有：与金伯利岩有关的钻石（金刚石）、与玄武岩有关的红宝石和蓝宝石、橄榄石、镁铝榴石、锆石、顽火辉石、紫苏辉石等。

2. 伟晶岩型宝石矿床

伟晶岩是蕴藏宝石的天然宝库，已经发现宝石40多种，是已知各种矿床类型中产出宝石最多、色泽最为丰富的一类宝石矿床。具有经济价值的伟晶岩主要为花岗伟晶岩，少数为碱性伟晶岩。

伟晶成矿作用发生在地表以下 $1.5 \sim 6$ km处，在岩浆结晶作用的末期，残余熔浆中富含挥发分，含有钾、铷、铍、硼、锶、钪、稀土和稀有元素、放射性元素等40多种，挥发分中氟含量很高，随着温度和压力的降低，首先结晶出长石和石英，剩余的流体变得更富水和富含高浓度的、较稀有的化学元素，在温度和压力进一步降低的条件下，这种气态溶液同早期形成的矿物发生强烈的交代作用，有利于宝石矿物的生长和储存，结晶出具有大个晶体的宝石。宝石多富集在伟晶岩的膨胀部位（图2-2-1）。如晶洞就发育于裂隙的膨胀部位，其中生长着晶形完好的晶体，如水晶、绿柱石、托帕石、萤石等。

产于伟晶岩中的宝石有：祖母绿、绿柱石、海蓝宝石、碧玺、托帕石、金绿宝石、水晶、锂辉石、透辉石、磷灰石、芙蓉石、似晶石、硅铍石、锰铝榴石等。

3. 热液型宝石矿床

热液是岩浆期后溶液演化出的一种富含挥发分和金属元素的热水溶液。形成深度在地表下 $0.5 \sim 8$ km，压力一般小于 3×10^8 Pa，温度范围为 $50 \sim 500$ ℃。不同成分的热液在岩石裂隙、孔隙中流动时，由于温度、压力的变化及与围岩的相互作用，可促进热液中的元素不断析出，富集成热液矿床。按成矿温度，可将热液矿床划分为高温热液矿床（$300 \sim 500$ ℃）、中温热液矿床（200～300 ℃）和低温热液矿床（50～200 ℃）。与热液成矿有关的矿产有多种金属、非金属和宝石矿产，如哥伦比亚祖母绿矿床就是典型的低温热液矿床。

4. 火山岩型宝石矿床

地下深处的岩浆喷溢至地表，宝石自岩浆熔体或火山喷发中迅速结晶，或由火山热液充填交代火山岩而成。

岩浆喷溢至地表后，在常压、高温下迅速结晶，形成与岩浆成分相应的各种喷出岩，组成的矿物除斑晶外，均呈微晶和隐晶质。

产自火山岩中的宝石是火山热液充填在岩石气孔或空洞中浓缩或结晶而成，主要有玛瑙、紫晶、烟晶、托帕石，由于是火山热液浓缩而成，所以多含气液包裹体和环带状构造。

另外，火山作用可以将岩浆早期结晶的宝石带至地表。如金伯利岩岩筒中的钻石（图2-2-2），玄武岩中的红宝石、蓝宝石、橄榄石、辉石等。

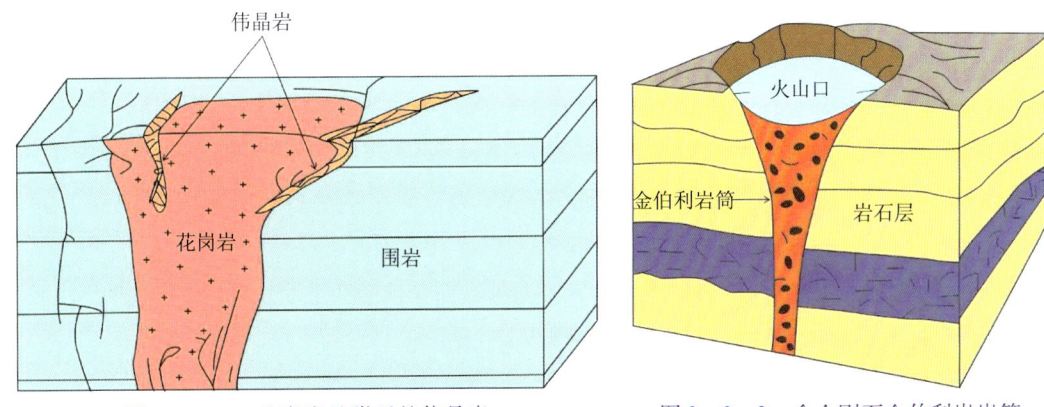

图2-2-1　花岗岩及附近的伟晶岩　　　　图2-2-2　含金刚石金伯利岩岩筒

二、外生宝石矿床成矿特征

1. 风化壳型矿床

在地表或接近地表的常温常压环境中，在H_2O、O_2、CO_2、阳光和有机物的作用下，各类岩石遭受物理和化学风化作用，溶于地表水的成矿物质在适当的条件下，生成稳定于地表条件的新矿物。古风化壳是形成宝石砂矿的重要场所，其形成过程中可直接形成欧泊、绿松石和绿玉髓。这些宝石均属单一矿物的隐晶质或非晶质构成的集合体。

2. 沉积型（砂矿型）矿床

在地表物理、化学风化作用下，各类岩石均遭受风化分解作用。含宝石的母岩遭受风化后解体，大部分造岩矿物变成黏土及可溶性物质，其他矿物滞留在母岩附近或被搬运到远处。许多较软的和有裂缝的宝石矿物通常在搬运和侵蚀过程中破碎，而化学性质稳定和耐久性强的宝石矿物则被保留下来并富集，形成具工业意义的砂矿。经过长距离搬运后堆积下来的砂砾层中的宝石，其质量要比靠近母岩的宝石更好些。例如，纳米比亚海岸带的金刚石矿床，宝石级金刚石达95%，经过长距离的搬运，最高品质的钻石晶体在这里富集，此地俗称"钻石海岸"（图2-2-3）。

砂矿是各类宝石的主要来源，以该类矿床产出的宝石主要有：钻石（图2-2-4）、红宝石、蓝宝石、托帕石、橄榄石、金绿宝石、尖晶石、翡翠、软玉、锆石、石榴子石、玛瑙等。

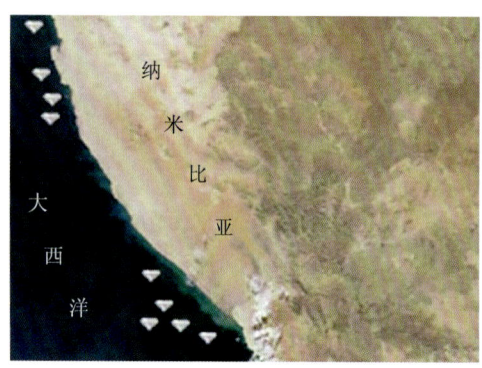
图2-2-3 纳米比亚"钻石海岸"

图2-2-4 纳米比亚Sperrgebiet钻石砂矿

三、变质作用宝石矿床成矿特征

变质作用是指地壳中已经形成的岩石和矿石，由于地壳构造运动和岩浆、热液活动的影响，温度和压力的改变，使其矿物组分、结构和构造发生改变的作用（2-2-5）。这种作用是在固体状态下发生的，主要包括接触变质作用和区域变质作用，这类矿体统称为变质矿床。变质成因的宝石矿床岩石结构复杂，有益组分分散，但可作为次生富集砂矿的源岩。

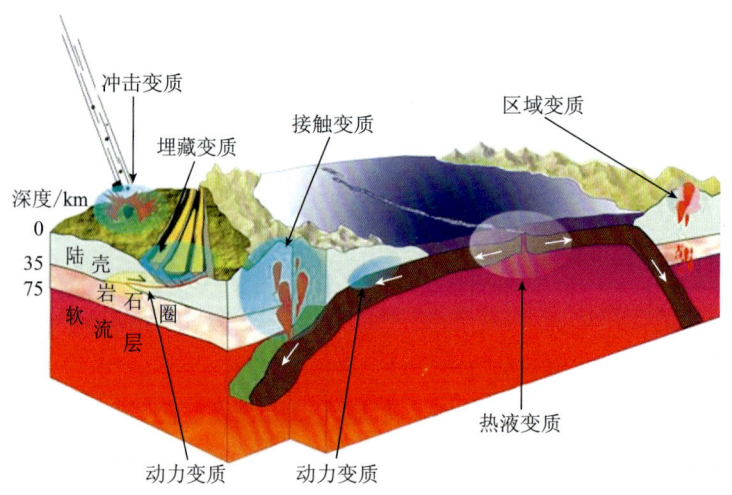
图2-2-5 变质作用类型

1. 接触变质矿床

由于岩浆侵入使围岩受到热的影响而引起的变质作用，在侵入岩体（主要是中性及酸性岩浆岩）和碳酸盐质岩石（包括石灰岩、泥灰岩、白云岩、钙质页岩等）以及火山-沉积岩系的接触带及其附近形成的矿床（图2-2-6）。其中，由中酸性岩浆与碳酸盐质岩石接触交代形成的矿床称为矽卡岩矿床，是最常见的接触交代矿床类型。在接触带上，由于汽化-热液的交代作用，形成石榴子石、透辉石、阳起石等矿物组成的矽卡岩，并在其中或附近形成矿床。常见的接触变质矿床产出的宝石有：石榴子石、尖晶石、水晶、紫晶、青金石、红宝石、蓝宝石、软玉、蔷薇辉石、堇青石、矽线石、正长石、红柱石等。

2. 区域变质矿床

伴随区域构造运动，发生大面积的变质作用而形成的矿床，是高温高压下以 H_2O、CO_2 为

学习项目二　认识宝石的形成

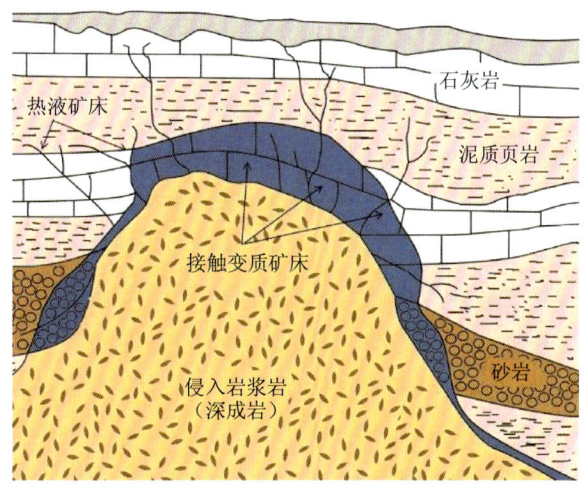

图2-2-6　接触变质矿床

主要活动性组分的流体，使原岩矿物重结晶，由于交代作用形成新的矿物。

1）低级区域变质作用：形成含OH^-的硅酸盐，如阳起石、蛇纹石。

2）中级区域变质作用：形成斜长石、石英、石榴子石、透辉石等。

3）高级区域变质作用：形成不含OH^-的矿物，如正长石、斜长石、堇青石、矽线石、辉石、橄榄石、刚玉和尖晶石等。

目前变质岩中有经济价值的宝石少见，仅限于石榴子石角闪岩、片麻岩相中的铁铝榴石和斜长角闪片麻岩中的红宝石、蓝宝石。

学习任务三　了解宝石矿产的资源分布

◆ 任务目标：了解世界和中国宝石资源的分布情况，熟悉世界主要宝石产出国或地区出产的主要宝石品种。

◆ 任务要求：查阅资料，从资源储量、利用情况、开发保护等角度就世界各主要宝石产出国家宝石资源状况写一篇简单的调查报告。

【学习材料】

宝石矿产资源的分布几乎遍布全球，各大洲均有产出。人类对于宝石的开采和利用已有悠久的历史，据统计，全世界发现和开采的宝石矿约有600多种，其中二分之一是在20世纪发现的。随着矿产勘查技术的不断发展，有一些新的宝石矿床被发现。由于宝石销量的增大，加之矿山开采多年，以及宝石资源的非再生性，宝石将会面临资源短缺的境地。

一、世界宝石资源分布情况

1. 亚洲

亚洲是世界上优质宝石的重要产地。主要宝石产出国有斯里兰卡、缅甸、泰国、柬埔寨、越南、印度、阿富汗、伊朗、巴基斯坦、俄罗斯（指地理区划）等。产出的宝石有红宝石、蓝宝石、金绿宝石、变石、祖母绿、海蓝宝石、碧玺、锆石、尖晶石、水晶、磷灰石、堇青石、托帕石、月光石等60多个宝石品种。

缅甸抹谷地区出产优质的鸽血红红宝石，翡翠产出占世界90%以上，另出产蓝宝石、尖晶石、橄榄石等。斯里兰卡出产星光红宝石、星光蓝宝石、月光石、猫眼石、变石、海蓝宝石、碧玺、锆石、尖晶石等。阿富汗青金石产量居世界之首。越南、泰国和柬埔寨出产蓝宝石、红宝石、锆石等。印度是世界上最早发现宝石级金刚石（砂矿）的国家，印控克什米尔是世界一流的蓝宝石产地。伊朗盛产绿松石。中国和田玉开采历史悠久，闻名于世，此外还有优质橄榄石、钻石、蓝宝石、海蓝宝石、碧玺等。俄罗斯钻石年产量居世界第四位，有色宝石资源丰富，金绿宝石、翠榴石等均在世界上占有重要地位。

亚洲宝石种类极为丰富，东自中国沿海诸岛起，西经印度、巴基斯坦北部，到尼泊尔和中国云南、西藏、新疆以及阿富汗至伊朗东北部沿北西－南东向呈带状展布，是世界上一个重要的宝石聚集带。

2. 非洲

非洲大陆宝石产出异常丰富，被誉为地球上最丰富的宝石仓库。产出宝石的国家主要有南非、津巴布韦、博茨瓦纳、坦桑尼亚、赞比亚等。主要宝石有钻石、祖母绿、黝帘石（坦桑石）、金绿宝石、红宝石、蓝宝石等。

南非产出的宝石主要有钻石、祖母绿、紫晶、石榴子石、橄榄石等。世界上最大的宝石级金刚石"库里南"（3106 ct❶）产出在这里，世界上最大的祖母绿也发现于南非。埃及是世界优质绿松石的主要产地；津巴布韦以盛产大型祖母绿和紫晶闻名于世。此外，坦桑尼亚与肯尼亚交界处产出的红、蓝宝石和坦桑石；赞比亚的祖母绿、孔雀石、紫晶；马达加斯加的伟晶岩中的各类高档宝石矿床，如祖母绿、碧玺、水晶、月光石、托帕石、石榴子石、尖晶石、红宝石、蓝宝石等都很著名。

非洲地区的宝石矿床基本分布在东部地区，南起南非，经津巴布韦、赞比亚、坦桑尼亚、肯尼亚、北至埃及，大多处于南非－东非地盾和东非大裂谷地区。

3. 美洲

美洲有世界上很多重要的大型宝石矿山，宝石矿床主要集中在科迪勒拉构造带和安第斯山脉一带，主要产出国家有加拿大、美国、墨西哥、哥伦比亚、巴西。

加拿大盛产软玉、紫晶、玛瑙、石榴子石、拉长石、钻石等；美国西部加利福尼亚州主要产出软玉、翡翠、碧玺，新墨西哥州产出世界上最大的绿松石矿；墨西哥是世界上火欧泊的著名产地；哥伦比亚的木佐（Muzo）和契沃尔（Chivor）是世界上著名的优质祖母绿产出地，也是世界上罕见的热液祖母绿矿的产出地；巴西以盛产多种高中档优质宝石被誉为"宝石王国"，巴西的米纳斯吉拉斯是世界著名的伟晶岩型宝石的产地，集中了世界上70%的海蓝宝石，95%的托帕石（最好的是玫瑰色和蓝色的托帕石），50%~70%彩色碧玺，80%水晶类宝石，同时也是绿柱石和金绿宝石的主要产地。

4. 大洋洲

澳大利亚是世界金刚石、欧泊、绿玉髓的最大生产国，金刚石产量位居世界第一，并产出少见的粉红色金刚石，但宝石级金刚石仅占5%。澳大利亚还产出蛋白石、蓝宝石、红宝石、祖母绿、软玉、锆石、拉长石、堇青石和托帕石等10多种宝石。其中尤以蛋白石和蓝宝石最为著名，澳大利亚的蛋白石产量约占世界产量的90%以上，蓝宝石产量占宝石产量的60%。

二、中国宝石资源分布情况

中国宝石矿产资源分布广泛，几乎遍布全国，而且品种繁多，主要宝石品种有钻石、蓝宝

---

❶ 1 ct（克拉）= 0.2 g。

石、红宝石、锆石、石榴子石、海蓝宝石、绿柱石、碧玺、橄榄石、托帕石、水晶等；主要玉石品种有和田玉、独山玉、密玉、岫玉、绿松石、孔雀石等。

中国的宝石资源主要分布在以下 6 个成矿带中。

1. 东部沿海成矿带

北起黑龙江省，南至海南岛，为环太平洋成矿带外侧的一部分，是我国宝石集中分布的地区，其中有华北地台、扬子地台隐伏深大断裂和郯庐断裂控制的金刚石矿床，分布在辽宁瓦房店、山东、江苏一带，著名的"常林钻石"（重 158.786 ct）就产于山东。此外，蛇纹石玉、煤精、琥珀也产于这一带（辽宁）。

蓝宝石、尖晶石、锆石等矿床，分布在海南文昌、福建明溪、江苏六合、山东昌乐、辽宁宽甸、黑龙江一带，产于新生代玄武岩中。

吉林蛟河与河北张家口地区，均是国内最大型的宝石级橄榄石产地。

水晶、托帕石、碧玺等矿床也分布于江苏、浙江、广西、广东等沿海地区。

2. 天山－阿尔泰成矿带

新疆的宝玉石分布广泛，北面的阿尔泰山是宝石的主要产地，中部的天山盛产各种宝石和玉石，此成矿带主要出露在可可托海复背斜内的次级背斜轴部及断裂复合带，为伟晶岩型宝石矿床，盛产海蓝宝石、绿柱石、彩色碧玺、托帕石、水晶等，还发现了金绿宝石和各色锂辉石、石榴子石等。

3. 阴山褶皱带内部及边缘

海西期和燕山期的花岗伟晶岩、石英脉及热液蚀变带，是产出宝石的主要部位。特别是内蒙古角力格太花岗伟晶岩中产出的海蓝宝石、石榴子石、绿色碧玺、水晶等；乌拉山的花岗伟晶岩脉、石英岩脉中产出的芙蓉石、紫晶、水晶等；巴林地区的大兴安岭组火山流纹岩中产出的鸡血石，品种繁多，储量丰富。

4. 昆仑－祁连山褶皱带

新疆南部的昆仑山是著名的和田玉的故乡，和田玉分布于昆仑山和阿尔金山一带的 1300 多千米长的范围内，另有昆仑玉等玉种。祁连岫玉产于甘肃西部的祁连山。

5. 喜马拉雅褶皱带

云南是我国最早开发和利用宝石资源的地区之一，在历史上，长期都是缅甸和东南亚宝石的主要集散地，产出宝石品种主要有翡翠、红宝石、蓝宝石、绿色绿柱石、海蓝宝石、石榴子石等。

6. 秦岭褶皱带

河南的独山玉、密玉等，特别是湖北郧阳地区的绿松石，是世界著名的宝石品种。

学习任务四　认识重要宝石的典型矿床

◆ 任务目标：熟悉钻石、刚玉、祖母绿等世界重要宝石的典型矿床特征。
◆ 任务要求：以列表方式从地质背景、母岩特征、矿体产状、矿石特征等方面总结归纳重要宝石品种典型矿床的基本特征。

【学习材料】

宝石矿床由于形成原因复杂，从而形成不同类型的矿床模式。一些重要宝石品种的典型矿床特征如下。

一、金刚石矿床

常见的金刚石矿床可分为原生矿床和次生矿床。原生矿床属岩浆岩型矿床；次生矿床根据砂矿的形成时期，可划分为古代砂矿和现代砂矿两种。古代砂矿主要指在第四纪以前形成的砂矿床，沉积物已经固结；现代砂矿指第四纪以来形成的砂矿床，沉积物未固结。

1. 原生金刚石矿床

（1）金伯利岩型

以南非阿扎尼亚金刚石矿床为例。

1）地质背景：区内构造相对较为稳定，主要为台向斜，矿体由隐伏裂隙控制。

2）岩石特征：台地内基底由古老的花岗片麻岩组成，沉积盖层厚度不大，大部分地区无沉积盖层。沉积盖层主要由陆相沉积物组成，局部含煤和基性火山岩。

图2-4-1 南非阿扎尼亚普列米尔岩筒

3）矿体特征：含矿的金伯利岩体长1500 km，宽250 km，北东向分布（大部分分布在宽10～20 km，长200 km地带内），由350个岩体组成。岩体呈岩筒产出，著名的岩筒有普列米尔（图2-4-1）、金伯利等。所有的岩筒均具有封闭的外形，体积不大，多呈漏斗状，在深部变为岩墙或岩脉。岩筒中的岩石为金伯利岩，岩浆喷发时代是晚白垩纪，上部角砾岩均为岩浆胶结的金伯利岩碎屑及围岩碎屑，或完全被围岩碎屑充填。金伯利岩中含有二辉橄榄岩、纯橄岩、榴辉岩等幔源包裹体。

4）矿石特征：金刚石作为金伯利岩中的捕虏体存在。所产金刚石多为无色-淡黄色，晶形以八面体为主，且质量较高，其中普列米尔矿所产金刚石质量最好（图2-4-2），宝石级达55%，又是Ⅱ型钻石的主要产地，世界最大的钻石"库里南"就是在该矿床中发现的。

（2）钾镁煌斑岩型

以澳大利亚阿盖尔金刚石矿床为例。

图2-4-2 普列米尔岩筒产出的钻石晶体

1）地质背景：与世界其他地区金刚石矿床不同，澳大利亚钾镁煌斑岩金刚石矿床多分布在古元古代的构造活动带，而不是分布在太古宙的稳定克拉通板块内，岩体多受北西西向断裂控制。

2）岩石特征：主要地层为凝灰岩（细碎屑状火山岩），上覆凝灰岩一般较粗，层理不清，几乎不含外来物质，而最下层的凝灰岩含有很大比例的崩解的富石英的围岩，层理很好，并具交错层，凝灰角砾岩和侵入同源角砾岩常见。在许多岩管中，凝灰岩被晚期岩床或岩浆岩中心岩体所超覆或侵入，岩浆相和火山口相岩石紧密共生。岩层倾角很缓，向岩管中心倾斜。

3）矿体特征：含矿母岩常呈岩筒、岩管产出，整个矿区由100多个岩管、岩筒组成（图2-4-3）。岩管及岩筒的火山口直径很大，但其通道极为狭窄。

4）矿石特征：金刚石作为捕虏体存在。所产金刚石较小，多为褐色（图2-4-4），形状不规则。此外，该矿床还产出彩色钻石，其中以粉红色最多，也有褐色、蓝色、紫色和绿色等。

图 2-4-3 澳大利亚阿盖尔（Argyle）钻石矿床

金伯利岩型矿床和钾镁煌斑岩型矿床是世界范围原生金刚石产出的两种最主要矿床类型，其差别简要对比见表 2-4-1。

2. 次生金刚石矿床

（1）古代砂矿

在地质历史时期，前寒武纪、晚古生代、中生代均有金刚石砂矿发育，但最主要的是前寒武纪和新生代砂矿。

a. 无色　　　b. 浅褐色

图 2-4-4 澳大利亚阿盖尔矿区产出的钻石晶体

世界上许多地区，前寒武纪含金刚石砾岩分布较广，且工业价值较高，占世界钻石产量的 12%。著名的南非维特瓦特斯兰德含金刚石砾岩，几内亚-利比亚、印度、西澳，以及南美的金刚石矿床都是前寒武纪砂矿。

表 2-4-1 两种原生金刚石矿床的特征及形成地质环境对比

项目	金伯利岩型	钾镁煌斑岩型
岩性	斑状碱性橄榄岩、金云母金伯利岩、蛇纹石金伯利岩、方解石（钙质）金伯利岩、钙镁橄榄石金伯利岩	硅酸不饱和富镁富钾煌斑岩、金云母白榴响岩、透辉金云母白榴岩
特征矿物	铬透辉石、高铬低钙的镁铝榴石、橄榄石。金刚石含量往往与富铬的镁铝榴石含量成正比，而与含钛副矿物及金云母含量成反消长关系	富钛金云母、白榴石、镁红钠闪石、钾钙板锆石
共生岩石	世界上几个盛产金刚石的古老地台，金伯利岩常与暗色岩共生。 暗色岩是一种以基性为主的一整套熔岩、火山凝灰岩和次火山岩。 与其他基性超基性、碱性岩石等共生者，常不含金刚石	
包裹体	含橄榄岩、二辉橄榄岩、榴辉岩及碎镁铁结核等包裹体	含橄榄岩、二辉橄榄岩、榴辉岩及碎镁铁结核等包裹体
大地构造环境	稳定克拉通中次级构造交接带地壳引张区，成带分布，与隐伏深断裂有关，地台需有沉积盖层（在地盾区者多不含矿）。 主要分布在地台隆起区	超钾岩区、克拉通活动化区及老克拉通边缘盆地

续表

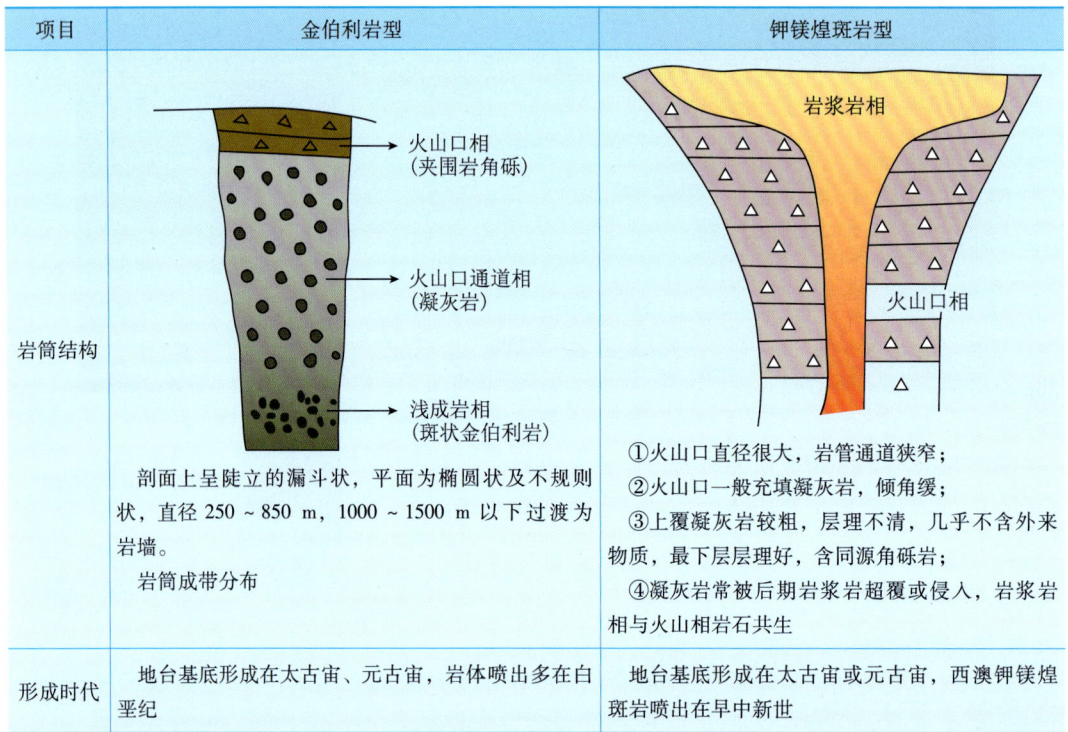

项目	金伯利岩型	钾镁煌斑岩型
岩筒结构	剖面上呈陡立的漏斗状,平面为椭圆状及不规则状,直径250~850 m,1000~1500 m以下过渡为岩墙。岩筒成带分布	①火山口直径很大,岩管通道狭窄;②火山口一般充填凝灰岩,倾角缓;③上覆凝灰岩较粗,层理不清,几乎不含外来物质,最下层层理好,含同源角砾岩;④凝灰岩常被后期岩浆岩超覆或侵入,岩浆岩相与火山相岩石共生
形成时代	地台基底形成在太古宙、元古宙,岩体喷出多在白垩纪	地台基底形成在太古宙或元古宙,西澳钾镁煌斑岩喷出在早中新世

前寒武纪金刚石砂矿具有以下共同特征:①均形成于地台基底的早期固结阶段,分布在地盾或古老地块的核部附近。②产于前寒武纪地台沉积盖层的底部。③往往与滨海成因的粗碎屑岩、三角洲和滨海冲积平原沉积有关,有的是冰川成因。④砾岩成分大部分是石英、石英岩、硅质岩;多半含金,但缺失特有的金刚石伴生矿物——含铬镁铝榴石、镁钛铁矿和铬透辉石等。⑤金刚石具不同色调的绿色和褐色,晶体表层呈薄壳状或斑点状,且有较多的磨痕。绿色斑是由于铀长期辐射的结果;褐色斑是由于区域变质作用对金刚石加热引起的。绝大多数金刚石呈浑圆的菱形十二面体,也有立方体,质量较高,宝石级金刚石较多。

(2) 现代砂矿

现代金刚石砂矿按其沉积位置可分为残积砂矿、冲积砂矿及滨海砂矿。残积砂矿是从含矿母岩中分离出的重矿物就地富集而成的砂矿;冲积砂矿是指重砂矿物在河水的搬运、分选作用下富集而成的砂矿;滨海砂矿是指经河流搬运到河流入海口,并被海流沿海岸带沉积而形成的砂矿。

残积砂矿较为著名的有南非普列米尔岩筒上部的残积砂矿、博茨瓦纳的奥拉帕岩筒上部的残积砂矿和南非罗伯茨－维克多岩筒残积砂矿。残积砂矿的形成除取决于原生矿的种类、规模、含量外,最重要的是需要潮湿的热带和亚热带气候,所以主要分布在非洲、亚洲南部和南美洲。

冲积砂矿分布十分广泛,常发育在河流汇合处、河流转弯内侧及由窄变宽部位。在这些位置,河流流速降低,其携带的沉积物会沉积下来,易形成冲积砂矿。冲积砂矿因不受气候条件限制,分布十分广泛,无论大、中、小河流,均能形成有工业价值的砂矿,但富矿主要集中在中、小河流中。中等河流中,冲积砂矿不仅储量大,而且品位高,如南非瓦尔河砂矿,长80 km,宽20~100 m,厚0.2~2.1 m,品位0.5~1.7 ct/m^3,储量8000万克拉(图2－4－5,图2－4－6)。

学习项目二 认识宝石的形成

图2-4-5 南非瓦尔河金刚石冲积砂矿

图2-4-6 南非瓦尔河砂矿出产的黑色金刚石

滨海砂矿主要分布在河流入海口附近的海岸带，含矿层一般都是砾石层，富矿往往位于底部砾石层中（图2-4-7）。较为著名的金刚石砂矿分布于南非和纳米比亚西海岸。如南非海岸及海区的滨海砂矿出产的钻石约占目前全球总产量的0.3%。

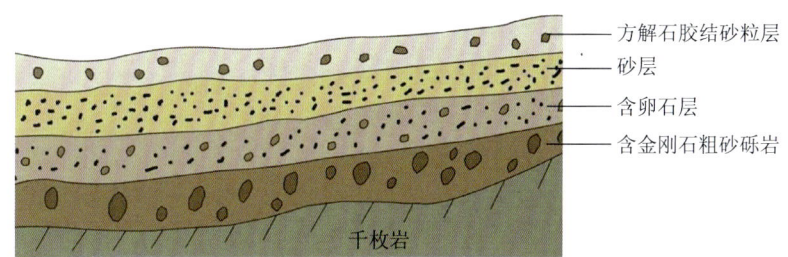

图2-4-7 非洲滨海阶地金刚石砂矿剖面示意图

二、红宝石、蓝宝石矿床

红、蓝宝石矿床也称刚玉矿床，也有原生矿床和次生矿床，在常见的三大岩类中都可以形成原生矿床，经过风化和搬运作用则可以形成次生矿床。

1. 岩浆岩中的蓝宝石矿床（山东昌乐玄武岩型）

1）地质背景：矿区位于华北地台鲁西台背斜东北部，昌乐凹陷南端。矿床明显受郯庐大断裂及其次一级断裂控制。蓝宝石主要赋存在玄武岩的方山岩体中。火山机构控制蓝宝石的分布，近火山口蓝宝石含量较高，远离火山口蓝宝石含量较低。

2）岩石特征：含矿岩石主要为碧玄岩，其中含有深源二辉橄榄岩包裹体和二辉岩包裹体，以及少量普通辉石、锆石、镁铁尖晶石、镁铝榴石、歪长石和蓝宝石等巨晶。

3）矿体产状：含矿岩体为方山岩体，其南北长近2 km，东西宽1.1 km，外观呈"丁"字形。出露地层主要为新生界玄武质喷出岩。

4）矿石特征：蓝宝石晶体作为玄武质喷出岩的包裹体存在（图2-4-8）。颜色丰富，有深蓝、蓝、浅蓝、黄绿、蓝绿、棕色等，以带有不同色调的浅蓝、深蓝、蓝色为主，其中又以深蓝色居多（图2-4-9）。常具有色带，且色带宽窄不一，颜色渐变（图2-4-10）。蓝宝石大多具较好的六方晶形，呈腰鼓状、桶状，少量呈碎块状。粒径一般为20～40 mm，个别达10 cm。

5）表面特征：蓝宝石晶体表面常有一层灰黑色或黑色不透明薄壳（图2-4-11）；晶面常有斜纹和横纹；熔蚀坑发育。蓝宝石包裹体较多，以固体为主，液态次之。固态包裹体有刚玉、铌铁金红石等。针状铌铁金红石常沿三个方向彼此呈120°交叉，可产生六射星光。部分蓝宝石晶体在垂直c轴方向具六条明显的放射线，是由放射状排列的显微裂隙或针状金红石包

图 2-4-8　玄武岩中的蓝宝石包裹体　　　图 2-4-9　山东蓝宝石成品　　　图 2-4-10　山东蓝宝石中的色带

裹体有规律排列所致。

2. 变质岩中的红宝石矿床（缅甸抹谷大理岩型）

1）地质背景：矿床位于环绕印度次大陆的喜马拉雅褶皱带。

2）岩石特征：主要岩石有麻粒岩、石榴子石片麻岩、矽线石石英岩、大理岩等，局部地段遭受角闪岩相退化变质。

3）矿体产状：矿体呈层状产在大理岩中，与花岗岩体分布关系密切（图 2-4-12）。含矿大理岩主要由方解石组成，夹有少量白云石及片麻岩、透辉石。

4）矿石特征：红宝石呈浸染状或巢状产出，晶粒小（图 2-4-13），一般 1~10 mm，有时可达 5 cm，短柱状，质好，伴生矿物有金云母、透辉石、方柱石、榍石、镁橄榄石、尖晶石等。

图 2-4-11　山东蓝宝石表面不透明薄壳　　　图 2-4-12　大理岩中的红宝石　　　图 2-4-13　缅甸红宝石原石

三、翡翠矿床

世界上有几个地区可出产翡翠，它们是缅甸（北部）、哈萨克斯坦（伊特穆隆达矿和列沃-克奇佩利矿）、美国（加利福尼亚克列尔克里克矿、门多西诺县的利奇湖矿床）、日本，以及中美洲等。

1. 翡翠原生矿床

缅甸乌尤河（又称雾露河、乌龙河）流域是世界上翡翠的主要产地。13 世纪初开始开采冲积砂矿和冰川砂矿，1871 年发现原生翡翠矿床。由于翡翠的形成过程相当复杂，而且其中所含的矿物成分变化很大，其成因目前仍未有定论。

1）地质背景：该区位于喜马拉雅造山带的外带，呈南北向展布。

2）岩石特征：主要岩石为古近纪的变质岩，包括超基性岩体、蛇纹岩化纯橄岩、角闪石橄榄岩和蛇纹岩、蓝闪石片岩、阳起石片岩和绿泥石片岩等。

3）矿体产状：翡翠矿床主要产在北东向展布的道茂岩体的蛇纹岩化橄榄岩中。道茂岩体在平面上呈椭圆形，长 18 km，宽 6.4 km。该区最著名的原生矿体有 4 个。含矿岩体呈岩墙或岩脉产出，可能是由一些彼此相距很近的脉状、透镜状和岩株状翡翠矿床组成的矿带，长达 2.5 km。道茂矿床翡翠矿体沿走向长达 270 m，具有对称条带状分布的特点，矿体中心部分由单矿物硬玉岩组成，朝脉壁方向渐变为钠长石-硬玉岩和钠长石岩（图 2-4-14）。

4）矿石特征：过渡带内的翡翠颗粒都包有一层碎裂的钠长石集合体。翡翠矿带厚 2.5~3 m，主要由白色翡翠组成。有时在白色"地"上杂乱分布有各种颜色（深绿、苹果绿、黄色和浅红-紫色）的条带或斑点，有的在同一块硬玉岩中几种颜色恰到好处地搭配在一起。有时在白色"地"上可见祖母绿色的翡翠，这是一种极细粒（纤维状）硬玉矿物集合体。

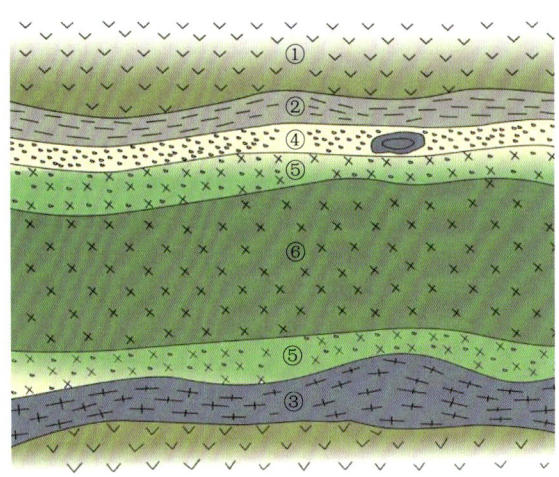

图 2-4-14 道茂矿床翡翠脉的内部结构示意图
①蛇纹岩；②绿泥石片岩；③角闪石片岩；
④钠长石岩（含角闪石片岩包裹体）；
⑤钠长石-硬玉质岩石；⑥硬玉岩

2. 翡翠次生矿床

次生矿床是翡翠产出的重要场所，有较高的经济价值。翡翠砂矿主要可分为高地砾石层翡翠砂矿和河漫滩沉积翡翠砂矿（图 2-4-15）。

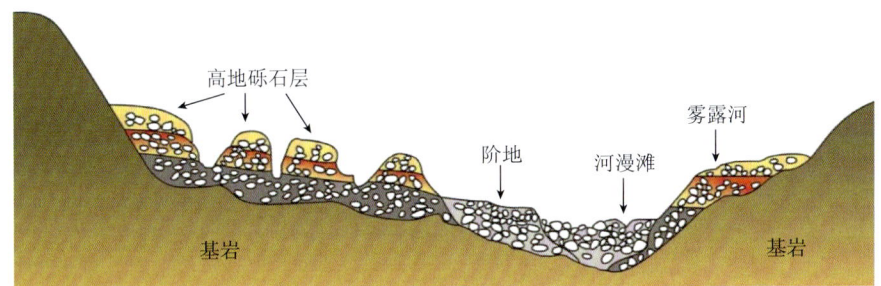

图 2-4-15 翡翠次生矿床剖面图

（1）高地砾石层翡翠砂矿

该砾石层堆积厚度为 100~300 m，属洪冲积成因，分布在河流两侧，但在地貌上已成为丘陵，不具有河流阶地的特征。由上而下，大致可分为三层（不同的地区稍有变化）：上层为黄色含翡翠的砂砾石层、中层为红色砂砾石层、下层为深灰色至灰黑色砾石层（图 2-4-16）。

图 2-4-16 高地砾石层翡翠砂矿

图 2-4-17 河漫滩沉积翡翠砂矿

（2）河漫滩沉积翡翠砂矿

主要分布在雾露河主河道两侧，在帕敢矿区最为发育。这种沉积砂矿在洪水期淹没在河水之中，枯水期则露出水面。翡翠砾石与漂砾、卵石、砂混在一起，十分松散，没有胶结，基本上没有分层结构，但翡翠砾石的滚圆度较好，以次圆状至滚圆状为主。由于未经胶结风化，翡翠砾石表面均比较光滑，所以人们称这种在河漫滩上沉积的翡翠为"水石"。河漫滩堆积层厚度不一，在老帕敢地区，堆积层厚度巨大，未见到基岩（图2-4-17）。

【学习小结】

通过本项目学习，要求学生理解宝石成矿地质作用的基本概念，熟悉天然宝石矿物的成因类型、成矿特征和资源分布，熟悉钻石、刚玉、翡翠等重要宝石品种典型矿床的主要特点。宝石成矿地质作用分为内生成矿作用、外生成矿作用和变质成矿作用，相应形成内生宝石矿床、外生宝石矿床和变质作用宝石矿床。此外，世界宝石资源分布不均，南非、巴西、缅甸、斯里兰卡、澳大利亚等国是世界上重要的宝石产出国。国内宝石资源主要分布于6个宝石成矿带。钻石、刚玉、翡翠等重要宝石矿床均具有原生矿和砂矿，砂矿是重要的宝石产出矿床。

【思考与练习】

1）简述在不同成矿作用下所形成的宝石矿床的本质区别。
2）对比钻石、刚玉、翡翠在原生矿和砂矿中产出矿石的异同点。
3）简述红宝石的成因类型及产状。
4）简述关于翡翠矿床成因类型的几种观点及其主要内容。
5）请根据所学知识及自己的理解，评述我国宝玉石资源的种类、分布及开发利用情况，并指出哪些宝玉石品种是我国的优势品种及它们在我国的产地。

学习项目三　认识宝石的结晶学特征

　　自然界中的宝石大多都是矿物晶体或由矿物晶体组成的。矿物是指地质作用（包括宇宙天体作用）过程中形成的单质或化合物，它们具有相对确定的化学组成及固定的内部结构，它们在一定的物理化学条件范围内保持稳定。结晶学是一门研究包括宝石矿物在内的晶体的结构、形态和性质的学科。它从本质上揭示了宝石的化学成分、结构、形态、物理化学性质及形成条件之间的相互关系，是解决宝石学问题的重要理论基础。作为宝石学最重要的基础学科之一，结晶学知识对宝石学工作者是必不可少的。宝石的化学成分和结构决定了宝石的种属和该宝石种可能出现的几何形态和物理化学性质；反之，宝石工作者通过对未知宝石形态和物理化学性质的研究和测试，可以推断其化学成分和结构，确定宝石的种属，进而达到鉴定和评价宝石质量的目的。

【想一想，议一议】

　　自然界的众多宝石矿物晶体，它们在结晶形态和表面特征上有何共性和彼此区分的特点？以已经掌握的矿物学、岩石学知识为基础，谈谈认识宝石矿物的结晶学特点，对于宝石学工作者有何重要意义。

【内容结构图】

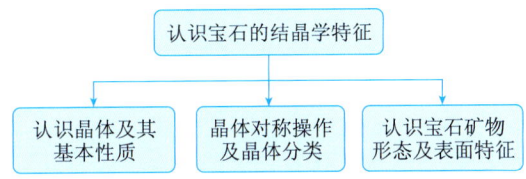

【内容提要】

　　在本学习项目中，通过对晶体与非晶体概念辨析、晶体的对称要素与分类依据、晶体形态特点与表面特征的介绍，使学生熟悉宝石矿物晶体的结晶学特点，掌握运用结晶学知识判别宝石矿物晶体种属、形成条件及环境的基本能力。

【学习目标与要求】

　　◆ 学习目标：理解晶体和非晶体的基本含义，熟悉晶体分类依据和各晶系晶体常数特点，熟悉晶体对称要素和对称操作基本方法，掌握识别宝石矿物晶体形态特点及表面特征的基本方法。

　　◆ 学习要求：参照模型及宝石矿物晶体手标本，回顾各晶系对称操作要领，以列表方式，从晶体分类、常见单形和聚形、晶体习性、形成环境及条件等方面总结归纳常见宝石矿物晶体的结晶学特点。

【任务引入】

准确识别宝石矿物的结晶学特点对于宝石鉴定检测工作者来说具有重要意义。其一，宝石鉴定检测中常常需要鉴定标本原石的种属及成因。天然宝石矿物的单晶，在理想结晶情况下往往表现出规则的外观形状，不同种属矿物晶体之间在外观形态上具有明显的区别，成为鉴定宝石矿物原石的重要依据之一；即便是在非理想结晶条件下形成的不规则单晶，其晶面间也具有与理想晶体相同的固定搭配规律，即所谓的"面角守恒定律"。准确判别手标本矿物晶体的形态特点及表面特征，是宝石鉴定检测工作者必须掌握的重要技能之一。合成宝石虽然在物理化学性质上与其所对应的天然宝石十分相似，但是在结晶形态上往往表现出明显差别，如合成钻石晶体常常表现出天然钻石所不具有的单形或聚形，成为判别宝石矿物晶体成因和形成条件的依据之一。其二，宝石中的矿物包裹体也往往表现出一定的形态特点，如天然钻石中的八面体自形原生金刚石包裹体、天然尖晶石中的八面体自形原生尖晶石包裹体、红宝石中的六方柱状自形磷灰石包裹体等，识别包裹体矿物晶体的结晶特点也成为鉴定宝石种属及成因的关键依据。

学习任务一　认识晶体和非晶质体

- ◆ 任务目标：理解晶体和非晶质体的概念，理解晶体基本性质的内涵。
- ◆ 任务要求：回顾结晶学相关知识，巩固对于晶体基本性质的认识和理解，并就易混淆概念进行辨析。

【学习材料】

一、晶体及其基本性质

晶体是具有格子构造的固体。格子构造是指晶体内部的质点（原子、离子或分子）在三维空间做周期性有规律的重复排列。每种宝石矿物晶体都具有其个性特征，并通常表现出典型的规则几何形态（晶形）。这种形态是其格子构造的外观表现，如金刚石常表现出八面体晶形、绿柱石常表现出六方柱晶形等。

晶体内部的周期性决定了晶体具有如下六个共有的基本性质。

1. 自限性

指晶体在自由生长状态下能自发地形成封闭的凸几何多面体外形。在理论上，所有的晶体都有这种对称的几何形态，平直的晶面相交形成封闭的几何多面体，晶面相交形成平直的晶棱，晶棱汇聚形成尖的角顶。

2. 均一性

晶体的格子构造决定了同一晶体不同部分的原子排列、原子密度、结合能力都是相同的，某些性质也相对均一，如密度、热导性、折射率等。无论其块体大小，都毫无例外地保持着它们各自的一致性。

3. 各向异性（异向性）

在晶体格子构造中，除对称原因外，往往不同方向上质点的排列是不一致的，因此晶体的性质也会随方向的不同而有所差异，从而表现出晶体的解理、颜色和光学性质都有随方位而变化的特点，即晶体的各向异性。如钻石在平行八面体晶面方向容易破裂；蓝晶石在平行长轴和垂直长轴方向硬度不同；碧玺在平行长轴和垂直长轴方向颜色不一样等。

4. 对称性

指晶体中的相同部分（如外形上的相同晶面、晶棱、面角）或性质重复出现的特性。这是由于晶体内部质点有规律地重复排列所导致，是晶体内部结构的对称性在外部形态上的反映，是晶体非常重要的性质。特别需要指出的是，晶体的对称性不仅仅指外观形态上的对称，还包括物理性质上的对称。

5. 最小内能

指在相同的热力学条件下，晶体与同种成分物质的非晶质体、液体、气体相比较，其内能最小。实验证明，物体由非晶质体、液体、气体向晶体转化时，都有热的析出，说明晶体内能最小。

6. 稳定性

晶体质点的规则排列，使其相互间的引力和斥力达到平衡，与同种物质的液态和气态相比，晶体的内能最小，所处的状态最为稳定。

二、非晶质体

与晶体相反，有些物质的内部质点不做规则排列，不具有格子构造，因而没有规则的几何外形，这类物质称为非晶质体或者玻璃体。从内部结构的角度看，非晶质体中的质点分布类似于液体。如欧泊、火山玻璃等宝石。非晶质体不具有晶体所具有的自限性、异向性、对称性、最小内能和稳定性等基本性质。

非晶质体不稳定，具有向晶体转化的趋势。由非晶质体向晶体转化的现象称为脱玻化，如火山玻璃转化成沸石或石英等晶质矿物。

学习任务二　晶体对称操作及晶体分类

◆ 任务目标：理解晶体对称的概念，熟悉晶体的对称要素，掌握晶体定向的基本原则和方法，熟悉晶体分类的依据和各晶系晶体常数。

◆ 任务要求：结合模型演示和手标本观察，巩固晶体对称操作、晶体定向和分类的基础知识。

【学习材料】

一、晶体的对称和对称要素

对称是指物体上的等同部分有规律地重复，如高等动物的躯体、植物的花瓣等。从宏观上看，晶体的对称表现为构成其外部几何形态的面棱和角顶有规律地重复。从微观角度来看，由于晶体都具有格子构造，而格子构造本身就是质点在三维空间周期性重复的体现，因此从这种意义上来讲，所有的晶体都是对称的。

晶体的对称不仅是几何意义上的对称，也包括物理性质（如光学、热学和电学性质等）的对称。

为了研究和分析晶体的对称性，往往需要进行一系列的操作，使得晶体中的等同部分重复,这种操作就称为对称操作。进行对称操作所需借助的几何要素(点、线、面)称为对称要素,它们分别称为对称中心、对称轴和对称面。

1. 点——对称中心（C）

对称中心是一个假想的位于晶体中心的几何点,相应的对称操作是对此点的反伸。在通过此点的任意直线上,距该点等距离的两端必有对应的相同部分。晶体具有对称中心,则其相对应的晶面成反向平行,且大小相等(图3-2-1)。在晶体中对称中心可有可无,但是只能有一个(图3-2-2)。

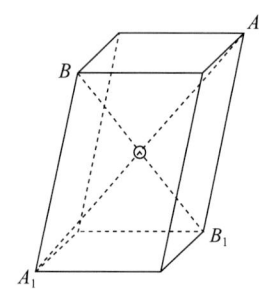

图3-2-1 具有对称中心的图形
A与A_1,B与B_1为对称点

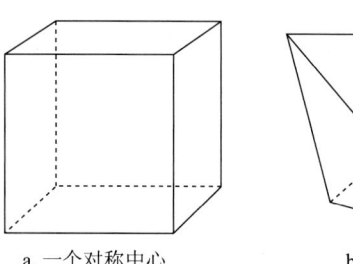

a. 一个对称中心　　b. 无对称中心

图3-2-2 立方体和四面体的对称中心

2. 对称轴（L^n）

对称轴是通过晶体中心的一根假想的直线,相应的对称操作是围绕此直线的旋转。当晶体围绕对称轴旋转一周时,晶体中相同的部分重复的次数称为轴次,用n表示。晶体中的重复次数有2、3、4或6次。这时的对称轴分别称为二次轴(L^2)、三次轴(L^3)、四次轴(L^4)和六次轴(L^6)(图3-2-3,图3-2-4)。三次对称轴以上的称之为高次轴。

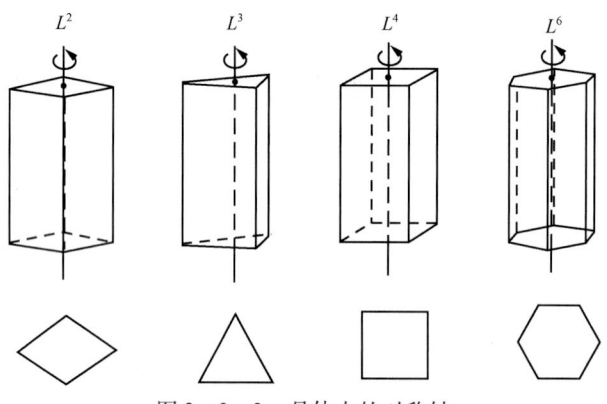

图3-2-3 晶体中的对称轴

3. 对称面（P）

对称面是一个假想的通过晶体中心的平面,它将一个晶体划分为互成镜像反映的两个相等部分。对称面可以垂直并平分晶面;垂直晶棱并通过其中点,也可包含晶棱。根据晶体的特点,晶体中对称面的可能数目是0~9,立方体最高,有9个对称面(图3-2-5)。

晶体中所有对称要素的组合称为该晶体的对称型。例如钻石晶体中有3个L^4,4个L^3,6个L^2,9个对称面,1个对称中心,故钻石的对称型就是$3L^4 4L^3 6L^2 9PC$。自然界中的晶体有32种对称型。

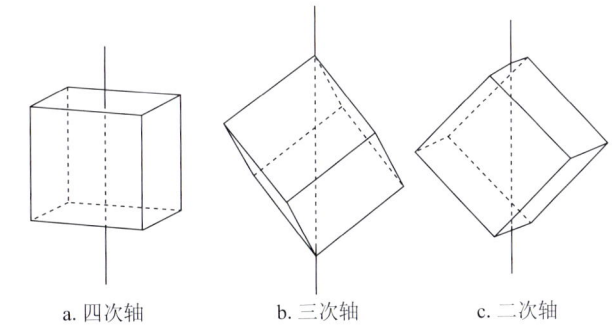

a. 四次轴　　　　b. 三次轴　　　　c. 二次轴

图 3-2-4　立方体中的对称轴

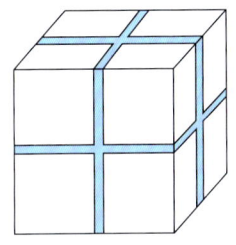 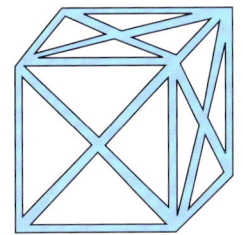

a. 垂直晶面和通过晶棱中点，并彼此相互垂直的三个对称面　　b. 包含一对晶棱、垂直斜切晶面的六个对称面

图 3-2-5　立方体的九个对称面

二、晶体定向

晶体定向就是在晶体中确定坐标系统。具体说就是要选择坐标轴（晶轴）和确定各晶轴 L 单位长（轴长）之比（轴率）。

晶轴是交于晶体中心的三条直线，它们分别为 X 轴（前端为"+"，后端为"-"）、Y 轴（右端为"+"，左端为"-"）、Z 轴（上端为"+"，下端为"-"）；对于三方和六方晶系，要增加一个 U 轴（前端为"+"，后端为"-"）（图 3-2-6）。描述一个晶体至少要三条晶轴，三方、六方晶系需要四条晶轴。这些晶轴常选择晶体的晶棱方向。

晶轴的单位长度叫轴长，在 X，Y，Z 轴上分别用 a，b，c 表示。轴长之间的比率称为轴率。晶轴之间的夹角称为轴角，分别以 α（$Y \wedge Z$），β（$X \wedge Z$）和 γ（$X \wedge Y$）表示（图 3-2-6）。轴率和轴角统称为晶体常数。

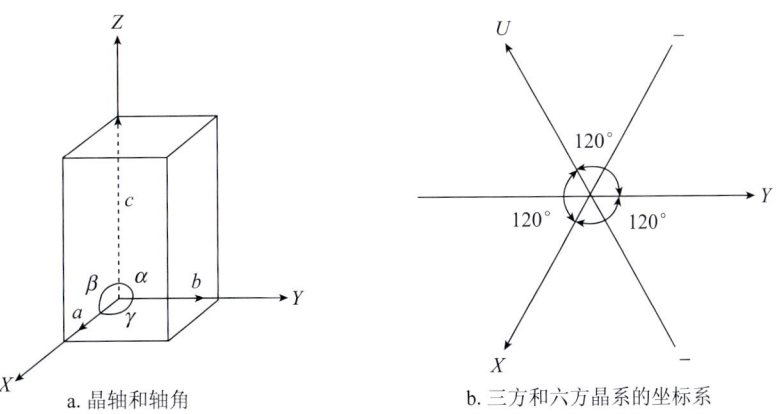

a. 晶轴和轴角　　　　　　　　b. 三方和六方晶系的坐标系

图 3-2-6　晶轴和轴角

三、晶体的分类

晶体的科学分类是以晶体的对称特点为基础的，是认识宝石各种性质的基础。根据晶体对称要素的组合规律，对称要素的组合类型共有 32 种，或者称为 32 种对称型。据此可将晶体分为 3 个晶族，7 个晶系，32 个晶类（表 3-2-1）。

表 3-2-1 晶体的分类

晶族	晶系	对称特点	对称型	宝石矿物实例
低级晶族	三斜	无 L^2 或 P	1. L^1	—
			2. C^*	天河石、拉长石、绿松石
	单斜	L^2 或 P 均不多于 1 个	3. L^2	交沸石
			4. P	钙沸石
			5. L^2PC^*	硬玉、透闪石、孔雀石
	斜方	L^2 或 P 多于 1 个	6. $3L^2$	泻利盐
			7. $L^2 2P$	异极矿
			8. $3L^2 3PC^*$	金绿宝石、橄榄石、托帕石
中级晶族	三方	只有 1 个 L^3	9. L^3	硒硫砷铅矿
			10. $L^3 C$	白云石
			11. $L^3 3L^2\,^*$	α 石英
			12. $L^3 3P$	碧玺
			13. $L^3 3L^2 3PC^*$	刚玉、菱锰矿
	四方	只有 1 个 L^4 或 L_i^4	14. L^4	彩钼铅矿
			15. $L^4 4L^2$	镍矾
			16. $L^4 PC^*$	方柱石
			17. $L^4 4P$	羟铜铅矿
			18. $L^4 4L^2 5PC^*$	锆石、符山石
			19. L_i^4	砷硼钙矿
			20. $L_i^4 2L^2 2P$	黄铜矿
中级晶族	六方	只有 1 个 L^6 或 L_i^6	21. L_i^6	—
			22. $L_i^6 3L^2 3P$	蓝锥矿
			23. L^6	霞石
			24. $L^6 6L^2$	β 石英
			25. $L^6 6P$	红锌矿
			26. $L^6 PC^*$	磷灰石
			27. $L^6 6L^2 7PC^*$	绿柱石（祖母绿、海蓝宝石）
高级晶族	等轴	有 4 个 L^3	28. $3L^2 4L^3$	香花石
			29. $3L^2 4L^3 3PC^*$	黄铁矿
			30. $3L^4 4L^3 6P^*$	方钠石、闪锌矿
			31. $3L^4 4L^3 6L^2$	赤铜矿
			32. $3L^4 4L^3 6L^2 9PC^*$	金刚石、火晶石、石榴子石

* 矿物中常见的对称型。

1. 三斜晶系

具有三条不等且彼此相互斜交的晶轴。晶体常数特点：$a \neq b \neq c$，$\alpha \neq \beta \neq \gamma \neq 90°$。常见单形是平行双面和单面。三斜晶系的宝石有蓝晶石、钠长石、蔷薇辉石（图3–2–7）和绿松石等。

2. 单斜晶系

三条轴长不等，其中Y轴与其他两条轴所构成的平面相垂直，X轴与Z轴斜交。晶体常数特点：$a \neq b \neq c$，$\alpha = \gamma = 90°$，$\beta > 90°$。常见单形是斜方柱和平行双面。单斜晶系的宝石有翡翠、正长石（图3–2–8）、锂辉石、透辉石、榍石和孔雀石等。

3. 斜方晶系

具有三条不等的晶轴，彼此相互垂直。晶体常数特点：$a \neq b \neq c$，$\alpha = \beta = \gamma = 90°$。常见单形是斜方柱和斜方双锥。斜方晶系的宝石有红柱石、金绿宝石、橄榄石（图3–2–9）、托帕石、赛黄晶、堇青石、柱晶石、顽火辉石和黝帘石等。

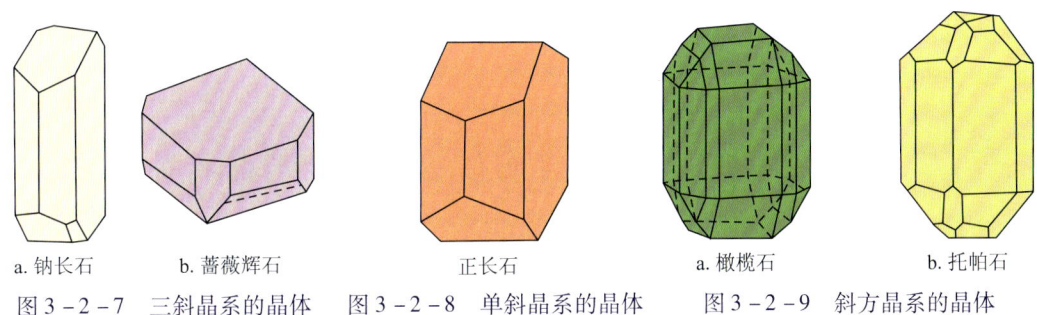

a. 钠长石　　b. 蔷薇辉石　　　　正长石　　　　a. 橄榄石　　　b. 托帕石

图3–2–7　三斜晶系的晶体　　图3–2–8　单斜晶系的晶体　　图3–2–9　斜方晶系的晶体

4. 四方晶系

有三条相互垂直的晶轴，其中两条横轴轴长相等，另一条纵轴则不等，并称之为主轴。晶体常数特点：$a = b \neq c$，$\alpha = \beta = \gamma = 90°$。常见单形是四方柱和四方双锥。四方晶系的宝石有金红石、锆石、符山石（图3–2–10）和方柱石等。

5. 三方晶系

也称菱形晶系，其晶体常数特点和六方晶系相似，但对称程度较低，主轴为三次对称轴。晶体常数特点：$a = b \neq c$，$\alpha = \beta = 90°$，$\gamma = 120°$。常见单形是三方柱、菱面体和三方单锥。三方晶系的宝石有红宝石、蓝宝石、碧玺、冰洲石（方解石）（图3–2–11）和菱锰矿、水晶等。

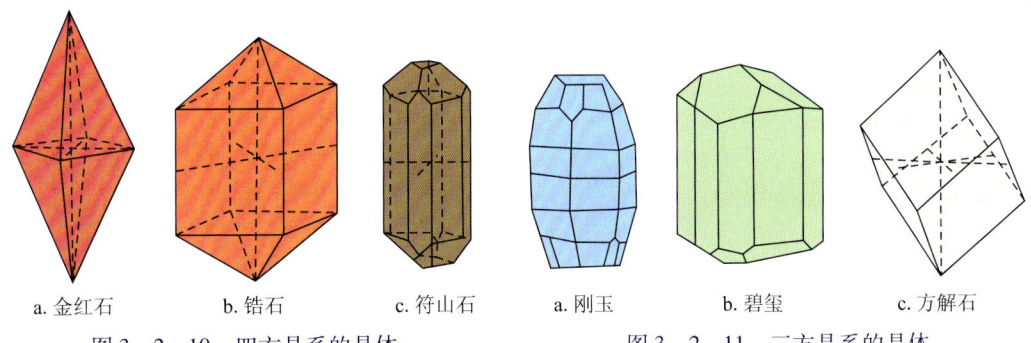

a. 金红石　　b. 锆石　　c. 符山石　　a. 刚玉　　b. 碧玺　　c. 方解石

图3–2–10　四方晶系的晶体　　　　图3–2–11　三方晶系的晶体

6. 六方晶系

该晶系有四条晶轴，其中三条相等的横轴彼此间呈120°，分别称之为X，Y，U轴，主轴为六次对称轴。晶体常数特点：$a=b\neq c$，$\alpha=\beta=90°$，$\gamma=120°$。常见单形是六方柱和六方双锥。六方晶系的宝石有海蓝宝石、祖母绿、磷灰石（图3-2-12）和蓝锥矿等。

7. 等轴晶系

也称立方晶系。该晶系有三条相等且相互垂直的晶轴。晶体常数特点：$a=b=c$，$\alpha=\beta=\gamma=90°$。常见单形是立方体、八面体和菱形十二面体。等轴晶系的宝石有钻石、石榴子石、萤石（图3-2-13）、方钠石和尖晶石等。

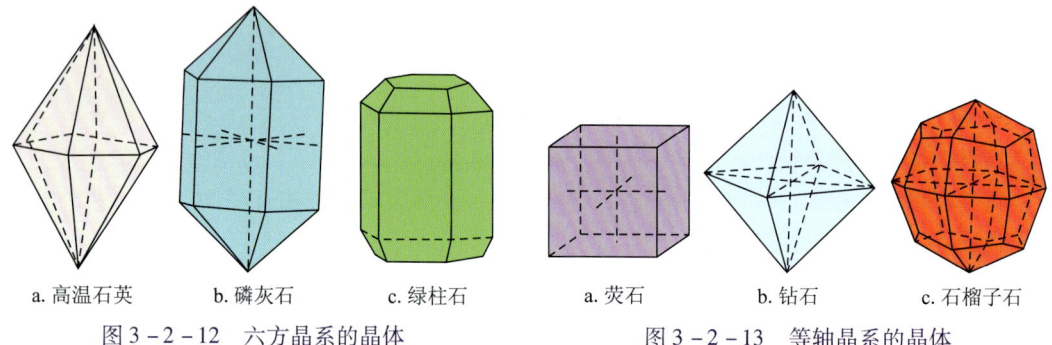

a. 高温石英　　b. 磷灰石　　c. 绿柱石　　　　　a. 荧石　　b. 钻石　　c. 石榴子石

图3-2-12　六方晶系的晶体　　　　　　　图3-2-13　等轴晶系的晶体

学习任务三　认识宝石矿物形态及表面特征

◆ 任务目标：理解单形和聚形的概念，能判别宝石矿物晶体中的单形和聚形；熟悉晶体规则连生的类型和具体表现；能判别宝石矿物晶体结晶习性特点和晶面特征。

◆ 任务要求：结合模型和手标本，重点从单形和聚形判别、双晶识别、晶面特征识别等方面巩固知识和技能。

【学习材料】

在地壳中的矿物晶体中，呈理想状态的宝石晶体所占的比例不高，但却十分重要，它是研究实际宝石矿物对称规律的基础。理想形态的宝石矿物晶体可分成两种类型，即单形和聚形。

一、单形

晶体的单形是指由对称要素联系起来的一组晶面的总和。单形中的每个晶面都可通过其对称型中的全部对称要素使它们相互重复。因此，同一单形的所有晶面都同形等大，且具有相同的性质。例如立方体由6个同形等大的正方形组成；八面体由8个同形等大的等边三角形封闭而成（图3-3-1）。

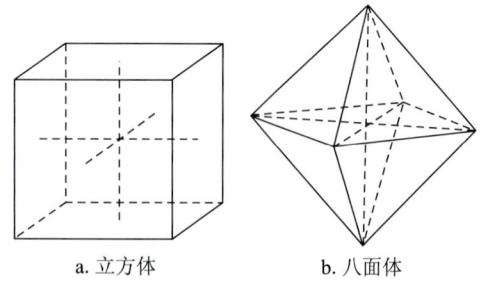

a. 立方体　　b. 八面体

图3-3-1　立方体和八面体单形

根据拓扑学推导，对32种对称型的分析，晶体共有47种几何单形，分布于七大晶系中。如等轴晶系中的立方体、八面体；三方晶系中的菱面体；四方晶系中的四方双锥；六方晶系中的六方柱；斜方晶系中的斜方柱；单斜晶系中的平行双面；三斜晶系中的单面等。自然界中常见的重要单形及其特征见表3-3-1。

表 3-3-1　自然界中常见的几何单形及其特征

晶族	形态特征	晶系	单形名称	单形形状	晶面数目	晶面在空间上分布特点及晶面与晶轴关系
低级晶族	呈扁平状、板状、片状	三斜、单斜、斜方晶系	平行双面		2	两个晶面互相平行
			斜方柱		4	成对平行，交棱平行，所有晶面及交棱平行 L^2，横截面呈菱形
			斜方双锥		8	成对平行，上、下晶面对称，上、下晶面分别交于 L^2 的两点，呈双锥状，横截面呈菱形
中级晶族	一向延长，晶体呈柱状、长柱状或短柱状	三方晶系	菱面体		6	两两平行，上、下晶面绕 L^3 错开 60°
			复三方偏三角面体		12	似菱面体每个晶面变为两个不等边三角形而成
			三方单锥		3	三个晶面交棱相交于唯一的 L^3 的一点，横截面呈等边三角形
			三方柱		3	晶面交角 60°，所有晶面及交棱平行唯一的 L^3，横截面呈等边三角形
		六方晶系	六方柱		6	晶面交角 120°，所有晶面及交棱平行唯一的 L^6，横截面呈正六边形

续表

晶族	形态特征	晶系	单形名称	单形形状	晶面数目	晶面在空间上分布特点及晶面与晶轴关系
中级晶族	一向延长，晶体呈柱状、长柱状或短柱状	六方晶系	六方双锥		12	上、下晶面交于唯一的 L^6 的两点，对称排列，呈双锥状，横截面呈正六边形
		四方晶系	四方柱		4	晶面交角90°，所有晶面及交棱平行唯一的 L^4，横截面呈正方形
			四方双锥		8	上、下晶面交于唯一的 L^4 的两点，对称排列，呈双锥状，横截面呈正方形
高级晶族	三向等长，晶体呈粒状	等轴晶系	四面体		4	成对错开，交棱中心为 L_i^4 出露点，晶面与 L^3 垂直
			立方体		6	两两平行，晶面交角90°，晶面中心为 L^4 出露点
			八面体		8	两两平行，每四个晶面交点为 L^4 出露点，晶面垂直 L^3
			菱形十二面体		12	两两平行，每四个晶面交点为 L^4 出露点，晶面中心为垂直 L^2 出露点
			五角十二面体		12	两两平行，长边中点为 L^2 出露点
			四角三八面体		24	八面体每个晶面变为三个四边形晶面而成

单形可分为开形和闭形两种。闭形是指其晶面可以包围成一个封闭的空间的单形，如立方体和八面体单形；开形是指其晶面不能包围成一个封闭空间的单形，如柱类、单锥类和平行双面等单形。

二、聚形

两个或两个以上单形的聚合称为聚形，单形的相聚不是任意的，必须是属于同一对称型的单形才能相聚。因此，聚形中的每一单形的对称都与该聚形的对称一致。判别一个聚形由何种单形组成，可依据对称型、单形晶面的数目和相对位置等进行综合分析。

图3-3-2a是四方晶系的两个单形四方柱和四方双锥组成的聚形；图3-3-2b是由等轴晶系的立方体和菱形十二面体组成的聚形。

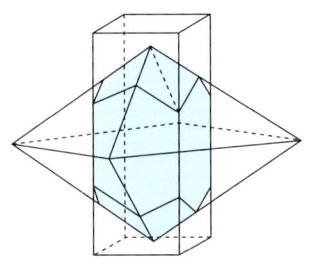
a. 四方柱与四方双锥的聚形

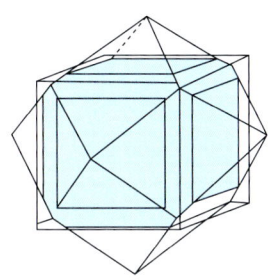
b. 立方体与菱形十二面体的聚形

图3-3-2　晶体的聚形

三、晶体的规则连生

无论是自然界中的天然晶体，还是实验室中人工制造的晶体，都可见多个晶体生长在一起，形成连生体型宝石。同种晶体的规则连生可分为平行连生和双晶两种类型。

1. 平行连生

平行连生指由若干个同种的单晶体彼此平行地连生在一起，连生着的单晶体相对应的晶面、晶棱都相互平行（图3-3-3）。平行连生从外形上看是多个晶体的连生，但实际上它们的内部格子构造是平行而连续的，从这点来看与单晶没有什么区别。图3-3-4显示了明矾八面体晶体的平行连生。

图3-3-3　水晶晶体的平行连生

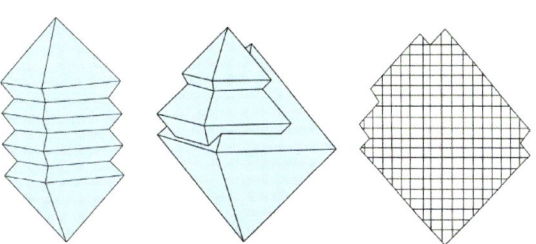
图3-3-4　明矾晶体的平行连生

2. 双晶

双晶是指两个或两个以上的同种晶体，彼此间按一定的对称规律形成的规则连生。构成双晶的个体间的晶面和晶棱并非完全平行，但它们可借助于一定的对称操作，如旋转、反映、反伸等使个体间彼此重合或平行。进行对称操作时所借助的辅助几何要素称为双晶要素，包括双晶面、双晶轴和双晶中心。

双晶面是个假想的平面，通过它的反映可使双晶的两个个体重合或平行。

双晶轴是一根假想的直线，双晶中一个个体围绕此直线旋转180°，可与另一个个体平行或重合。

双晶中心是一假想的点，双晶中的一个个体通过它的反伸可与另一个个体重合。

根据双晶个体连生的方式，双晶可分成接触双晶（简单接触双晶和聚片双晶）、穿插双晶和轮式双晶。

接触双晶　指两个单体间只以一个简单的平面相接触，如尖晶石双晶（图3-3-5）、水晶的膝状双晶。

聚片双晶　由若干个单体按同一种双晶律连生，接合面彼此平行，表现为一系列薄板状，相邻的晶体呈相反方向排列，如钠长石的聚片双晶（图3-3-6）。

穿插双晶　由两个单体相互穿插，接合面常曲折而复杂，如正长石的卡式双晶（图3-3-7）。

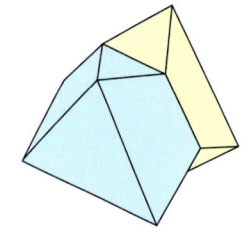

图3-3-5　尖晶石接触双晶

图3-3-6　钠长石聚片双晶

轮式双晶　由两个以上单体，按同一种双晶律组成，表现为若干组接触双晶或贯穿晶的组合，各结合面互不平行而是依次呈等角度相交，双晶总体呈环状或辐射状。按单体个数可分为三连晶、四连晶等，如金绿宝石的三连晶（图3-3-8）。

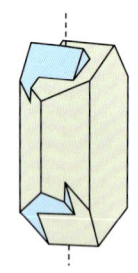

图3-3-7　正长石卡式双晶　　　　　　图3-3-8　金绿宝石轮式双晶

双晶的形成方式主要有：①在晶体生长过程中形成，它可以由双晶晶芽发育而成，也可以由小晶体按双晶的位置相互接触连生而成；②在同质多象转变过程中形成，例如化学成分同为SiO_2的高温变体β石英（六方晶系）的单晶转变成低温变体α石英（三方晶系）时，经常可以形成双晶；③由机械作用形成，在机械作用的影响下，晶体的一部分沿着一定方向的面网滑动可以形成机械双晶。

双晶形成条件很复杂。晶体的内部结构是形成双晶的内因，但并不是每一种矿物晶体都可以呈双晶出现，所以从这个角度讲，双晶是宝石矿物的一个鉴别标志，比如正长石的卡式双晶，钠长石的聚片双晶，金绿宝石的三连晶，以及尖晶石的接触双晶等，晶体生长时的外界条件对双晶的形成也起到重要作用，理想的生长条件是不利于双晶形成的。所以相比之下，人工宝石的双晶比天然宝石少得多。

四、实际晶体形态

1. 结晶习性

矿物的单体形态一般用结晶习性来描述。结晶习性是指矿物通常呈现的晶体形态，它包括两方面：一是同种晶体常见的单形；二是晶体在三维空间延伸的比例。

一种晶体常具有自身的晶体习性，即晶体常呈现某种或某几种单形。例如：尖晶石常见的单形为八面体；萤石在岩浆岩和伟晶岩中常呈八面体，在高温热液中形成的萤石常呈菱形十二面体，在低温热液中形成的则常呈立方体。

此外，根据晶体在三维空间延伸的情况，可大致分为三种类型。

三向等长 指晶体在三维空间的发育程度基本相等，呈现出粒状或等轴状，如石榴子石（图3-3-9a）、黄铁矿等。

二向延长 指晶体在一个方向上发育较差，呈板状或片状，如重晶石和石膏（图3-3-9b）等。

一向延长 指晶体在一个方向上发育特别快，而呈现柱状、长柱状、针状或纤维状，如电气石（图3-3-9c）、绿柱石、水晶和以包裹体出现的针状金红石等。

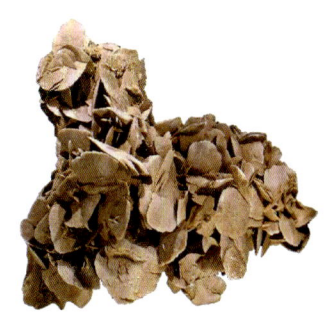

a. 石榴子石　　　　　　b. 石膏　　　　　　c. 电气石

图3-3-9　晶体的结晶习性

矿物晶体所表现的晶体习性是其内部和外部两方面因素共同作用的结果。内部因素是指其自身的内部结构（格子构造），外部因素是指晶体生长时的组分浓度、杂质、温度、压力、介质的酸碱度及空间条件等。

需要注意的是，宝石矿物在自然界中的形成环境十分复杂，并且任何一个晶体在其生长过程中总会不同程度地受到外界因素的干扰。因此，晶体并非是严格地按照空间格子规律形成的均匀整体，以致晶体不能按理想状态发育时则会出现歪晶、凸晶和弯晶等非理想晶体形态。

歪晶 在实际晶体中歪晶是极其常见的。所谓歪晶是指在非理想环境下生长的偏离本身理想晶形的晶体。歪晶通常表现为同一单形的各晶面发育不等（即不能同形等大），部分晶面甚至可能缺失，但它们的晶面夹角与理想晶体的相应晶面夹角保持相同，这就是所谓的"面角守恒定律"。

例如，α石英晶体，它在理想生长情况下应形成如图3-3-10a所示的晶形。但实际上它经常呈现如图3-3-10b所示的歪晶。可以看出，歪晶中同一单形的晶面的形态及大小虽不相同，但各晶面之间的交角关系与理想晶体是相同的。

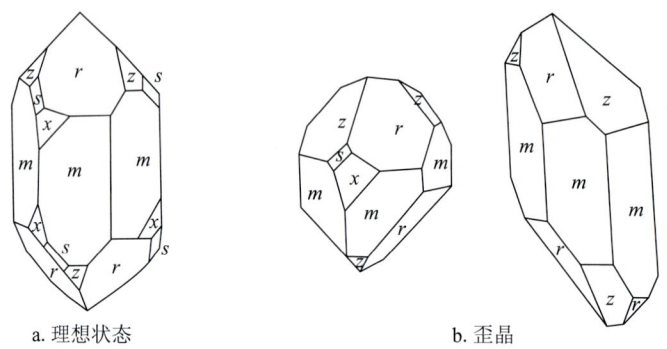

a. 理想状态　　　　　　　　　　b. 歪晶

图3-3-10　水晶的理想形态和歪晶

凸晶　各晶面中心均相对凸起而呈曲面，晶棱弯曲而呈弧线的晶体称为凸晶。所有凸晶都是由几何多面体趋向于球面体的过渡形态。图3-3-11所示为金刚石的八面体凸晶及菱形十二面体凸晶。凸晶是在晶体形成后又遭受溶解而形成的，由于位于角顶和晶棱上质点的自由能较位于晶面上质点的自由能大，而且角顶及晶棱部位与溶剂的接触概率也大，因而，它们的溶解速度较晶面中心快，从而产生凸晶。

a. 八面体凸晶　　　　　　　　　　b. 菱形十二面体凸晶

图3-3-11　金刚石凸晶

弯晶　指整体呈弯曲形态的晶体。弯晶与凸晶的差别是，凸晶所有晶面均向外凸出，而弯晶一侧晶面向外凸出时，相反一侧的晶面就向内凹进，如白云石的马鞍状弯晶（图3-3-12）。

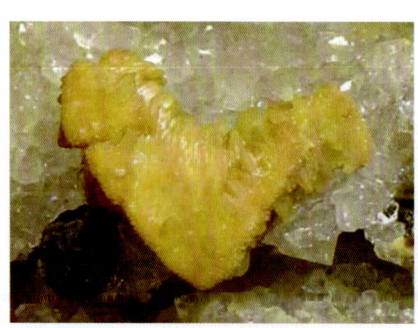 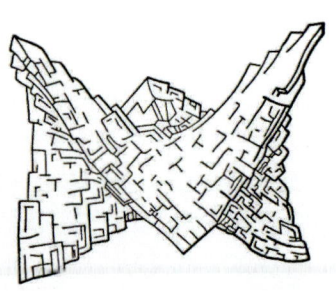

图3-3-12　白云石马鞍状弯晶

2. 晶面特征

实际矿物晶体的晶面都不是理想的平面，常常出现这样或那样的花纹或者蚀象。

由晶面上一系列所谓的邻接面构成的直线状条纹称为晶面条纹。晶面条纹是晶体生长过程中形成的，是由邻接面的细窄条带与主要的面呈阶梯状反复交替生长而造成的，在许多晶体上可以看到。例如：石英晶体的柱面上常具横纹；电气石晶体柱面上则常具纵纹；黄铁矿立方体晶面上也常有条纹，其三对平行晶面上的条纹方向相互垂直（图3-3-13）。石英的晶面横纹是由六方柱与菱面体的狭长晶面交替生长形成的；黄铁矿的晶面条纹则是由立方体与五角十二面体两种单形的晶面交互生长形成的。

a. 石英　　　　　b. 电气石　　　　　c. 黄铁矿

图3-3-13　晶体的晶面条纹

在晶体形成之后，若遭受溶蚀还会在晶体表面形成凹坑（溶蚀坑），凹坑的形状、方向和分布受内部质点排列方式所控制，可反映出晶体的对称性，可作为鉴定晶体原石的依据，如钻石表面的等边三角形凹坑（图3-3-14）。

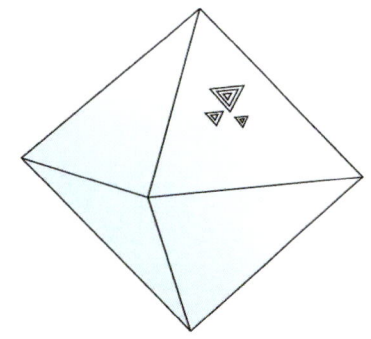

图3-3-14　钻石晶体表面的三角形凹坑

【学习小结】

通过本项目学习，要求学生理解晶体对称要素、对称操作、晶体分类等基本概念，熟悉各晶系晶体常数特点，能够判别宝石矿物晶体形态特点及表面特征。晶体与非晶体具有本质的区别。晶体是具有格子构造的固体，表现出自限性、均一性、异向性、对称性、最小内能和稳定性等基本性质。晶体的对称要素包括对称中心、对称轴和对称面，根据对称要素的组合特点，可将晶体分为低级、中级、高级三个晶族、七个晶系。宝石矿物晶体形态常表现为单形、聚形和规则连生。矿物结晶习性和晶面特征既反映出矿物晶体形成的环境及条件，同时也为宝玉石鉴定提供了重要参考依据。

【思考与练习】

1）如何理解晶体的异向性和对称性？

2）举例说明晶体定向的基本方法。

3）晶体有哪些对称要素？请根据晶体对称要素组合特点，分类描述三大晶族和七个晶系的结晶学特点。

4）认识单形和聚形的特点对宝石学工作者和从业者来说有何意义？

5）根据晶体常数特点，描述各晶系的基本特点。

学习项目四　认识宝石的化学成分特征

宝石矿物的化学成分和晶体结构决定了一个宝石矿物种的基本性质与特征，而化学成分构成了宝石矿物的物质基础。从地球化学角度出发，宝石原料（矿物和岩石）都是在长期地质演化过程中，在特定的物理化学条件下，元素相互结合的产物。故宝石矿物是具有一定化学成分组成与特征的单质或化合物，分属于不同的晶体化学种属。宝石的特征从根本上说决定于化学元素本身的性质及其演变规律。化学成分上的变化往往影响宝石矿物的物理性质，类质同象、同质多象、矿物中水的存在形式等化学变化对宝石的物理性质产生规律性影响。认识宝石的化学成分特征，是认识其物理性质和宝石学特性的基础；同时，准确识别和测定宝石中化学成分存在与变化规律，也是从事宝石找矿、宝石鉴定检测、人造宝石、宝玉石优化处理等职业工作的重要途径之一。

【想一想，议一议】

自然界的众多宝石矿物，它们在化学成分上有何共性和彼此区分的特点？以已经掌握的矿物学、岩石学知识为基础，列举一些实例，谈谈化学成分变化是如何影响宝石的物理性质和宝石学特性的。

【内容结构图】

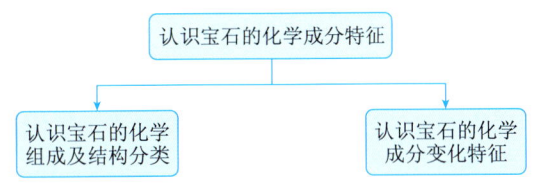

【内容提要】

在本学习项目中，通过对宝石化学组成及晶体化学分类、化学成分变化特点的介绍及类质同象等重要概念的阐述，使学生熟悉宝石矿物的化学成分特点，能结合地球化学及晶体化学相关知识，解释化学成分变化影响宝石矿物物理性质变化的各种现象。

【学习目标与要求】

◆ 学习目标：理解宝石的晶体化学分类原则，熟悉各大类的主要宝石品种，理解类质同象、同质多象的概念和内涵，熟悉宝石矿物中水的存在状态，能用上述知识解释因化学成分变化引起宝石物理性质变化的各种现象。

◆ 学习要求：回顾矿物学、地球化学相关知识，以列表方式对比宝石矿物结晶学分类和晶体化学分类间的异同点。

【任务引入】

判别矿物的化学成分特征，既是矿物学、矿床学、地球化学等相关学科的重要研究内容，同时也是宝玉石鉴定检测与研究领域的一项重要工作。目前，判别宝石的产地成为宝石学界及鉴定检测工作中的一个前沿方向。产地对于某些重要宝石，如红宝石、祖母绿等具有特殊意义。国际上宝石学研究开展较为先进的国家有美国、德国、澳大利亚、日本等，于20世纪末陆续开展了宝石产地鉴别研究。宝石产地鉴别的基本思路是，收集某宝石品种重要产地的大量典型标本，如缅甸抹谷红宝石，测试其化学元素（主要为微量元素）含量特征，形成统计规律，并区分世界各地其他主要产地红宝石的化学成分特征，找出能明确代表产地的化学成分特征要素，形成标型特征。若待测红宝石标本的化学成分特征与标定产地为缅甸抹谷的红宝石化学成分标型特征吻合，而与其他任何产地红宝石化学成分特征均不吻合，则可以认定待测红宝石标本产地为缅甸抹谷。虽然鉴别宝石产地的依据还有晶形、物理性质、包裹体特征等，但化学成分特征无疑是可参考的重要线索之一。

学习任务一　认识宝石的化学组成及结构分类

- 任务目标：熟悉组成宝石的化学元素种类，理解宝石晶体化学分类的基本原则，熟悉各大类的主要宝石品种。
- 任务要求：回顾晶体化学相关知识，巩固宝石矿物晶体化学分类相关知识。

【学习材料】

宝石矿物是由各种化学元素组成的单质或化合物，地壳中存在92种天然产出的元素，其中构成地壳质量主体的元素有8种，它们分别是O、Si、Al、Fe、Ca、Na、K、Mg。除此之外，还有C、F、Cr、Mn、Ni、Co、Cu、B、N和Be等元素，它们或者作为宝石的主要化学成分，或者作为次要或微量化学成分存在于各种宝石中。按照晶体化学原则，宝石矿物可划分为自然元素大类、硫化物及卤化物大类、氧化物大类、含氧盐大类等。

一、自然元素大类

本类宝石为自然元素单质矿物宝石，元素以单质形式呈独立矿物出现。属于此大类的宝石矿物有金刚石（成分为C）等。

二、硫化物及卤化物大类

极少数宝石属于此类矿物，卤化物宝石如萤石（CaF_2）、硫化物宝石如黄铁矿（FeS_2）等。

三、氧化物大类

氧化物是一系列金属和非金属元素与氧的阴离子O^{2-}化合（以离子键为主）而成的化合物，其中包括含水氧化物。这些金属和非金属元素主要有Si、Al、Fe、Mn、Ti、Cr等。阴离子O^{2-}一般按立方或六方最紧密堆积，而阳离子则充填于其四面体或八面体空隙中。一些硬度大、耐久性很强的宝石属于此类。简单氧化物的宝石有刚玉（Al_2O_3），SiO_2类矿物的紫晶、黄晶、烟晶、芙蓉石、玉髓、欧泊（$SiO_2 \cdot nH_2O$）及金红石（TiO_2）等；复杂氧化物的宝石有尖晶石（$MgAl_2O_4$）和金绿宝石（$BeAl_2O_4$）等。

四、含氧盐大类

大部分宝石矿物属于含氧盐类。含氧盐大类宝石矿物根据络阴离子种类的不同，可进一步划分为硅酸盐类、硼酸盐类、磷酸盐类和碳酸盐类,其中又以硅酸盐类矿物最多,约占宝石的一半。

1. 硅酸盐类

在硅酸盐类矿物的晶体结构中,硅氧配位四面体 $[SiO_4]^{4-}$ 是它们的基本构造单元。硅氧四面体在结构中可以孤立地存在,也可以以其角顶相互连接而形成各种形式的硅氧骨干。其中主要的硅氧骨干形式有:岛状结构、环状结构、链状结构、层状结构、架状结构五种。

(1) 岛状硅氧骨干

表现为单个硅氧四面体 $[SiO_4]^{4-}$ 或每两个四面体以一个公共角顶相连组成双四面体在结构中独立存在。它们彼此之间靠其他金属阳离子(如 Zr^{4+}、Fe^{2+}、Mg^{2+}、Ca^{2+} 等)来连接,它们之间并不相连,因而呈独立的岛状。属于此类的宝石矿物有锆石 $ZrSiO_4$、橄榄石 $(Mg,Fe)_2SiO_4$、石榴子石 $A_3B_2(SiO_4)_3$(其中 A 为 Fe^{2+}、Mg^{2+}、Ca^{2+}、Mn^{2+} 等二价阳离子,B 为 Al^{3+}、Fe^{3+}、Cr^{3+} 等三价阳离子)、托帕石 $Al_2SiO_4(F,OH)_2$、榍石 $CaTi(SiO_4)O$、十字石 $Fe_2Al_9(SiO_4)_4O_7(OH)$ 等。

(2) 环状硅氧骨干

结构中包含由三个、四个或六个硅氧四面体 $[SiO_4]^{4-}$ 所组成的封闭的环(分别叫三方、四方和六方环)。环内每一个四面体均以两个角顶分别与相邻的两个四面体连接,而环与环之间则靠其他金属阳离子连接。属于此类的宝石矿物有蓝锥矿 $BaTiSi_3O_9$(三方环)、绿柱石 $Be_3Al_2Si_6O_{18}$(六方环)、堇青石 $(Mg,Fe)_2Al_4Si_5O_{18}$(六方环)和碧玺(六方环)等。

(3) 链状硅氧骨干

指每个 $[SiO_4]^{4-}$ 四面体以两个角顶分别与相邻的两个 $[SiO_4]^{4-}$ 四面体连成一条无限延伸的链,链与链之间通过其他金属阳离子来连接。属于此类的宝玉石有翡翠、软玉、透辉石和蔷薇辉石等。

(4) 层状硅氧骨干

$[SiO_4]^{4-}$ 四面体成层连接,两层硅氧骨干层错开连成"双层"构造,在硅氧骨干中,阳离子八面体层中以及双层之间的离子都可以发生与其他类似离子的替代。这类硅酸盐常形成黏土矿物。宝石矿物中的一些彩石、图章石(如青田石、寿山石)以及蛇纹石属于此类。

(5) 架状硅氧骨干

每个 $[SiO_4]^{4-}$ 四面体均以其全部的四个角顶与相邻的四面体连接,组成在三维空间中无限扩展的骨架。属于此类的宝石矿物有月光石、日光石、拉长石、天河石和方柱石等。

2. 硼酸盐类

此类矿物中,$[BO_3]^{3-}$ 和 $[BO_4]^{5-}$ 两种阴离子是硼酸盐的基本构造单位。属于此类的宝石矿物很少,属于罕见宝石,如硼铝镁石 $Mg(Al,Fe)BO_4$ 等。

3. 磷酸盐类

此类宝石矿物都含有磷酸根 $[PO_4]^{3-}$。该类宝石矿物的成分相当复杂,往往带有附加阴离子。属于此类的宝石矿物有磷灰石 $Ca_5(PO_4)_3(F,Cl,OH)$ 和绿松石 $CuAl_6(PO_4)_4(OH)_8 \cdot 5H_2O$ 等。

4. 碳酸盐类

此类矿物晶体结构特点是具有阴离子 $[CO_3]^{2-}$,二价金属阳离子 Mg^{2+}、Fe^{2+}、Zn^{2+}、

Mn^{2+}、Ca^{2+} 等与阴离子组成碳酸盐类矿物。属于此类的宝石矿物有菱锰矿 $MnCO_3$、孔雀石 $Cu_2CO_3(OH)_2$、方解石 $CaCO_3$（珊瑚等的主要晶质组分）、文石 $CaCO_3$（珍珠的主要晶质组分）等。

学习任务二　认识宝石的化学成分变化特征

◆ 任务目标：理解类质同象、同质多象的概念，掌握类质同象对宝石物理性质的影响机理，熟悉宝石矿物中水的存在形式及状态。

◆ 任务要求：回顾矿物学相关知识，对比类质同象、同质多象的内涵。

【学习材料】

宝石矿物的化学成分并不是固定不变的，通常都是在一定的范围内有所变化。引起宝石矿物化学成分变化的原因很多，其中主要是类质同象替代和外来物质以包裹体形式的机械混入。即便是同种化学组成的物质，在不同的物理化学环境中也会形成结构不同的晶体，称之为同质多象。此外，水的存在也会影响宝石矿物的化学成分，进而影响其物理性质。

一、类质同象

1. 类质同象的概念

在晶体结构中部分质点（原子、离子或分子）被其他性质类似的质点所代替，仅使晶格常数和物理化学性质发生不大的变化，而晶体结构保持不变，这种现象称为类质同象。

宝石矿物石榴子石是类质同象系列的一个典型例子。石榴子石的化学分子式可表示为 $A_3B_2(SiO_4)_3$，其中 A 代表二价阳离子，主要有 Ca^{2+}、Mg^{2+}、Fe^{2+} 和 Mn^{2+}；B 代表三价阳离子，主要有 Al^{3+}、Fe^{3+}、Cr^{3+} 等。石榴子石宝石矿物形成两个类质同象系列：一类是三价阳离子为 Al^{3+}，二价阳离子（Mg^{2+}、Fe^{2+}、Mn^{2+}）可互换的铝榴石系列（Ca^{2+} 半径较大，难与 Mg^{2+}、Fe^{2+}、Mn^{2+} 置换）；另一类是二价阳离子均为 Ca^{2+}，三价阳离子（Al^{3+}、Fe^{3+} 和 Cr^{3+}）可互换的钙榴石系列。其端员成分变化如下。

铝榴石系列 $(Mg^{2+},Fe^{2+},Mn^{2+})_3Al_2(SiO_4)_3$
　　　　镁铝榴石 $Mg_3Al_2(SiO_4)_3$，铁铝榴石 $Fe_3Al_2(SiO_4)_3$，锰铝榴石 $Mn_3Al_2(SiO_4)_3$；
钙榴石系列 $Ca_3(Al^{3+},Fe^{3+},Cr^{3+})_2(SiO_4)_3$
　　　　钙铝榴石 $Ca_3Al_2(SiO_4)_3$，钙铁榴石 $Ca_3Fe_2(SiO_4)_3$，钙铬榴石 $Ca_3Cr_2(SiO_4)_3$。

在类质同象混晶中，若两种质点可以任意比例相互替代，则称为完全类质同象。例如镁铝榴石 $[Mg_3Al_2(SiO_4)_3]$ 和铁铝榴石 $[Fe_3Al_2(SiO_4)_3]$ 之间，由于 Mg^{2+} 和 Fe^{2+} 可以互相代替，形成各种 Mg、Fe 含量不同的类质同象混合物，构成各种比值连续的类质同象系列：$Mg_3Al_2(SiO_4)_3$ - $(Mg,Fe)_3Al_2(SiO_4)_3$ - $(Fe,Mg)_3Al_2(SiO_4)_3$ - $Fe_3Al_2(SiO_4)_3$，即镁铝榴石 - 镁铁铝榴石 - 铁镁铝榴石 - 铁铝榴石。

如果替换的质点只局限于一个有限的范围内，则称为不完全类质同象系列。如闪锌矿（ZnS）中的 Zn^{2+} 可部分地（最多26%）被 Fe^{2+} 所替代，在这种情况下，Fe^{2+} 被称为类质同象混入物。

此外，如果相互替代的两种质点电价相同，称为等价类质同象，如前述的 Mg^{2+} 和 Fe^{2+}，Zn^{2+} 和 Fe^{2+}。如果相互替代的两种质点电价不同，称为异价类质同象，但是必须有电价的补偿以维持电价平衡，例如钠长石（$NaAlSi_3O_8$）- 钙长石（$CaAl_2Si_2O_8$）系列中，Al^{3+} 与 Si^{4+} 之

间的替代和 Na^+ 与 Ca^{2+} 之间的替代都是异价的，但由于两种替代同时进行，所以替代前后总电价仍是平衡的。

2. 类质同象的条件

形成类质同象的条件，一方面取决于质点本身的性质，如原子或离子半径的大小、电价、离子类型、化学键性等；另一方面也取决于外部条件，如温度、压力和介质条件等。

（1）质点大小相近

相互替代的原子或离子必须有近似的半径。一般而言，如果相互替代的质点半径相差越小，相互替代的能力越强，替换量也越大；反之则越弱、越小。

（2）电价的总和平衡

在离子化合物中，类质同象替代前后的离子电价总和应保持平衡，因为电价不平衡将引起晶体结构的破坏。对于异价类质同象，电价的平衡可以通过下列方式完成：①电价较高的阳离子被数量较多的低价阳离子替代（如云母中 $3Mg^{2+}$ 替代 $2Al^{3+}$），或者相反；②成对替代，即高价阳离子替代低价阳离子的同时另有其他低价阳离子替代高价阳离子，从而使离子总电位达到平衡，如斜长石中 $Na^+ + Si^{4+} \rightarrow Ca^{2+} + Al^{3+}$；③高价阳离子替代低价阳离子伴随高价阴离子替代低价阴离子，如磷灰石（Ca^{2+}, Ce^{3+})$_5$(PO_4)$_3$(F, Cl, O) 中 Ce^{3+} 替代 Ca^{2+}，伴随 O^{2-} 替代 F^-；④低价阳离子替代高价阳高子，所亏损的电价由附加阳离子平衡，如绿松石中 $Li^+ \rightarrow Be^{2+}$、$Fe^{2+} \rightarrow Al^{3+}$ 所亏损的正电荷分别由半径较大的 Cs^+ 和 Na^+ 进入绿松石结构通道中平衡。

（3）相同的化学键性

类质同象替代一般是在同种离子类型之间发生的，如果离子类型不同则很难发生类质同象。因为离子类型不同，极化力强弱各异。惰性气体型离子易形成离子键，而铜型离子则趋向于共价键结合。例如在硅酸盐宝石矿物中，Al—O 之间和 Si—O 之间都主要是共价键，因而经常出现 Al^{3+} 对 Si^{4+} 的替代。又如 Ca^{2+}（惰性气体型）和 Hg^{2+}（铜型）虽然电价相同、半径相似，但因离子类型不同，所形成键性各异，所以它们之间不产生类质同象替代，这就是为什么在硅酸盐中很难发现 $Ca \rightleftharpoons Hg$ 等类质同象的原因。

（4）热力学条件

介质的温度、压力和组分浓度等外部条件对类质同象的发生，也起到重要作用。一般来说，温度升高时类质同象替代的程度增大，温度下降则类质同象替代减弱。如在高温下碱性长石中 K 和 Na 可以互呈类质同象替代而形成 $(K, Na)AlSi_3O_8$ 或 $(Na, K)AlSi_3O_8$ 固溶体；但在低温下则发生固溶体分离，而形成由钾长石 $KAlSi_3O_8$ 和钠长石 $NaAlSi_3O_8$ 两种矿物组成的条纹长石。压力的增加往往会限制类质同象的替代范围，并促使固溶体分离。组分的浓度对类质同象也会有影响。

3. 类质同象对宝石矿物物理性质的影响

（1）对宝石颜色的影响

类质同象对于宝石矿物具有非常重要的意义，因为大部分宝石矿物是由于少量类质同象混入物而呈现出各种美丽诱人的颜色。现举几个具代表性的实例。

◆ 刚玉

纯净的刚玉矿物是无色的，其化学成分为 Al_2O_3。当其中 Al^{3+} 被微量 Cr^{3+} 替代，刚玉则呈现玫瑰红-红色色调，称为红宝石；当其中 Al^{3+} 被微量 Ti^{4+} 和 Fe^{2+} 等替代（$Ti^{4+} + Fe^{2+} \rightarrow 2Al^{3+}$）则呈现漂亮的蓝色，称为蓝宝石。$Fe^{2+}$ 和 Ti^{4+} 含量越高，则蓝宝石的蓝色越深，反之越浅。我国山东蓝宝石的深蓝色就是其中含有过多的 Fe 所致。

◆ 翡翠

翡翠主要由硬玉矿物组成,硬玉的化学组成为 $NaAlSi_2O_6$。纯净的硬玉岩为白色,但当硬玉化学组成中的 Al^{3+} 被不同元素替代时,则显示不同颜色:①当硬玉化学组成中的 Al^{3+} 被 Cr^{3+}、V^{3+} 替代时,翡翠呈诱人的绿色,绿色的深浅与替代程度有关,当 Cr^{3+} 的含量在 1%~2% 之间时,翡翠的颜色最美丽,呈浓艳的绿色,且为半透明,但当 Cr^{3+} 含量很高时,翡翠则呈不透明的黑绿色,即所谓的"干青种翡翠";②当硬玉化学组成中的 Al^{3+} 被 Fe^{3+} 替代时,则翡翠呈发暗的绿色,若 Fe^{3+} 只是少量替代 Al^{3+},翡翠呈浅绿色,若 Fe^{3+} 大量替代 Al^{3+},则翡翠呈暗绿色,甚至墨绿色;③当硬玉化学组成中的 Al^{3+} 同时被 Fe^{3+} 和 Cr^{3+} 替代时,翡翠的颜色则视 Fe^{3+} 和 Cr^{3+} 相对比例而定。Cr^{3+} 较多则绿色鲜艳一些,Fe^{3+} 较多时则绿色偏暗一些;④当硬玉化学组成中的 Al^{3+} 同时被 Fe^{2+} 和 Fe^{3+} 替代时,则翡翠呈紫色,也有人认为翡翠紫色是由于含有 Mn^{2+} 或 K^+ 造成的。

(2) 对宝石折射率、相对密度和硬度的影响

类质同象不但使宝石矿物的化学成分发生一定程度的改变,而且也在一定程度上影响它的折射率和相对密度等物理性质。现举几个实例加以说明。

◆ 橄榄石

在橄榄石 $(Mg,Fe)_2SiO_4$ 组成中,铁和镁可以呈完全类质同象($Mg^{2+} \rightleftharpoons Fe^{2+}$),随着其中 Fe^{2+} 含量增加,不但橄榄石的颜色加深,而且它的相对密度(3.32~3.37)和折射率(1.65~1.69)也逐渐增大,摩氏硬度($H_M = 6.5 \sim 7$)也略有增加。

◆ 托帕石

在托帕石 $Al_2SiO_4(F,OH)_2$ 的化学组成中,F^- 作为附加阴离子有时可被 OH^- 所替代,最高时可达 F^- 含量的 1/3(与托帕石形成时的温度有关)。研究表明,随着 OH^- 对 F^- 替代程度的增加,托帕石的相对密度(3.5~3.6)逐渐减小,折射率(1.603~1.638)逐渐增大。

二、同质多象

相同的成分,在不同的物理化学环境中,能形成结构不同的几种晶体,这种现象称为同质多象。成分相同而结构不同的几种晶体,称为该成分的同质多象变体。例如金刚石和石墨就是碳(C)的两个同质多象变体,具有完全不同的物理化学特征(表 4-2-1)。

表 4-2-1 金刚石和石墨同质多象变体的特征比较

同质多象变体	金刚石	石墨
晶系	等轴晶系	六方晶系
形态	八面体、立方体等	六方片状
颜色	无色或浅色	墨色
透明度	透明	不透明
光泽	金刚光泽	金属光泽
解理	八面体完全解理	底面完全解理
硬度	10	1
密度/($g \cdot cm^{-3}$)	3.52	2.09~2.23
导电性	半导体	良导体

宝石中的同质多象变体还有:成分同为 SiO_2 的 α 石英、β 石英和 γ 石英;成分同为 Al_2SiO_5 的红柱石、矽线石和蓝晶石等。

三、宝石矿物中的水

在很多矿物中，水是很重要的化学组成之一，并且它对矿物的许多性质有着极为重要的影响。许多宝石矿物含有水，根据矿物中水的存在形式及它们在晶体结构中的作用，可以把水分成以下几大类。

1. 吸附水

吸附水不参加晶格，是渗入在矿物集合体中，为矿物颗粒间隙或裂隙表面机械吸附的中性水分子。吸附水不计入矿物化学成分，不写入化学式。它们在矿物中的含量不定，随温度和湿度变化而不同。常压下温度达到100~110 ℃时，吸附水就基本上从矿物中逸出，而不破坏晶格。吸附水可以呈气态、液态或固态。

另外，水胶凝体中含有一种特殊类型的吸附水，称为"胶体水"。它被微弱的联结力固着在微粒的表面，通常计入矿物的化学组成，但其含量变化很大。如蛋白石，分子式为 $SiO_2 \cdot nH_2O$（n 为 H_2O 的分子数，不固定）。

2. 结晶水

结晶水以中性水分子（H_2O）存在于矿物中，在晶格中占有固定的位置，起着构造单位的作用，是矿物化学组成的一部分。水分子的数量与矿物其他成分之间有固定的比例。结晶水从矿物中逸出的温度一般不超过600 ℃，通常为100~200 ℃。当结晶水失去时，晶体的结构将被破坏，并形成新的结构。

绿松石就是一种含结晶水的磷酸盐，分子式为 $CuAl_6(PO_4)_4(OH)_8 \cdot 5H_2O$，其中 H_2O 含量达19.47%。

3. 结构水

结构水也称化合水，是以 OH^-、H^+、H_3O^+ 等离子形式参加矿物晶格的"水"，其中尤以 OH^- 形式最为常见。结构水在晶格中占据严格的位置并有确定的含量比，与其他离子的联结也相当牢固。由于与其他质点有较强的键力联系，结构水需要较高的温度（通常在600~1000 ℃之间）才能逸出。当其逸出后，晶体结构完全破坏。

许多宝石矿物都含有这种结构水，例如：碧玺 $NaMg_3Al_6(Si_6O_{18})(BO_3)_3(OH)_4$、十字石 $Fe_2Al_9(SiO_4)_4O_7(OH)$、托帕石 $Al_2SiO_4(OH,F)_2$ 和磷灰石 $Ca_5(PO_4)_3(F,Cl,OH)$ 等。

【学习小结】

通过本项目学习，要求学生理解宝石矿物晶体化学分类的原则和依据，熟悉各大类的珠宝宝石品种，并理解类质同象、同质多象等重要概念的内涵。宝石矿物按晶体化学分类法分为自然元素、硫化物及卤化物、氧化物及含氧盐几个大类，含氧盐中硅酸盐类宝石占大多数。类质同象现象在宝石矿物中普遍存在，并对宝石的物理性质，如颜色、折射率、相对密度、硬度等产生重要影响。宝石中水的不同存在形式和状态也对宝石的物理性质有重要影响。

【思考与练习】

1) 以实例阐述类质同象对宝石物理特性的重要影响。
2) 阐述硅酸盐宝石矿物中不同硅氧骨干结构与宝石物理性质之间的关系。
3) 以列表方式对比宝石矿物结晶学分类和晶体化学分类间的异同点。
4) 查阅相关资料，总结常见宝石品种中的同质多象变体种类及其特点。
5) 以实例阐述宝石矿物中水对其物理性质的影响。

学习项目五　认识宝石的物理特性

和宝石的化学成分特征不同，宝石的物理特性是最直观、最容易被观测和检验到的宝石学特性之一，对宝玉石鉴定检测、宝玉石品质评价与价值评估等职业工作具有不可替代的重要意义。首先，宝石物理特性是宝石展现美丽的直接影响因素，颜色、透明度、光泽、特殊光学效应等物理特性为宝石增添了美丽，使其区别于一般矿物；其次，作为宝玉石鉴定检测中的直接证据，宝石物理特性的准确观察、描述、测定和记录成为宝玉石鉴定检测工作的主要内容，也是宝石学工作者所必备的重要基础技能；再者，宝玉石的品质和价值与其物理特性之间有不可分割的紧密联系，准确认识物理特性也是宝玉石品质评价和价值评估的重要前提之一。

【想一想，议一议】

宝石的物理特性与宝石的结晶学特性及化学特性之间有何关系？以已经掌握的结晶学与矿物学知识为基础，结合自己的认识和理解，及社会实践体会，谈谈深入认识宝石的物理特性对宝玉石鉴定检测、品质分级和价值评估职业工作的重要意义。

【内容结构图】

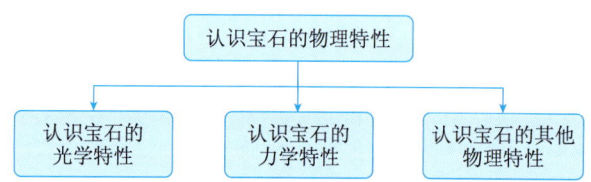

【内容提要】

在本学习项目中，通过对宝石光学特性、力学特性、电学和热学特性的介绍和阐述，使学生理解宝石物理特性的内涵，掌握准确观察、描述和记录宝石物理特性的基本能力，并增强对错误概念的辨析能力。

【学习目标与要求】

◆ 学习目标：理解宝石物理特性的基本概念，熟悉物理特性的相关内容，掌握准确观察、描述和记录宝石物理特性的基本方法。

◆ 学习要求：以已掌握的矿物学知识为基础，参照宝石矿物及成品标本，详细观察、描述和记录宝石标本所表现出的物理特性。

【任务引入】

出具宝石鉴定检测证书是宝玉石鉴定检测机构的主要工作任务。宝石鉴定证书中包含待测宝石的多方面信息（图5-0-1）。如何准确反映待测宝石的物理特性是宝石鉴定检测工作的关键。证书中关于宝石形状、质量、颜色、透明度、折射率、多色性、发光性等方面的描述均归属于物理特性的描述和记录。在宝石的物理特性参数中，某些可以通过肉眼及放大观察获取；某些需借助一定的常规及大型鉴定检测仪器获取。科学、公正、准确地反映待测宝石各项物理特性的鉴定证书，既是宝石流通市场、产生价值的身份证，也是维护宝玉石市场秩序、获取消费者信心的必备条件。从这个意义来说，如何准确认识和理解宝石的物理特性显得尤为重要。

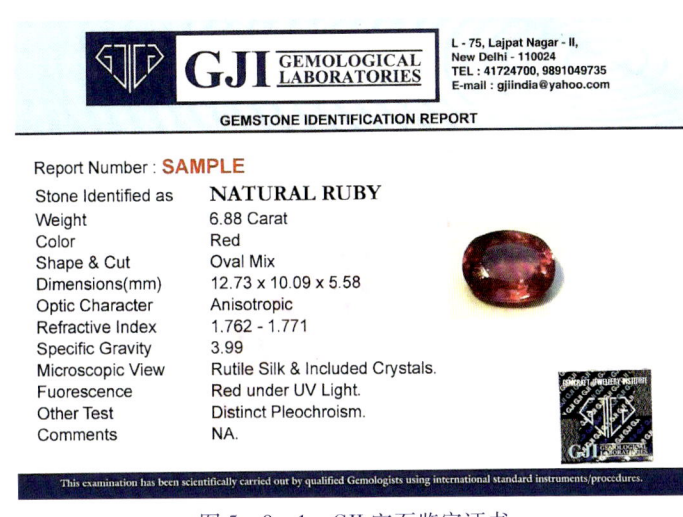

图 5-0-1　GJI 宝石鉴定证书

学习任务一　认识宝石的光学特性

◆ 任务目标：熟悉光的传播及振动特点，理解光的折射、折射率和全反射等重要概念的内涵，能较为准确地观察、描述和记录宝石的颜色、多色性、光泽、透明度、特殊光学效应和发光性等光学特性。

◆ 任务要求：认真辨析相关概念，结合标本观测，巩固对于宝石光学特性的认识。

【学习材料】

一、光的本质

光是一种自然现象，因为有了光，人们才看到宝石美丽的颜色和宝石奇妙的光学现象，因此了解光的本质和不同化学成分、不同结构的宝石与光的相互作用，对鉴定宝石、正确评价宝石及不断改进完善宝石切磨工艺都具有重要意义。

从本质上讲，光是一种以极大速度通过空间传播能量的电磁波，具有波动性。电磁波包括波长较长的无线电波和波长极短的宇宙射线，将各种波长的电磁波按其波长顺序排列，即构成电磁波谱（图 5-1-1）。

电磁波对于宝石学具有重要意义，电磁波在宝石学中应用如下：

1) γ射线（0.0001~0.01 nm）　重要的宝玉石辐照处理射线源，可用于改变某些宝石的颜色。

2) X 射线（0.01~10 nm）　X 射线能谱仪射线源用于鉴别宝石元素组成，用于区别各种类型的珍珠，能引起宝石材料中的荧光，用于某些宝石材料的人工改色。

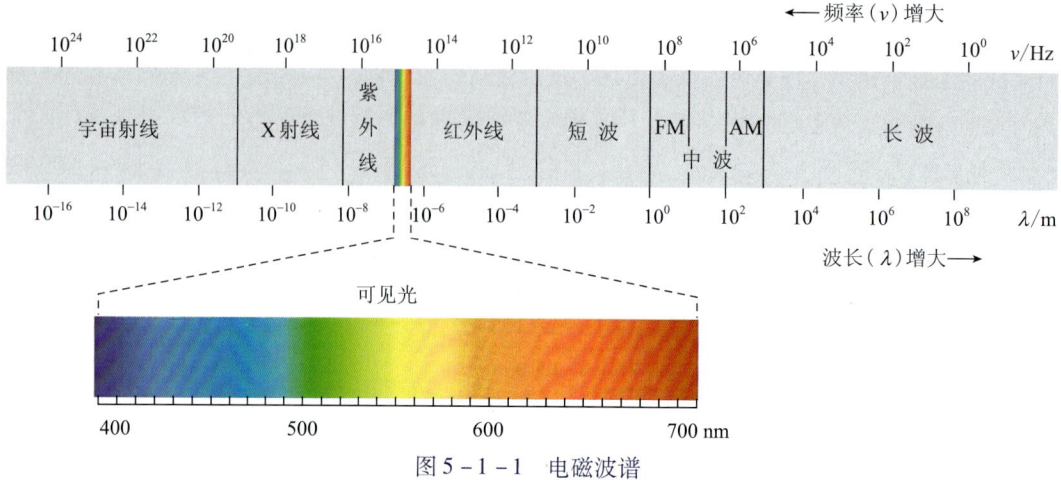

图 5-1-1　电磁波谱

3）紫外辐射（10～380 nm）　宝石紫外荧光灯射线源用于检测某些宝石的发光性（荧光和磷光）；紫外-可见分光光度计射线源用于测定宝石材料的紫外吸收。

4）可见光（380～780 nm）　展现了宝石的颜色、光泽、透明度等多项光学性质，为用于测试和鉴定大多数宝石的各种方法提供了照明和测试光源。

5）红外辐射（780 nm～1 mm）　宝石鉴定大型设备——红外光谱仪射线源，用于测定宝石材料的红外吸收光谱。

光波在真空中以 3.0×10^8 m/s 速度传播，当光从空间进入物质时速度会减慢，特别是进入宝石等固体材料时速度会显著降低。

光是一种横波，即光的传播方向与光的振动方向相互垂直。根据光的振动方向的差异可将光分为自然光和偏振光。

二、自然光和偏振光

1. 自然光

一切从实际光源直接发出的光都称为自然光，如太阳光、白炽灯光等。自然光的特点是在垂直光波传播方向的平面内，沿各个方向都有等振幅的光振动（图 5-1-2）。

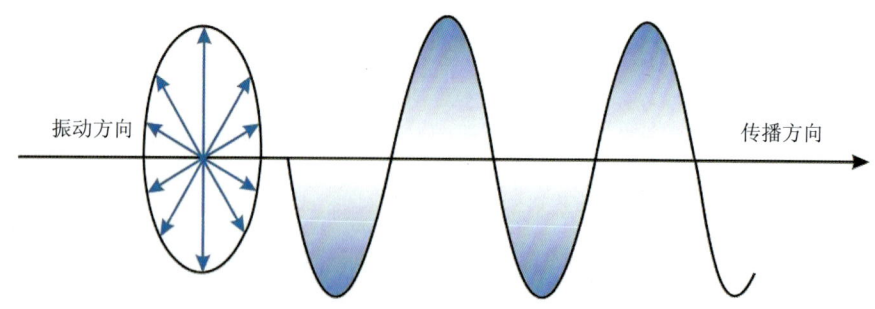

图 5-1-2　自然光的振动和传播方向

2. 偏振光（偏光）

自然光经过反射、折射、双折射或通过特制的偏光片等作用改变光的振动方向，使其成为只在一个固定方向振动的光波，这种光波称为平面偏振光，简称偏振光或偏光（图 5-1-3）。使自然光转变成偏振光的作用称为偏振化作用。

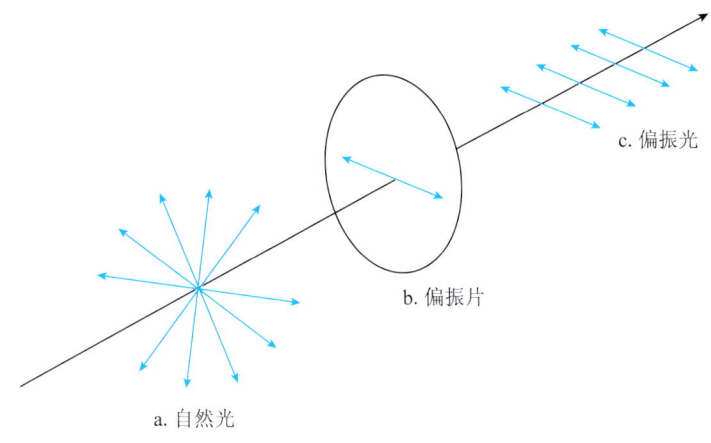

图 5-1-3　自然光通过偏振片成为偏振光

宝石学界常使用偏振光来观察宝石的一些光学性质。偏光片是各向异性的晶质材料，它能使自然光变成偏振光。当上、下两个偏光片正交时，可用于检测宝石的均质性或非均质性。

3. 光在宝石中的传播特点

根据光在宝石中的传播特点，可以把宝石划分为均质体宝石和非均质体宝石两大类。一般而言，非晶质宝石和等轴晶系的宝石矿物，在各个方向上的光学性质相同，称为光性均质体，简称均质体。如火山玻璃、钻石、石榴子石、尖晶石等宝石。中级晶族和低级晶族的宝石矿物，其光学性质随方向而异，称为光性非均质体，简称非均质体。大部分宝石属光性非均质体，如红宝石、蓝宝石、橄榄石、水晶、祖母绿等。

光波进入均质体宝石时，基本不改变入射光波的振动方向和振动特点。一束自然光射入均质体宝石后，仍然为自然光；一束平面偏振光射入均质体宝石后，仍为偏振光，并基本保持其原来的振动方向，即其传播速度及相应的折射率不因光波在晶体中的振动方向不同而发生改变（图 5-1-4）。

当光波进入非均质体宝石时，除特殊方向之外，一般都要发生分解，分解成振动方向互相垂直、传播速度不同的两束偏光，这一现象称为光的双折射。当自然光进入非均质体宝石时，一般将改变入射光波的振动特点，被分解为互相垂直的两束偏光（图 5-1-5）。当一束平面偏振光入射到非均质体宝石时，该宝石将对此偏光再次分解成两束偏振光，原振动方向发生改变。

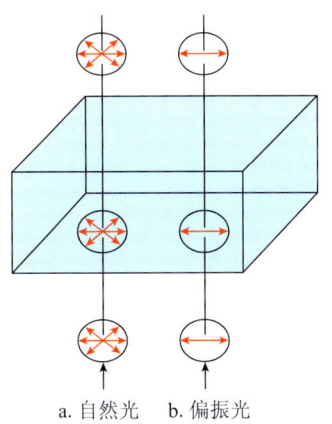

图 5-1-4　自然光和偏振光在均质体中的传播特点　　图 5-1-5　自然光在非均质体中的传播

三、光的折射和全反射

1. 光的折射和折射率

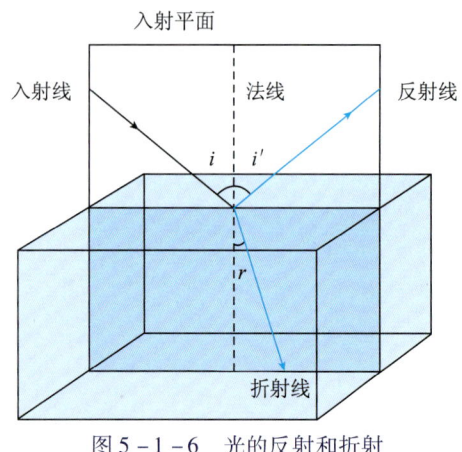

图 5-1-6 光的反射和折射

当光线从一种介质进入到另一种介质时，在两种介质的分界面上将发生反射和折射等现象，反射光按反射定律返回入射介质，折射光按折射定律进入另一介质中（图 5-1-6）。

折射定律指出：光由光疏介质进入到光密介质时，折射线靠近法线，入射角大于折射角；光由光密介质进入到光疏介质时，折射线远离法线，入射角小于折射角，入射线、折射线、法线在同一平面内（图 5-1-7）。

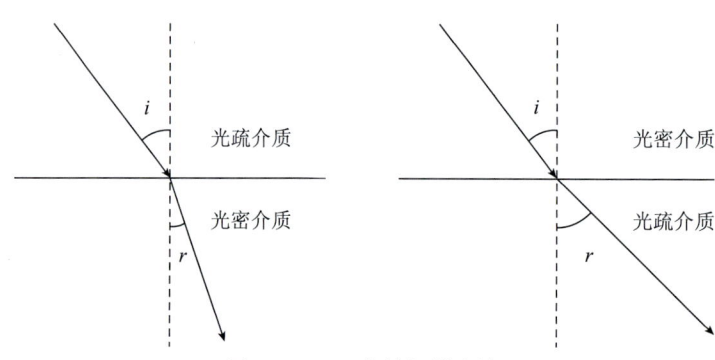

图 5-1-7 光的折射定律

当两种介质一定时，光的入射角正弦与折射角正弦之比为一常数，称为第二介质（折射介质）相对第一介质（入射介质）的相对折射率；如果入射介质为真空（或空气），该比值则为折射介质的绝对折射率。一般我们所指物质的折射率都是相对于真空（或空气）而言的，即绝对折射率。

折射率的本质是表示光在不同介质中传播时的速度比。光在入射介质中的速度（v_1）与折射介质中的速度（v_2）之比等于入射角（i）正弦与折射角（r）正弦之比，是一个常数，即折射率 N：

$$N = N_r/N_i = v_1/v_2 = \sin i/\sin r$$

如果 v_1 表示光在空气中的传播速度，v_2 表示光在宝石中的传播速度，那么由上式可知，宝石的折射率与光在宝石中的传播速度成反比，即传播速度越小，折射率越大；传播速度越大，折射率越小。

介质的折射率与其组成成分、结构有关。在宝石学中，宝石折射率是反映宝石成分、晶体结构的非常重要的常数之一，是宝石种属鉴别的可靠依据。

2. 光的全反射

根据折射定律，当光波由折射率较小的介质（光疏介质）射入折射率较大的介质（光密介质）时，其折射光线偏向法线，即 $v_r < v_i$，相对折射率 $n > 1$，$\sin i/\sin r > 1$，$i > r$。反之，当光波由折射率较大的介质射入折射率较小的介质时，其折射光线偏离法线，即 $v_r > v_i$，相对折射率 $n < 1$，$\sin i/\sin r < 1$，$i < r$（图 5-1-8）。

在图 5-1-8 中，S 面为光密介质与光疏介质的分界面，O 为总光源。从光源 O 发出 OA、

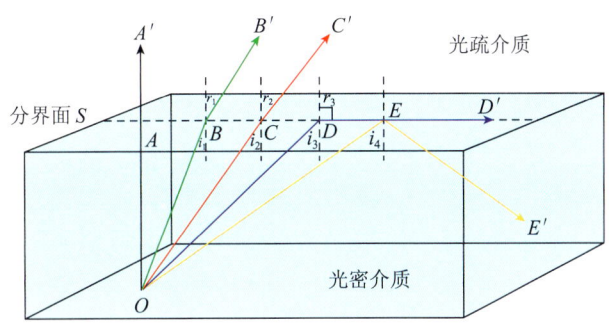

图 5-1-8 光的折射与全反射

OB、OC、OD、OE一系列光波向 S 面入射。其中 OA 光垂直界面，$i=0°$，故 $r=0°$，不发生折射，AA' 光沿 OA 原方向射入光疏介质。

随着光波入射角的加大，折射角势必不断增大，折射光线愈来愈偏离法线。当光线的入射角加大到一定程度时（如图中的 OD 光线），$r=90°$，相应的折射线 DD' 将沿界面进行传播。如果光波的入射角继续增大（如图中的 OE 光线），$r>90°$，入射光不再发生折射，而是全部反射回入射介质中，且遵循反射定律，反射角=入射角（$i=r$），这一现象称为光的全反射，与 $r=90°$ 相应的入射角称为全反射临界角。

设图中光疏介质的折射率为 n_1，光密介质的折射率为 n_2（$n_2 > n_1$），全反射临界角为 Φ，将得出下式：

$$\sin\Phi / \sin 90° = n_1 / n_2$$
$$n_1 = n_2 \times \sin\Phi$$

根据上式，如果光密介质的折射率 n_2 已知，便可根据全反射临界角计算出光疏介质的折射率 n_1。宝石用折射率仪就是根据全反射原理设计制成的。

反之，当 n_2 和 n_1 已知时，根据上式可以计算出全反射临界角的值。在宝石加工中，为了使刻面达到对光的全反射效果，可根据加工宝石的折射率，通过上述关系式计算出最佳的刻面角度。一般来说，在涉及全反射临界角时，往往将上述关系式中 n_1 取为空气的折射率，n_2 取为宝石的折射率。故光线由宝石入射至空气时的全反射临界角等于宝石折射率倒数的反正弦值。常见宝石的临界角：钻石 $24°25'$，红宝石 $33°37'$，尖晶石 $35°36'$，黄玉 $37°50'$，水晶 $40°50'$。

3. 光的双折射

由于非均质体宝石在晶体的不同方向物理性质有差异，当自然光进入非均质宝石后，入射光将分解为两条彼此完全独立的、传播方向不同的、振动方向相互垂直的单向光线，这每一组单向光线称为平面偏振光。不同平面偏振光的传播速度不同，即有不同的折射率。最大折射率和最小折射率间的差值，称为双折射率，双折射及双折射率是识别宝石的主要特征之一，双折射率大的宝石，常能较明显地由台面观察到后刻面棱线重影（图 5-1-9）。

自然光在非均质晶体中传播时，一般情况下均发生双折射现象，但在某一特殊方向不会发生双折射。晶体中不发生双折射的方向就是晶体的光轴方向。

图 5-1-9 锆石的后刻面棱线重影

在中级晶族宝石中，只有一个方向不发生双折射的晶体，即只有一个光轴，称为一轴晶，包括四方晶系、三方晶系和六方晶系的宝石。当光线在一轴晶晶体中传播时，分解的两束偏振光的传播方向和传播速度不同，故折射率也不同。因此，一轴晶晶体有 N_o 和 N_e 两个主要的折射率值。其中一个折射率在光入射前后保持不变，被称之为"常光"（N_o）；另一个折射率随光的入射发生改变，称之为"非常光"（N_e）。当 $N_o < N_e$ 时，为一轴晶正光性，当 $N_o > N_e$ 时，为一轴晶负光性。

在低级晶族宝石中，有两个不发生双折射的方向，即有两个光轴，称为二轴晶，包括斜方晶系、单斜晶系、三斜晶系的宝石。二轴晶晶体有 N_g、N_m、N_p 三个主要的折射率。当 $N_g - N_m > N_m - N_p$ 时，为二轴晶正光性；当 $N_g - N_m < N_m - N_p$ 时，为二轴晶负光性。

四、光的干涉、衍射、散射和色散

1. 光的干涉

波长相同、相差恒定、传播方向相近的两束或两束以上的光在同一介质中相遇时，在交叠区相互作用产生相长增强或相消删除的现象称为光的干涉作用。产生干涉作用的波称为相干波。并不是任意两束光相遇都可以发生干涉作用。能发生干涉的两束光必须符合以下条件：两束光的频率相同、振动方向相同、位相相同或位相差恒定。

振动方向一致、振动相位及频率相同的两束相干波（光波①与光波②）相遇，光波①的波峰、波谷与光波②的波峰、波谷同方向重叠，两束光发生干涉，其结果是产生的干涉波的振幅是光波①和②的振幅之和，该过程称相长增强，光亮度因而加强（图 5 - 1 - 10a）。

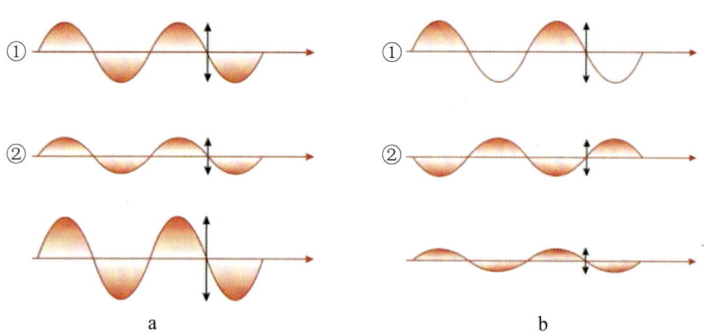

图 5 - 1 - 10　光的干涉

当这两束光波振动相位完全相反时，即光波①的波峰与光波②的波谷反向重叠，由于电磁场相互抵消，光波①与光波②发生干涉，其结果是产生的干涉波的振幅是光波①和②的振幅之差，该过程称相消删除，光亮度因而减弱（图 5 - 1 - 10b）。

当两单色光源相干波发生干涉时，将产生一系列明暗条纹，称为干涉条纹；而复色光（白光）发生干涉时，则产生由紫到红一系列的彩色条纹。由干涉作用形成的颜色，称为干涉色。干涉色的具体颜色受两束相干光的光程差制约。

在日常生活中，经常可以见到白色薄膜上的彩色条纹，以及玻璃窗上有了油膜时出现的彩色条纹，这些都是由光的薄膜干涉引起的（图 5 - 1 - 11）。

在薄膜干涉中，从底层反射的光与薄层顶部反射的光相叠加、干涉而成色。对于干涉起决定作用的是这两束光的光程差。当光程差是光波半波长的偶数倍时，两束光相长增强；当光程差是半波长的奇数倍时，两束光相互消删。当两束光为单色光时，干涉作用仅出现明暗相间的带；当两束光为复色光时，则出现彩色。干涉色的颜色取决于薄膜的厚度、薄膜的折射率和入射光的性质。薄膜干涉往往是薄膜呈弧形表面，使平行入射的光线产生不同的入射角，造成不同的光程差，从而来满足不同波长的光产生干涉。

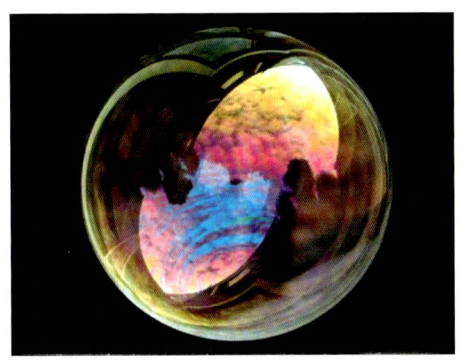 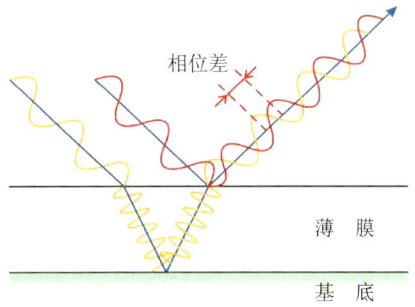

图 5-1-11　薄膜干涉

实际中，薄膜并不一定表现为均一平面，当薄膜不均匀时，即薄膜的厚度发生变化时，将出现劈尖干涉或楔模干涉。劈尖往往具有一个平面，平行光线以相同的入射角入射，劈尖的作用造成不同的光程差，从而来满足不同波长的光产生干涉。

晕彩是宝石中最常见的干涉现象，由于解理或裂隙的存在而产生，如晕彩石英（图 5-1-12）。当光通过石英裂隙中的空气薄层时发生干涉，从薄层底部反射的光与薄层顶部反射的光相叠加，使本来无色的石英呈现五颜六色的干涉色。

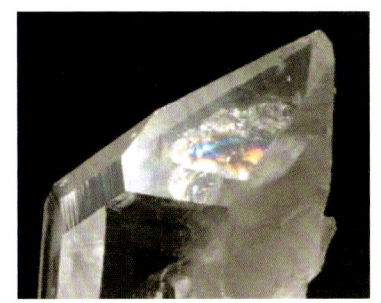

图 5-1-12　晕彩石英

2. 光的衍射

光波在遇到障碍物时，偏离直线方向传播的现象称为光的绕射，也称为光的衍射（图 5-1-13a）。

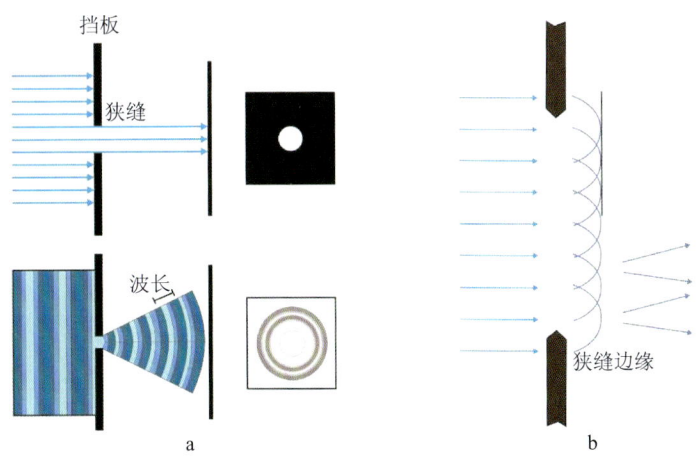

图 5-1-13　光的衍射

自光源发出的光线穿过宽度可以调节的狭缝后，在屏幕上会出现光斑。在光源、狭缝和屏幕位置相对固定的情况下，光斑的大小由狭缝的宽度所决定。如果缩小狭缝的宽度，光斑也会随之变小；但当狭缝的宽度缩小到一定程度时，如约 10^{-4} m 时，若狭缝的宽度再继续缩小，光斑不但不会缩小，反而会增大。这时光斑的全部亮度也会发生变化，由原来亮度均匀分布的亮斑变成了一系列明暗相间的条纹（光源为单色光源）或彩色条纹（光源为白色光源），条纹的边界也失去了明显的界线。这就是光的衍射现象。衍射产生的原因是：光在没有障碍传播时，是以平面波的形式向前推进传播，当光遇到障碍物时（图5-1-13b），其波场中的能量分布会发生变化，在障碍物边缘产生的子波的相位关系被打破，它们不再是平面波的一部分，不再沿平行方向传播，而是改变了传播方向，同时，一系列子波发生干涉便产生了干涉条纹。因此衍射产生的颜色效应包括了干涉。

衍射是有条件的，只有当障碍物的大小与光波波长十分相近，或略大于光波波长时，衍射才能发生。单色光发生衍射时，衍射结果产生明暗相间的条纹；当复色光（白光）发生衍射时，产生的将是五颜六色的彩色条纹。

光的衍射在宝石学中的主要应用有两个方面：其一，利用光的衍射原理设计的衍射光栅，是宝石用分光镜的主要构件之一。利用衍射光栅制作宝石用分光镜可以将复色光（白光）分解成线性的衍射光谱，且光谱颜色鲜艳。其二，利用光的衍射原理，可以解释宝石中的一些特殊光学效应，如欧泊的变彩效应。

3. 光的散射

散射是指由传播介质的不均匀性引起的光线向四面八方射去的现象。当光线通过均匀、透明的物质（如清水、玻璃）时，在侧面是难以看到光线的。但是，当介质不均匀时，如清水中有了悬浮微粒（如牛奶）时，便可在侧面看到光的轨迹（图5-1-14），即看到侧光。

此时介质的不均匀性是一种微观尺度上的不均匀，是以波长为单位来度量的。当介质均匀性遭到破坏，且不均匀的尺度达到波长数量级时，这些不均匀介质小块之间在光学性质（如折射率）将有较大的差别。在光波的作用下，它们将成为强度差别较大的次波源，这时除了按几何光学规律直线传播的光外，在其他方向或多或少也有光线存在，这就是散射光。由此可见，尺度与波长可比拟的不均匀性引起的散射，也可以看作是一种衍射作用。

散射的强度和颜色多与不均匀微粒的大小和光的波长有关，就可见光而言：①比可见光波长小的微粒引起的散射。当微粒的大小在300～1 nm左右时，其对可见光的散射强度与波长成反比，这类散射统称为瑞利散射。即波长短的蓝光比波长长的红光的散射要强得多，一般来说可以产生很好的蓝-紫色的散射，其他波长的光被部分吸收而削弱（图5-1-15）。月光石的蓝色多属于此类散射。②接近或大于可见光波长的微粒引起的散射。其散射强度与波长关系不大，大多数情况下呈白色散光，这类散射统称为米氏散射。如不透明的白色石英。

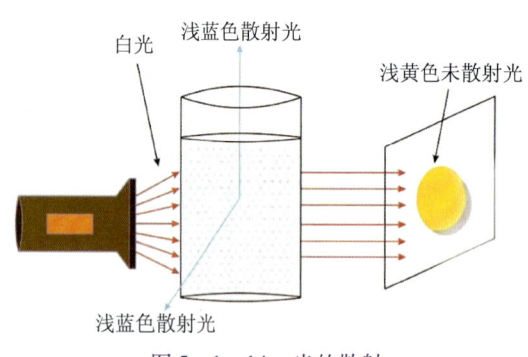

图5-1-14 光的散射

图5-1-15 乳光玻璃产生的瑞利散射
照射光源为橙色光，瑞利散射后由顶部观察呈浅蓝色

只有当散射微粒大小在 $\lambda \sim 2\lambda$ 之间时，散射光才可能呈现各种颜色，主要是红色和绿色，这种情况宝石中比较少见，只有极少数的具黄色、米黄色乳光的月光石可能具有此结构。有时把散射微粒大于700 nm的散射也称为白色米氏散射，这种散射可使宝石产生明亮的乳光，如月光石、芙蓉石、刚玉、尖晶石和蛋白石等。

4. 光的色散

当白色复合光通过具棱镜性质的材料时，棱镜将复合光分解而形成不同波长光谱的现象称为色散，它是由于光在同一介质中的传播速度随波长而异导致的。白光是一种复色光，它由红、橙、黄、绿、青、蓝、紫等不同的单色光复合而成。当白光通过具有棱镜性质的材料时，由于不同波长的光在其中的传播速度不同，其折射率也会不同，因此当光线通过射入和射出棱镜材料经过两次折射后，就会把原来的白色光分解而形成不同波长的彩色光谱（图5-1-16）。其中红色光的波长最长，偏离入射光方向最小，而紫色光波长最短，其偏离入射光方向最大。色散形成的光谱，按各色光偏离入射光的程度，由红色到紫色依次排列。

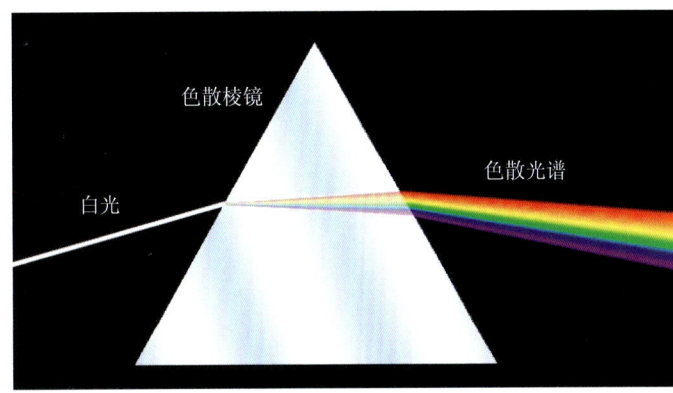

图5-1-16 光的色散

色散的强弱可以用色散值来表示。通常把材料对红光686.7 nm和紫光430.8 nm两束单色光的折射率差值规定为材料的色散值，这两种波长的光分别为太阳光光谱中的G线和B线。色散值越大色散越强，反之越弱。根据色散值的大小，可将色散划分成不同的等级：极低（0.010以下）、低（0.010~0.019）、中高（0.020~0.029）、高（0.030~0.059）、极高（0.060以上）。

色散在宝石中有两种意义。其一可以作为宝石肉眼鉴定的特征之一，特别是在对无色或颜色较浅的宝石鉴定中起着较重要的作用。有一堆无色透明的宝石，如水晶、黄玉、绿柱石、玻璃、钻石，有经验的宝石工作者可以根据钻石的高色散值（0.044）将钻石挑选出来，还可以根据不同的色散值将钻石与锆石区分开来。其二，高色散值使宝石增添了无穷的魅力。无色的钻石之所以能成为宝石之王，很重要的原因之一便在于它的高色散值。当自然光照射到角度合适的钻石刻面时，会分解出光谱色，在钻石表面显示出一种五颜六色的火彩。

色散在珠宝行业中也被称为"火彩"。对于有色宝石，这种火彩常被体色所掩盖。表5-1-1中列出了常见宝石的色散值。

表5-1-1 常见宝石的色散值

宝石名称	色散值	宝石名称	色散值	宝石名称	色散值
水晶	0.013	尖晶石	0.020	人造钆镓榴石	0.045
绿柱石	0.014	镁铝榴石	0.022	榍石	0.051
托帕石	0.014	锰铝榴石	0.027	钙铁榴石	0.057
碧玺	0.017	人造钇铝榴石	0.028	立方氧化锆	0.060
蓝宝石	0.018	锆石	0.038	人造钛酸锶	0.190
橄榄石	0.020	钻石	0.044	合成金红石	0.330

宝石的色散大小取决于宝石本身的性质，也与刻面宝石的加工角度有关。在天然宝石中，钻石、翠榴石和锆石以高色散、强火彩著称。

宝石色散的肉眼观察是鉴定宝石的一种简便而有效的方法。肉眼能看到明显色散的宝石有：钻石、锆石、翠榴石、蓝锥矿、榍石、铁铝榴石、人造钇铝榴石、立方氧化锆、人造钛酸锶、金红石等。

五、颜色

颜色是眼睛和神经系统对光源的感觉，它是光源在眼睛的视网膜上形成的讯号刺激大脑皮层产生的反应，这种生理的反应就是颜色的感觉。光与色之间有着不可分割的密切关系，光是产生色的直接原因，色是光被感觉的结果。颜色是宝石最直观的性质之一，也是肉眼鉴别宝石时最主要的依据，它还是决定宝石品级，确定宝石价值大小的重要因素。

1. 颜色的本质

物理学上将波长在 400～700 nm 之间，可以被人肉眼视觉感受到的电磁波称为可见光。不同色相的代表性波长为：红色（700 nm）、橙色（620 nm）、黄色（580 nm）、绿色（550 nm）、青色（500 nm）、蓝色（470 nm）、紫色（420 nm）。需要说明的是相邻颜色之间是没有固定界限的，两个相邻颜色之间可有一系列过渡色。为了便于记忆，将不同色相之间划分出一个波长范围。

宝石的颜色是宝石对可见光范围内不同波长的光选择性吸收后，透射或反射出的光的混合色。一般情况下，我们看到某一宝石的颜色，是由于宝石自身的致色因子对光源的不同波长或能量具有不同程度的选择性吸收和透射或反射所致。当光照射到宝石上，部分被反射，部分被吸收，部分被透过。透明的宝石以透射光为主，兼有对光的反射，颜色主要由透过的光谱组成所决定；不透明宝石以反射为主，兼有透射和吸收，颜色则以反射光谱为主。如果宝石对白光中各波段的光全部吸收，宝石就呈现黑色；若全部通过，宝石则为无色透明。

2. 颜色的分类

宝石的颜色可分为非彩色系、彩色系两类。

彩色系 指太阳光谱中的各单色光及其复合色光，彩色除了有明度差异，还有色相和彩度的差异。宝石对不同波长的可见光选择性吸收时，宝石就有了各种颜色，所呈现的颜色是残余光中各色光的混合色，绝大部分宝石属彩色系列。

非彩色系 指白色、黑色及它们之间过渡的灰色系列，称为黑白系列。纯白色反射率为100%，纯黑色为0。非彩色只有明度的差异。当反射率达到80%～90%及以上时呈白色，吸收率在80%～90%及以上时呈黑色，介于两者之间呈灰色。非彩色系列的宝石有无色钻石、无色水晶、无色长石，还有黑玛瑙、黑曜岩等。

3. 颜色的三要素

根据中国颜色体系国家标准，表征颜色的三个重要物理量分别为色相、明度、彩度，称之为颜色三要素（图 5-1-17）。

色相（Hue） 又称色调，是指彩色的类别，如红、橙、黄、绿、青、蓝、紫及其他的一些混合色名，均是由色相的不同而加以区分的。彩色宝石的色相取决于对可见光的选择性吸收。宝石的色相可以用主波长数值来表示，例如某宝石色相的主波长是 589 nm，表明宝石颜色相当于波长 589 nm 的橙黄色；如宝石色相的主波长为 550 nm，表示宝石为黄色偏绿。

明度（Value） 又称亮度，是指彩色的明亮程度。明度是人眼对宝石表面的明暗感觉，一般而言，宝石的光反射率越高，明度越高。宝石颜色的明度取决于 4 个方面：宝石本身折射率的大小、宝石款式的设计是否合理、宝石表面的光洁度和宝石颜色的深浅。一般色浅的宝石明

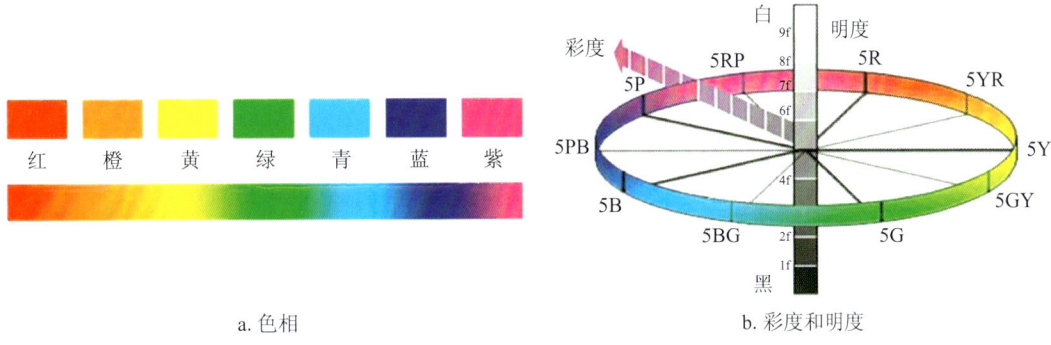

a. 色相　　　　　　　　　　　　b. 彩度和明度

图 5-1-17　颜色三要素

度高，色深的宝石明度低。

彩度（Chroma）　又称饱和度，是指颜色的鲜艳程度。通常用色光与白光的比例来定量表示。例如主波长 650 nm，饱和度 60% 的色光，主波长说明它是深红色，饱和度说明它相当于 60% 波长为 650 nm 的深红光加 40% 的白光混合而成。如红宝石的颜色有鲜艳的鸽血红色、橙红色、粉红色等。

在评价宝石质量时，以色相纯正、明度高、彩度大的宝石为佳品。

4. 颜色的表示方法

目测法　人眼中的视网膜上有三种颜色的锥状感光细胞（红色、绿色、蓝色），能辨别出不同的颜色。一般情况下，根据人的视觉观感来描述宝石的颜色，如红色、绿色、黄色等。介于两种颜色之间的，则将主要的颜色写在后面，次要颜色写在前面。如：橄榄石以绿色为主，但带黄色，就描述为黄绿色；镁铝榴石以红色为主，带有紫色、橙色，则描述为紫红色、橙红色。

对比法　为减少人为的视觉差别，目前在国内外均有出版的标准系列的色度图册。图册上有各种不同的色度颜色，只要将宝石放于其上对比，就可以得知宝石所属的标准颜色（图 5-1-18）。

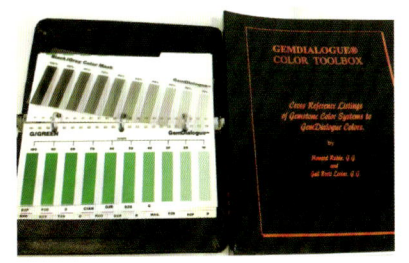

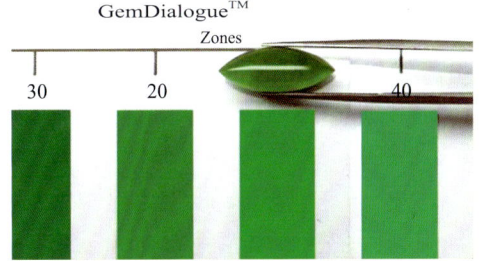

a. GemDialogue 色卡系统　　　　　　b. 使用色卡比对翡翠颜色

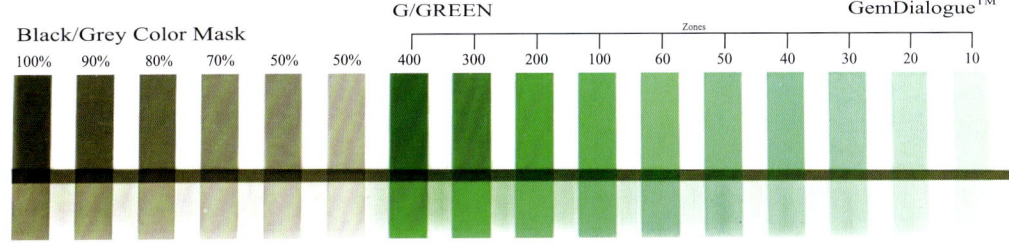

c. GemDialogue 色相、彩度色卡及明度蒙板

图 5-1-18　颜色对比法

颜色指数表示法　颜色指数表示法是通过测量宝石在可见光范围内,不同波长的三刺激值,也称色散值(红光、绿光、蓝光的含量),对颜色的三个要素色相(色调)、明度(亮度)、彩度(饱和度)进行定量分析,这种方法需要在分光光度计中进行。定量表征颜色的体系称为表色系。颜色定量测量常用的系统有 CIE 色度学系统和孟塞尔颜色系统。

CIE 标准色度学系统用三刺激值 X、Y、Z 和色度坐标 x、y、z 来定量表示每一个颜色(图 5-1-19a)。根据颜色色度坐标值及色度图上的投影点可以较准确地了解颜色特点。如某宝石的颜色色度坐标值为 $x=0.16$,$y=0.55$,将 x、y 投影于色度图中,得到投影点 S(图 5-1-19b),过 SE 画直线,反向延长交光谱曲线于 S' 点,S' 点所指示的波长为 511.3 nm,该波长值即是该颜色的主波长,它粗略地代表人眼对宝石颜色的感觉,说明该宝石的大致颜色为绿色。再看 S 点与光源坐标 E 点的距离,S 点越接近 E 点,说明该色纯度(相当于彩度)越低,即颜色越不鲜艳。刺激值中的 Y 值大致表示了该颜色的明度。

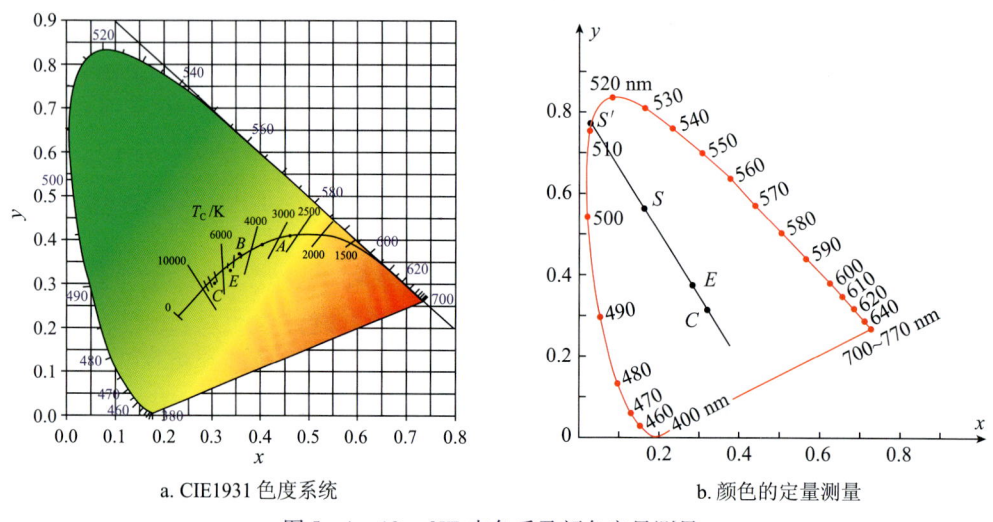

a. CIE1931 色度系统　　　　　　　　b. 颜色的定量测量

图 5-1-19　CIE 表色系及颜色定量测量

5. 宝石颜色的成因

宝石的颜色主要取决于其化学组成。大多数宝石含有一些能导致宝石产生颜色的元素。这些元素可以是宝石矿物的基本组成成分,也可以是以类质同象混入物形式存在于宝石中的微量元素。

传统宝石学主要基于宝石的化学成分和外部构造特点,将宝石颜色划分为自色、他色和假色。

(1) 自色

由作为宝石矿物基本化学组分中的元素而引起的颜色。例如橄榄石的化学成分是 $(Mg,Fe)_2SiO_4$,致色元素 Fe 是基本成分,这种矿物呈色称作自色矿物。自色矿物是由化学成分中的主要元素所致色的矿物,是由于矿物本身内因引起的颜色(表 5-1-2),所以自色矿物的颜色很稳定,极少变化。自色宝石的颜色可以作为宝石的鉴定依据。

(2) 他色

由宝石矿物中所含杂质元素引起的颜色。他色宝石在十分纯净时呈无色,当其含有微量致色元素时,可产生颜色,不同的微量元素可以产生不同的颜色。Ti、V、Cr、Mn、Fe、Co、Ni、Cu 八种过渡金属元素,是导致大多数宝石呈现颜色的主要原因,被称为致色元素。如刚玉,其化学成分主要是 Al_2O_3,纯净时无色,含微量的 Cr 时呈现红色,称为红宝石;当含微量的 Fe 和 Ti 时呈现蓝色，称为蓝宝石。另外，同一种元素的不同价态可产生不同的颜色，如含 Fe^{2+} 常呈棕色，含 Fe^{3+} 则呈现浅蓝色。同一元素的同一价态在不同的宝石矿物中也可引起不同的颜色，如 Cr^{3+} 在刚玉中产生红色（红宝石），在绿柱石中产生绿色（祖母绿），见表 5-1-2。

表 5-1-2　常见宝石中的致色元素

宝石	致色元素	颜色	颜色成因分类
橄榄石	Fe	绿色	自色
铁铝榴石	Fe	红色	自色
锰铝榴石	Mn	橙红色	自色
绿松石	Cu	蓝色	自色
红宝石	Cr	红色	他色
蓝宝石	Ti + Fe	蓝色	他色
祖母绿	Cr	绿色	他色
绿色翡翠	Cr	绿色	他色
变石	Cr	红色或绿色	他色
红色尖晶石	Cr	红色	他色
蓝色尖晶石	Fe	蓝色	他色
海蓝宝石	Fe	蓝色	他色
绿玉髓	Ni	绿色	他色
金绿宝石	Fe	黄色	他色

并不是所有宝石的颜色都是由上述八种元素致色的。如 N 可使钻石带有黄色调，B 使钻石形成蓝色。

（3）假色

假色与宝石的化学成分和内部结构没有直接关系，而与光的物理作用相关。宝石内部常存在一些细小的平行排列的包裹体、出溶片晶、平行解理等。它们对光的折射、反射、干涉、衍射及散射等光学作用产生的颜色就是假色。假色不是宝石本身所固有的，但假色能为宝石增添许多魅力。

近代科学颜色成因理论打破了传统颜色成因理论中的自色、他色的界限，从晶体场理论、分子轨道理论、能带理论、色心理论（晶格缺陷致色）和能带理论等角度揭示了宝石颜色的成因本质。其中，晶体场理论能解释红宝石、祖母绿及变石等宝石的颜色成因；分子轨道理论能解释堇青石、黝帘石等宝石的颜色成因；能带理论能解释钻石的颜色成因；色心理论能解释萤石、烟晶、蓝色托帕石及蓝色钻石等宝石的颜色成因。

六、多色性

非均质体宝石晶体在透射光照射下，不同方向呈现不同颜色的现象，称之为宝石的多色性。这是因为非均质的宝石晶体光学性质随方向而异，对光波的选择性吸收及吸收总强度随光波在晶体中的振动方向不同而发生改变。当自然光进入晶体后，就被分解成为两束互相垂直的平面偏振光。不同平面偏振光的选择性吸收不同则残余色不同，故出现多种颜色。

一轴晶彩色宝石可以有两种主要的颜色，它们分别与常光 N_o、非常光 N_e 的方向相当。如利用二色镜观察蓝宝石，在垂直蓝宝石 Z 轴切面上观察时（观察方向平行 Z 轴），蓝宝石显深蓝色，围绕 Z 轴转动宝石360°，其颜色不发生变化，即 N_o 为深蓝色；在平行蓝宝石 Z 轴切面上观察时（观察方向垂直 Z 轴），当蓝宝石中 N_o 的振动方向和 N_e 的振动方向分别与二色镜冰洲石棱镜中 N_o、N_e 两个振动方向相一致时，目镜则显蓝绿色和深蓝色两种颜色，即 N_o 为深蓝色，N_e 为蓝绿色。

二轴晶彩色宝石可以有三个主要颜色，它们分别与光率体三个主轴 N_g、N_m、N_p 相对应，在平行光轴面的切面中多色性最明显，它的两个颜色分别与 N_g 和 N_p 相当，在垂直光轴的切面上只显示一种颜色，此颜色与 N_m 相对应。如斜方晶系的黝帘石（坦桑石）具三色性，即蓝色、紫色和黄绿色（图 5-1-20）。

需要注意的是，无色的宝石不显示多色性，只有彩色的非均质体宝石才能显示多色性。宝石具多色性的程度有强有弱，其明显程度与宝石的性质有关，也与观察宝石的方向有关。在平行宝石光轴或平行光轴面的切面内，多色性表现最明显，垂直光轴的切面则不显多色性，其他方向切面上的多色性明显程度介于上述两者之间。

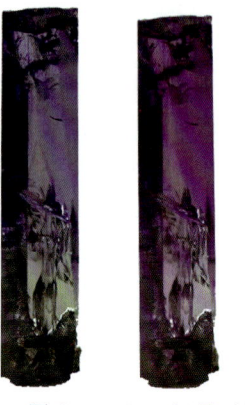

图 5-1-20 坦桑石的多色性

具有多色性的宝石必定是各向异性，如果见到三色性，它必然是二轴晶宝石。但是，不存在多色性者不一定就是单折射宝石。另外，多色性的强弱与双折射率的大小无关，锆石具有显著的双折射率，但它几乎无多色性；堇青石双折射率很小，却是著名的多色性宝石。

七、光泽

宝石表面反射光的能力称为光泽。通常，光泽的强弱用反射率来表示。反射率的大小主要取决于折射率和吸收系数。一般而言，宝石的折射率和吸收系数越大，光泽也就越强。

实际上，影响光泽的因素很多，而且很复杂。除上述所说的与吸收率和折射率有关外，还与宝石表面的抛光程度和集合体宝石矿物的组成矿物、结构、紧密程度等因素有关。

根据光泽的强弱可以将光泽分为金属光泽、半金属光泽、金刚光泽和玻璃光泽等。对于宝石矿物来讲，绝大部分为玻璃光泽，金属光泽和半金属光泽者极少。另外，由于反射光受到宝石矿物颜色、表面平坦程度、集合体结合方式等的影响，还可以产生一些特殊的光泽，如油脂光泽、树脂光泽、丝绢光泽等。

金属光泽 具金属光泽的宝石矿物表面呈金属般的光亮，一般不透明（图 5-1-21a）。宝石矿物极少具金属光泽，仅有少数品种，如黄铁矿，磨光后表面可具金属光泽。通常折射率 $N>3.0$。

a. 黄铁矿　　　　b. 赤铁矿　　　　c. 金刚石　　　　d. 紫晶

图 5-1-21 宝石的常见光泽

半金属光泽 具半金属光泽的宝石矿物表面呈弱金属般的光亮，一般不透明（图 5-1-21b）。如赤铁矿、黑钨矿和铬铁矿。宝石中所见赤铁矿多为集合体，受颗粒结合形式的影响，光泽要低于赤铁矿单晶晶面的光泽。通常折射率 $N = 2.6 \sim 3.0$。

金刚光泽 金刚石抛光表面有 $10\% \sim 20\%$ 的光做镜面反射，这种反射效应称为金刚光泽（图 5-1-21c）。这是透明宝石所能显示的最好光泽，以钻石为代表。通常折射率 $N = 1.9 \sim 2.6$。

玻璃光泽 具玻璃光泽的宝石矿物，表面如玻璃般的光亮，透明-半透明（图 5-1-21d）。如水晶、祖母绿、托帕石等宝石。通常折射率 $N = 1.3 \sim 1.9$。

此外，在宝石中还有一些常见的特殊光泽，称之为变异光泽，有如下几种。

油脂光泽 在一些颜色较浅，具有玻璃光泽或金刚光泽的宝石的不平坦断面上或集合体颗粒表面所见到的一种光泽（图 5-1-22a）。如软玉。另外，石英晶面为玻璃光泽，断口可为油脂光泽，集合体的石英岩断口也为油脂光泽，石榴子石和磷灰石的断口也多为油脂光泽。

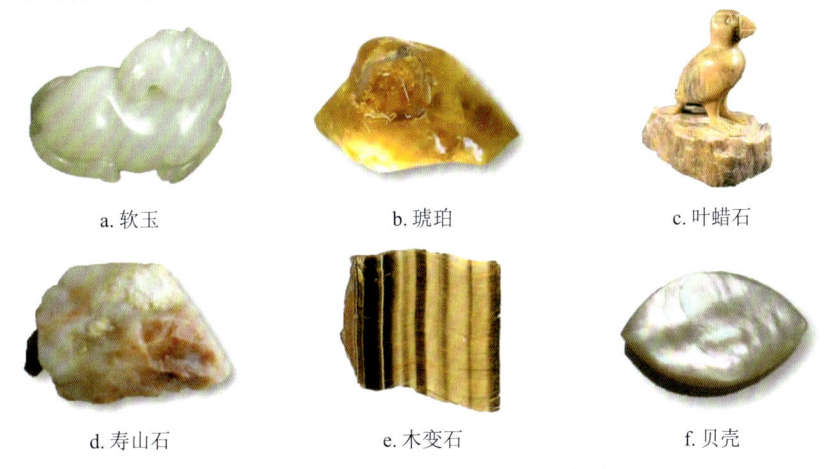

a. 软玉　　　　b. 琥珀　　　　c. 叶蜡石

d. 寿山石　　　e. 木变石　　　f. 贝壳

图 5-1-22　宝石中常见的变异光泽

树脂光泽 一些颜色为黄-黄褐色的宝石，断面上可以见到一种类似于松香等树脂所呈现的光泽。如琥珀，其断面上常见树脂光泽（图 5-1-22b），但当琥珀抛磨出一个非常好的平面时，可呈现一种近似的玻璃光泽。

蜡状光泽 在一些透明-半透明玉石矿物的隐晶质或非晶质致密块体上，由于反射面不平坦，产生一种比油脂光泽暗一些的光泽，如块状叶蜡石的光泽（图 5-1-22c）。

土状光泽 一些细分散的多孔隙的宝石矿物因对光的漫反射或散射而呈现一种暗淡的土状光泽，如风化程度较高的劣质绿松石、寿山石（图 5-1-22d）等。

丝绢光泽 一些透明的原具玻璃光泽或金刚光泽的宝石矿物，当它们呈纤维状集合体的形式出现时，或一些具完全解理的矿物表面所见到的一种明亮的、像蚕丝和丝织品那样的光泽，如孔雀石、木变石（图 5-1-22e）等。

珍珠光泽 在珍珠的表面或一些解理发育的浅色透明宝石矿物表面，可以见到的一种柔和多彩的光泽，如珍珠、贝壳（图 5-1-22f）等。

光泽是宝石的重要性质之一。在宝石的肉眼鉴定中，光泽可以提供一些重要的信息。经验丰富的鉴定人员，可以凭借光泽的特征将部分仿制宝石剔除或对不同的宝石品种进行初步的鉴定，如果鉴定者对粗糙的宝石断面有较深刻的认识，光泽可帮助鉴定未切割的宝石。光泽在宝石鉴定中的另一个应用是对拼合石的鉴定，在放大镜下观察拼合石的不同部位，往往呈现不同的光泽。表面充填处理的宝石中，表面充填物与主晶宝石往往存在光泽上的差异，足以引起鉴定者警惕。非均质宝石矿物晶体的光泽具有各向异性，相同单形的晶面表现相同的光泽，不同单形的晶面光泽略有差异。

八、透明度

宝石透过可见光的能力称为透明度。透明度的大小取决于宝石的化学成分与内部结构。如果宝石的化学组合结构中有较多的自由电子，对光波的吸收较多，因而透过的光就少或不透明；反之，不存在自由电子的宝石，对光的吸收少，透过的光就多，透明度就高。

宝石的透明度还受到宝石的厚度、颜色的深浅、颗粒结合方式、杂质、裂隙等因素影响。

宝石的透明度可分为五级（图5-1-23）。

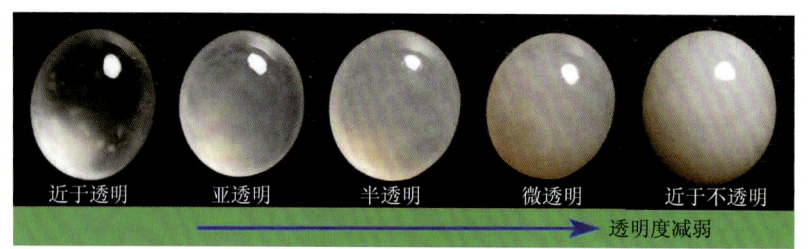

图5-1-23　宝石的透明度

透明　能容许绝大部分光透过，当隔着宝石观察其后的物体时，可清晰地看到物体的轮廓和细节，如无色水晶等。

亚透明　能容许较多的光透过，当隔着宝石观察其后的物体时，虽可以看到物体的轮廓，但无法看清其细节，如红宝石等。

半透明　能容许部分光透过，当隔着宝石观察其后的物体时，仅能见到物体轮廓的阴影，如翡翠、玛瑙等。

微透明　仅在宝石边缘棱角处有少量光透过，隔着宝石已无法看见其后的物体，如黑曜岩等。

不透明　基本上不容许光透过，光线全部被吸收或反射，如青金石、孔雀石等。

透明度与标本的厚度有关，在切成薄片时，大多数看起来不透明的宝石都能够透过光线。所以在研究宝石的透明度时，应以同一厚度为准。

九、特殊光学效应

当光线穿过某些宝石时，会发生光的干涉、散射、衍射等现象，使宝石显现特殊的光学效应。常见的特殊光学效应有猫眼效应、星光效应、变彩效应、晕彩效应、变色效应、月光效应和砂金效应。

1. 猫眼效应

在平行光线照射下，以弧面形切磨的某些珠宝玉石表面呈现出一条明亮光带，随样品或光线的转动而移动的现象，称为猫眼效应（图5-1-24）。猫眼效应多数是由所含的密集平行排列的针状、管状或片状包裹体而致，也有由于结构特征、固溶体出溶或纤维状晶体平行排列而致。

产生猫眼效应的条件：①宝石内部必须具备一组密集、平行定向排列的纤维状、针管状或片状包裹体或某些特殊的结构（如固溶体出溶结构）；②弧面形宝石的底平面应与包裹体所在平面平行；③弧面型宝石的高度与反射光焦点平面高度相一致，并要注意使亮线平行于宝石的长轴（图5-1-25）。

猫眼效应是由宝石及宝石内一组密集、平行定向排列的包裹体或定向结构对可见光的折射和反射作用引起的（图5-1-26）。

学习项目五 认识宝石的物理特性

图 5-1-24 金绿宝石猫眼

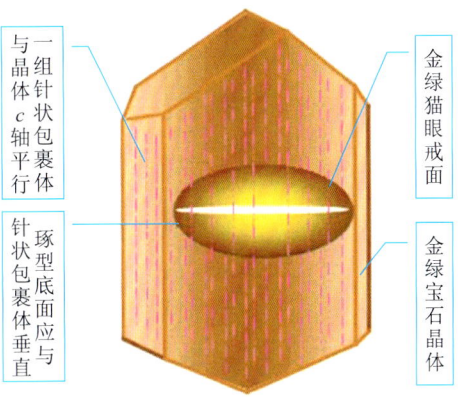

图 5-1-25 宝石的猫眼效应

图中 EW 为弧面形琢型宝石底面沿一定方向平行排列的一组包裹体，M 面为包含该包裹体并垂直宝石底面的纵切面。沿 O 点入射的光线，不发生折射进入宝石并在宝石下底面包裹体 EW 上的 O' 点发生反射后垂直出射；沿 A、B 两点垂直入射的光线 a_1 及 b_1 在弧形表面部分发生反射（即 a_2 及 b_2 线），部分发生折射进入宝石（即 a_3 及 b_3 线）；折射光线 a_3 及 b_3 分别在宝石底面包裹体 EW 上 I_1 及 I_2 点发生反射后汇聚于弧面形宝石顶部 O 点。与此类似，与 A、B 点对称的 A'、

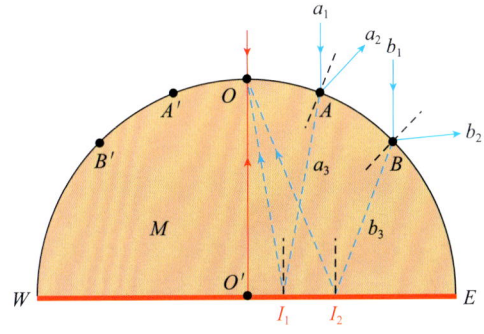

图 5-1-26 猫眼效应的成因

B' 点也将发生同样情况，使得光线汇聚于 O 点。当宝石内平行排列的包裹体十分丰富时，由包裹体产生的反射光在弧形表面相交点的轨迹便形成了猫眼的眼线。

具有猫眼效应的宝石，其"眼线"出露的宽度和亮度受宝石自身折射率及弧面型宝石的高度影响。对于某一特定宝石来说，其折射率是固定的，从包裹体反射回来的反射光焦点平面的高度是一定的。只有当弧面型宝石的高度与反射光焦点平面的高度相一致时，宝石的"眼线"才能表现为一条窄而亮的光带。当弧面型宝石的高度低于反射光焦点平面时，宝石的"眼线"则表现为一条宽而稀疏的带，光带亮度降低。

一般来讲，宝石折射率越高，包裹体反射光焦点平面越低，因此具有猫眼效应的宝石，折射率较高者其弧面高度可以相对较低，而折射率较低的宝石其弧面高度要相对增高，这样才能使猫眼效应表现得更加明显。

正确的加工对表现宝石的猫眼效应至关重要。弧面型宝石的底面应与包裹体所在平面平行，如不平行则会导致猫眼眼线位置不在弧面型宝石顶部中央，即眼线不正；宝石琢磨厚度也会影响眼线的清晰程度，过厚或过薄都将使眼线的宽带变大，使猫眼效应变得不清晰（图 5-1-27）。

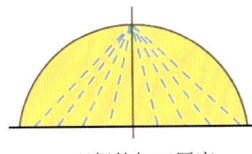
a. 理想的加工厚度

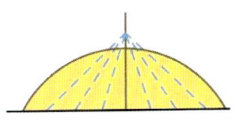
b. 厚度过薄，眼线不清晰

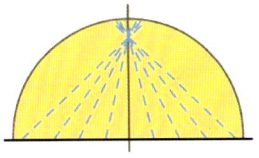
c. 厚度过厚，眼线不清晰

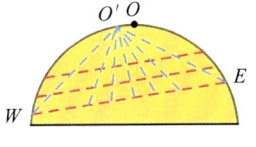
d. 眼线不正

图 5-1-27 具猫眼效应宝石的加工

自然界中常见具猫眼效应的宝石有碧玺、海蓝宝石、磷灰石、金绿宝石、石英等。具猫眼效应的金绿宝石多呈褐黄色,光带明亮,酷似猫的眼睛,按国家标准中的宝石命名方法可直接称其为"猫眼",其他具猫眼效应的宝石均需在"猫眼"前面注明宝石名称,如碧玺猫眼、海蓝宝石猫眼、石英猫眼等。

2. 星光效应

在平行光线照射下,以弧面型切磨的某些宝石表面呈现出两条或两条以上交叉亮线的现象,称为星光效应(图5-1-28)。常呈四射或六射星线,分别称为四射星光或六射星光。星光效应多是由于内部含有密集排列的两向或三向包裹体所致。

a. 星光红宝石　　　　　　　　　b. 星光蓝宝石

图5-1-28　宝石的星光效应

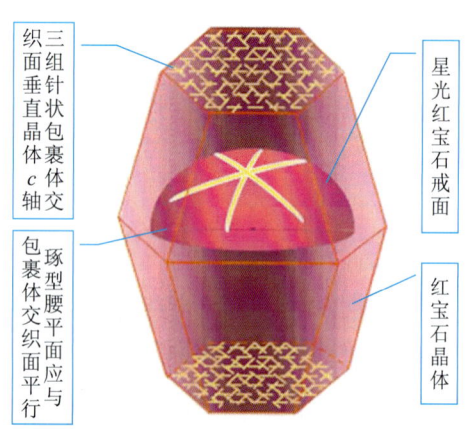

图5-1-29　宝石的星光效应

产生星光效应的条件:①宝石具有大量的两组或两组以上定向排列的包裹体或定向排列的内部结构;②弧面型宝石的底面与这些包裹体或结构所在平面平行(图5-1-29)。星光效应的形成机理与猫眼效应形成机理相同,是宝石内部定向包裹体或结构对可见光的折射和反射作用引起的。不同的是,星光效应中包裹体或结构已不限于在一个方向上,这些包裹体按一定的角度分布,星光效应是几组包裹体与光作用的综合结果(图5-1-30)。

常呈现四射星光的宝石有透辉石、铁铝榴石、尖晶石等。呈现六射星光的宝石有红宝石、蓝宝石、芙蓉石等。呈现十二射星光的宝石有红宝石、蓝宝石,但一般很少见。

a. 石榴子石中的三向金红石包裹体　　b. 蓝宝石中的两向金红石包裹体　　c. 蓝宝石中的六边形角状金红石包裹体

图5-1-30　星光效应宝石中的包裹体

3. 变彩效应

宝石的某些特殊结构对光的干涉或衍射作用产生的颜色,随光源或观察方向的变化而变化的现象称之为变彩效应,如欧泊。欧泊是在同一宝石戒面上可以同时显示出多种光谱色(红、橙、黄、绿、青、蓝、紫）的宝石（图5-1-31）。

在欧泊表面上有直径为150~400 nm排列整齐的层状SiO_2球粒，近似于等大球体在三维空间做规则排列（图5-1-32）。

图5-1-31 欧泊

图5-1-32 电子显微镜下欧泊中SiO_2小球的规则排列

通常，任意一个二氧化硅小球周围都有6个八面体空隙和8个四面体空隙。这样欧泊的结构便形成了最典型的天然三维光栅，二氧化硅小球体及球间空隙分别相当于衍射单元和光栅常数。欧泊的特殊结构决定了其变彩能力和变彩特点。小球的直径、球体间隙的距离及观察角度直接决定了欧泊中色斑的颜色（图5-1-33a）。

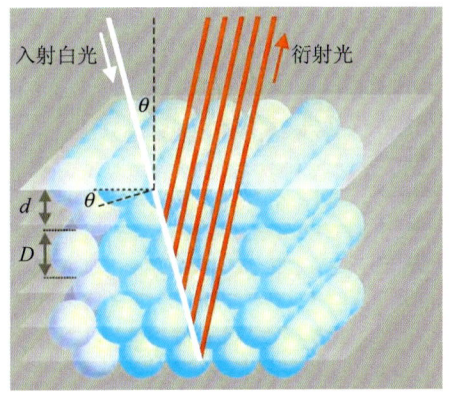

a. SiO_2球粒及空隙对光的衍射产生色斑

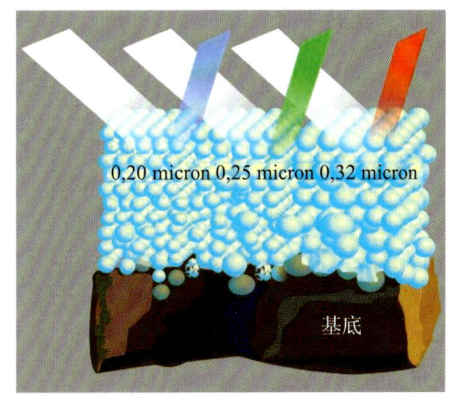

b. SiO_2球粒的大小影响色斑颜色

图5-1-33 变彩效应的成因

研究表明，天然欧泊中二氧化硅小球体的堆积不是完全均一的。产生衍射的均匀堆积球体仅存在于大于1 mm至小于1 cm的小块区域内。每一个均一的小块区域构成了一个独立的三维衍射光栅，该光栅对允许可见光通过的能力及衍射作用决定了与该光栅相对应的色斑大小及颜色特征。在同一块色斑上的SiO_2球粒大小相等，当自然光照到规则排列的层状球粒上时，球粒层对自然光发生衍射作用，使之变成波长相同的单色光。球粒的大小决定着衍射光束的波长，当球粒大时，衍射光的波长就长，因此，由小球组成的色斑呈现蓝、紫色变彩，而由大球粒组成的色斑呈现橙、红色变彩（图5-1-33b）。另外，当光线以不同的角度入射到衍射层上时，衍射颜色也会变化。

4. 晕彩效应

因光在宝石中的干涉、衍射等作用，致使某些光波减弱或消失、某些光波加强而产生颜色的现象称为晕彩效应。如拉长石的晕彩（图5-1-34）。其特征是把宝石样品转动到某一特定角度时，可见整块样品明亮起来，可显示蓝色、绿色以及橙色、黄色、

图5-1-34 拉长石的晕彩效应

金黄色、紫色和红色的晕彩效应。

晕彩产生的原因是拉长石聚片双晶薄层之间的光相互干涉，或由于拉长石内部包含的细微片状赤铁矿包裹体及一些针状包裹体，使拉长石内部的光产生干涉而形成（图 5-1-35）。

a. 拉长石内部聚片双晶

b. 拉长石交叉双晶薄层与后生赤铁矿

图 5-1-35　拉长石内部结构

5. 变色效应

宝石矿物的颜色随入射光光谱能量分布或入射光波波长的改变而改变的现象，称为变色效应。在日光和灯光下观察宝石，出现截然不同的两种颜色，日光下呈现冷色调（典型的为绿色），灯光下呈现暖色调（典型的为红色），例如变石在日光下呈绿色，在灯光下呈红色（图 5-1-36）。

a. 白炽灯下

b. 日光下

图 5-1-36　变石的变色效应

变色效应成因的最佳解释是一种颜色的平衡。变石的化学组成和内部结构导致透过它的红光和蓝绿光的概率近于相等，所以外部光源条件就决定了它的颜色。如果光源的红光成分较多，宝石就呈现红色；光源的蓝绿光成分较多，就呈现绿色。由于日光成分中绿光偏多，所以在日光照射下绿色加浓，宝石就呈现绿色；而白炽灯光中红色偏多，所以在白炽灯照射下红色加浓，宝石呈现红色。

蓝宝石、石榴子石、尖晶石、合成立方氧化锆、人造刚玉变石等均可以具有变色效应。

6. 月光效应

月光石是一种钾长石与钠长石交替平行排列、互相垂直的具格子状双晶的微斜长石。用光源照射时，随着样品的转动，在某一角度，可以见到朦胧状的、蔚蓝的乳白晕色，如同月光，称之为月光效应（图 5-1-37）。

图 5-1-37　月光石的月光效应

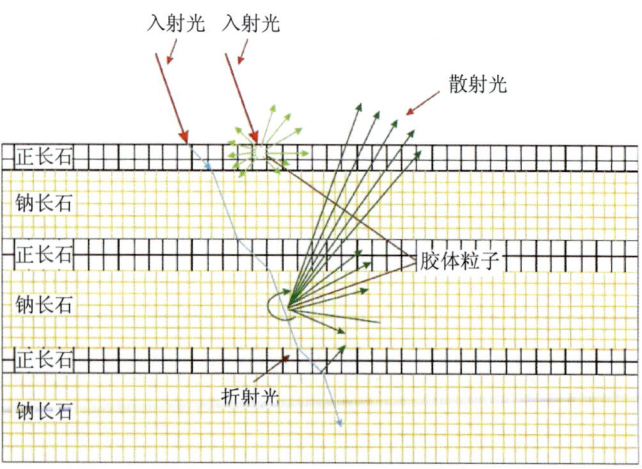

图 5-1-38　月光效应成因机理

月光效应的成因是由于正长石中出溶有钠长石,钠长石在正长石晶体内定向分布,两种长石的微细层状隐晶平行相互交生,折射率稍有差异则对可见光发生散射,当有解理面存在时,可伴有光的干涉或衍射。长石对光的综合作用,使长石表面产生一种蓝色的浮光,形如月光(图5-1-38)。如果钠长石出溶层较厚,则产生灰白色,浮光效果要差些。

7. 砂金效应

透明的宝石内部含有许多不透明的固态包裹体,如细小云母片、黄铁矿、赤铁矿和小金属片等。观察宝石时,包裹体对光的反射呈现许多星点状反光点,宛若水中的砂金,称为砂金效应。具这种效应的宝石有东陵石、日光石(图5-1-39)等。

a. 日光石

b. 日光石中的赤铁矿包裹体

图5-1-39 砂金效应

学习任务二 认识宝石的力学特性

◆ 任务目标:理解硬度、解理、裂理、密度等重要概念的内涵,能较为准确地观察、描述和记录宝石的解理、断口等力学特性。
◆ 任务要求:认真辨析相关概念,结合标本观测,巩固对于宝石力学特性的认识。

【学习材料】

一、硬度

硬度是指宝石材料抵抗外来刻划、压入或研磨等机械作用的能力。宝石的硬度与其晶体结构、化学键、化学组成等有关。具有较高的硬度是矿物成为宝石的基本条件之一。

硬度分为相对硬度和绝对硬度两种。绝对硬度是通过硬度仪在标准条件下测定的。宝石的相对硬度(或比较硬度)是与规定的标准矿物比对得出的相对刻划硬度,相对硬度在宝石鉴定中意义最大。

相对硬度也叫摩氏硬度,是德国矿物学家Friedrich Mohs 在1822年将十种能获得高纯度的常见矿物,按彼此间抵抗刻划能力的大小依次排列确定的,即常用的摩氏硬度计(图5-2-1):①滑石;②石膏;③方解石;④萤石;⑤磷灰石;⑥正长石;⑦石英;⑧黄玉;⑨刚玉;⑩金刚石。

以上十种标准矿物等级之间只表示硬度的相对大小,各级之间硬度的差异是不均等的。如金刚石的绝对硬度比石英高10倍,但摩氏硬度计中只相差三级。除十种标准矿物之外,人们还用一些常见物质来补充摩氏硬度计,如指甲的硬度为2.5,铜针为3,玻璃为5~5.5,小刀

1	2	3	4	5	6	7	8	9	10
滑石	石膏	方解石	萤石	磷灰石	正长石	石英	黄玉	刚玉	金刚石

图 5-2-1　摩氏硬度计

为 5.5~6，钢锉为 6.5~7。

表 5-2-1 中列出了常见宝石的摩氏硬度。

表 5-2-1　常见宝石的摩氏硬度表

宝石名称	硬度	宝石名称	硬度	宝石名称	硬度
钻石	10	碧玺	7~8	欧泊	5~6
刚玉	9	镁铝榴石	7~7.5	贝壳	3~4
金绿宝石	8~8.5	水晶	7	珊瑚	3~4
尖晶石	8	橄榄石	6.5~7	煤精	2~4
托帕石	8	翡翠	6.5~7	珍珠	2.5~4.5
绿柱石	7.5~8	翠榴石	6.5	象牙	2~3
铁铝榴石	7.5	软玉	6~6.5	龟甲	2~3
锆石	6~7.5	月光石	6~6.5	琥珀	2~2.5

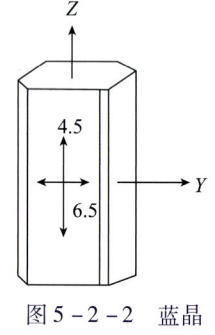

图 5-2-2　蓝晶石的硬度差异

对某种宝石矿物来说，由于其硬度是基本固定不变的，因此硬度可以作为鉴定宝石的依据。但需要指出是，某些矿物晶体的硬度具一定的方向性差异，即在不同结晶方向上其硬度会有不同程度的变化，这种差异硬度是宝石晶体结构中原子键合面和键合方向的规则排列所致。如金刚石，其平行八面体{111}方向的硬度最大，平行菱形十二面体{110}方向硬度次之，而平行立方体{100}方向的硬度最低。金刚石粉末的方向是随机的，可能含有大量硬度较高方向的尖粒。因此，金刚石抛光粉可以抛磨钻石戒面。又如蓝晶石在平行柱面延长方向上摩氏硬度为 4.5~5，而在垂直延长方向上摩氏硬度为 6.5~7，具有明显的硬度差异，故蓝晶石又被称为"二硬石"（图 5-2-2）。

硬度作为宝石矿物的固有性质，其各个方向尽管存在着硬度差异，但这种差异是服从晶体本身对称性的，如钻石所有八面体方向的硬度特征都是相同的，立方体方向的硬度特征也是相同的，即硬度在晶体上表现出对称性。

硬度对于宝石鉴定和加工具有一定的意义。经验丰富的宝石学工作者，常常可以根据成品宝石的表面状态对宝石种属进行初步判断。表面光洁、面平棱直、角顶尖锐的宝石成品往往具有较高的硬度。空气中灰尘的主要成分是石英，其硬度为 7。硬度小于 7 的宝石抛光面，由于经常受到空气中灰尘的撞击磨蚀，表面会变"毛"而失去其原有光泽，这是一些年久的镶嵌宝石首饰的肉眼鉴定特征之一。钻石加工中，除沿钻石解理方向，即八面体{111}方向进行劈钻外，还可选择从菱形十二面体及立方体方向进行锯钻，便是应用了钻石硬度在不同方向存在差异的性质。硬度在宝石加工中对抛光材料的选择也具有一定的指导意义，例如翡翠、软玉、青金石等是由软硬不同的矿物组成的集合体，使用磨料的硬度须明显高于其中最硬矿物的硬度才可进行抛光，否则会在不同硬度矿物表面出现高低不平的微观小坑或突起，如使用金刚石粉末进行抛光，这种现象就可避免。

二、韧性和脆性

韧性是指宝石材料抵抗打击、撕拉、破碎的性能；相对韧性而言，宝石受外力作用易破碎的性质称为脆性。受打击易碎裂为脆性，反之，抗打击撕拉碎裂性能强者具韧性，所以也称韧性为打击硬度。

韧性与硬度不具正相关的关系，而与矿物的晶体结构和构造有关。无色单晶金刚石晶体的韧性远不如为微晶（连晶）集合体的黑金刚石的韧性强。常见宝石的韧性值见表5-2-2。

表5-2-2　宝石韧性值表

宝石名称	韧性值	宝石名称	韧性值	宝石名称	韧性值
黑金刚石	10	水晶	7.5	月光石	5
软玉	9	海蓝宝石	7.5	金绿宝石	4
翡翠	8	橄榄石	6	萤石	3.5
刚玉	8	祖母绿	5.5	玛瑙	3.5
钻石	7.5	托帕石	5	锂辉石	3

硬度大的宝石不一定比硬度小的宝石更不易破损。例如，钻石是硬度最高的物质，但同时也是脆性宝石，加之其解理，故不宜受碰撞。软玉硬度不高，但因其具纤维交织结构而韧性很强。锆石的硬度也较高（$H_M=6.5\sim7.5$），但其脆性也较强，常因与欠柔软的包装材料碰撞而使其刻面棱受损，这种现象称为"纸蚀"（图5-2-3）。

图5-2-3　锆石的"纸蚀"

三、解理、裂理和断口

宝石的解理、断口和裂理都是宝石在外力作用下发生破裂的性质，但这三种破裂的特点及决定因素有着本质的差异。

1. 解理

解理是指晶体在外力作用下沿一定的结晶方向裂开呈光滑平面的性质（图5-2-4），破裂面称为解理面。解理面与宝石晶体的晶面具有明显区别：①晶面是晶体外面的一层平面，被击破后即消失，而解理面受力打击后可连续平行出现；②晶面上比较暗淡，而解理面上比

a. 方解石的完全解理

b. 长石的中等解理

图5-2-4　宝石的解理

较光亮；③晶面一般不太平整，有凹凸不平的痕迹，而解理面比较平整，但可出现规则的阶梯状。

由于晶体具异向性，在不同的结晶方位上键力存在差异，解理往往是沿面网化学键力最弱的方向产生。具体为：①解理面一般平行于面网密度最大的方向，因面网密度大，面网间距相应也大，面网间的引力就小，故解理易沿此方向产生，例如金刚石的 {111} 完全解理；②当相邻面网为同号离子的面网时，其间易产生解理，同号离子的斥力使其相邻面网间的连接力减弱，如萤石沿 {111} 方向是由 F^- 组成的两个相邻面网，故沿 {111} 方向易产生完全解理；③平行化学键力最强的方向，如石墨为层状结构，层内 C—C 离子间距为 0.142 nm 时具共价键，而层间距离为 0.335 nm 时具分子键，显然，层内键力大于层间键力，故沿 {0001} 层方向产生极完全解理。

根据解理面产生的难易，解理可分为极完全、完全、中等、不完全、极不完全解理。各级解理的特征见表 5 - 2 - 3。

表 5 - 2 - 3　解理等级

解理等级	形成解理面难易程度	解理面的特征	实例
极完全解理	极易剥成薄片	平整光滑	云母、石墨，宝石中少见
完全解理	可裂成解理块，断口难出现	平滑，可呈阶梯状	钻石、托帕石、萤石
中等解理	可裂成平面，断口易出现	较平整，不太连续	金绿宝石、月光石
不完全解理	不易裂成平面，断口发育	不平整，不连续	磷灰石、橄榄石
极不完全解理	极难出现平面，裂口为端口	无解理面	石英、尖晶石

解理是宝石具有的固有性质，不管它是否遭受力的作用，它总是存在或不存在。如结晶完美的钻石，尽管它不存在任何裂隙，但它平行 {111} 方向的完全解理总是存在的，即一旦遭受力的作用，它就会平行 {111} 方向破裂产生解理面。解理的存在既体现了宝石晶体的异向性，同时也服从于宝石的对称性。

解理常用与其平行发育或可能发育的单形符号来表示，既可以表示解理方向，也可以表示解理组数。如钻石的解理常形容为 {111} 方向的完全解理，即表示钻石具有八面体方向的四组完全解理。

图 5 - 2 - 5　钻石腰围由解理产生的"V"字形缺口

解理的发育影响着宝石的耐久性。例如，托帕石硬度大、透明度好，是很好的宝石材料。但托帕石垂直 c 轴的解理发育，佩戴过程中易沿解理方向产生裂缝和伤痕。钻石是自然界中最硬的宝石，但钻石发育有八面体完全解理，受外力打击也会导致同样结果（图 5 - 2 - 5）。

认识宝石的解理特征对于宝石鉴定具有重要的指导意义。宝石学工作者常利用解理特征鉴定宝石，如钻石腰棱的"V"字形缺口（图 5 - 2 - 5）、月光石内部由解理产生的"蜈蚣"状包裹体（图 5 - 2 - 6a）、翡翠原石表面由解理产生的"翠性"（图 5 - 2 - 6b）等，都为宝石鉴定提供了重要参考。

宝石的解理发育情况在某种程度上影响宝石的加工效果。如黄玉底面解理发育，故在加工时应尽量避免刻面与解理面方向平行，抛光方向应与底面保持5°以上的夹角（图 5 - 2 - 7a），否则会出现粗糙不平的抛光面。但是，金刚石的八面体解理则有助于工匠沿解理方向劈开金刚石（图 5 - 2 - 7b）。

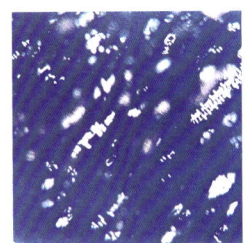

a. 月光石内部由解理产生的"蜈蚣"状包裹体　　b. 翡翠表面由解理产生的"翠性"

图 5-2-6　解理对宝石鉴定的意义

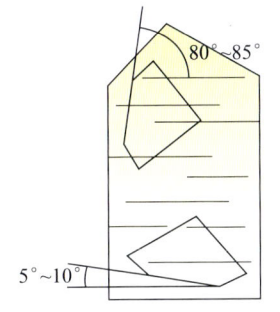
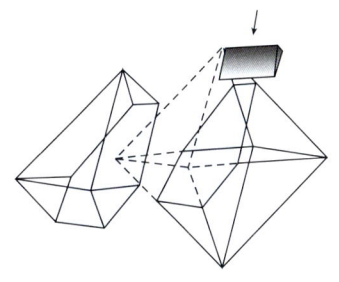

a. 黄玉抛光方向与底面夹角保持 5° 以上　　b. 沿八面体解理方向劈开钻石

图 5-2-7　解理对宝石加工的意义

2. 裂理

裂理（又称裂开）是晶体在外力作用下沿一定结晶方向（如双晶结合面）产生破裂的性质。裂开面称为裂理面，其平整光滑程度不如解理面。裂理同解理在外观上有些相似，但裂理的成因与解理不同，一种是双晶结合面，特别是聚片双晶的结合面会形成裂理；另一种是当细微包裹体或固溶体出溶物分布在某一面网上，并在这一方向面网间的夹层重复分布时，也可形成裂理。例如刚玉具有平行菱面体的聚片双晶，故常沿菱面体发育裂理，其另一组常见裂理发育于与底面平行的方向（图 5-2-8）。

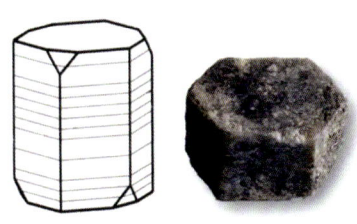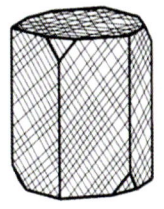

a. 平行底面方向的一组裂理　　b. 平行菱面体方向的两组裂理

图 5-2-8　刚玉的裂理

解理是由内因决定的，是一种晶体固有不变的特性；裂理则是由外因引起的，对同种晶体可能出现也可能不出现，且裂理的存在可以不服从宝石本身的对称性。

3. 断口

断口是指晶体在外力作用下产生不规则破裂面的性质。断口与解理不同，不论在晶体或非晶体宝石上均可发生，但容易产生断口的宝石矿物，由于其断口常具有一定的形态，因此可以作为鉴定宝石矿物的辅助特征。宝石中常见以下几种类型的断口（图 5-2-9）。

贝壳状断口　断口呈圆形的光滑曲面，面上常出现不规则的同心条纹，形似贝壳状，如玻璃、水晶、锆石、黑曜岩等的断口为贝壳状断口。

a. 黑曜岩的贝壳状断口　　b. 石英岩的不平坦状断口　　c. 高岭石的土状断口
d. 软玉的参差状断口　　e. 蓝线石的参差状断口　　f. 蓝晶石的阶梯状断口

图 5-2-9　宝石中常见的断口类型

不平坦状断口　断口表面近平面，但粗糙不平，常出现于一些粒状结构的岩石中，如石英岩、翡翠等玉石和磷灰石的断口。

土状断口　似土状矿物所具有的粗糙断口，多出现在次生矿物中，如质量较差的绿松石和高岭石等。

参差状断口　指断裂面粗糙且不规则，呈参差不齐的断口。大多数矿物具有此种断口。如许多矿物单体、磷灰石、电气石、东陵玉、珊瑚等。

阶梯状断口　指形如细片状的断口。常出现在纤维状矿物中，如温石棉；也可能出现在非纤维状矿物中，如蓝晶石。

四、密度和相对密度

密度是单位体积物质的质量，即密度＝质量/体积，单位是 g/cm^3，通常以物质的质量与其体积的比值来度量。密度是宝石的重要性质之一，取决于组成元素的原子量、原子或离子半径大小和原子的堆积方式。

尽管测定密度有助于鉴定宝石，但在实际测定过程中，许多刻面宝石、不规则晶体及形态各异的雕件的体积是难以精确测定的。

由于密度的测定与计算十分繁杂，故在宝石学中并不经常测量宝石的密度，而是测定其相对密度。相对密度（曾称比重，S.G.）是指宝石的质量与同体积 4 ℃水的质量的比值，量纲为一。宝石学中常用静水称重法来测定宝石的相对密度，根据阿基米德定律，用空气中的宝石质量（m）减去宝石在 4 ℃水中的质量（m_1），即宝石在水中失去的质量，也就是排开同体积水的质量，进行测量宝石的相对密度（d）。计算公式为：

$$d = m/(m - m_1)$$

相对密度是宝石的重要物理参数之一，在鉴定和分选上具有重要意义。必须指出，同一种宝石，由于化学成分变化、类质同象替代以及包裹体、裂隙的存在均会影响宝石的相对密度。

学习任务三　认识宝石的其他物理特性

◆ **任务目标**：理解荧光和磷光、导电性、热电效应、导热性等重要概念的内涵，能较为准确地观察、描述和记录宝石的发光性、电学和热学特性。

◆ 任务要求：认真辨析相关概念，结合标本观测，巩固对宝石发光性、电学和热学特性的认识。

【学习材料】

一、发光性

宝石在外加能量，如紫外线或X射线等激发下发出可见光的性质称为发光性。能激发矿物发光的因素很多，如摩擦、加热、阴极射线、紫外线、X射线都可使某些矿物发光。宝石学中常见的发光现象是紫外线激发下的荧光和磷光。

荧光 宝石矿物在受到外界能量激发时发光，激发源撤除后发光立即停止，这种发光现象称为荧光（图5-3-1）。

a. 日光下

b. 紫外线下

图5-3-1 文石的紫外荧光

磷光 宝石矿物在受到外界能量激发时发光，激发源撤除后仍能继续发光的现象称为磷光。

宝石矿物的发光性与晶格中微量杂质元素（通常小于1%）和某些晶体缺陷（陷阱）的存在密切相关。能引起宝石发光的杂质元素（多为过渡金属元素、某些稀土元素和锕系元素）通常称为激活剂。

发光性实质上是宝石吸收了较高的外加能量，然后再以较低能量（可见光）发射出来形成的。发光过程有两个阶段：第一阶段是可见紫光、紫外光或X射线的光量子具有较高的能量，它们将宝石晶体结构中原子或离子的外层电子，从基态激发到能量较高的激发态；第二阶段是被激发到能量较高激发态的电子回落到能量较低的激发态时，则发射出光子和散发出热量。若这两种激发态的能量间隔差相当于某可见光子的能量，则发射出的光就呈现一定的颜色，这种发光现象称之为荧光。具荧光性的宝石只要在外加能量连续作用下，就能持续发射某些可见光（图5-3-2）。如：红宝石中含Cr，可有红色荧光；锆石中含U，可有黄色荧光；金刚石中如果含有B、Al、Ti、Be，则在短波紫外线照射下发蓝色荧光。人造宝石在一般情况下，致色离子单一，含量稍高，故发射的荧光比同类天然宝石明亮。

在一些宝石晶体结构中，激发电子可被晶体缺陷所捕获。如果捕获是暂时的，激发电子依一定速度回落到基态，能持续地发射出一定能量的可见光。故在外加能量停止后仍继续发光的现象称为磷光。如磷灰石可发蓝色磷光。

宝石发光性及发射光的颜色和强度，主要是同宝石成分中含有的过渡元素，特别是稀土元素的种类和数量有关。

观察宝石的发光性是宝石鉴定中的一种辅助手段，能为鉴定结论的得出提供一定的参考依据。如红色系列宝石的鉴定中，区别红色石榴子石与红色尖晶石、红宝石等其他宝石的快速手段就是观察其在紫外荧光灯下的发光特征。红色石榴子石普遍含铁，铁是一种荧光淬灭剂，能

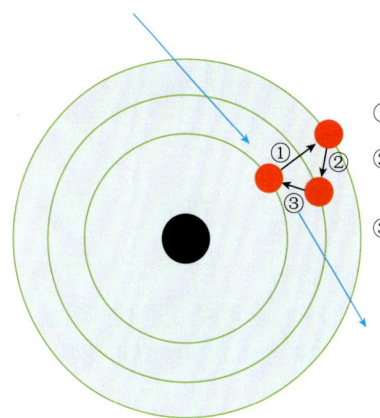

①被激发的电子跃迁到较高能级
②被激发的电子回落到较低能级，向外发射能量
③电子回落到基态并向外发射能量

图 5-3-2　宝石发光性机理

抑制荧光的产生，故红色石榴子石在荧光灯下呈惰性，而红色尖晶石、红宝石等具有中－强荧光。再如鉴定钻石与仿钻，钻石在紫外荧光灯下普遍发浅蓝白色荧光，而立方氧化锆等仿钻材料一般显黄、橙色荧光。翡翠检验中，漂白充填翡翠在紫外荧光灯下显中－强荧光。

二、电学和热学特性

1. 导电性

宝石矿物对电流的传导能力称为导电性。在宝石的两端加上电压时，有电流通过，则其具导电性。不同种类的宝石矿物，其导电性能不同。与金属矿物相比，许多非金属矿物的导电性微弱。能导电的宝石有赤铁矿、人造金红石等。钻石是电的不良导体，但天然Ⅱb型浅蓝色钻石晶格中，微量的硼原子取代碳原子，使局部电位失衡，便产生了自由电子，从而致使该型钻石具有微弱的导电性能，属半导体。而辐射改色蓝钻石的颜色是由色心造成的，故没有导电性。可以用这个特点来区别天然蓝色钻石和改色蓝色钻石。

2. 热电效应

物理学中的热电效应，是指受热物体中的电子随着温度梯度由高温区向低温区移动时，产生电流或电荷堆积的一种现象。温度梯度的变化可使某些宝石晶体产生热电效应。具热电效应的宝石有碧玺、水晶等。碧玺晶体具有明显的热电效应，在受热或冷却时，沿碧玺晶体两端产生数量相等、符号相反的电荷，这可能是由于受到差异温度作用时，晶体产生膨胀或收缩、晶格中被热激发出电荷发生运移所致。碧玺晶体在具有热电效应的同时具有静电吸尘现象，当碧玺晶体受阳光或灯光照射时，加热面会产生吸附灰尘的现象（图5-3-3）。

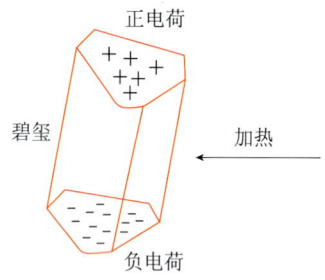

图 5-3-3　电气石的热电效应

3. 压电效应

当某些宝石材料受到外界压力而变形时，其内部会产生极化现象，同时在其两个相对表面会产生正、负相反的电荷，电荷量与压力成正比，这种现象称为压电效应。

宝石材料在机械力作用下产生变形，会引起表面带电的现象，其表面电荷密度与应力成正比，当作用力的方向改变时，电荷的极性也随之改变，当外力去掉后，又会恢复到不带电的状态，这种现象称为正压电效应。反之，在某些电介质材料极化方向上施加电场，材料会产生机械变形，电场去掉后，电介质的变形随之消失，而且其应变与电场强度成正比，称为逆压电效应。如果施加的是交变电场，材料将随着交变电场的频率做伸缩振动，将其称为电致伸缩现象。施加的电场强度越强，振动的幅度越大。压电效应多属一种机械能与电能之间的能量转换现象。

净度较高的石英单晶受到压力作用时会产生电荷；相反，当受到电压作用时，又会产生频率很高的振动。压力不同，产生电荷的多少也不一样；反之，电压不同，振动频率也不同。天然单晶水晶和合成单晶水晶均具良好的压电性能，被广泛应用于无线电和遥控谐振器上。

4. 静电效应

静电效应是带电体移近绝缘导体时，导体因感应而带电的现象。静电大部分是因为接触、摩擦、分离而起电的。某些有机化合物，如琥珀、塑料等，当受到皮毛的反复用力摩擦时，产生数量相同、极性相反的电荷，可吸附起较轻的小纸片、羽毛和塑料薄膜等，用这种特性可以快速鉴别琥珀（图5-3-4）和塑料制品。

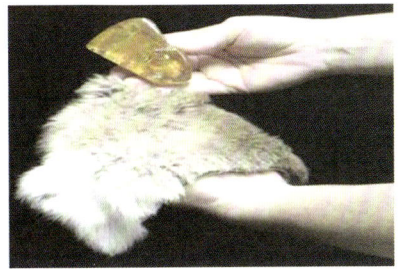

图5-3-4　琥珀的静电效应

5. 导热性

物质传导热量的性能称为导热性。这是因大量分子、原子、离子或自由电子相互撞击，使热量由温度较高一端传递到温度较低一端的缘故，称之为热传导。热传导是介质内无宏观运动时的传热现象，其在固体、液体和气体中均可发生，但严格来讲，只有在固体中才是纯粹的热传导，而流体即使处于静止状态，也会由于温度梯度所造成的密度差而产生自然对流，因此，在流体中对流与热传导同时发生。

导热性是晶体的重要性质，晶体的导热性常高于相应的非晶体的导热性。例如在0℃时，石英晶体（水晶）沿Z轴的导热性为熔融状石英（玻璃）的导热性的10倍。晶体的导热性随温度的升高而降低，而非晶体的导热性随温度的升高而上升。

不同宝石传导热的性能差异甚大，所以导热性可作为宝石的鉴定特征之一。导热性能以热导率（λ）表示，单位为W/(m·K)。宝石学一般以相对热导率表示宝石的相对导热性能。相对热导率的确定常以银或尖晶石的热导率为基数。钻石的热导率比其他宝石高出数十倍至数千倍（表5-3-1），以尖晶石的热导率为1（281）时，钻石的相对热导率是56.9~170.8（16000~48000），银的相对热导率是44（12364），金的相对热导率是31（8711），而刚玉的相对热导率是2.96（832），其他多数非金属宝石的相对热导率多小于1，如水晶的相对导热率仅是0.5~0.94（140~264），玻璃的相对导热率为0.043~0.117（12~33）。因此，使用热导仪能迅速鉴别钻石。

表5-3-1　常见宝石和某些材料的相对热导率（以尖晶石热导率为基数1）

宝石及材料	相对热导率	宝石及材料	相对热导率
钻石	56.9~170.8	钙铝榴石	0.48
银	44	碧玺	0.45
金	31	橄榄石	0.41
刚玉	2.96	锆石	0.39
托帕石	1.59	绿柱石	0.34~0.47
尖晶石	1	铁铝榴石	0.28
赤铁矿	0.96	镁铝榴石	0.27
红柱石	0.64	钙铁榴石	0.26

续表

宝石及材料	相对热导率	宝石及材料	相对热导率
金红石	0.63	黝帘石（坦桑石）	0.18
水晶	0.5~0.94	翡翠	0.4~0.56
玻璃	0.043~0.117		

【学习小结】

通过本项目学习，要求学生认识光的本质，理解光的偏振、折射与双折射、全反射、干涉与衍射、色散等基本光学现象，理解宝石的颜色、多色性、光泽、透明度、特殊光学效应等光学特性重要概念的内涵，理解宝石的硬度、韧性与脆性、解理、裂理及断口、相对密度等力学特性重要概念的内涵，了解宝石的发光性、电学和热学特性，熟悉宝石各项物理特性的表现特点，能较为准确的观测、描述和记录宝石的物理特性。宝石的物理特性受宝石晶体内部结构、结晶学特性和化学成分组成特点影响，对宝石学职业工作中宝石的鉴定检测、品质分级和价值评估具有重要意义。

【思考与练习】

1）列举光对宝石产生的主要光学作用及其对宝石物理性质的影响。
2）什么是颜色的三要素？它们之间有何区别和联系？
3）宝石多色性产生的原因是什么？多色性对宝石有何意义？
4）列举宝石特殊光学效应的分类并简要阐述其形成原因。
5）宝石的解理、裂理和断口有何区别和联系？
6）以实例阐述宝石的解理、裂理和断口对宝玉石加工及鉴定的影响及作用。
7）宝石发光性受什么因素影响？列举几个具有强紫外荧光的宝石品种。
8）举实例阐述认识宝石物理特性对宝石商贸、宝石鉴定检测、宝石品质评价与价值评估的重要意义。

学习项目六　认识宝石包裹体

天然宝石在自然界中历经了一个漫长的结晶过程，形成地质环境复杂。在宝石形成过程中，外来杂质的混入、成矿溶液浓度及温度压力的变化、后期地质作用的改造都会在宝石的内部留下很多痕迹，如矿物内含物、裂隙、生长纹、色带、色区等，这就是我们常说的包裹体。宝石中包裹体的形成往往与晶体生长过程中产生的晶体缺陷有关，同时也可以反映宝石形成时所处地质环境（如温度、压力、介质浓度等）的特征。古罗马博物学家普林尼（Pliny）说："在宝石微小的空间里，包含了整个大自然。仅一颗宝石就足以表现天地万物之优美。"

19 世纪初，人们就开始对矿物中的包裹体进行探索，作为研究矿物成矿环境、成矿机理和指导找矿的重要手段。直到 19 世纪末和 20 世纪初，由于合成红宝石和蓝宝石的出现，打破了宝石仅由天然产出的固有思维，而且日益增多的人工宝石，使人们意识到包裹体特征是天然宝石区别于人造宝石的唯一证据，人们开始重视研究宝石内部包裹体。

研究宝石中的包裹体极为重要，它为我们鉴别宝石品种、区分天然和合成宝石、判别宝石的优化处理方法、评价宝石的品质和了解宝石的成因甚至产地提供了最科学、最准确的证据。为此，了解不同宝石的包裹体特点，是宝石学工作者不可逾越的必由之路。

【想一想，议一议】

在宝石学的众多研究领域中，宝石包裹体的研究无疑是最丰富多彩的内容之一。从自己的认识和理解出发，结合已掌握的知识，谈谈深入认识宝石包裹体对宝玉石鉴定检测、宝玉石品质评价及宝玉石价值评估的重要意义和作用。

【内容结构图】

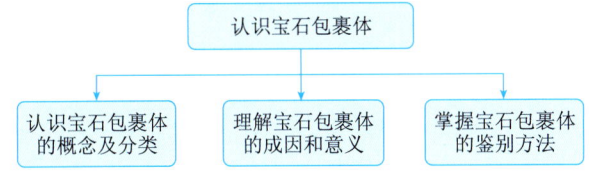

【内容提要】

在本学习项目中，通过对宝石包裹体概念、分类依据、形成机制和鉴别方法的介绍和阐述，使学生理解宝石包裹体的内涵，掌握准确观测、描述和记录宝石包裹体特征的基本能力，为宝玉石鉴定检测、品质评价与价值评估职业能力的形成打下基础。

【学习目标与要求】

◆ 学习目标：理解宝石包裹体的基本概念，熟悉宝石包裹体的分类依据和形成机制，掌握准确观察、描述和记录宝石包裹体特征的基本方法。

◆ 学习要求：以已掌握的矿物学、岩石学知识和技能为基础，参照宝石成品标本，详细观测、描述和记录宝石标本的包裹体特征。

【任务引入】

宝石从何处来？宝石是如何形成的？为什么宝石如此闪耀？宝石的价值如何确定？如何区分天然宝石、人工宝石和仿宝石？是什么造就了宝石中的猫眼效应及星光效应？如何区分红宝石、红色石榴子石和红色玻璃？……对上述众多问题的回答，多数要涉及对宝石包裹体的解析和研究。宝石包裹体学作为宝石学的一个重要分支，脱胎于矿物包裹体学，伴随宝石鉴定检测、品质评价、价值评估、人工宝石晶体培育生长等工作的开展而日益完善和壮大，目前无论从研究内容、研究技术手段和方法、研究成果等诸多方面来看，均对宝石学的不断进步产生着深远影响。

宝石包裹体的研究，对宝石学学者、宝石贸易从业者、宝玉石鉴定检测工作者、珠宝首饰设计师、宝石收藏家、珠宝首饰评估师，乃至普通珠宝首饰消费者及爱好者均具有十分重要的意义。宝石学学者研究的重要领域之一便是通过对宝石包裹体形态、物理性质、化学成分特征、成因等诸多因素的判别得出关于宝石形成环境、结晶状态、赋存条件、演变历史的丰富信息，指导宝石资源找矿、鉴定评价、优化改善等工作。宝石贸易从业者通过对包裹体信息的理解，可大致判别宝石产地、来源、性状及品质级别，以合理开展贸易活动。对宝玉石鉴定检测工作者来说，准确识别宝石包裹体所蕴含的丰富信息，是提高鉴定检测职业工作水平的重要环节。珠宝首饰设计师通过对宝石包裹体的分析，可确定宝石的最优加工方法，以及如何最大限度展现宝石的美感。对宝石收藏家而言，包含独特包裹体的宝石品种更是不可多得的珍稀藏品。珠宝首饰评估师必须通过对宝石包裹体的准确识别和评价来确定宝石价值诸多因素的关键要素，如宝石产地、来源、品质级别等。即便对于普通珠宝首饰消费者及爱好者来说，掌握关于宝石包裹体成因、分类及鉴别方法的基础知识，对于指导合理消费、提升专业兴趣也是大有裨益的。

学习任务一　认识宝石包裹体的概念及分类

◆ 任务目标：理解宝石包裹体的概念（广义及狭义）和分类原则，能较为准确地判别宝石中各类包裹体的种属分类及基本特征。

◆ 任务要求：认真辨析相关概念，结合标本观测，取得对宝石包裹体特征的初步认识，能从包裹体外形、结晶状态、存在形式等方面对宝石包裹体进行一定深度的分析。

【学习材料】

一、宝石包裹体的概念

宝石包裹体的概念来源于矿物学，但是与矿物学中包裹体的概念又有一定的区别。矿物包裹体是指矿物中的异相物，主要指矿物生长过程中被包裹在寄主矿物中的原始成矿熔浆和其他矿物，至今仍存在于矿物中，并与主晶矿物有着相的界限。广义的宝石包裹体是指影响宝石整体均一性的所有特征，即除包括上述矿物包裹体外，还包括宝石在结构特征和物理特性上的差异，如带状结构、色带、双晶、断口和解理，以及与内部结构有关的表面特征等。宝石学中所指的包裹体概念常为广义的概念。

二、宝石包裹体的分类

（一）依据包裹体与主晶宝石形成的相对时间分类

依据包裹体与宝石形成的相对时间，可将包裹体分为原生包裹体、同生包裹体和次生包裹体。

1. 原生包裹体

原生包裹体是指比宝石形成更早，在宝石形成之前就已结晶或存在的一些物质，在宝石晶体形成过程中被包裹到宝石内部。原生包裹体的形成主要与介质环境（如成矿溶液成分和浓度的变化）及晶体的快速生长有关。宝石中的原生包裹体一般都是固态的，它可以与寄主矿物同种，也可以不同（图6-1-1，图6-1-2）。

合成宝石一般不存在原生包裹体，但对于有种晶的一些合成方法，也可把合成宝石中的种晶视为一种原生包裹体（图6-1-3）。

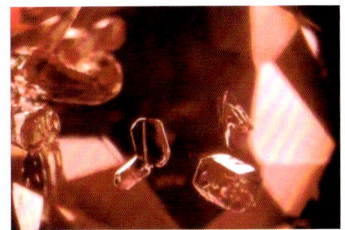

图6-1-1 缅甸红宝石中的磷灰石包裹体

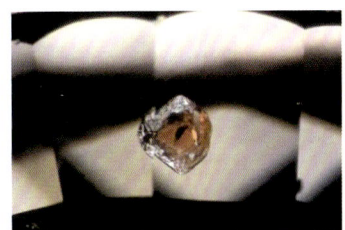

图6-1-2 坦桑尼亚蓝宝石中的石榴子石包裹体

图6-1-3 合成水晶中的种晶板

原生固态包裹体通常是各种造岩矿物，如阳起石、透闪石、云母、磷灰石、金刚石、铬铁矿、锆石、金红石、透辉石、橄榄石、石榴子石等。如钻石包裹橄榄石、祖母绿包裹透闪石等。

原生包裹体常反映宝石矿床的母岩特征，可作为天然宝石的鉴定特征和产地特征，如斯里兰卡蓝宝石中的白云母、缅甸蓝宝石中的方解石（图6-1-4）都是反映母岩特征的原生包裹体，具有指示产地的重要意义。

2. 同生包裹体

同生包裹体是指在宝石形成的同时所形成的包裹体，它们的形成主要与晶体的差异性生长、晶体的不规则生长结构、晶体的生长间断、溶液过饱和度的变化、外来杂质的出现、体系温度或压力的突然变化等因素有关。此类包裹体可以是固态的，也可以是含有呈各种组合关系的固体、液体和气体，甚至是空洞或裂隙等，还可以是导致分带性的化学组分变化所形成的色带、幻晶等。

（1）同生固态包裹体

在某些情况下，若包裹体矿物与宝石晶体沿结合面的原子结构相似，当宝石晶体停止生长时，包裹体矿物可聚集和生长在宝石晶体的表面；晶体的重新生长会覆盖这些生长在表面的矿物，使之成为同生包裹体。

纤维状矿物的生长速度比主晶宝石的生长速度快，因而可以形成长丝状的包裹体，如刚玉及水晶中呈针状的金红石包裹体（图6-1-5，图6-1-6）。

在高温下结晶均匀的固溶体矿物，当温度缓慢下降时，固溶体溶解度减小达到过饱和状态，出溶成为两个彼此不同的矿物，呈片状或针状，而且它们的方向往往与寄主晶体的某个结构方向平行。例如：从刚玉中出溶的金红石结晶成三组针状的晶体，相互交角为120°，而且均平行于刚玉的底轴面（图6-1-7）。

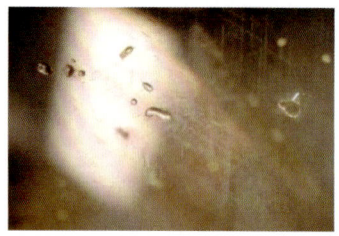

图6-1-4 缅甸蓝宝石中的方解石包裹体

图6-1-5 缅甸蓝宝石中的金红石包裹体

图6-1-6 水晶中的金红石包裹体

钛化合物，如金红石、榍石和钛铁矿是宝石中最常见的出溶矿物。这是由于Ti的丰度大，易于为寄主晶体所容纳，并从寄主晶体晶格中出溶。大量的出溶针状物可在刚玉、石榴子石和尖晶石等宝石中产生猫眼和星光效应（图6-1-8）。其他的出溶矿物有堇青石、日光石中的赤铁矿（图6-1-9，图6-1-10）；月光石中的钠长石；拉长石中的针铁矿等。

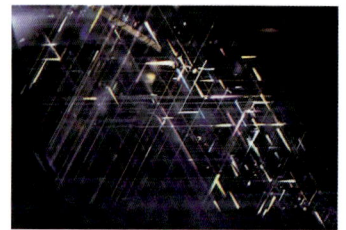

图6-1-7 缅甸抹谷蓝宝石中的三向金红石包裹体

图6-1-8 石榴子石中的三向金红石包裹体

图6-1-9 堇青石中的片状赤铁矿包裹体

（2）同生液态（气态）包裹体

产于某些地质环境的宝石中可含有大量的气液包裹体。晶体在生长过程中可能破裂，成矿溶液进入其裂隙中，直到裂隙在适当部位愈合为止。以这种方式形成的愈合裂隙在富含水溶液环境条件下生成的宝石中较为常见。愈合裂隙可以呈扁平状或弯曲状，常说的"指纹状包裹体"就属于此类（图6-1-11）。

有的宝石内部可含有管状的孔道或具有规则形状的孔洞，这是由于宝石晶体在生长过程中生长阻断或生长速度过快造成的。在生长过程中，孔道或孔洞的形状可能会发生改变或愈合。如海蓝宝石中的管状包裹体可以呈断断续续的"雨丝"状（图6-1-12）。

图6-1-10 坦桑尼亚日光石中的赤铁矿包裹体

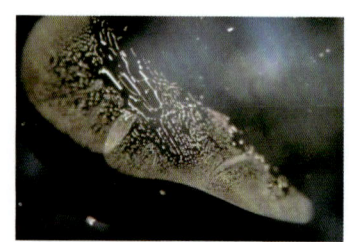

图6-1-11 缅甸蓝宝石中的"指纹"状包裹体

图6-1-12 海蓝宝石中的"雨丝"状包裹体

（3）同生非物质型包裹体

宝石晶体中常见非物质型包裹体，主要表现为下述几种现象。

包裹体分带 宝石晶体生长的暂时停顿使外来的晶体集结在寄主晶体的表面。若寄主晶体重新生长，便可形成或多或少的呈面状分布的薄层包裹体，即所谓的"幻晶"（图 6-1-13）。

颜色分带 通常取决于宝石中化学成分的变化，它反映了宝石生长环境和流体化学成分的变化，如红宝石、蓝宝石中的平直或角状色带（图 6-1-14）。

结构分带 通常是由宝石中的双晶造成的，如钻石、长石和红宝石、蓝宝石中的生长纹和双晶纹（图 6-1-15）。

图 6-1-13 水晶中的"幻晶"包裹体　　图 6-1-14 蓝宝石中的颜色分带　　图 6-1-15 克什米尔蓝宝石中的双晶纹

合成宝石的包裹体大都属于同生包裹体，它们可以是固态、气态或液态。但它们往往从形态和组成上与天然宝石明显不同，可作为区分天然与合成宝石的主要或诊断性特征。如助熔剂法合成红宝石中的助熔剂残余（图 6-1-16），水热法合成祖母绿中的铂金片和生长纹（图 6-1-17）、合成祖母绿中由硅铍石和空洞构成的"钉头"状包裹体（图 6-1-18），焰熔法合成红宝石、蓝宝石中的弧形生长纹（图 6-1-19）和气泡（图 6-1-20）等。

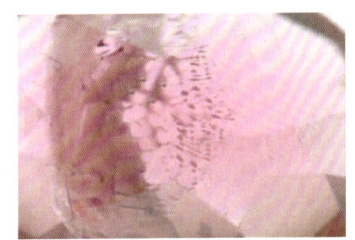  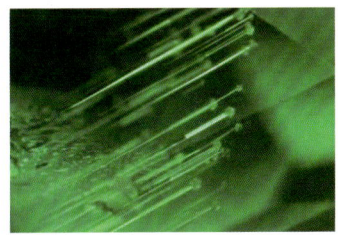

图 6-1-16 合成红宝石中的助熔剂残余　　图 6-1-17 合成祖母绿中的生长纹　　图 6-1-18 合成祖母绿中的"钉头"状包裹体

同生包裹体常反映宝石矿床成矿作用特征，可作为天然宝石的鉴定特征和产地特征，如哥伦比亚祖母绿含典型的三相包裹体（图 6-1-21）；可以形成独特的宝石品种，如发晶（图 6-1-22）；可以指示宝石的人工成因，如合成红宝石中的气泡-气相包裹体等。

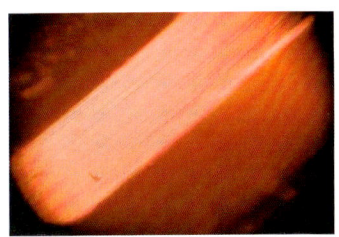  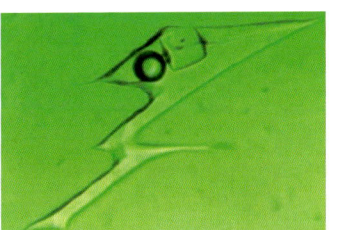

图 6-1-19 焰熔法合成红宝石中的弧形生长纹　　图 6-1-20 焰熔法合成蓝宝石中的气泡　　图 6-1-21 哥伦比亚祖母绿中的三相包裹体

3. 次生包裹体

次生包裹体是指宝石形成后产生的包裹体，宝石晶体形成后由于环境的变化，如受应力作用产生裂隙，外来物质沿其渗入及裂隙充填所形成的包裹体，甚至可能是由于放射性元素的破坏作用所形成的包裹体。

（1）次生裂隙及外来物质充填胶结

宝石停止生长后产生的裂隙中，可能会有外来物质进入并在其中沉淀。常见的外来物质是铁和锰的氧化物，如水晶或玛瑙中的黑色树枝状包裹体（图6-1-23）。

（2）放射性元素的破坏作用

有些宝石经常含有微量的放射性元素，如锆石常含有放射性元素 U 和 Th，由于它们的存在，不但可以破坏宝石本身的晶体结构，同时，当锆石作为包裹体出现在其他宝石矿物中时，放射性元素在破坏锆石晶格的同时，还会使锆石的体积增大，也可对主晶宝石晶格产生破坏，产生的应力可导致在锆石周围形成放射状的裂隙等痕迹，这就是我们所说的"锆石晕"（图6-1-24）。

  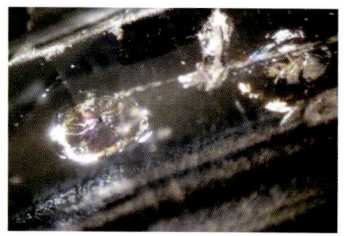

图6-1-22 发晶　　　　　图6-1-23 玛瑙中的　　　　图6-1-24 缅甸蓝宝石
　　　　　　　　　　　　　　树枝状包裹体　　　　　　　中的"锆石晕"

合成宝石往往不存在次生包裹体。但对于优化处理的宝石，可能含有一些次生包裹体。如，红宝石、蓝宝石的热处理，往往会导致内部固态包裹体的体积发生变化，使之发生爆裂而在周围产生次生裂隙（图6-1-25）；也会使宝石中存在的 Fe、Ti 出溶，而形成金红石针；也可使同生的针状金红石包裹体熔蚀，形成呈点状排列的金红石（图6-1-26）。这些也都可以作为宝石热处理的鉴定特征。

 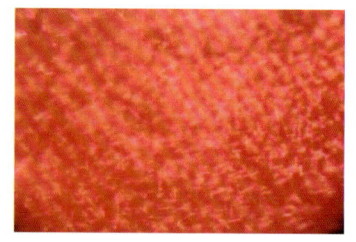

图6-1-25 热处理蓝宝石中的次生裂隙　　　图6-1-26 热处理红宝石中部分熔蚀的金红石针

另外，宝石的染色处理、充填处理也可视为次生包裹体；扩散处理造成的颜色在刻面宝石的腰棱部位的颜色集中、激光打孔处理和KM处理钻石所留下的痕迹和裂隙也可视为次生包裹体。故次生包裹体最重要的意义在于指示宝石的优化处理。

宝石中的原生、同生、次生包裹体的关系可见水晶中的包裹体示意图（图6-1-27）。

（二）依据包裹体的相态分类

根据包裹体的相态特征，可将包裹体分为固相包裹体、液相包裹体和气相包裹体。

固相包裹体主要指宝石中呈固相存在的包裹体，如红宝石中的金红石、祖母绿中的黄铁矿和方解石等。

液相包裹体指以单相、两相的流体为主的包裹体，最常见的液体为水、溶解盐（石盐水、含碳酸的水），有机液体也偶有出现（萤石中的石油液态包裹体，如图6-1-28所示）。例如蓝宝石中的指纹状包裹体、萤石和托帕石中的两相不混溶的液态包裹体（图6-1-29）等。

气相包裹体指主要由气体组成的包裹体，如琥珀中的气泡（图6-1-30），祖母绿中的CO_2气态包裹体，合成红宝石、合成蓝宝石和玻璃中的气泡等。

实际上，宝石中往往可以见到两种或两种以上不同相态包裹体共存的现象，从而可将其分为单相、两相、三相或多相包裹体。单相包裹体指以固相、液相或气相单一相态存在的包裹体，多为单相的固态包裹体，在合成宝石中也常见单相的气态包裹体（即气泡）；两相包裹体可以是气-液（如指纹状包裹体多为气-液两相包裹体）、液-液（如托帕石中的两相不混溶的液态包裹体）、液-固两相包裹体；三相包裹体主要指同一包裹体内含有气-液-固三相或液-液-气三相包裹体，如祖母绿、水晶中常见的由石盐-气泡-水构成的三相包裹体（图6-1-31）。

（三）依据包裹体的成分分类

根据包裹体成分特点可将包裹体分为有机包裹体和无机包裹体两大类。

有机包裹体是指主要由有机物质组成的包裹体，如琥珀中的动植物包裹体（图6-1-32，图6-1-33），萤石中的石油包裹体等。无机包裹体是指各种晶体、熔体及气液流体包裹体，它们由无机物质组成，绝大部分宝石中的包裹体都是无机包裹体。

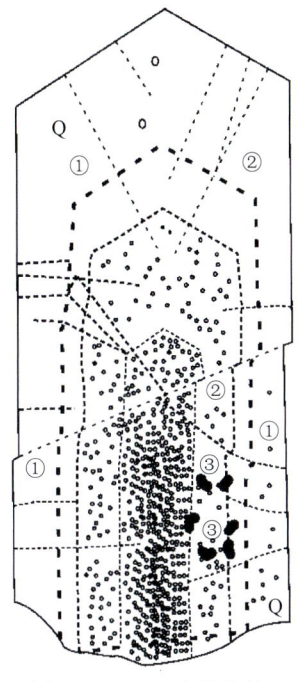

图6-1-27 水晶中的包裹体示意图
（据丘志力，1995）
①同生包裹体；②次生包裹体；③原生晶体包裹体。示意图中沿晶体生长面排列的是同生包裹体，沿裂隙分布的是次生包裹体，跨越晶体生长面排列的是原生晶体包裹体

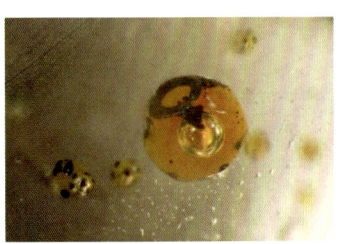

图6-1-28 萤石中的石油液相包裹体

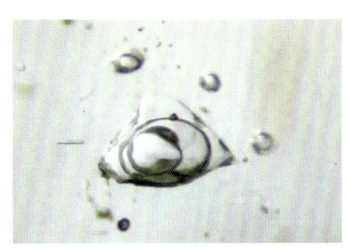

图6-1-29 托帕石内部的两相不混溶的液态包裹体

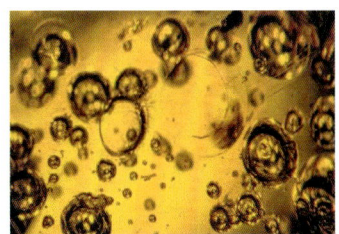

图6-1-30 琥珀内部的气相包裹体

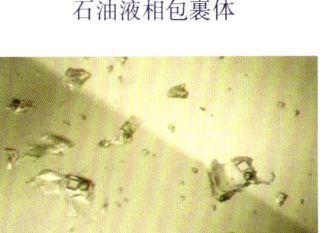

图6-1-31 水晶中的三相包裹体

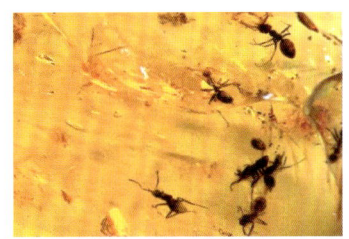

图6-1-32 琥珀中的动物包裹体

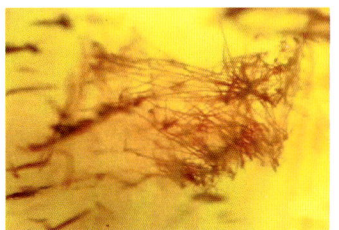

图6-1-33 琥珀中的植物包裹体

（四）依据包裹体的存在形式分类

根据包裹体的存在形式，可将包裹体分为物质型包裹体和非物质型包裹体两大类。

1. 物质型包裹体

指以实际物质形态存在的包裹体，如固态、液态和气态包裹体等。

2. 非物质型包裹体

指由晶体缺陷及后期应力作用形成的内部缺陷所构成的包裹体，它们往往不是以实际的物质形式存在，多呈某种现象出现，如负晶（图6-1-34）、双晶面、解理纹（图6-1-35）等。多是由晶体成分的变化、晶体缺陷、放射性蜕变所导致的，与主体宝石颜色有明显差异的色带、色团、色晕等组成的包裹体，以及由宝石的物理性质引起的特征现象。

图6-1-34　水晶中的负晶　　　图6-1-35　拉长石中的解理纹　　　图6-1-36　紫晶中的平直色带

（1）颜色分布

宝石中颜色的分布特征对揭示宝石优化处理、合成和天然类型是非常有用的。平直的颜色分带是诸如茶晶、紫晶和蓝宝石等许多天然宝石的典型特征（图6-1-36，图6-1-37），但平直的色带并不一定就是天然宝石的特征。焰熔法合成宝石往往具有弯曲的色带。人工改色的宝石，其颜色分布具有独特性，在染色宝石中，宝石的颜色集中在裂隙中和晶粒的边界处（图6-1-38）；扩散处理的宝石，颜色集中在尖角、棱线和表面的裂隙处（图6-1-39）。

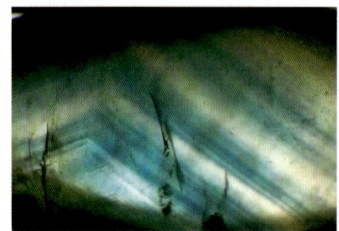  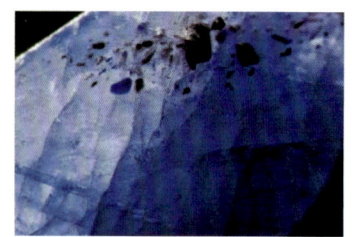

图6-1-37　蓝宝石中的平直色带　　　图6-1-38　染色处理红宝石　　　图6-1-39　扩散处理蓝宝石

（2）表面特征

表面特征能提供关于宝石结构和宝石定名的相关线索，如钻石中的特殊结构可在刻面上产生纹路（图6-1-40）；漂白充填处理的翡翠表面可显示"沟渠状"或"蛛网状"的现象（图6-1-41）。

（3）解理和断口

解理和断口对某些宝石的鉴别具有一定价值。具阶梯状断口说明宝石的解理发育，如锂辉

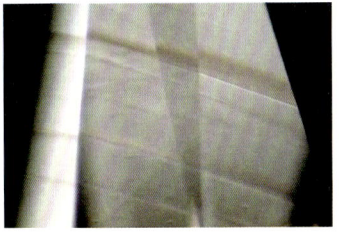

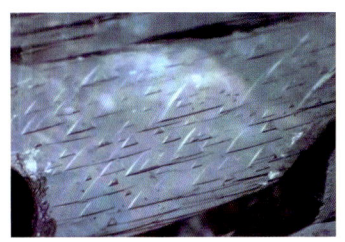

图6-1-40 钻石刻面上的生长纹路　　图6-1-41 漂白充填翡翠表面特征　　图6-1-42 紫锂辉石表面的阶梯状花纹

石（图6-1-42）、长石；钻石腰围的"须状腰"（图6-1-43）、"V"字形缺口、天然面是其仿制品所不具备的。

（4）双晶

刚玉、金绿宝石（图6-1-44，图6-1-45）、长石中常可见到双晶。矿物中的双晶可以是同生的或次生的，如方解石的双晶可以在晶体停止生长后因形变而形成，刚玉中的双晶也可以此方式形成。

图6-1-43 钻石的"须状腰"　　图6-1-44 红宝石中的双晶纹　　图6-1-45 金绿宝石中的双晶纹

（5）重影

对于双折射率大的宝石，在适当角度可看到明显的后刻面棱线重影（图6-1-46，图6-1-47）。

图6-1-46 橄榄石后刻面棱线重影　　图6-1-47 锆石后刻面棱线重影

学习任务二　理解宝石包裹体的成因和研究意义

◆ 任务目标：理解宝石包裹体的形成机制和鉴定意义，能结合观察到的宝石包裹体特征，较为深入地分析宝石标本中包裹体的成因。

◆ 任务要求：认真辨析相关概念，结合标本观测，取得对宝石包裹体形成机制和研究意义的较深入认识。

【学习材料】

一、宝石包裹体的成因

（一）原生包裹体的成因

宝石中原生包裹体形成主要与介质环境，如成分、浓度变化，以及晶体的快速生长等因素有关。

1. 母岩的残余矿物

变质作用过程中新生的宝石晶体交代了原先的矿物，如果交代作用不完全，则留下原矿物的残余，在新生宝石晶体中形成原生包裹体，一般为固态矿物包裹体。

2. 熔体或溶液中结晶的顺序

晶体的形成实际上是介质质点在溶液或熔浆中发生过饱和作用而按一定规律聚合成微小晶粒，并不断堆积生长的过程，就是质点从不规则分布变为规则排列的过程。不同组成的质点形成过饱和条件不同，这便使得体系中晶体结晶有先后的差异。有时，部分质点可能会同时达到过饱和，并同时形成晶核，产生了晶体的共结作用。

但是在自然界条件下，这种共同结晶或结晶的先后次序会随环境条件，如温度、压力及溶液组分的变化而发生变化，部分早期结晶的晶体由于后来条件的变化（如组分供应不足或温度压力改变等）可能会再结晶，或停止生长而成为一些细小晶体；相反，后期溶液其他组分过饱和产生的结晶成核作用，由于条件适宜，可以得到优势生长，从而长成较大的晶体。后期长成的大晶体可将早期结晶的细小晶体包裹而形成包裹体。

3. 围岩矿物的掉落作用

晶体生长过程中，围岩的组成矿物落下，散落到正在生长的晶体上，由于晶体的继续生长，把掉落的围岩矿物包裹到晶体中，如水晶中沿水晶晶形分布的白云母（图6-2-1）、绿泥石（图6-2-2）等。

4. 未熔粉末

尚未熔融的合成宝石的粉末被包裹到生长的晶体中，成为合成宝石的鉴定证据（图6-2-3）。

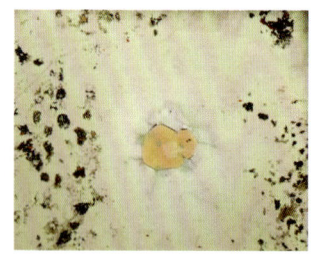
图6-2-1　水晶中的云母包裹体

图6-2-2　水晶中的绿泥石包裹体

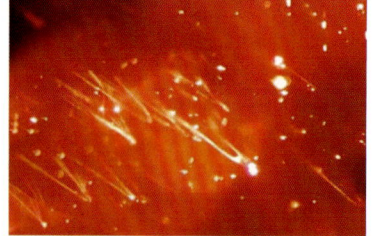
图6-2-3　助熔剂法合成红宝石中的未熔粉末

（二）同生包裹体的成因

宝石中同生包裹体的形成主要和晶体差异生长、不规则生长、介质环境快速变化和外来杂质有关。

1. 附着生长作用

外来的纤维状晶体附着在寄主晶体的表面与宿主矿物同时生长，形成晶体中的针状、线状或者纤维状包裹体，例如翠榴石中的阳起石石棉纤维状包裹体（图6-2-4）、津巴布韦祖母绿中的纤维状透闪石包裹体（图6-2-5）、水晶中的金红石针状包裹体。

 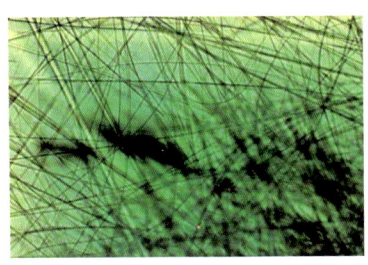 

图6-2-4　翠榴石中的阳起石石棉包裹体　　图6-2-5　津巴布韦祖母绿中的透闪石包裹体　　图6-2-6　水晶中的管状同生负晶

2. 晶体的生长习性

中级晶族宝石常有沿c轴生长的习性，容易形成管状的负晶，形成平行c轴的管状同生包裹体（图6-2-6）。

3. 晶体的差异生长

晶体在生长过程中各个部位的生长速度不同，晶棱及角顶部位接受溶质堆积的机会一般比晶体生长面中心要高，因而晶体各个部位的生长形成差异，并使某些部位产生空腔等缺陷，溶液被包含在这种缺陷中，即形成了包裹体。

4. 晶体的不规则生长结构

晶体在非理想状态下生长是以不规则生长过程进行的，易形成螺旋位错生长结构或镶嵌结构等，这些生长结构的某些接合部位往往易于形成晶体缺陷。

5. 快速生长

水热法合成宝石选择能够快速生长的面网作为种晶的生长面，这种生长通常导致多方向的生长台阶，在晶体中造成特殊的生长纹理，例如水热法合成祖母绿中的箭头状纹理（图6-2-7）、水热法合成红宝石中的波纹状纹理（图6-2-8）。

图6-2-7　水热法合成祖母绿中的箭头状纹理　　图6-2-8　水热法合成红宝石中的波纹状纹理

6. 晶体生长间断

晶体在生长阶段中，由于溶液组分的供给不足，正在生长的晶体可能会出现暂时生长停顿状况，并溶蚀已经形成的晶体，在晶体表面形成特殊的生长结构，如凹坑、特殊的生长纹路等。当生长体系中溶液再次达到饱和，并在原晶体上继续生长，原来晶面上的凹坑等缺陷便容易为溶液充填而形成同生包裹体。这种包裹体多见于天然多期次形成的宝石中，如水晶中的"幻晶"，绿柱石中的生长纹及部分空管。

7. 生长溶液过饱和度的变化

这种包裹体的形成主要和溶液过饱和度变化所产生的晶体生长速度的变化有关。当溶液过饱和度适中时，晶体缓慢生长结晶，形成透明度高、缺陷少的晶体；当溶液过饱和度太高时，晶核的成核作用增强，生长速度加快，晶格缺陷增加，溶液充填于缺陷中并被后来的生长层掩没而形成同生包裹体。宝石中部分气液及结晶质包裹体的形成与此机理有关。

8. 生长体系中温压条件的突然变化

晶体生长过程中，当正在结晶的岩浆侵入到温度较低的地层中，或正在结晶的岩浆与其他温度不同的岩浆混合，使结晶出现过冷或过热的状态，此时晶体的结晶将偏离理想状态，可能在已形成的晶体中产生熔融结构等，有利于同生包裹体的形成。

而体系压力的变化有时可使正在结晶的晶体产生运动状态或应力状态的变化，使其结构易于产生缺陷，如发生机械破裂，形成开放性裂隙，成矿流体灌入裂隙中，又被生长愈合，形成愈合裂隙。如刚玉中的指纹状气液包裹体。

（三）次生包裹体的成因

宝石中次生包裹体的形成主要和晶体形成过程中或形成后应力作用产生裂隙，溶液或熔体沿裂隙充填、结晶并使裂隙愈合等作用有关。

1. 出溶作用

在较高温度下结晶的宝石，可以含有（或者溶解）浓度较高的杂质成分。温度降低后，晶体容纳杂质的能力变小，要排出这些多余的成分。如果温度下降的速度比较慢，这些杂质就可以聚集成定向排列的小晶体，成为宝石中的包裹体。例如蓝宝石、石榴子石中的金红石针。

2. 应力裂隙

寄主宝石中的包裹体往往和寄主宝石有不同的热膨胀系数，如果包裹体的热膨胀系数小，在温度降低后，由于寄主宝石的体积收缩大，包裹体的体积收缩小，在包裹体周围就形成内应力场，并引起破裂，形成圆盘状裂隙。例如橄榄石中的"睡莲叶"状裂隙（图6-2-9）。

锆石包裹体也容易引起应力裂隙，称为锆石晕。这是由于锆石含有的放射性元素破坏了锆石晶格，使之脱晶化，造成体积增大所致。

3. 裂隙的充填愈合作用

宝石晶体形成后的裂隙，可以被溶液充填、再结晶形成愈合裂隙（图6-2-10）。裂隙中也可以充填次生矿物，如铁、锰的氧化物等，典型例子是玛瑙中的"苔藓"状包裹体。

4. 熔融作用

宝石如果经过高温处理，当温度超过固体包裹体熔点时便会导致包裹体熔蚀，固体包裹体变成浑圆状，带有应力裂隙，并且熔融的熔体会充填到应力裂隙中，形成各种图案。

5. 熔蚀作用

在高温处理中，原来的出熔体再次被寄主宝石不完全吸收，形成残晶。例如，红宝石、蓝宝石中的金红石针变成不连续的点状。

6. 后生充填作用

宝石晶体生长结束后形成开放裂隙，由后期与寄主宝石矿物晶体生长无关的充填作用形成各种充填物。

7. 人工充填作用

为了提高宝石的表观净度，裂隙较多的宝石和多孔的多晶质宝石，采用注油、注塑、玻璃充填等方式弥合裂隙，提高宝石的透明度（图6-2-11）。

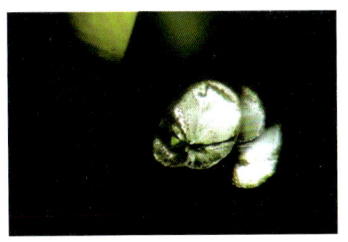
图6-2-9 橄榄石中的"睡莲叶"状包裹体

图6-2-10 蓝宝石中的愈合裂隙

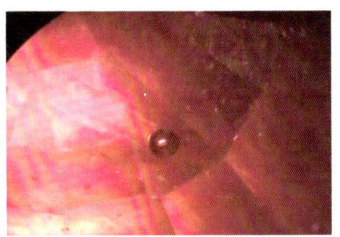
图6-2-11 铅玻璃充填红宝石中的气泡

（四）多相包裹体的成因

1. 气液两相包裹体

形成宝石晶体的液体介质具有较高温度和压力，其中水与二氧化碳等可以形成均一的流体相，被包裹到宝石中后，随温度的下降，流体相分离，液体的体积收缩，形成气相和液相包裹体（图6-2-12）。

2. 三相包裹体和多相包裹体

如果生长介质流体中溶解了很多的矿物质（如 $NaCl$、KCl 等），冷却后，$NaCl$、KCl 等从液体中结晶出来，就形成具有固相、液相和气相的三相包裹体（图6-2-13）。如果液体中二氧化碳含量高，又可以分离成不同液相，就形成有多个液相的包裹体，形成多相包裹体（图6-2-14）。

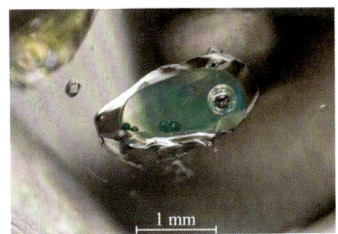
图6-2-12 紫晶中的两相包裹体

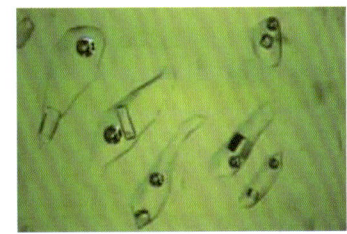
图6-2-13 祖母绿中的三相包裹体

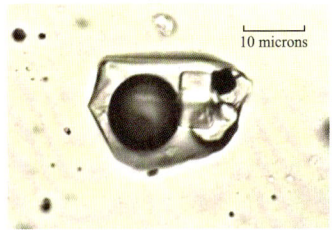
图6-2-14 多相包裹体
2个气相，1个液相，2个固相

3. 固气两相包裹体

宝石晶体在熔体的介质中生长，可以形成固气两相包裹体。包裹体形成时是液相的，温度降低后凝固成固相，由于体积的收缩形成气泡。如果固相物质发生重结晶，则从玻璃体转化成多晶集合体，这种包裹体主要是助熔剂法合成宝石的特征（图6-2-15，图6-2-16）。

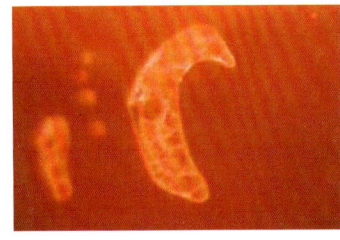
图6-2-15 "马赛克"状的助熔剂包裹体

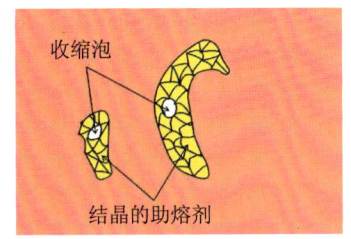
图6-2-16 助熔剂包裹体的结构示意图

二、宝石包裹体的研究意义

宝石包裹体的研究对宝石的鉴定检测、品质评价与价值评估均具有重要意义，归纳起来有以下几点。

1. 指示宝石的晶系所属

通常，宝石中包裹体的形态特点和宝石的晶体结构有密切的关系，宝石中负晶形态的包裹体对宝石的晶系具有指示作用。例如三方晶系的水晶内常可发现具有菱面及柱状的负晶形包裹体（图6-2-17），六方晶系的绿柱石内通常含有六边形长柱状的空管（图6-2-18），等轴晶系的尖晶石内常含八面体负晶形的尖晶石包裹体（图6-2-19）。

图6-2-17 水晶中的六方柱状负晶

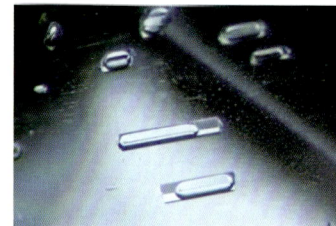
图6-2-18 绿柱石中的长柱状负晶

图6-2-19 尖晶石中的八面体负晶

2. 鉴别宝石的种属

一般而言，特征物理参数是确定宝石种属的直接依据，大多数宝石具有区别于其他宝石种属的特征物理参数，如折射率、相对密度等。实践中发现，某些宝石的宝石学参数往往相对重叠，此时，宝石中的特征包裹体便对鉴定宝石种属起到重要的指示意义。

如石榴子石族中的绿色宝石可能是铬钒钙铝榴石（俗称"沙弗莱石"），也可能是钙铁榴石中的翠榴石，如果其内含"马尾"状石棉纤维包裹体，则为翠榴石（图6-2-20），而含有结晶质矿物组成的"糖浆"状包裹体的则为铬钒钙铝榴石（图6-2-21）。

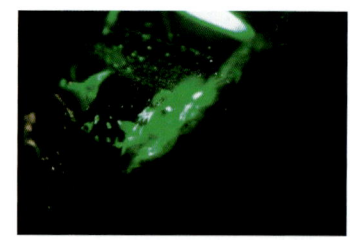
图6-2-20 翠榴石中的"马尾"状包裹体　　图6-2-21 铬钒钙铝榴石中结晶质包裹体

通常，常规宝石鉴定仪器，如折射仪、偏光镜等测定的数据仅能确定宝石的矿物种属，而无法区分是天然宝石还是人工宝石。此时，宝石内部包裹体的观察和鉴定就能提供其诊断性的依据。

如助熔剂法合成红宝石通常具有"彗星状""点状""熔滴状"助熔剂残余包裹体（图6-2-22，图6-2-23），而天然红宝石内部包裹体为各种天然矿物晶体、熔体及流体包裹体，两者在相态特征及分布上均有明显区别。

3. 确定宝石是否经过优化处理

许多天然宝石在经过如热处理等改善后，其宝石学常数往往变化不大，如折射率及相对密度等,此时物理参数不足以鉴定其是否经过优化处理。但经过处理的宝石,其包裹体特征会发生明显变化。如经高温热处理的红宝石,其内一般不会再有含 CO_2 的流体包裹体,而留有高温处理的证据(图6-2-24);扩散法改色的蓝宝石浸没在二碘甲烷内,会发现其颜色集中在宝石的边界和棱线处,在表面的一些缺陷内也可发现有颜色明显集中的现象(图6-2-25)。

图6-2-22 助熔剂法合成红宝石中的密集点状助熔剂残余包裹体

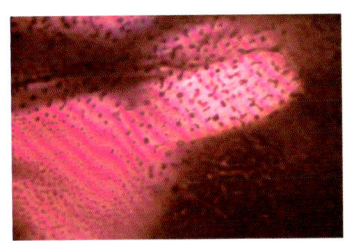
图6-2-23 助熔剂法合成红宝石中的熔滴状助熔剂残余包裹体

图6-2-24 铍扩散红宝石中熔化的锆石包裹体

4. 确定人工宝石所用方法

不同方法合成的宝石,其内含包裹体会有一定差异,根据这种性质可确定其合成方法。例如,焰熔法合成红宝石通常含弧形生长纹及气泡,而助熔剂法合成红宝石常含有各种形态助熔剂残余、合金碎片包裹体。

5. 确定宝石的产地来源

有时可以根据宝石中的特征包裹体来判断宝石的产地。但只有发现宝石中的确存在某些特殊的包裹体组合时,判断宝石产地的结果才会可靠。例如,祖母绿中含有氟碳钙铈矿或含有立方体石盐的三相包裹体时,我们可以判断该祖母绿的产地可能是哥伦比亚(图6-2-26,图6-2-27);而发现祖母绿内含有鲜绿色的透闪石针状结晶质包裹体时,则祖母绿的产地有可能是津巴布韦的桑达瓦纳(Sandawana)。

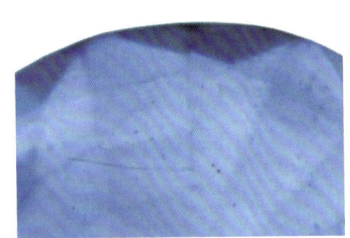
图6-2-25 扩散处理蓝宝石中颜色沿棱线集中

图6-2-26 哥伦比亚祖母绿中的氟碳钙铈矿

图6-2-27 哥伦比亚祖母绿中的三相包裹体

6. 了解天然宝石的生成条件,指导找矿和确定合成宝石实验条件

宝石中的包裹体是研究宝石形成条件最直接的证据,通过宝石中的包裹体可以测定宝石形成时的温度、压力、氧逸度等数据,这些数据对于宝石的找矿、勘探、开采及进行人工合成宝石具有重要意义。

7. 根据宝石中包裹体的特点对宝石进行合理加工

某些宝石因为具有特征的包裹体,可以使宝石增值,如水胆玛瑙。若宝石中存在一组或多组平行排列的纤维状包裹体时,经过合理的加工,可使宝石产生猫眼效应或星光效应,也可提高宝石的价值。

8. 根据宝石包裹体的大小及分布特征对宝石进行评估和分级

宝石包裹体的存在有时会提高宝石的价值，有时会降低宝石的价值。根据包裹体的特征，可以对宝石的质量做出综合评价。例如，根据钻石中包裹体的大小、位置、数量、可见度对钻石进行品质等级划分。

9. 了解宝石包裹体的性质，确定对宝石进行技术处理的可能性

如钻石内部含暗色或浅色矿物包裹体，则可使用激光由钻石表面聚焦至内部包裹体，产生高温使包裹体熔蚀，以提高钻石净度。

学习任务三　掌握宝石包裹体的鉴别方法

◆ 任务目标：掌握使用常规仪器设备鉴别宝石包裹体的方法和要点，了解使用大型仪器鉴别宝石包裹体的基本原理，能结合观察到的宝石包裹体的总体特征，选择适当的方法和技术路线开展宝石包裹体的初步研究。

◆ 任务要求：认真辨析相关概念，结合标本观测，熟悉鉴别宝石包裹体的基本方法和要点。

【学习材料】

常规条件下宝石包裹体的观察和鉴别，主要是依靠肉眼、10倍宝石放大镜及宝石显微镜进行，对一些较复杂的鉴定目的（如包裹体成分测定），则需借助大型分析测试仪器，如激光拉曼光谱仪、扫描电子显微镜、电子探针、激光烧蚀等离子质谱仪等进行。

一、宝石包裹体的常规仪器鉴别

1. 肉眼及10倍放大镜观察

借助肉眼或简单放大设备（10倍宝石放大镜）识别和鉴定宝石包裹体是宝石鉴定工作者必须具备的核心技能之一，同时也是开展宝玉石品质评价与价值评估工作的重要技术手段之一，如钻石净度分级就是指在10倍放大镜下观察其包裹体大小和分布状况来确定其净度级别。

在肉眼及10倍放大镜下观察和鉴别宝石包裹体的重要前提是具备良好的光源和背景条件。

（1）光源

肉眼或10倍放大镜下观察包裹体最常用的光源是自然光、笔形手电筒或光导纤维冷光源。通常情况下，观察以透射光较为有效。

（2）背景

通常在肉眼和简单放大条件下观察宝石，采用白色背景最好，因为宝石在白色背景衬托下，其内部结构缺陷及呈不同颜色的包裹体最容易显现出来，如观察宝石中的色带和生长纹。

如果宝石样品的表面粗糙，则可将宝石放入盛有浸油或清水的玻璃器皿中，可减少宝石表面漫反射光线产生的干扰，有利于观察宝石的内部特征；如果在器皿的底部衬以白色背景，则观察效果更好。肉眼观察常用的浸油有清水、甘油、二碘甲烷等。

（3）观察方法

1）把样品放在桌面上，台面向下，一只手持光源，从侧面照射宝石，另一只手拿放大镜，距眼睛约20～25 mm进行观察。转动宝石，从多个方向进行观察（图6-3-1a）。

2)当环境中没有可放置宝石的位置时,可采用一只手持光源和宝石,另一只手持放大镜的方法进行观察。操作时将两只手搭放在一起,放大镜距眼睛约 20~25 mm 观察(图 6-3-1b)。

3)在利用自然光观察时,注意不要把眼睛正对直射光源。正确的方法是眼的位置比样品稍高,使光线从底面或侧面透过宝石观察(图 6-3-1c)。

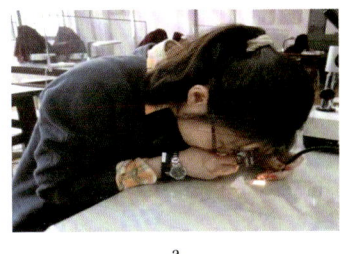
a

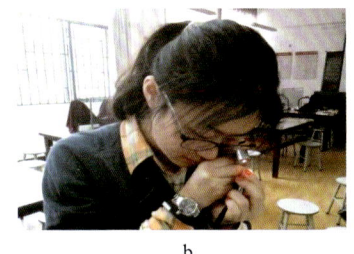
b

c

图 6-3-1　宝石的放大观察

(4)观察内容

1)解理或解理纹。在鉴定某些原料及无色宝石时特别重要,一些解理比较发育的宝石,如黄玉、月光石等,在其原料的表面,用 10 倍放大镜或肉眼即可观察到解理特征(图 6-3-2)。当这种特征在宝石断口表现时,它往往呈阶梯状,对光线有不均匀的散射;而当它分布在宝石内部时,我们一般会看到一些近于平直的条纹(图 6-3-3)、片状"闪光"(图 6-3-4)或"虹彩"。若宝石不具解理,则往往为贝壳状断口或见到一些弧形的闪光面。

图 6-3-2　黄玉表面的
一组完全解理

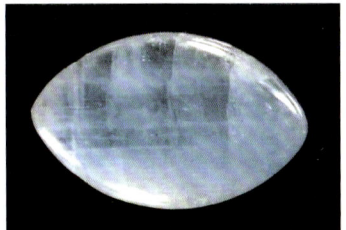

图 6-3-3　天青石内部的
解理纹路

图 6-3-4　重晶石内部由
解理引起的片状闪光

2)色带及生长纹。色带是蓝宝石、萤石、紫晶等宝石的典型内部特征,在 10 倍放大镜下较易观察。一些产地的天然蓝宝石往往会有平直的色带,各色带之间的颜色深浅可不同(须注意的是部分合成蓝宝石也可出现平直色带)。焰熔法合成红宝石和蓝宝石中可观察到弧形的生长纹。

3)原生固态矿物包裹体。许多宝石内含有固态矿物包裹体时,用肉眼或 10 倍放大镜即可观察到,如天然祖母绿中的黄铁矿(图 6-3-5)、红宝石和蓝宝石中的金红石晶体、橄榄石中的铬铁矿(图 6-3-6)等。非金属矿物包裹体在透射光下,往往呈现出相对固定的形态;金属矿物多为不透明,反射光下呈现不同光泽。根据固态原生包裹体形态特征和光泽,有时可鉴定或推测出其大概的矿物种属。

4)同生或次生包裹体。一般而言,同生包裹体往往是单个或数个分布;而次生包裹体往往呈条带状,有时沿主晶宝石的裂隙分布,固态次生包裹体一般有确定的形态,具明显的边界,熔体或液态次生包裹体的边界多呈圆弧形,气泡多呈椭圆形,边界为黑边(图 6-3-7)。

5)宝石刻面棱线重影。部分双折射较强的宝石,在 10 倍放大镜下由台面观察可见其亭部刻面棱线重影,如锆石、橄榄石、榍石(图 6-3-8)等。

6)拼合石特征。拼合宝石,如玻璃与蓝宝石、玻璃与石榴子石、玻璃与欧泊、天然与人造蓝宝石等的二层或多层拼合宝石，在不同宝石的接合部位，因胶合时会封闭部分空气，因而肉眼或10倍放大镜下经常可见到一层平直的"雾状物"或层状的气泡层（图6-3-9），把宝石放入到清水或浸油中观察时更为清楚。

图6-3-5　祖母绿中的黄铁矿原生包裹体

图6-3-6　橄榄石中的铬铁矿原生包裹体

图6-3-7　水胆水晶中的气泡

7）明显生长特征及缺陷。10倍放大镜下，宝石表面及内部一些明显的生长特征或缺陷易于观察，如钻石腰部因加工产生的"须状腰"、天然钻石腰部出现的三角面（图6-3-10）、玻璃及塑料仿宝石中的流动构造（图6-3-11）等。

图6-3-8　榍石的刻面棱线重影

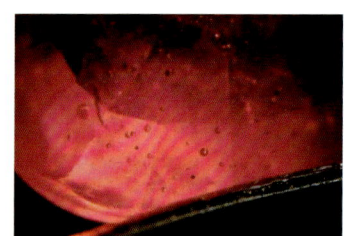
图6-3-9　拼合红宝石中拼合层内的气泡

图6-3-10　钻石晶面出现的三角形生长面

8）宝石中的特殊包裹体。如翡翠内部由于柱状晶体解理面对光的反射而出现的"苍蝇翅"状闪光（图6-3-12），琥珀内的昆虫包裹体等。

2. 宝石显微镜观察及鉴别

宝石表面或较显著的包裹体可用肉眼或10倍放大镜观察，但更为深入和准确的鉴定，如准确的包裹体相态分析及种属鉴别，通常需要用到具更高放大倍数（20~200倍）和更复杂功能的宝石显微镜。

（1）照明方法的选择

在使用宝石显微镜进行包裹体的观察和鉴别时，需要注意有选择地使用不同的照明方法，在不同的照明条件下，包裹体的特征可能会有显著的区别。

图6-3-11　玻璃仿宝石中的流动构造和气泡

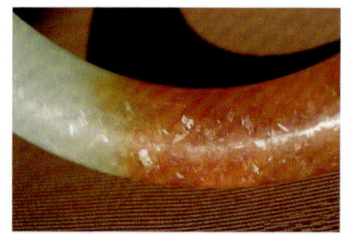
图6-3-12　翡翠中的"苍蝇翅"状闪光

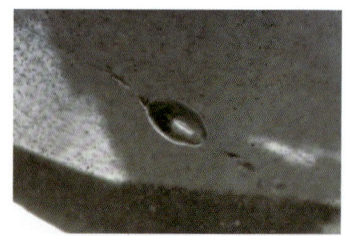
图6-3-13　合成蓝宝石中的气泡

亮域照明法是光直接从宝石的背面射入。此时，宝石中的包裹体在明亮的背景下会呈现暗的阴影，如气泡边缘会呈现"黑圈"。

暗域照明法是使用挡光板将直射的光线挡住，使光线由宝石的侧下方射入宝石内部。此时，宝石中的包裹体呈现出明亮的外表，立体感强，轮廓清晰，易于准确确定其形态及相态。暗域照明时，宝石中的气泡会成为亮点（图6-3-13）。

点光源照明法是将宝石显微镜的锁光圈缩小，让小面积光束从宝石下面射入，这对观察生长纹很有帮助。

浸没法是指在观察宝石中色带等特殊包裹体时，将宝石放入浸油中，并在其下衬上白色背景，这对观察宝石的颜色分布非常有效，为鉴别染色宝石、表面扩散处理宝石（图6-3-14）等提供直观证据。

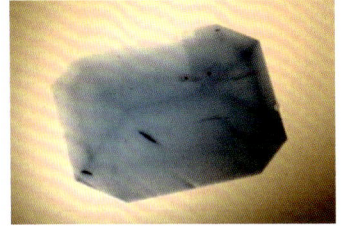

图6-3-14 浸没法观察表面扩散处理蓝宝石

（2）观察方法

1）清洁宝石表面，以免将宝石表面的灰尘和污渍误认为是宝石包裹体。

2）固定宝石，宝石台面向上，升降镜筒，聚焦在宝石台面上。观察结晶质包裹体最好用暗域照明法，而观察气液相包裹体用亮域照明法，金属矿物包裹体可用反射或顶光照明。

3）先从最小的放大倍数开始观察，逐渐改变放大倍数。进行观察时必须把焦距调节于宝石内部。观察过程中要不断调节焦距，以便能发现宝石内不同焦平面上的包裹体。

4）一旦发现典型的包裹体，便要记录其形状、颜色、大小、分布的位置、光性特征、折射率相对大小、相态及组合特征等，力求能确定其种属及性质（原生、同生或次生），为准确确定宝石的性状，甚至产地，提供准确信息。

5）若宝石表面较粗糙，则可将宝石放入到折射率与宝石接近的浸油中进行观察。常用的浸油有清水（1.33）、甘油（1.47）、三溴甲烷（1.59）、二碘甲烷（1.74）。需要注意的是，高折射率的浸油具有毒性和腐蚀性，应在通风条件下观察；多孔的宝石，如欧泊、青金石等，不宜放在浸油中观察。

（3）观察内容

1）包裹体相态。宝石中气相包裹体单独存在时一般呈球形，有时也可呈负晶形（空晶），大多时候往往存于液相中。当转动宝石时，气相包裹体位置有时还可移动，悬浮在液体的顶部；如果气相包裹体分布在固化的熔体中，则气泡的形状与位置相对固定，且不会移动。固相包裹体往往呈现一定的形状，尤其是原生结晶的矿物包裹体，不同晶系的矿物往往结晶成不同形态。如石榴子石往往呈球形，尖晶石呈八面体，金红石呈针状。如果是金属矿物，则大多不透明，反光呈金属光泽，如黄铁矿往往呈立方体或近球形，具铜黄色反光。不同相态包裹体的特征见表6-3-1。

表6-3-1 不同相态包裹体的特征

包裹体类型		特征	光性表现	分布		
				原生	同生	次生
单相	纯液相	一般无色透明	与宝石折射率相差大，界线清晰	少见	一般常见	可见，往往沿裂隙分布
	纯固相	往往有晶形，半透明-不透明	与宝石折射率相差大时则界线清晰，相差小时则界线模糊	常见	常见	常见，往往为铁锰氧化物，呈树枝状
	纯气相	往往呈弧形边界	与宝石接触边界有黑边或亮边	少见	一般常见	较少见

续表

包裹体类型		特征	光性表现	分布		
				原生	同生	次生
两相	气-液相	各种形态,中部有圆形气泡	与宝石边界清晰	不存在	常见	常见
	气-熔体相	熔体往往呈淡褐、褐色、绿色,形状不定,内含各种形状气泡	与宝石边界清楚但不规则	常见	常见	常见
	熔-熔相	不规则边界内包含边界不规则或颜色不同的部分	同上,但不同接触部位可能不同	常见	一般常见	可见
三相或多相	含子晶的气液三相	与气液两相相似,但含有具晶形的子晶	一般与宝石边界清楚	不存在	常见	少见
	含CO_2的气液三相	与气液两相相似,但气泡外围包有一层颜色较深的CO_2圈层	同上,有时气泡颜色会加深、变大,而近似于两相包裹体	不存在	可见	常见
	多结晶相	有几种不同晶形的晶体在同一缺陷内	与宝石边界凹凸不平,清晰程度也有变化	可见	常见	少见

(据邱志力,1995)

在宝石包裹体观察过程中,由于照明光源的加热作用,包裹体的相态可能会发生变化,如原来含气态CO_2、液态CO_2和溶液的三相气液包裹体会变成两相气液包裹体,这是因为液态CO_2在达到一定温度(31.5℃)时,与液态CO_2发生均一化所致(图6-3-15)。

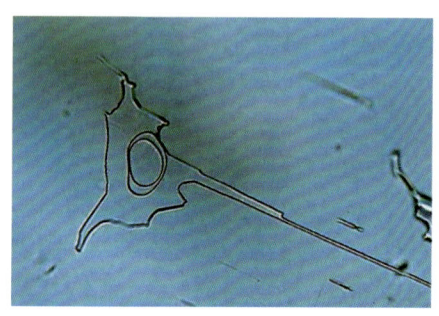
a. 受热前为三相包裹体

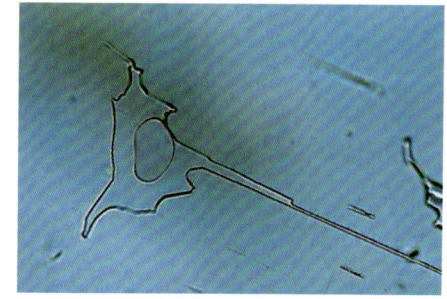
b. 受热后为两相包裹体

图6-3-15 包裹体受热时相态发生变化

2)包裹体相对折射率大小。要确定包裹体矿物的种属,除依据其形态、颜色等特征外,与主晶宝石折射率的比较也尤为重要。当矿物包裹体折射率与主晶宝石折射率相差较大时,包裹体矿物显得十分突出,易于观察;当两者折射率相近时,包裹体边界不明显。

3)包裹体的天然或人工来源。在很多时候,我们并不能依靠常规的宝石学方法准确确定包裹体矿物的名称,但可以确定其是否为天然矿物,抑或是人工来源,对确定主晶宝石是天然还是人工成因具有重要意义,如红宝石和蓝宝石中可见到一些三角形或六边形的片状物,不透明或半透明,反射光下呈铜黄色,即可确定其为合金碎片,主晶宝石为合成宝石(图6-3-16,图6-3-17)。

学习项目六　认识宝石包裹体

 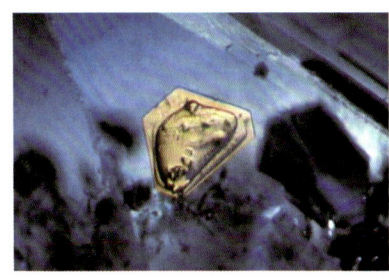

图6-3-16　助熔剂法合成红宝石中的铂金碎片　　图6-3-17　助熔剂法合成蓝宝石中的铂金碎片

二、宝石包裹体的大型仪器鉴别

当宝石中的包裹体非常细小（微米级）时，或者需要准确测定包裹体的成分特点及物相性质时，一般的常规鉴定仪器无法胜任，此时便需借助超显微及现代分析测试技术。

1. 激光拉曼光谱分析

激光拉曼光谱分析是重要的微区微量无损分析技术，可分析出露于宝石表面的包裹体，也可分析近宝石表面的包裹体。其原理是通过强聚焦、高能量的激光束穿透样品进入包裹体，在包裹体上形成拉曼散射，利用探测器收集特征拉曼散射信号，经光电双单色系统形成关于包裹体分子结构的特征光谱，以确定包裹体的矿物种类（图6-3-18）。

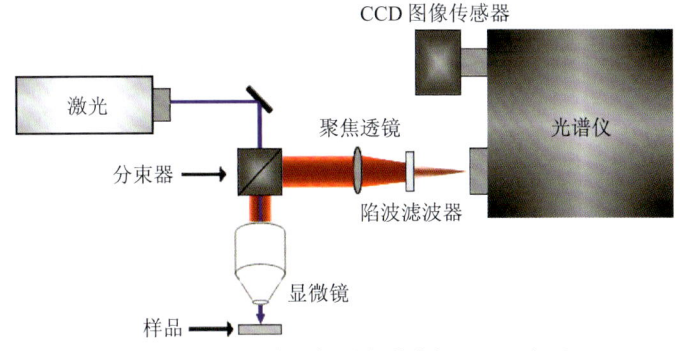

图6-3-18　激光拉曼光谱分析原理示意图

这种分析技术用于包裹体的测定时需要加上显微观察装置，附加显微分析装置后的仪器习惯上称为拉曼探针。

在宝石研究中，拉曼光谱分析法可用于疑难宝石的鉴定，主要是通过在无损状态下确定一些在显微镜下无法确定的包裹体的组分的种类，并与天然及人工合成宝石的包裹体进行比较，确定其属性（图6-3-19）。

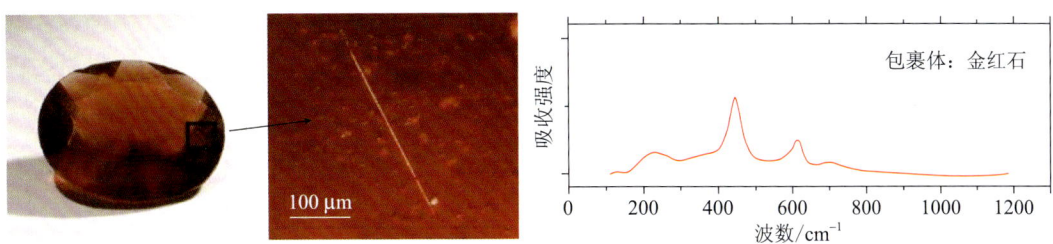

图6-3-19　拉曼光谱微区分析方法
石榴子石中针状包裹体的矿物种属鉴别

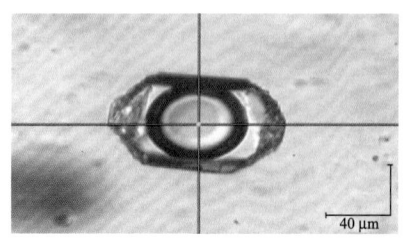

图 6-3-20 拉曼光谱微区无损分析
绿柱石中三相包裹体的成分鉴别

目前使用激光拉曼探针分析的包裹体一般要求在几到几十微米以上，主矿物或宝石要求是透明的。包裹体组分的检测限可达 10^{-9}，定量分析 CO_2、N_2、CH_4 等挥发组分，另外也可测定气液包裹体的盐度。这一方法的最大优势是探测深度大，且不破坏样品（图 6-3-20）。

2. 电子探针成分分析

电子探针成分分析法可以分析出露宝石表面包裹体的微区化学元素组成，也是常用的包裹体微区分析方法。其基本原理是将高度聚焦的电子束聚焦到矿物上，激发组成矿物元素的特征 X 射线，用分光器或检波器测定荧光 X 射线的波长，并将其强度与标准样品对比，或根据不同强度校正直接计数出组分含量。

在电子探针分析技术中，由电子显微镜与 X 射线分光光谱仪结合的，一般称为电子探针显微分析或波谱分析，它是根据样品发出的特征 X 射线波长来确定元素种类。而电子显微镜与 X 射线能谱仪结合的称为电子探针能谱分析，它是根据样品发出的 X 射线强度来确定元素浓度（图 6-3-21）。

电子探针分析技术在宝石研究及鉴定方面的意义，是通过对宝石微区及宝石表面固体包裹体的成分分析，确定宝石及宝石包裹体的种类及成因。它对于一些特别稀有和细小宝石的鉴定具有重要意义。

电子探针成分分析的优势是：样品室大，可满足大块宝石无损分析的要求；分析灵敏度高（一般为 0.1%~0.01%，部分可达 0.005%）；分析速度快，且可进行点、线、面的分析，以了解成分变化的趋势；分析的微区可小至立方微米范围；与扫描电子显微镜（SEM）结合还可观察背散射电子、吸收电子、X 射线等各种图像，并进行宝石及包裹体表面形貌分析。其放大倍数最大可达 10 万倍以上。其缺点是：进行包裹体分析时，包裹体一般要分布在宝石表面，且只能进行固体成分分析，分析前要在宝石表面喷碳或金，形成导电层。

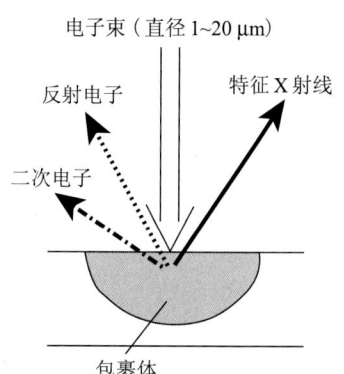

图 6-3-21 电子探针成分分析原理

3. 离子探针及质谱分析

离子探针及质谱分析技术既具有定点微区分析和成像功能，又兼有质谱分析的高灵敏度，可测定周期表中所有元素及同位素的最新微束分析技术之一。其原理是利用高能负氧离子束轰击样品表面，测定被飞溅活化出来并发生电离的原子（即离子）质量电荷比的不同进行成分分析。

在仪器使用方面，离子质谱技术和电子探针相似，只是用离子束代替电子束，用质谱仪代替 X 射线谱仪。与电子探针相比，离子质谱分析技术在包裹体研究方面具有的重要优势是：具有全元素分析能力，可进行同位素分析，灵敏度高，测定时间短，获得信息量大，同时能进行深向分析，取样方便。缺点是：设备复杂，使用费用昂贵，测量条件复杂，数据有多解性等。

这种分析技术可无损测定宝石中包裹体的微量元素及同位素组成，计算宝石形成时间，因而在疑难宝石的鉴定及研究方面具有重要用途，为宝石的准确鉴定提供了新的方法和途径。

4. 激光显微发射光谱分析

激光显微发射光谱分析是以样品的原子发射光谱作为分析基础，以激光微束作为取样手段的新的微束分析技术。目前这种方法已应用于单个包裹体的成分分析，可分析直径大于 50 μm 单个包裹体成分中的 Cr、Fe、Mg、Cu 等元素的含量（对 K、Cs、S、F 等尚无法测定）。

与电子探针相比，这种方法的优点是：既可分析样品的中、高含量元素，也可分析微量元素及原子序数较低的元素；可同时分析多种元素，并能够把分析元素的全部谱线永久记录下来，无论包裹体是固体还是液体均可分析；可用激光束清除样品表面污染，不用对样品表面进行镀膜处理；仪器设备价格较低，操作简便。其缺陷是：空间分辨率较低（最低为 5 μm）；对部分激发电位较高的元素不能分析；对样品的微区具破坏性，且不能重复分析。因为对样品微区有一定破坏性，因而该方法应用在宝石鉴定和研究中时多限于对宝石原料的分析。

5. 包裹体测温测压

包裹体测温法是地质测温法的一种。地质测温法在发展地质科学以及找矿勘查工作中均具有重要意义。不同成因的矿物和矿床，其形成温度不同，测定矿物、岩石、矿床形成温度，有助于寻找盲矿体和解决成矿方面的某些重要理论问题。地质测温法可分为普通地质测温法、普通矿物测温法和矿物包裹体测温法三大类，其中以矿物包裹体测温法最为先进，尤其是利用矿物包裹体研究可以确定成矿热液流向、相对速度和成分。

矿物晶体内的气液包裹体相当于自动记录温度计，可借以测定矿物的形成温度。它是确定地质体形成温度的基础。在地质测压时，也常需测定形成温度。同生的多相包裹体通常也称为地质温度计，其原理是认为多相包裹体形成时是均一的流体相，所以把多相包裹体加热使之成为均一相的温度，就相当于包裹体形成时的最低温度，这项测试工作需要在显微镜下使用热台进行操作。

【学习小结】

通过本项目学习，要求学生认识宝石包裹体的概念，理解宝石包裹体分类原则和方法，熟悉各类宝石包裹体的重要特征，理解宝石包裹体的成因及其对宝石学工作的重要意义，并掌握鉴别宝石包裹体的常规方法，熟悉宝石包裹体微区分析技术的基本原理。

【思考与练习】

1）简述宝石包裹体的分类原则和方法。
2）总结各类宝石包裹体的基本特征。
3）列举不同相态宝石包裹体的特征和初步区分方法。
4）认识和研究宝石包裹体对珠宝职业岗位工作有何实际意义？
5）常见宝石中含有两相和（或）三相包裹体的宝石品种有哪些？
6）试述碧玺和托帕石的典型包裹体特征。
7）试述橄榄石、月光石、翠榴石的典型包裹体特征。
8）查阅相关资料，总结宝石包裹体对宝石鉴定、宝石品质分级及价值评估的影响。

学习项目七　认识钻石

　　钻石是唯一由单一元素组成的名贵宝石,矿物英文名称"Diamond"一词出自希腊语"Adamas",意思是坚不可摧、不可驯服。在众多的宝石中,钻石号称"宝石之王",是世界上公认的最珍贵的宝石,也是最受人喜爱的宝石之一。特别是"钻石恒久远,一颗永流传"的广告语更是深深印在了人们的心里。

　　钻石是四月的生辰石,也是结婚60周年的纪念石。钻石之所以不分地域、民族和文化背景差异,在世界范围内受到人们的追捧和珍爱,是因为围绕钻石有太多的传说和故事。钻石以其化学成分的单纯、坚硬无比的特质、耀眼的光芒和折射出的五彩斑斓而傲立于宝石之林,其优越的自然属性与其传说和文化浑然一体,可谓相得益彰,充分彰显了它的尊贵和王者风范。

【想一想,议一议】

　　钻石作为最重要的宝石品种之一,在宝石贸易、宝石学研究、材料科学等诸多领域中占有极其重要的地位。根据已掌握的知识和资讯,谈谈对钻石贸易、钻石鉴定、钻石品质评价与分级等方面的认识和理解。

【内容结构图】

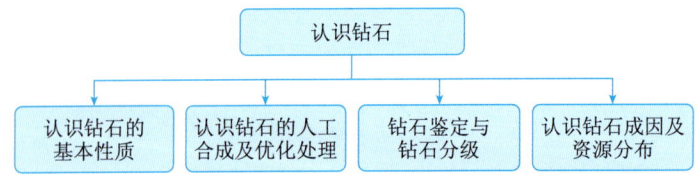

【内容提要】

　　在本学习项目中,通过对钻石基本性质、钻石人工合成及优化处理原理、钻石鉴定特征、钻石4C分级标准体系、钻石成因及资源分布的介绍和阐述,使学生理解钻石的重要宝石学性质,熟悉合成钻石及优化处理钻石的鉴定特征,熟悉钻石品质分级标准体系的基本内容,为从事钻石贸易、鉴定检测、品质分级等相关职业工作打下基础。

【学习目标与要求】

　　◆　学习目标:熟悉钻石的基本宝石学性质,理解钻石人工合成及优化处理基本原理,理解钻石4C分级标准系统的内涵,掌握鉴别钻石与仿钻的基本方法,熟悉钻石的形成机理和资源分布状况。

　　◆　学习要求:以已掌握的矿物学、岩石学知识和技能为基础,仔细辨析相关概念,结合标本观察,加深对基础知识与技能的掌握。

【任务引入】

　　目前,钻石不仅是人们购买珠宝首饰的首选之一,而且也是人们收藏和投资的重要宝石品种。钻石与其他名贵宝石一样，是财富的高度浓缩，以体积小、价值高为特点。钻石的另一个重要特点是其价格在全球范围内基本统一，因此作为商品可以在国际上流通。同时，其价格在全球范围内一直保持合理稳定的增长比例，不受文化、政治因素，甚至经济因素的影响，往往严格受控于其本身的品质和稀有程度。更为优越的是，钻石的品质在全球范围内有一个被业内和广大消费者所普遍认知的质量分级体系，即钻石的4C分级体系。

钻石的优良特性使其在珠宝首饰行业及其他众多行业领域中得到广泛应用。自20世纪50年代人工合成钻石首次问世以来，钻石的合成及优化处理技术得到长足进步。进入21世纪后，珠宝市场上出现了越来越多的合成钻石，从而给宝石鉴定检测工作带来巨大挑战。认识钻石的基本性质、人工合成机理、鉴定检测特征、优化处理方法及品质评价分级标准体系，是维护珠宝行业稳定发展的前提条件，也是维护消费者信心的重要基础。

学习任务一　认识钻石的基本性质

◆ 任务目标：熟悉钻石的化学成分和分类、晶体结构特点、光学性质、力学性质等基本性质。

◆ 任务要求：认真辨析相关概念，结合标本观测，取得对钻石基本性质的较深入认识。

【学习材料】

一、矿物名称

钻石的矿物名称是金刚石（Diamond），在矿物学上属于金刚石族。

二、化学成分和分类

1. 化学成分

钻石主要成分是C，其质量分数可达99.95%。此外，还含有微量元素（N、B、H、Si、Ca、Mg、Mn、Ti、Cr、S）、惰性气体及稀土元素，达50多种。这些微量元素决定了钻石的类型、颜色及物理性质。

2. 分类

钻石中最常见的微量元素是氮元素（N），氮以类质同象形式替代碳进入晶格，氮原子的含量和存在形式对钻石的性质具有重要影响，同时也是钻石分类的依据。根据钻石内氮原子在晶格中存在的不同形式及特征，可将钻石划分为Ⅰ型钻石和Ⅱ型钻石（图7-1-1；表7-1-1）。

表7-1-1　钻石分类及颜色特征

类型		氮原子存在形式	颜色特征
Ⅰ型 （含氮）	Ⅰa型	碳原子被氮取代，氮在晶格中呈聚合状不纯物存在	无色-黄色 （一般天然黄色钻石均属此类）
	Ⅰb型	碳原子被氮取代，氮在晶格中呈孤立不纯物存在	无色-黄色、棕色 （几乎所有合成钻石及少量天然钻石）
Ⅱ型 （不含氮）	Ⅱa型	不含氮，碳原子因位错造成缺陷	无色-棕色、粉红色（极稀少）
	Ⅱb型	含少量硼元素	蓝色（极稀少）

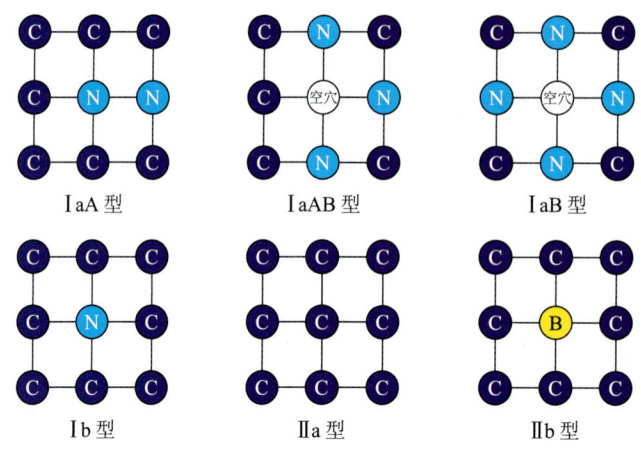

图 7-1-1　钻石的类型

(1) Ⅰ型钻石

含氮，最多时含氮量可达 0.25%。根据氮在晶格中的存在方式，Ⅰ型钻石又可分为 Ⅰa 型和 Ⅰb 型两种。

Ⅰa 型钻石　98% 的天然钻石属于 Ⅰa 型钻石，其特点是含有微量的氮原子，氮的含量在 0.1%~0.25% 之间。氮原子以不同的聚合态形式存在于钻石结构中。Ⅰa 型钻石又可分为 ⅠaA 型、ⅠaAB 型和 ⅠaB 型。

ⅠaA 型钻石　若氮原子以双原子同时替代钻石中相邻的碳原子，并形成稳定的聚合态时，称为 ⅠaA 型钻石，其特点是具有 1282 cm^{-1} 的红外吸收。

ⅠaAB 型钻石　若钻石长时间处于高温高压环境，可使钻石中的氮进一步聚合成 3 个氮原子，并在 {111} 方向取代 3 个相邻的碳原子，且在 3 个氮原子中间留下 1 个结构空穴，称为三原子氮。三原子氮加空穴组成的结构称为 N_3 中心，此种钻石即为 ⅠaAB 型钻石。N_3 中心可导致紫外可见光区 415.5 nm 强吸收，是钻石产生黄色调及蓝白色荧光的主要原因。

ⅠaB 型钻石　若钻石晶体结构中由 4~9 个氮原子按照一定的结构方向占据碳原子位置时，称为 ⅠaB 型钻石，其特点是具有 1175 cm^{-1} 的红外吸收。若 ⅠaB 型钻石中氮含量达到一定程度，聚合成片晶氮时，可在红外光区 1365~1370 cm^{-1} 产生强吸收。

Ⅰb 型钻石　钻石内的氮以孤立的单原子状态随机取代晶格中的碳原子，其特点是具有 1130 cm^{-1} 的红外强吸收，多为鲜黄色。自然界中 Ⅰb 型钻石极少，主要见于合成钻石中。在较高的温度、压力长时间作用下，Ⅰb 型钻石中的氮原子容易发生相互聚集，可转换为 Ⅰa 型钻石。

(2) Ⅱ型钻石

不含氮原子或其含量小于 0.001%。Ⅱ型钻石在自然界很少见，大多数 Ⅱ型钻石具有一定的塑性变形特征，形状多为不规则状，少见完整晶形。Ⅱ型钻石按不同电学性质可分为 Ⅱa 型和 Ⅱb 型。

Ⅱa 型钻石　不含氮，内部几近纯净，具有极高的导热性，不导电。可因碳原子位错造成缺陷而呈色，若不含空穴或晶格错位的 Ⅱa 型钻石是无色的，如著名的"库里南钻石"和"塞拉里昂之星钻石"就是其中的典型代表。

Ⅱb 型钻石　可含有少量的硼元素，硼以孤立的原子状态取代晶格中的碳原子，其特点是具有 2800 cm^{-1} 的红外强吸收。Ⅱb 型钻石为半导体，是天然钻石中唯一能导电的类型。据此性质，可以区别天然蓝色钻石和辐照处理致色的蓝色钻石。大部分 Ⅱb 型钻石呈蓝色，少数为灰色，"霍普钻石"是最著名的 Ⅱb 型钻石。

三、晶体结构和常见晶形

1. 晶体结构

钻石属等轴晶系,具立方面心格子,碳原子位于立方体角顶和面的中心以及其中 4 个相间排列的小立方体的中心。C 原子配位数为 4,具四面体状的 sp^3 型共价键(C—C 间距为 0.154 nm)。

钻石的同质多象变体是石墨,属六方晶系,其晶体结构与钻石不同,具典型的层状结构,每层碳原子呈六方环状排列,层内碳原子以共价键 - 金属键相结合,层与层之间以分子键结合。由于钻石和石墨的结构不同,导致两者在晶体形态、物理和化学性质等方面有很大的差异。钻石和石墨的结构如图 7 - 1 - 2 所示。

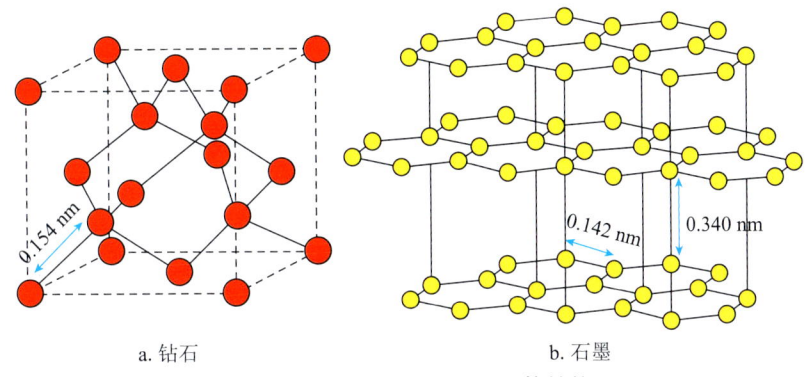

a. 钻石   b. 石墨

图 7 - 1 - 2　钻石和石墨的晶体结构

2. 晶形

钻石常呈单晶,常见单形有八面体、菱形十二面体和立方体,有时也呈聚形(图 7 - 1 - 3)。有些黑色金刚石为多晶集合体。

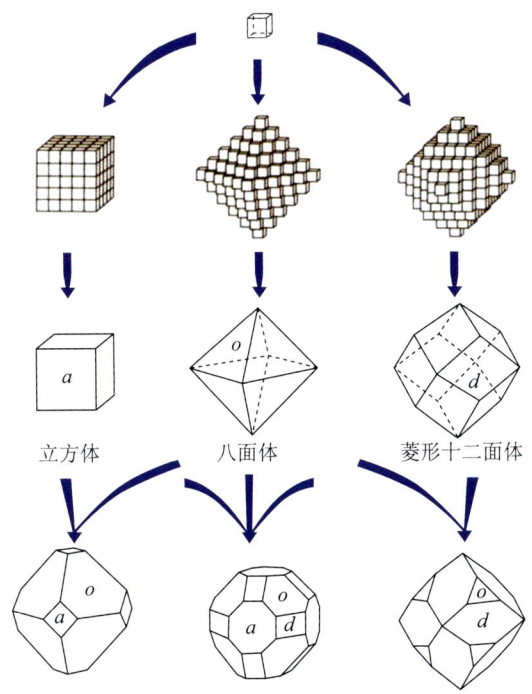

图 7 - 1 - 3　钻石常见的单形和聚形

自然界产出的钻石晶体通常为歪晶，由于溶蚀作用使晶面棱线弯曲，晶面上常留下蚀象。不同单形晶面上的蚀象不同，八面体晶面上可见倒三角凹坑；立方体晶面上可见四边形凹坑；菱形十二面体晶面上可见线理或显微圆盘状花纹。

四、光学性质

1. 颜色

在钻石形成过程中，其成分中总是或多或少地混入了微量的氮、硼等杂质元素，使得大多数钻石带有一定的颜色。由于所含微量元素的种类不同及同种微量元素的含量不同，钻石的颜色会有差异。

根据颜色不同，钻石可分成两大类：无色－浅黄（褐、灰）色系列和彩色系列。

无色－浅黄（褐、灰）色系列：包括近无色到浅黄、浅褐、浅灰色。

彩色系列：包括黄色、褐色、红色、粉红色、蓝色、绿色、紫罗兰色、黑色等。大多数彩色钻石颜色发暗，强－中等饱和度的颜色艳丽的彩钻极为罕见。彩钻颜色的成因，一是由于微量元素氮、硼和氢进入晶体结构而使钻石呈色；二是由于晶体塑性变形产生位错造成缺陷，对某些光能的吸收而使钻石呈色。

2. 光泽、透明度

光泽是指宝石表面对可见光反射的能力，光泽的强弱取决于宝石的折射率、吸收系数和表面抛光程度。钻石具有特征的金刚光泽，金刚光泽是天然无色透明矿物中最强的光泽。值得注意的是，观察钻石光泽时要选择强度适中的光源，且钻石表面要尽可能平滑，当钻石表面有溶蚀及风化特征时，光泽将受到影响而显得暗淡。

纯净的钻石应该是透明的，但由于矿物包裹体、裂隙的存在，钻石可呈现半透明，甚至不透明。

3. 光性

钻石为光性均质体，常见异常消光现象。

4. 折射率和色散

钻石的折射率为2.417，在天然无色透明宝石中折射率最高，所以抛光良好的钻石具有很强的光泽和亮度。

图7-1-4 钻石的色散

钻石的色散值为0.044，在所有天然无色透明宝石中色散值最高（图7-1-4）。强的"火彩"为钻石增添了无穷的魅力，同时也是肉眼鉴定钻石的重要依据之一。

5. 多色性

钻石属均质体矿物，无多色性。

6. 发光性

钻石的紫外荧光为无－强，可呈蓝色、黄色、橙黄色、粉色、黄绿色等，一般长波下的荧光强度强于短波下的荧光强度（图7-1-5）。有些可见磷光。

钻石荧光主要与晶格中的杂质氮元素有关。钻石荧光颜色绝大部分（90%以上）为蓝白色，少部分为橙黄色。Ⅰ型钻石以蓝色－浅蓝色荧光为主，Ⅱ型钻石以黄色、黄绿色荧光为主。蓝白色荧光一般情况下会使钻石的色级提高，但荧光过强，会有一种雾蒙蒙的感觉，因而影响钻石的透明度，降低钻石的净度（图7-1-6）。

钻石在紫外光照射下并不是全部都会发出荧光，利用钻石是否有荧光以及荧光的不同颜

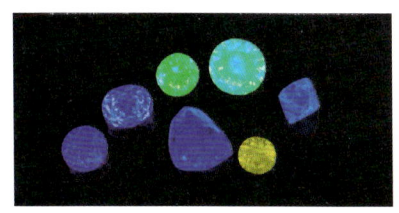

图7-1-5 钻石的荧光

图7-1-6 钻石荧光对净度的影响

色,可以区分钻石的不同磨削性。在同等强度紫外光照射下,不发荧光的钻石最硬,发淡蓝色荧光的钻石硬度相对较低,发黄色荧光的钻石硬度居中。钻石磨制工作中,往往会利用这一特性。

钻石在 X 射线的作用下大多数都能发荧光,而且荧光颜色一致,通常都是蓝白色,极少数无荧光。据此特征,常用 X 射线进行选矿工作,既敏感又精确。

7. 吸收光谱

钻石可见 415 nm、453 nm、478 nm、594 nm 吸收线。无色-浅黄色的钻石,在紫区 415 nm 处有一吸收谱带;褐-绿色钻石,在绿区 504 nm 处有一条吸收窄带;有的钻石可能同时具有 415 nm 和 504 nm 两条吸收带(图 7-1-7)。

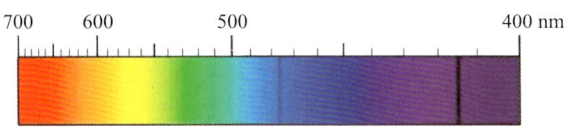

图7-1-7 钻石的吸收光谱

五、力学性质

1. 解理

钻石具有平行 {111} 方向的四组完全解理,所以抛光钻石在腰部常见"V"字形缺(破)口(图7-1-8),该性质是鉴别钻石与其仿制品的重要特征之一。加工时劈开钻石正是利用这一特性(图7-1-9)。

图7-1-8 钻石腰棱的"V"字形缺口　　　　图7-1-9 劈钻工艺

2. 硬度

钻石是自然界中最硬的宝石，摩氏硬度为10。实际上，在摩氏硬度表中，9级与10级的级差最大，10级的钻石硬度是9级刚玉硬度的150倍，是7级水晶硬度的1000倍。

钻石的硬度具有各向异性的特征，不同方向硬度不同：八面体方向＞菱形十二面体方向＞立方体方向。此外，无色透明钻石硬度比彩色钻石硬度略高。切磨钻石时是利用一颗钻石较硬的方向去磨另一颗钻石较软的方向，因为只有用钻石才能磨动钻石。

虽然钻石是世界上最硬的物质，但由于其解理发育、性脆，所以在成品钻石鉴定中，禁止进行硬度测试，以免造成不可挽回的损失。

3. 密度

钻石的密度为 3.52（±0.01）g/cm³，由于钻石成分单一，并且很纯，所以钻石的密度很稳定，变化不大，只有部分含杂质和包裹体较多的钻石，其密度才有微小的变化。

六、内外部显微特征

存在于钻石中的主要矿物除金刚石本身以外，还有石墨（图7-1-10）、石榴子石（图7-1-11）、单斜辉石、斜方辉石、硫化物、橄榄石、蓝晶石、刚玉、红柱石、柯石英、自然铁、镁方解石、铁方镁石、碳硅石、云母、长石、角闪石、钛铁矿、铬透辉石、绿泥石、锆石、透辉石等。另外，在显微观察中常可见到钻石的生长纹、解理（羽状纹）、色带等特征。

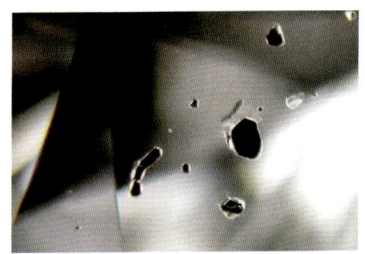
图7-1-10 钻石中的石墨包裹体

图7-1-11 钻石中的石榴子石包裹体

七、热学性质

1. 导热性

钻石的热导率为 870~2010 W/(m·K)，导热性能超过金属，是导热性最高的物质。其中 Ⅱa 型钻石的导热性最好。这一性质在微电子领域具有广阔的应用前景。

2. 热膨胀性

钻石的热膨胀系数极低，温度的突然变化对钻石影响不大。但是钻石中若含有热膨胀性大于钻石的其他矿物包裹体或存在裂隙时不宜加热，否则会使钻石产生破裂。新型激光钻孔处理钻石（KM钻石）的处理就是利用了这一特性。

3. 可燃性

可燃性是指物质在空气中能够燃烧的性质。钻石在绝氧条件下加热到 1800 ℃ 以上时，将缓慢转变为石墨。在氧气中加热到 650 ℃ 时将开始缓慢燃烧，并转变为二氧化碳气体。钻石的激光切割和打孔净度处理技术就是利用了钻石的低热膨胀性和可燃性。需要注意的是，对钻石首饰进行维修时，应避免灼伤钻石。

八、电学性质

钻石中的碳（C）原子彼此以共价键结合，在结构中没有自由电子存在，因此大多数钻石是良好的绝缘体。钻石越纯净，其绝缘性越好，Ⅱa 型钻石的绝缘性最好。Ⅱb 型钻石含有微量元素硼（B），硼的存在产生了自由电子，使这一类型的钻石可以导电，可作为优质的高温半导体材料。

九、亲油疏水性

钻石对油脂有明显的亲和力。在选矿中利用此性质回收钻石，在涂满油脂的传送带上将钻石从矿石中分选出来（图 7-1-12）。

钻石的斥水性是指钻石不能被湿润，水在钻石表面呈水珠状，不能形成水膜。该性质可用来鉴别钻石与其仿制品，但使用该方法前应仔细清洗宝石。

图 7-1-12　利用亲油性分选钻石

十、化学稳定性

钻石的化学性质非常稳定，在酸和碱中均不溶解，王水对它也不起作用，所以经常使用硫酸来清洗钻石。但热的氧化剂却可以腐蚀钻石，在其表面形成蚀象。

学习任务二　认识钻石的人工合成及优化处理

◆ 任务目标：理解钻石人工合成及优化处理的基本原理和方法。
◆ 任务要求：结合学习材料，查阅相关资料，取得对钻石合成及优化处理相关概念及知识的较深入认识。

【学习材料】

一、合成钻石

（一）基本概念

合成钻石是指在实验室或工厂中通过一定技术与工艺流程制造出来的，与天然钻石的外观、化学成分和晶体结构完全相同的晶体。

（二）合成钻石的历史与方法

早在 18 世纪后期，科学家就已经证实钻石和石墨互为同素异形体，均由碳元素组成。至 20 世纪 40 年代，科学家研究发现，钻石和石墨在一定温度和压力条件下可互相转变，如石墨加热到 1800 ℃且压力达到 60 kbar❶时可转变为钻石。一直到 20 世纪 50 年代，在静态超高压、高温技术有所进展的基础上才成功合成出钻石。

---

❶　1 bar = 100 kPa。

1953年瑞典阿西亚（ASEA）公司首次在结构复杂的高压球里合成出钻石；1955年美国通用电气（GE）公司采用高温超高压技术合成出钻石，并申请专利。1970年美国GE公司首次合成出宝石级钻石，随后De Beers公司、日本住友公司和前苏联先后合成出宝石级钻石。

目前，合成宝石级钻石主要方法是静压法（属高温超高压法，又称HTHP法，可分为BELT法和BARS法）和化学气相沉淀法（CVD法）。

1. 高温高压法（HTHP法）

高温高压法又称种晶触媒法，是指以石墨为碳源，将其溶解于金属触媒中，在温度梯度作用下，使溶解在触媒中的碳源被输送到高压反应仓中温度较低的金刚石种晶上，以晶层的形式沉积于种晶上而结晶成金刚石的合成方法。又可分为压带法（BELT法）和BARS法。

（1）压带法（Belt法）

压带装置由美国通用电气公司发明。此装置分为上、下两部分，作为碳源的石墨粉放在压腔中心区，两端放置种晶。生长舱外是冲垫和两个碳化钨（硬质合金）砧，生长舱经受极高的温度和压力。在生长舱内底部温度比顶部稍低，这样顶部的石墨粉熔解并穿过周边的熔剂向生长舱底部运动，围绕在温度较低区域的钻石种晶（晶核）上结晶（图7-2-1）。

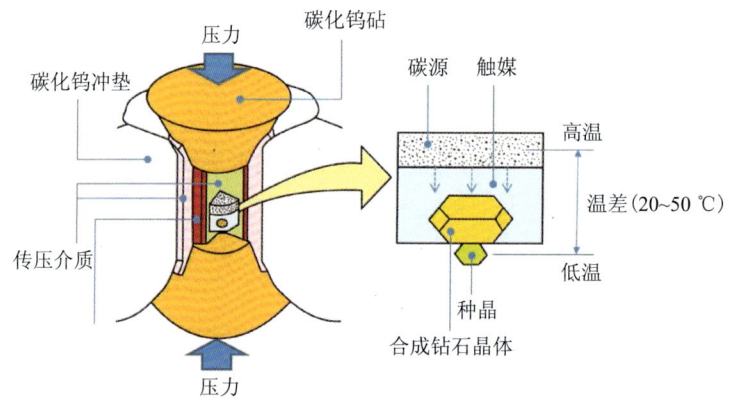

图7-2-1 压带法合成钻石原理示意图

（2）BARS法

BARS法合成钻石装置于1990年首创于苏联，也称为分裂球无压装置。与压带法不同，该装置中所需压力是通过将液体注入压力桶内得到，而不是靠巨大的水压机提供。高压使8个球体合拢，从而对构成八面体形状的6个活塞产生压力。内部为反应舱，含有加热装置、种晶、碳源和金属触媒（图7-2-2）。

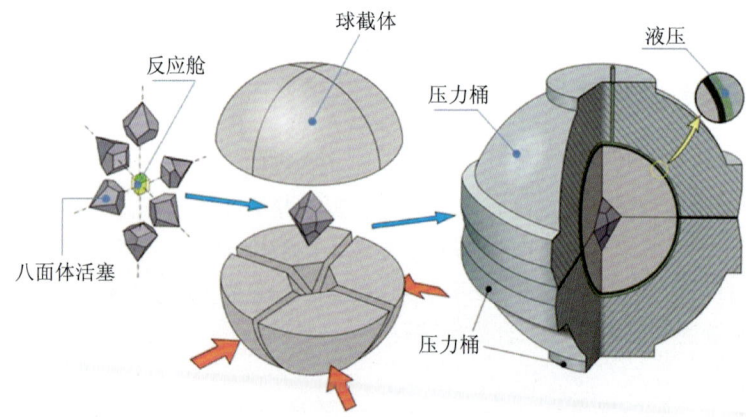

图7-2-2 BARS法合成钻石原理示意图

2. 化学气相沉积法（CVD 法）

CVD 合成钻石技术起源于 20 世纪 50 年代。1952 年，美国联邦碳化硅公司在低压条件下用碳气体成功生长出钻石薄膜。20 世纪 90 年代，CVD 法合成钻石单晶取得显著进步，荷兰、美国相继在较短时间内合成出较厚的钻石单晶。进入 21 世纪，首饰用 CVD 法合成钻石单晶有了突破性进展，美国的阿波罗（Apollo）公司可合成 Ⅱa 型褐色至无色钻石。2005 年，美国卡内基实验室已能提高单晶的合成速度（达到 100 μm/h），生长出 5～10 ct 的单晶钻石。

CVD 法合成钻石技术是将甲烷和氢气输入石英管，石英管的压力保持在 5% 大气压，管的中央部分放置由非钻石材料制成的基座（通常用硅材料）。由微波产生的等离子体输入石英管后，使管内温度升至 800 ℃ 左右，甲烷气体分解后的碳原子沉淀在基座上，生成合成钻石（图 7-2-3）。

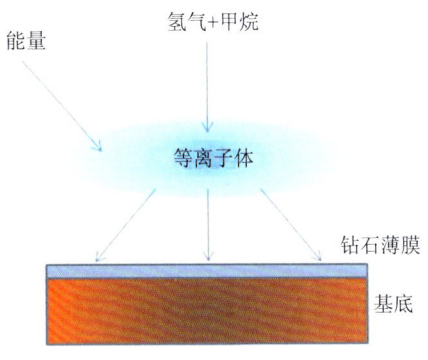

图 7-2-3　CVD 法合成钻石原理示意图

二、优化处理钻石

由于天然钻石珍贵、稀有，远远不能满足人类的需要。因此，人们一方面进行人工合成钻石的研究，另一方面千方百计地对钻石进行优化处理。一是对钻石中的包裹体加以处理以提高钻石净度，二是改善钻石的颜色。具体处理方法有以下几种。

（一）净度处理

钻石的净度处理，是指利用激光和充填相结合的方式消除钻石内部的暗色包裹体或掩盖愈合裂隙，以提高净度级别的方法。

1. 激光钻孔

（1）传统激光钻孔处理

传统的外部激光钻孔处理技术于 20 世纪 70 年代后期出现在市场上，常用来处理一些低净度级别的钻石。当钻石中含有固态包裹体，特别是有色和黑色包裹体时，会大大影响钻石的净度。根据钻石的可燃烧性，利用激光束在高温下对钻石进行激光打孔至包裹体，然后用化学药品沿孔道灌入，将钻石中的有色包裹体溶解、清除，再充填玻璃或其他无色透明的材料。

激光打孔处理的钻石往往在钻石内部留下激光孔，在钻石表面留下永久性的激光孔眼（图 7-2-4），而且因为充填物质硬度永远不可能与钻石相同，往往会形成难以观察的凹坑。近年来，该技术已取得重大进展，激光孔直径仅为 0.015 mm，这意味着观察时极有可能漏掉激光孔。

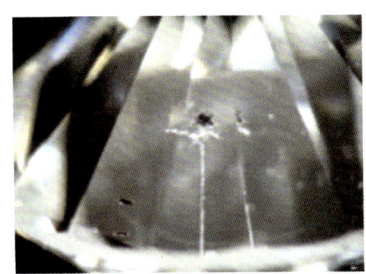

图 7-2-4　传统激光钻孔处理钻石

图 7-2-5　KM 处理钻石中的羽毛状连续裂隙

（2）新型激光钻孔处理——KM 处理

新型激光钻孔处理方法在 2000 年引入，与传统激光钻孔在方式上相似，目的是去除深色包裹体以提高钻石净度。这种新型处理技术源于以色列，称作"KM 处理"，为"Kiduah Meyuhad"的缩写，在希伯莱文中意为"特殊的钻孔"。

KM 处理法用于处理钻石中伴有内部裂隙的深色包裹体。一束或多束脉冲激光聚焦在包裹体上，热量导致内部产生裂隙，裂隙随激光聚焦向钻石表面移动，形成由包裹体到钻石表面的连续裂隙。这种裂隙呈羽毛状或台阶状（图 7-2-5），与传统激光钻孔诱发的管状裂隙相异，且非常细小，在 10 倍放大镜下不易观察。激光处理后，将钻石浸泡在强酸溶液中煮沸，然后施加一定压力促使酸液通过新形成的裂隙有效地与深色包裹体接触，从而使包裹体漂白（图 7-2-6）。

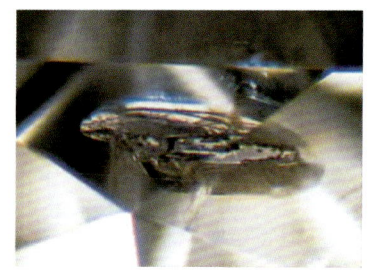   

a. 处理前的深色包裹体　　　　　　b. 处理后包裹体被漂白

图 7-2-6　KM 处理钻石中的包裹体

2. 裂隙充填

钻石充填处理技术的原理是：在高温、高压下将高折射率玻璃或环氧树脂注入钻石的裂隙中，以降低裂隙的可见度，从而提高钻石的净度（图 7-2-7）。

a. 充填前　　　　　　b. 充填后

图 7-2-7　充填处理前后钻石对比示意图

对有开放裂隙的钻石，可以对其进行充填处理，以改善其净度及透明度。第一个商业性的钻石裂隙充填处理出现在 20 世纪 80 年代，由以色列 Ramat Zvi Yehuda 公司生产，在商业中称其为吉田法；20 世纪 90 年代初，以色列 Koss Shechter 钻石有限公司生产了相似的产品，称其为告斯法，它是在钻石的裂缝中充填透明材料。另外，在纽约出现了奥德法（Goldman Oved）的裂隙充填钻石。钻石经过裂隙充填可提高视净度。对经过裂隙充填的钻石，按目前国家标准《钻石分级》的规定，将不对其进行分级。

（二）颜色处理

钻石的颜色处理是指利用各种物理方法（如辐照、高温高压等），将部分不受人们喜爱的钻石颜色（如褐色、浅黄色）进行改善，从而得到受欢迎的白色或其他彩色钻石的处理方法。

1. 辐照处理和热处理

自 X 射线发现后，科学家开始尝试使用辐照法改变宝石的颜色。辐照是使 γ 射线等高能粒子进入宝石晶格，通过能量交换，晶体内产生大量的点阵缺陷和离位原子缺陷，形成色心。色心能量有高有低，形成不同颜色的混合，故需要再进行热处理，用以破坏低能量色心，清除杂色。利用辐照可以在钻石内部产生不同的色心，几乎可以呈现任何颜色，且使用这种方法改色的钻石颜色稳定，可称为永久性改色法（图 7 - 2 - 8）。

图 7 - 2 - 8　辐照改色钻石

对钻石来讲，中子辐照和高能电子束辐照是最理想的辐照改色处理方法。

（1）中子辐照

中子是质量约为一个原子质量单位的不带电粒子，其主要来源有核辐射、核裂变、核聚变等。中子的穿透力不如 X 射线和高能电子束，但其具有很高的辐射能量。将钻石置于核反应器中用中子照射，当高速中子与钻石中的碳原子碰撞时，很容易使碳原子离开其原位形成晶格缺陷。这种晶格缺陷色心使钻石具有比较均匀的蓝色或绿色。产生的颜色饱和度取决于中子束的能力大小、辐照时间和钻石大小，能量越大、辐照时间越长，颜色越深。

中子辐照可使钻石呈现绿色、蓝色或黑色，为整体呈色。随后在 500～900 ℃ 条件下进行热处理，可产生褐色、黄色、橙色或粉红 - 紫红色。

中子辐照的优点是时间短、效率高、成本低、改色效果好。

（2）高能电子束辐照

高能电子为带电粒子，钻石中的碳原子与电子相互作用后被激发，形成电子空穴，从而产生颜色。产生高能电子束的辐射源有直线加速器等。该辐照方法效果不如中子辐照，产生的晶格缺陷也多在钻石的表层，其穿透深度一般为 1 mm。电子辐照致色的颜色多为比较均匀的蓝绿色、蓝色。可以通过随后的热处理产生橙黄、粉红、紫红和褐色调。利用高能电子束辐照钻石时，必须使用良好的冷却系统，以防止钻石颜色产生退火变化。

（3）X 射线辐照

射线是放射性核原料衰变过程中产生的波长极短的电磁波，其特点是能量高、穿透力强、不诱发放射性等。用 X 射线辐照钻石，可使钻石产生不同浓度的绿色、蓝绿色，颜色均匀。由于 X 射线粒子质量太小，故辐照改色的时间缓慢。X 射线的放射源多为 ^{60}Co。

（4）热处理

有时单纯的辐照处理往往得不到所需要的最终颜色，通常需要采用热致转型，亦称"热处理"或"退火"。热处理是辐照处理的逆行为，它能使辐照作用产生的色心释放出来，从而破坏辐照产生的色心，其目的是使改色后的钻石颜色固化。

2. 高温高压（HTHP）处理

高温高压法（HTHP 法）是模拟自然界中钻石晶体的生长条件，通过人工调控被处理钻石的温度和压力条件，使 IIa 型钻石自动消除晶体在塑性变形过程中产生的晶格错位，使其恢复至塑性变形前的稳定状态，并最大限度地恢复其颜色，以达到提高其色级的目的。另外，高温高压法也可使 Ia 型褐色钻石增强其塑性变形的强度，促进钻石晶体内的位错和滑移，从而使其转变成彩色钻石。所以，改善或改变钻石中的晶格缺陷，是使用高温高压法对钻石进行改色的基本原理。

高温高压法处理于20世纪末开始出现，目前包括美国通用电气公司（GE）和诺瓦（Nova）公司在内的几家公司从事这种商业性处理。

（1）通用电气公司——GE 钻石

20世纪90年代末期，美国通用电气公司的研究人员采用高温高压法（温度＞2000 ℃，压力＞7 Gpa）将 IIa 型褐黄色、棕黄色、褐色钻石处理成无色的钻石，该方法又称为高温高压修复型处理（图7-2-9）。

a. 处理前　　　　　　　　　　　　　b. 处理后

图7-2-9　GE 处理钻石对比示意图

1999年3月，Lazare Kaplan International（LKI）宣布其在安特卫普的一个下属公司——柏伽索斯海外有限公司（Pegasus Overseas Ltd.，简称 POL）将销售由通用电气公司处理的 HTHP 钻石。通用电气公司所处理的钻石绝大部分是 IIa 型，而这种类型的钻石数量不到世界钻石总量的1%。这些高净度的褐色到灰色钻石，经过处理后颜色大都在 D 到 G 色范围内，但稍具雾状外观，带褐或灰色调而不是黄色调。在高倍放大镜下可见内部纹理、部分愈合裂隙和解理及形状异常的包裹体。一些经处理的钻石在正交偏光下显示异常明显的应变消光效应。

通用电气公司曾承诺由其处理的钻石在腰棱表面用激光刻上"GE POL"字样，现改为"bellataire"字样（图7-2-10）。

a. "GE POL"标记　　　　　　　　　　b. "bellataire"标记

图7-2-10　GE 处理钻石腰部刻字

（2）诺瓦钻石公司——Nova 钻石（Nova Diamond）

20世纪末，诺瓦钻石公司的研究人员采用高温高压法将 Ia 型褐黄色、棕褐色、褐色的钻石处理成黄绿色、绿黄色、蓝绿色及粉红色钻石（图7-2-11），该方法又称为高温高压增强型处理。

诺瓦钻石公司（隶属于 Novatek 公司）使用的是与 BARS 系统工作原理非常相似的棱柱形压力机。该压力机可产生2000 ℃的温度和 60×10^8 Pa 的压力，一个压力机可在30 min 内处理10颗钻石。诺瓦公司采用的钻石为褐黄色调的 Ia 型钻石，处理后的 Nova 钻石是自然界罕见的黄绿色钻石。

图7-2-11　NOVA钻石

图7-2-12　钻石膜（DF）

（三）镀膜和拼合石

1. 镀膜

早在20世纪50年代，国际上就有在低压下用气相法制成钻石的报道，尤其是原苏联的科学家一直致力于这方面的研究。但是用这种方法制成的钻石，生成速度太慢，未引起人们的注意。80年代初，日本科学家用化学气相沉淀法（简称CVD法）以较快速度制成了钻石膜（简称DF），并引起美国及其他各国的重视。此后，在世界上出现了钻石膜热，并称DF为21世纪的材料。

DF是指用CVD方法生长的由碳原子组成的具有钻石结构和物理性质、化学性质、光学性质的多晶体材料（图7-2-12）。DF生长的基本原理是利用一种能量（如热能、电能或光能）使碳氢化合物（如甲烷、乙醇等）气体离解，产生活化的碳离子，这些碳离子在一定条件下沉积在同质或异质基底（如立方氧化硼、硅、钼或碳化硅等）上形成钻石膜。这就是化学气相沉淀法的原理。

DF（钻石膜）在宝石业中的应用有以下几方面：

1) 提高和维持宝石的晶位与级别。如磨制所得0.99 ct的钻石，用CVD法沉积生长一层钻石薄膜，会使钻石达到1 ct以上，从而大大提高该钻石的价值。

2) 提高宝石的耐磨性。在一些不耐磨的宝石（如鱼眼石、坦桑石、蓝晶石等）上沉积钻石膜，可以提高其耐磨性。钻石膜也可以用来"密封"天然蛋白石表面，以防止蛋白石脱水产生龟裂。

3) 提高仿造宝石的水平。在合成立方氧化锆上生长一层无色透明的钻石膜以提高模仿钻石的水平。

4) 改善宝石的色彩。在接近无色的天然钻石上生长一层带蓝色的钻石膜，以提高钻石颜色的级别。

2. 拼合石

钻石拼合石是由钻石（作为顶层）与廉价的水晶或人造无色蓝宝石等（作为底层）粘合而成，粘合技术非常高，当其镶嵌在首饰上时会将粘合缝隐藏起来，使人不容易发现。用小针尖顶住宝石台面，就会看到两个反射像，一个来自台面，另一个来自接合面，但天然钻石不会出现这种现象。如果是天然钻石，无论在什么方向，都会有反光闪烁，而钻石拼合石不同，由于其底层部分是折射率低的矿物，它的反光能力差，有时光还可以透过去。

学习任务三　钻石鉴定与钻石分级

◆ 任务目标：熟悉天然毛坯及成品抛光钻石、钻石仿制品、合成钻石及优化处理钻石的鉴定特征；熟悉钻石4C分级标准体系的基本要素和内容；掌握钻石鉴定与分级的基本方法。

◆ 任务要求：结合学习材料和标本实操，取得对钻石鉴定与分级基本原理、概念及方法的较深入认识。

【学习材料】

一、天然钻石的鉴定

（一）天然钻石的肉眼鉴定

1. 天然钻石毛坯的肉眼鉴定

天然钻石毛坯的肉眼鉴定应从以下几方面入手：

（1）观察光泽

由于钻石具有特殊的金刚光泽，是区别其他无色透明矿物（或材料）的重要特征，利用光泽特点可将钻石与其他仿制品区别开来。

观察钻石光泽时还要注意，由于一些钻石毛坯表面晶面花纹十分发育，影响光泽的观察，应尽量从光滑晶面处进行观察，避免产生错觉。

（2）观察钻石的外观形态和表面特征

在钻石毛坯中，发育良好的晶体占有相当的数量，通过观察晶体形态，也可帮助我们辨认钻石。钻石最常见的晶体形态是八面体、菱形十二面体及两者的聚形，在无色透明矿物中具有这几种晶形的矿物为数较少。即使是具备相似的形状，如无色的尖晶石、石榴子石等，但由于其他的性质与钻石相去甚远亦可彼此区分。

除了观察毛坯的晶体形态外，另一个特征是钻石的晶面花纹，钻石的不同晶面常常具有特征的生长纹（晶面花纹）。如八面体晶面常见三角形生长纹（图7-3-1），三角形的尖端指向八面体的晶棱；立方体晶面常具正方形或长方形生长纹，与立方体平面呈45°夹角；菱形十二面体晶面则常见平行于长对角线方向的凹槽等（图7-3-2），这些均可作为钻石的识别特征。

图7-3-1 八面体晶面上的三角形蚀象

图7-3-2 菱形十二面体晶面上的凹槽

图7-3-3 合成立方氧化锆的强"火彩"

（3）估计钻石的密度

在所有与钻石外观相似的天然矿物或人工材料中，除黄玉（托帕石）外，其他品种的密度均与钻石有一定的差别，用手掂量，感觉不同，可以来区分钻石及其仿制品。应该说明的是，这种方法是在样品几乎相同大小的前提下才能使用，否则会造成谬误。这种方法最适同于区分相同大小的钻石和合成立方氧化锆，由于钻石的密度3.52 g/cm³，而合成立方氧化锆的密度为5.95 g/cm³左右，几乎是钻石的一倍，手掂的感觉明显不同，易于区分。

2. 天然抛光钻石的肉眼鉴定

（1）观察钻石的"火彩"

由于钻石具高折射率值和高色散值，导致钻石具有一种特殊的"火彩"，特别是切割完美的钻石更具特征。有经验的人，即可通过识别这种特殊的"火彩"来区分钻石和仿制品。需要说明的是，一些仿制品，如合成立方氧化锆、人造钛酸锶等，由于它们的某些物理性质参数比较接近钻石，亦可出现类似于钻石的"火彩"（图7-3-3，图7-3-4）。仿制品所表现出的"火彩"不是太弱就是太强，在鉴定时应细心区别。

图7-3-4 人造钛酸锶的强"火彩"

（2）线条试验

将样品台面向下放在一张有线条的纸上，如果是钻石，则看不到纸上的线条，否则为钻石的仿制品。这是因为在一般情况下，钻石切工的设计就是让所有由冠部射入钻石内部的光线，通过折射与内反射，最后由冠部射出，几乎没有光能够通过亭部刻面，因此就看不到纸上的线条（图7-3-5）。但是应该注意的是，其他宝石通过特殊的设计加工，也都有可能达到同样的效果。

（3）倾斜试验

将样品台面向上，置于黑色背景中，从垂直于台面方向开始观察，将样品从观察者处向外倾斜，观察台面离观察者最远的区域，如果出现一个暗窗，则说明该样品不是钻石（图7-3-6）。但合成立方氧化锆、人造钛酸锶等人工材料折射率很高，如果切割完美，亦有可能不出现暗窗，应注意加以区别。

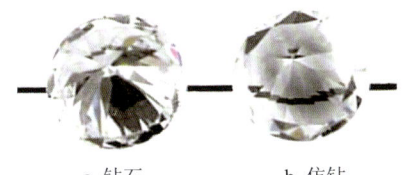

a. 钻石　　　　b. 仿钻

图7-3-5 钻石的线条试验

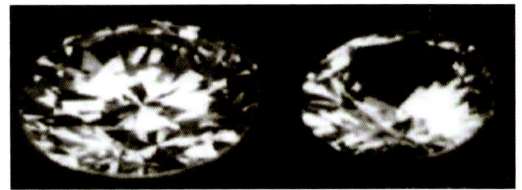

图7-3-6 倾斜试验

（4）亭部闪光效果观察

钻石的亭部闪光以橙色、蓝色、黄色为主，且仅局限在一、两个刻面上；合成立方氧化锆亭部出现橘黄色闪光，且分布于亭部的大多数刻面上（图7-3-7）。

a. 钻石　　　　　　b. 合成立方氧化锆

图7-3-7 钻石和仿钻的亭部闪光效果

（5）亲油性试验

天然钻石有较强的亲油性，用油性笔在表面划过时可留下清晰而连续的线条；相反，用油性笔划过钻石仿制品表面时墨水常常会聚成一个个小液滴,不能出现连续的线条。

(6) 托水性试验

充分清洗样品,将小水滴点在样品上,如果水滴能在样品的表面保持很长时间,则说明该样品为钻石,如果水滴很快散布开,则说明样品为钻石的仿制品。

(7) 哈气试验

哈气试验是根据钻石具有良好的导热性为基础的。对样品哈气,钻石表面的蒸汽会很快蒸发,而仿制品则相对较慢。这一试验的局限性是要求必须有已知的钻石样品作为参考。

(二) 天然钻石的仪器鉴定

1. 放大检查

10倍放大镜是鉴定钻石的一个很重要的工具,鉴定人员完全可以凭借10倍放大镜来完成钻石的鉴定和4C分级。

显微镜与10倍放大镜作用基本相同,所不同的是显微镜的视域、视景深和照明条件均优于放大镜。显微镜通常只在实验室中使用,对高净度级别的钻石,使用显微镜观察是十分必要的。

(1) 切磨质量

钻石所特有的性质使它在加工过程中会留下一些切磨特征,这些特征是钻石仿制品所不具备的,因此为鉴别钻石和仿钻提供了可能。

1) 刻面、棱线和角顶:钻石的高硬度决定了钻石面平、棱直、角尖,而仿钻由于硬度低,所以会出现棱线和角顶圆滑弯曲的现象(图7-3-8)。

2) 腰部特征:标准圆钻型切工的钻石腰部一般不抛光而保留粗糙面,这种粗糙而均匀的面呈毛玻璃状(图7-3-9),少数钻石腰棱精抛呈刻面状,而钻石仿制品由于硬度小,虽然腰部都不精抛,但在粗面上仍保留有打磨的痕迹,可见平行排列的钉状磨痕(图7-3-10)。此外,天然钻石腰部及附近常保留天然面(图7-3-11)、"V"字形缺口和"须状腰"(图7-3-12)。

图7-3-8 仿钻石的圆滑棱线和角顶

图7-3-9 钻石的粗抛腰棱

图7-3-10 仿钻石的腰部

图7-3-11 钻石腰部的天然面

图7-3-12 钻石的"须状腰"

图7-3-13 钻石刻面的抛光纹

3）抛光痕：钻石的硬度很高，可以形成良好的抛光，因此多数情况下在钻石的刻面上看不到抛光痕迹。有时抛光不精致，可在一些刻面上看到纤细的抛光纹。由于钻石的硬度具有方向性，所以在相邻的小刻面上抛光痕的方向也不相同。相反，仿制品则比较容易发现抛光痕，而且相邻小刻面上的抛光纹的方向大致相同（图7-3-13）。

4）磨损：钻石极高的硬度使其不容易被磨损，即使被磨损也局限在个别刻面的棱角处（图7-3-14）。而仿制品由于硬度较低，被磨损的现象会比较严重（图7-3-15）。

图7-3-14　钻石亭部棱线的轻微磨损

图7-3-15　钻石仿制品棱线磨损

图7-3-16　钻石内部浅色矿物包裹体

（2）内部包裹体特征

1）矿物包裹体：呈粒状、片状，有浅色或深色矿物包裹体（图7-3-16，图7-3-17），主要为黑色、棕色系列的云母和金属矿物，红色的镁铝榴石、铬尖晶石等。

2）羽状纹：钻石内部常见呈面状或线状的裂隙，称为羽状纹（图7-3-18），较容易观察。

3）云状物：钻石内部呈朦胧状、乳状、无清晰边界的一类包裹体，有可能是由许多分散的细小固体颗粒组成，也可以是晶体的缺陷造成，还可以是一系列微小的裂隙。云状物包裹体面积较大时，会降低钻石的明亮度，使钻石缺少火彩；如果云状物面积小、颜色淡，则很难被发现（图7-3-19）。

图7-3-17　钻石内部深色矿物包裹体

图7-3-18　钻石内部羽状纹

图7-3-19　钻石内部云状物

4）生长纹理：纹理是天然钻石在生长过程中发育在表面或内部的生长痕迹。纹理的存在是天然钻石的重要证据（图7-3-20，图7-3-21）。

图7-3-20　钻石内部生长纹理

图7-3-21　钻石表面生长纹理

（3）解理

钻石具八面体方向的解理，在抛光钻石中可表现为以下几种形式：

1）孤立存在的羽状纹：钻石中孤立存在的片状或阶梯状的羽状纹显示的是初始解理，有时在钻石中的晶态包裹体周围也会出现这种扁平状解理纹。

2）须状腰：在钻石加工中打圆腰围的过程中，若用力过猛，可在腰围沿解理方向产生裂纹并向钻石内部延伸。如果有许多这样的解理纹出现，其外观很像胡须，称为须状腰。

3）"V"字形缺口：在钻石腰围上经常会出现沿解理方向的"V"字形缺口，缺口的面即为解理面，而钻石仿制品的缺口往往呈贝壳状。

2. 仪器测试

（1）热导仪

物质的热能可通过三种方式进行传递：传导、对流和辐射，在室温条件下，主要是传导。

热有四种固有的特性，即热导率、热扩散率、传热系数和比热容。其中，热导率对于物质而言是一常数，表示每秒钟通过一定厚度的物质的热量。热导仪是根据宝石的导热性能设计并制造的，是一种用途较为单一的鉴定仪器（图7-3-22）。由于在所有宝石中，钻石具有极高的导热性能（表7-3-1），因此，热导仪主要用于鉴别钻石及其仿制品。

图7-3-22 热导仪

表7-3-1 常见材料的热导率

名称		热导率/[W/(m·K)]
钻石		669.89~2009.66
银（100%）		418.68
铜		388.12
金（100%）		296.01
铝		203.06
铂		69.5
刚玉	c轴	34.92
	a轴	32.32
尖晶石		9.5
绿柱石	c轴	5.48
	a轴	4.35

（2）DiamondSure™（钻石确认仪）

DiamondSure™是一种快速的天然钻石筛选仪器，可以鉴定天然抛光钻石，或对无法确定的样品给出进一步分析建议。DiamondSure™可以检测质量在0.10~10 ct范围内的无色-浅黄色（Cape系列）抛光钻石，其设计原理是检测天然钻石中由N_3中心引起的415.5 nm特征吸收光谱，98%以上的天然钻石都具有该吸收线。

这种仪器的使用非常简便,将抛光的待测样品台面向下放置于仪器探测器上,此时,仪器自动检测并分析样品的可见光吸收光谱,并显示测试结果。显示"Pass",说明样品为天然钻石,无需做进一步检测(图7-3-23);显示"Refer for further tests",说明样品需进行进一步检测(图7-3-24)。大约只有1%左右的天然钻石需进一步检测,其中包括稀少的Ⅱ型钻石和极少部分的Ⅰ型钻石。对于HTHP处理钻石、CVD合成钻石及钻石仿制品(如合成碳硅石)也能准确分辨,并提示需进行进一步检测。

(3) DiamondView™(钻石观测仪)

DiamondView™是DiamondSure™的绝好补充,利用DiamondSure™无法确定的钻石样品,可借助DiamondView™进行进一步检测。另外,DiamondView™也可作为检测仪器单独使用。DiamondView™的原理是根据抛光钻石样品荧光图样的不同可以得出鉴定结果(图7-3-25)。

图7-3-23 DiamondSure™
显示"Pass"

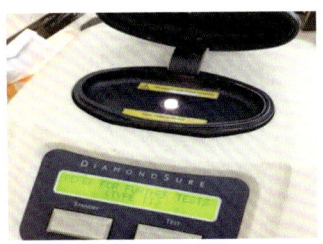
图7-3-24 DiamondSure™
显示"Refer for further tests"

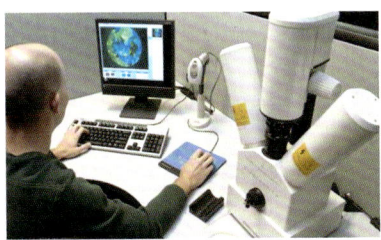
图7-3-25 DiamondView™

使用时将已抛光钻石置于短波紫外线下,拍摄并记录样品紫外荧光发光图案,并与参考图库中的图样对比,即可确定钻石是否为天然或人工来源。由于天然钻石与合成钻石的紫外荧光图样区别较为明显(图7-3-26,图7-3-27),故DiamondView™对于区分天然和合成钻石十分有效。

图7-3-26 天然钻石的
紫外荧光图样

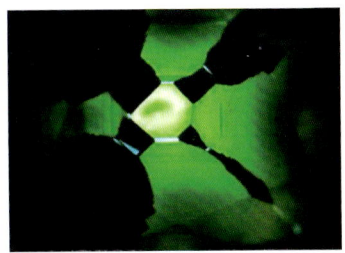
图7-3-27 高温高压合成
钻石的紫外荧光图样

图7-3-28 DiamondPlus™

(4) DiamondPlus™

对于HTHP改色处理的Ⅱ型钻石需采用阴极发光分析进行鉴别,传统的阴极发光测试是使用实验室分光光度计和液氮冷却的高感度测试法,成本高且费时。为此,DTC研制出DiamondPlus™,作为筛选钻石的仪器,以帮助鉴别经过HTHP改色处理的Ⅱ型钻石(图7-3-28,图7-3-29)。

DiamondPlus™的设计原理是在液氮环境中检测钻石的阴极发光强度,HTHP处理的Ⅱ型钻石在575 nm、637 nm处出现强峰,与天然钻石存在明显差异。

DiamondPlus™还能检测CVD合成钻石的光谱特征。CVD合成钻石显示为"Refer for further tests",建议对样品进行进一步检测。

(5) D-Screen

D-Screen 是比利时 HRD 于 2004 年研制的用于鉴别无色－近无色天然钻石与合成钻石、HTHP 改色处理钻石的便携式仪器（图 7-3-30）。其原理是利用不同类型钻石对紫外光的透过率差异设计而成，不含氮的 II 型钻石透过紫外光的能力大于含氮的 I 型钻石。

(6) 钻石/合成碳硅石测试仪

用热导仪测试钻石和合成碳硅石时，两种材料均显示为钻石，二者无法区分。为此以美国 C3 公司为代表的检测设备生产商设计了钻石/碳硅石测试仪，用于热导仪测试之后进一步区分钻石和合成碳硅石（图 7-3-31）。其设计原理是在导热性测试后，检测宝石对紫外光的吸收。钻石不吸收紫外光，紫外光可穿透钻石，而合成碳硅石对紫外光有强烈吸收。

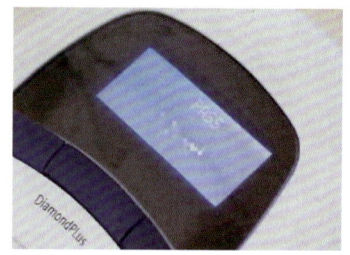

图 7-3-29　DiamondPlus™ 显示"Pass"

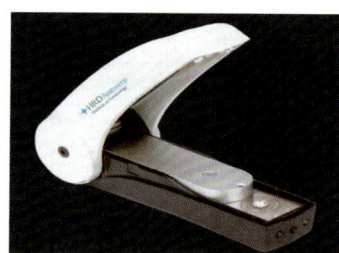

图 7-3-30　D-Screen

图 7-3-31　590 型钻石/碳硅石测试仪

二、钻石与其仿制品的鉴定

钻石的仿制品，中早期主要是人造铅玻璃和天然无色透明的中低档宝石，如无色蓝宝石、尖晶石、锆石、托帕石、水晶、闪锌矿、白钨矿等；后期主要是各种人工宝石和晶体，如合成蓝宝石、合成尖晶石、合成水晶、合成金红石、人造钛酸锶、铌酸锂、人造钇铝榴石、人造钆镓榴石等（表 7-3-2）。这些仿制品的物理、化学性质与天然钻石相去甚远，作为钻石的仿制品基本已经被淘汰出市场。目前最具迷惑性的钻石仿制品是合成立方氧化锆和合成碳硅石。

表 7-3-2　钻石与其仿制品的主要宝石学性质

名称和化学组成	折射率	双折射率	色散	密度/(g·cm^{-3})	硬度	钻石反应
钻石（C）	2.417	—	0.044	3.52	10	有
合成碳硅石（SiC）	2.648~2.691	0.043	0.104	3.22	9.25	有
合成立方氧化锆（ZrO$_2$）	2.15	—	0.060	5.80	8.5	无
合成金红石（TiO$_2$）	2.6161~2.903	0.287	0.330	4.26	6~7	无
人造钇铝榴石（Y$_3$Al$_{15}$O$_{12}$）	1.833	—	0.028	4.50~4.60	8	无
人造钆镓榴石（Gd$_3$Ga$_5$O$_{12}$）	1.970	—	0.045	7.05	6~7	无
锆石（ZrSiO$_4$）	1.810~1.984	0.001~0.059	0.039	3.90~4.73	6~7	无
合成刚玉（Al$_2$O$_3$）	1.762~1.770	0.008	0.018	4.00	9	无
合成尖晶石（MgAl$_2$O$_4$）	1.728	—	0.020	3.64	7	无

1. 合成立方氧化锆

1972 年前苏联科学院门捷列夫物理研究所的科学家使用"冷坩埚法"的新技术熔炼制成

合成立方氧化锆。由于合成立方氧化锆与钻石性质很接近，作为钻石的仿制品，于1976年被大量推向市场。

合成立方氧化锆为等轴晶系结晶体，块状，可呈各种颜色，亚金刚光泽，无解理，摩氏硬度8.5，密度5.80（±0.20）g/cm³，折射率2.15，色散值0.060，紫外荧光因颜色而异，吸收光谱因致色元素而异，内部通常洁净，可含未熔融氧化锆残余，有时呈面包渣状，可含气泡。

合成立方氧化锆与钻石的鉴别应注重硬度、密度、色散、热传导性的差异。

2. 合成碳硅石

天然碳硅石在自然界极为稀少，仅发现于陨石中。1980年，科学家成功制造出体积较大且达到宝石级的合成碳硅石晶体。1995年，美国C3公司将这种新的宝石推向市场。合成碳硅石高硬度、高折射率、高色散的优良性质使它成为新一代的钻石替代品。

合成碳硅石为六方晶系结晶体，块状，无色或略带浅黄、浅绿色调，或呈绿色、黑色，亚金刚光泽，无解理，摩氏硬度9.25，密度3.22（±0.20）g/cm³，一轴晶正光性，折射率2.648~2.691，双折率0.043，热导性强，热导仪测试可发出鸣响，色散值高达0.104，长波紫外光下见无色至橙色荧光，放大检查可见点状、丝状包裹体，双折射现象明显。

合成碳硅石与钻石的鉴别应注重光性、密度、色散、内部包裹体的差异（图7-3-32，图7-3-33）。

 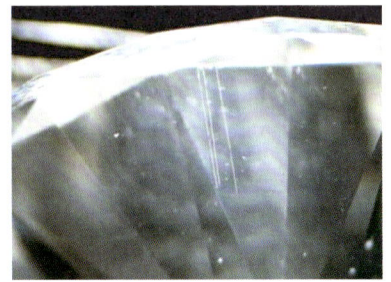

图7-3-32　合成碳硅石棱线重影　　　　图7-3-33　合成碳硅石内部丝状包裹体

三、合成钻石及优化处理钻石的鉴定

（一）合成钻石的鉴定

1. 高温高压法合成钻石鉴定

1）颜色：大多数合成钻石为黄色、黄绿色，偶见无色。

2）晶体形态和晶面特征：合成钻石大多为立方体和八面体组成的聚形，在少量晶面上可出现菱形十二面体和四角三八面体单形，晶面平整，晶棱平直（图7-3-34）。

图7-3-34　HTHP法合成钻石晶体

3)色带:色带分布特点也是鉴别天然有色钻石和合成钻石的有力证据。大多数的天然黄色或蓝色钻石的颜色分布均匀,而大多数合成钻石的颜色分布不均匀。合成黄色钻石最常见的特点是具有无色的色带,呈"沙漏"状、块状或条带状(图7-3-35,图7-3-36)。而天然钻石中则多为平行排列的褐色平直色带(图7-3-37,图7-3-38)。

图7-3-35 合成钻石中的"沙漏"状色带   图7-3-36 合成钻石中的条带状色带   图7-3-37 天然钻石中的平直色带

4)内外部显微特征:由于不同生长区中所含氮和其他杂质含量不同而导致颜色及折射率的轻微变化,合成钻石在显微镜下可观察到生长纹理及不同生长区的颜色差异。此外,合成钻石内常见细小的铁镍合金触媒金属包裹体,这些包裹体呈针状、片状、柱状等外观,且平行晶棱或沿内部生长区分界线定向排列,或呈十分细小的微粒状散布于整个晶体中,在反光条件下可见其金属光泽(图7-3-39)。

5)荧光特征:天然钻石在长波紫外光下多见蓝白色及少量黄色荧光,在短波紫外光下呈现无或弱的蓝色、黄色荧光;合成钻石在长波紫外光下常呈惰性,而在短波紫外光下常有黄色、绿黄色、橙黄色荧光,并具有明显的十字分带现象(图7-3-40)。

6)吸收光谱:无色-浅黄色天然钻石具Cape吸收线,即具415 nm、452 nm、465 nm和478 nm吸收线,特别是415 nm吸收线的存在是指示无色-浅黄色钻石为天然钻石的确切证据。合成钻石中氮杂质对可见光的选择性吸收可导致从300~530 nm的宽吸收带,缺失N_3造成的415 nm吸收线。

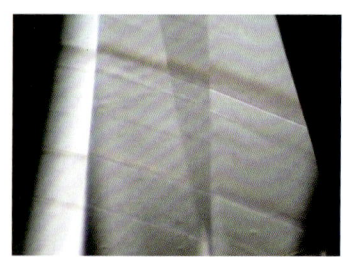  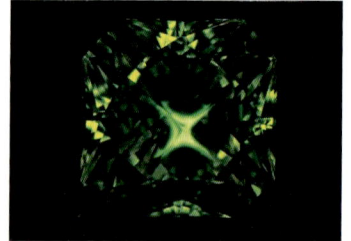

图7-3-38 天然钻石中的内部生长纹和色带   图7-3-39 合成钻石内部的金属包裹体   图7-3-40 合成钻石的十字荧光分带现象

7)异常双折射:在正交偏光下观察,天然钻石常具弱到强的异常双折射,干涉色颜色多样,多种干涉色聚集形成镶嵌图案。而合成钻石异常双折射很弱,干涉色变化不明显。

8)阴极发光:利用阴极发光技术可以迅速有效区分天然钻石和合成钻石。由于生长环境的不同,天然钻石和合成钻石在生长结构上有显著差异。合成钻石晶体往往是多种单形组成的聚形,因此会有多个生长区,不同生长区的生长速度等特征不同,因而所含杂质成分(如N)的含量也不同,从而导致在阴极发光下显示不同颜色和不同生长纹等特征。这些生长结构的差异导致天然钻石和合成钻石在阴极发光下具有截然不同的特征。天然钻石通常显示相对均匀的蓝色-灰蓝色,且发光区形态极不规则(不受某个生长区控制),分布也无规律性(图7-3-41);

而合成钻石的不同生长区会显示不同颜色的阴极发光图案，且具有几何对称性（受生长区控制），如八面体生长区呈黄绿色，对称分布，呈十字交叉状；立方体生长区呈黄色，位于立方体区十字交叉点，呈正方形。由于合成钻石以发育八面体和立方体晶面为主，所以在电子束轰击下合成钻石通常显示占相对优势的黄-黄绿色（图7-3-42）。

9）磁性：HTHP合成钻石中常含有合金包裹体，多具有磁性，可以被强磁性物质吸引（图7-3-43）。

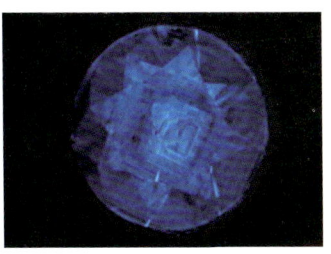

图7-3-41 天然钻石的阴极发光图像

图7-3-42 HTHP合成钻石的阴极发光图像

图7-3-43 合成钻石的磁性

图7-3-44 CVD法合成钻石晶形

2. CVD法合成钻石鉴定

1）晶形：CVD法合成钻石的单晶大多呈板状，偶尔可在边部见到小的八面体面和菱形十二面体面（图7-3-44）。

2）颜色及颜色分带：CVD法合成钻石的颜色多为暗褐色或浅褐色，也可有无色、蓝色。在垂直晶体生长方向上放大观察，部分CVD法合成钻石可看到颜色的成层分布。

3）内部包裹体：CVD法合成钻石的内部包裹体较少，个别可见针点状包裹体或小的不规则的黑色颗粒（图7-3-45），不会出现金属包裹体，不会产生磁性。

a. 黑色碳质包裹体

b. 伴生应力裂隙的包裹体

图7-3-45 CVD法合成钻石中的包裹体

4）异常消光：在正交偏光下，垂直立方体面观察，可见到由应变导致的异常消光现象（图7-3-46，图7-3-47）。

5）荧光：含氮（N）的CVD法合成钻石呈现强橙色到橙红色荧光（图7-3-48），高纯度的CVD法合成钻石不显示橙色荧光，含硼（B）的CVD法合成钻石呈亮蓝色荧光。

6）条纹：含氮（N）的CVD法合成钻石在垂直（100）切面上可见到密集的斜条纹（图7-3-49），这是含氮的CVD法合成钻石的一个重要鉴别特征。

（二）优化处理钻石的鉴定

1. 激光钻孔钻石的鉴定

传统激光钻孔处理钻石内部存在激光孔，十分容易识别。

 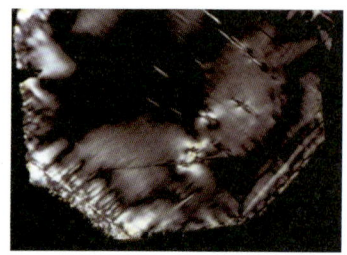 

图 7-3-46　CVD 法合成钻石的异常消光　　图 7-3-47　CVD 法合成钻石的格子状异常消光　　图 7-3-48　CVD 法合成钻石的橙色荧光

KM 处理钻石的鉴定比较困难，但可以通过下列特征加以识别：

1）激光诱发的裂隙会和原始裂隙或解理在连接处呈现不自然的转折弯曲；

2）诱发的裂隙上会引出很多互相平行的解理，外观像蜈蚣或长条暗线，在裂隙中残留有黑点，可能是原始的黑色包裹体的残余（图 7-3-50）；

3）因经酸煮沸，在大多数产品中可观察到类似充填处理的闪光效应，在旋转钻石观察时只显示浅蓝色至浅褐色的干涉色，不会显示其他颜色变化。

2. 裂隙充填钻石的鉴定

显微镜下观察，充填裂隙可具有明显的闪光效应，暗域照明下最常见的闪光颜色是橙黄色、紫红色、粉色，其次为粉橙色；亮域照明下最常见的闪光颜色是蓝绿色、绿色、绿黄色和黄色。同一裂隙的不同部位可表现出不同的闪光颜色，充填裂隙的闪光颜色可随样品的转动而变化（图 7-3-51）。

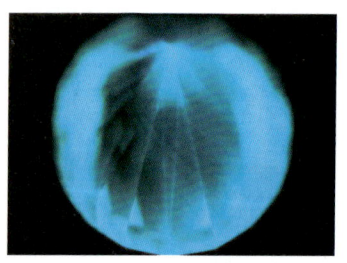 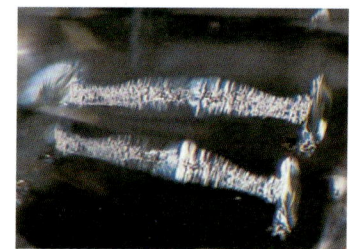 

图 7-3-49　CVD 法合成钻石内部密集的斜条纹　　图 7-3-50　KM 处理钻石中的诱发裂隙　　图 7-3-51　裂隙充填钻石的闪光效应

X 光照相在检测钻石裂隙充填方面可以做出确定性结论，因为钻石在 X 光下呈高度透明，而充填物近于不透明，充填区域在 X 光照片中呈白色轮廓。

3. 辐照处理钻石的鉴定

辐照改色钻石主要是根据其光谱学吸收和颜色分布特点来进行鉴定。人工辐照致色的彩色钻石常显示与其结构无关的色带或色斑，如环绕亭部的伞状阴影（图 7-3-52）或带有颜色的暗圈，而天然彩色钻石色带多为直线状或三角状，色带与晶面平行。

蓝色钻石的鉴定相对容易，因为天然蓝色钻石含硼元素，为半导体，而辐照改色的蓝色钻石不具导电性。此外，天然蓝色钻石能透过波长大于 225 nm 的紫外线；辐照处理的蓝色钻石不能透过波长小于 300 nm 的紫外线。

4. 高温高压处理钻石的鉴定

部分 GE 钻石在正交偏光下显示异常明显的应变消光效应（图 7-3-53）。放大检查，可见内部生长纹，有时能见到浅褐色色带；可见热处理痕迹（图 7-3-54），常见环绕晶体的盘状裂隙及晕圈。

学习项目七　认识钻石

图7-3-52　辐照处理钻石中的伞状阴影

图7-3-53　GE钻石的格子状异常消光

a. 处理前

b. 处理后

图7-3-54　高温高压处理钻石中的诱发裂隙

四、钻石分级

(一) 钻石分级标准体系的建立和发展

钻石4C分级是指从净度（Clarity）、颜色（Color）、克拉质量（Carat Weight）、切工（Cut）等四方面，对钻石进行综合评价，进而确定钻石的价值；由于四个要素的英文均以C开头，所以简称为4C分级。

钻石4C分级体系出现于20世纪50年代，由美国人李迪克先生（Richard T Liddicoat，1918年—2003年，美国宝石学院创始人之一）提出。

钻石4C分级体系随着钻石贸易产生、发展和健全。钻石是国际间的大宗贸易，像其他商品一样，钻石的产出、加工、贸易等环节不是在一个国家或地区能够全部完成的，所以钻石的4C分级体系正在逐步统一并归于标准化。数百年来，钻石分级的标准从无到有、从杂乱无章到自成体系，大大促进了钻石贸易的国际化、规范化。

早期的钻石品质评价，主要是根据其原石形态进行确定。晶形完好的八面体，并且晶面光亮的钻石原石价值较高。在16世纪记载的钻石价格表中，钻石的价格取决于晶形和质量，而颜色、净度对钻石的价格没有什么影响。随着钻石产量增长，人们对钻石品质评价的观念也逐渐改变。钻石产量的增加，使人们对钻石有了更多的选择，同时也促使对钻石品质的评价更加严格。在大量钻石流入市场的情况下，准确区别钻石的品质，确定其价值已成为当务之急。与此同时，大量钻石的增加也使人们逐渐认识到无色透明的钻石要比略带浅黄色的钻石少很多，内含物少、纯净的钻石也较为稀少。于是，颜色、净度逐渐成为评价钻石品质的两个新的指标。

颜色、净度、切工、质量等钻石分级概念随着钻石生产和商贸的发展而产生、发展。20世纪50年代，首先在钻石消费量最大的美国，GIA系统性地提出了现代钻石4C分级术语和概念，由于适应了钻石生产和商贸的国际化，加之GIA和De Beers的致力推广，4C分级概念迅速在国际上得到响应。此后，世界各国或地区的相应机构也建立了许多大同小异的钻石4C分级规则或标准。

目前国际上有影响力的钻石 4C 分级标准的机构有：美国宝石学院（GIA），国际珠宝联盟（CIBJO），比利时钻石高层议会（HRD），国际钻石委员会（IDC），斯堪的纳维亚钻石委员会（Scan. D. N.），国际标准化组织（ISO）等。

我国的第一个钻石分级标准是由地质矿产部宝石监测中心（"国家珠宝玉石质量监督检验中心"的前身）起草，1993 年 2 月 19 日由中华人民共和国地质矿产部发布的地质矿产行业标准（DZ/T 0046—93），于 1993 年 5 月 1 日起实施。

1996 年由国家珠宝玉石质量监督检验中心起草、国家技术监督局批准的《钻石分级》（GB/T 16554—1996）于 1997 年 5 月 1 日正式颁布实施。

2003 年 6 月由国家珠宝玉石质量监督检验中心对《钻石分级》（GB/T 16554—1996）进行重新修订，修订后的标准号为 GB/T 16554—2003，于 2003 年 11 月 1 日起实施。

2010 年国家珠宝玉石质量监督检验中心对《钻石分级》（GB/T 16554—1996）再次修订，修订后的标准号为（GB/T 16554—2010），自 2011 年 2 月 1 日起实施。

新版国家标准对钻石分级的适用范围进行了规定。标准中的颜色分级适用于无色－浅黄（褐、灰）色系列的未镶嵌及镶嵌抛光钻石。切工分级适用于切工为标准圆钻型的未镶嵌及镶嵌抛光钻石。分级规则适用于未经覆膜、裂隙充填等优化处理的未镶嵌及镶嵌抛光钻石。分级规则适用于质量大于或等于 0.0400 g（0.20 ct）的未镶嵌及镶嵌抛光钻石、质量在 0.0400 g（0.20 ct）~ 0.2000 g（1.00 ct）之间的镶嵌抛光钻石，质量小于 0.0400 g（0.20 ct）的未镶嵌及镶嵌抛光钻石、质量大于 0.2000 g（1.00 ct）的镶嵌抛光钻石也可参照执行。

（二）颜色分级

1. 概述

钻石的颜色丰富多彩，但是以自然界中各种颜色的钻石产出量而言，无色－浅黄色系列所占比例最大，约占 98% 以上。考虑到各种颜色钻石产量、分级方法、价值等因素，行业内一般把钻石颜色分为两个系列：一是无色－浅黄（褐、灰）色系列，也称开普系列（Cape series）；二是彩色系列。

无色－浅黄（褐、灰）色是钻石中最常见的颜色，绝大多数宝石级钻石均为这一颜色系列，也是 4C 分级的对象。无色－浅黄（褐、灰）色系列钻石有时会带有较深的灰色或褐色，此类钻石采用适当的方法也可进行颜色分级。

钻石的无色透明在习惯上称之为"白"，在国际钻石贸易中对钻石颜色的描述大都使用这种方法。此外在许多钻石分级的专著中亦都采用"极白""优白"等词汇来描述钻石的颜色。

品质达到首饰级的有色钻石被称为彩色钻石（Fancy color diamond）。彩色钻石的颜色有黄色、绿色、蓝色、褐色、粉红色、橙色、红色、黑色、紫色等。彩色钻石数量极其稀少，因此价值也很高，特别是那些色调鲜艳、饱和度较高的彩色钻石，更是价值连城。历史上久负盛名的"希望""德累斯顿"等名钻都是罕见的色调鲜艳、饱和度高的钻石。

早期的钻石颜色分级方案始于 19 世纪中叶的巴西，色级术语大部分都是巴西钻石矿山的名字。在 19 世纪后期，巴西的钻石产量逐渐减少，而南非的钻石产量远远超过巴西，颜色色级的术语因此也随之发生改变。在 20 世纪 30 年代出现了流行于钻石贸易中的新颜色色级术语，如 Jager、River、Wesselton、Crystal、Cape 等，Jager 是南非早期最著名的钻石矿之一，这个矿山以盛产所谓的"蓝白钻"而著称于世。这些术语曾经流行全球，直至 20 世纪 70 年代以后才逐渐开始消失。这一套术语奠定了现代钻石颜色分级的基础，即颜色等级从无色到浅黄色的排列顺序。

20世纪50年代，GIA对钻石的色级进行了非常完整的划分，把开普系列的钻石颜色从无色到浅黄色分为23个等级，采用了新的术语，用字母D—Z分别表示，并且有相应的比色石与之对应。这种排除了产地意义且简单明了的表示方法，受到了钻石市场的欢迎。经过GIA的推广，戴比尔斯钻石公司和中央统销机构（CSO）也采用了GIA的分级标准，多年的努力使GIA的颜色分级方法成为钻石业界较为流行的标准。

欧洲在20世纪70年代也开始设立关于4C分级的标准，1969年Scan. D. N. 标准问世，1974年CIBJO标准出台。在颜色分级方面，欧洲的钻石颜色色级术语使用描述性的文字，例如Exceptional white（极白），这种术语易于被非专业人士理解。

中国的颜色分级标准最初是综合参考了GIA以及欧洲体系，并具有自己的特色：采用字母表示的同时也采用百分制法用数字表示，从100开始递减，数字越低表示黄色色调越深。

钻石的颜色分级是人们在长期实践中为了满足钻石贸易的需要而不断总结摸索建立起来的。划分规则及划分方法到目前为止，仅仅适用无色至浅黄色系列（又称为Cape系列）的钻石。彩色钻石由于极其稀少，且在实际操作中存在一些技术难题，至今未有成熟的分级规则。因此，本节所介绍的钻石颜色分级仅针对无色至浅黄色系列的钻石，不适用于彩色钻石。

2. 我国钻石颜色分级体系

（1）钻石颜色分级的定义

采用比色法，在规定的环境下对钻石颜色进行等级划分。

（2）我国钻石颜色分级体系

我国钻石颜色分级体系的演变见表7-3-3。

表7-3-3 我国钻石颜色分级体系的演变

DZ/T 0046—93			GB/T 16554—1996			GB/T 16554—2003 和 GB/T 16554—2010	
ISO/TC	中国		钻石颜色等级			钻石颜色级别	
D	100	极白	D	100	极白	D	100
E	99		E	99		E	99
F	98	优白	F	98	优白	F	98
G	97		G	97		G	97
H	96	白	H	96	白	H	96
I	95	微带黄色的白	I	95	微黄白（褐、灰）	I	95
J	94		J	94		J	94
K	93	带黄色的白	K	93	浅黄白（褐、灰）	K	93
L	92		L	92		L	92
M	91	带黄至黄色或带褐至褐色	M	91	浅黄（褐、灰）	M	91
N	90		N	90		N	90
O	89		<N	<90	黄（褐、灰）	<N	<90

2001年颁布的《钻石色级目视评价方法》（GB/T 18303—2001），规定了对抛光的Cape系列钻石采用目视评价方法进行钻石颜色分级时的基本要求和操作规程。

（3）与世界主要钻石颜色分级体系的对照

世界不同国家或地区对钻石颜色级别有着不同的表示方法，总的来说，颜色级别的划分体系大致有3种（表7-3-4）。

表 7-3-4　世界主要钻石颜色分级体系对照表

GIA 体系	欧洲体系	中国体系		旧名称
D	Exceptional white +（极白+）	D	100	Jager
E	Exceptional white（极白）	E	99	River
F	Rare white +（优白+）	F	98	Top wesselton
G	Rare white（优白）	G	97	
H	White（白）	H	96	Wesselton
I	Slightly tinted white（微黄白）	I	95	Top crystal
J		J	94	Crystal
K	Tinted white（浅黄白）	K	93	Top cape
L		L	92	
M	Tinted color（浅黄）	M	91	Cape
N		N	90	
O—Z		<N	<90	Yellow

1）GIA 体系：始于 20 世纪 50 年代，GIA 对钻石颜色色级做了完整的划分，将颜色从无色到浅黄色分成了 23 个级别，并分别用英文字母 D—Z 表示，并有相应的钻石比色石标样与之对应。

2）欧洲体系：始于 20 世纪 70 年代左右，包括 IDC，CIBJO，HRD 等体系标准，欧洲体系特点是颜色级别用文字来描述，即用"极白""优白""白""浅黄白"等文字来直接描述钻石的颜色。

3）中国体系：其特点是采用字母表示的同时也采用百分制法用数字表示，从 100 开始递减，数字越低表示黄色色调越深。

从表 7-3-4 可以看出，各体系颜色级别大体一致，具有一定的对应性，可以互相对比。

我国国家标准 GB/T 16554—2010 中规定：按钻石颜色变化划分 12 个连续的颜色级别，由高到低用英文字母 D—N 代表不同的色级，亦可用数字表示（表 7-3-5）。

表 7-3-5　国家标准钻石颜色级别等级表

钻石颜色级别		钻石颜色级别	
D	100	J	94
E	99	K	93
F	98	L	92
G	97	M	91
H	96	N	90
I	95	<N	<90

上述各颜色级别都是由比色石来标定的。各颜色级别的肉眼特征描述如下：

D—E 级　极白，又称作"特白""极亮白""净水色"。

D 色：纯净无色、极透明，可见极淡的蓝色。

E 色：纯净无色、极透明。

F—G 级　优白，又称作"亮白"。

F 色：从任何角度观察均为无色透明。

G 色：1 ct 以下的钻石从冠部、亭部观察均为无色透明，但 1 ct 以上的钻石从亭部观察显示似有似无的黄（褐、灰）色调。

H 级　白。

1 ct 以下的钻石从冠部观察看不出任何颜色色调，从亭部观察，可见似有似无的黄（褐、灰）色调。

I—J 级　微黄（褐、灰）白，又称作"淡白""商业白"。

I 色：1 ct 以下的钻石冠部观察无色，亭部观察呈微黄（褐、灰）色。

J 色：1 ct 以下的钻石冠部观察近无色，亭部观察呈微黄（褐、灰）色。

K—L 级　浅黄（褐、灰）白。

K 色：冠部观察呈浅黄（褐、灰）白色，亭部观察呈很浅的黄（褐、灰）白色。

L 色：冠部观察呈浅黄（褐、灰）色，亭部观察呈浅黄（褐、灰）白色。

M—N 级　浅黄（褐、灰）色。

M 色：冠部观察呈浅黄（褐、灰）色，亭部观察带有明显的浅黄（褐、灰）色。

N 色：从任何角度观察钻石均带有明显的浅黄（褐、灰）色。

＜N 级　黄（褐、灰）色。

对这一类钻石，非专业人士都可以看出钻石具有明显的黄（褐、灰）色。

3. 颜色分级条件及工具

（1）人员要求

颜色分级人员要求为颜色视觉正常，受过专门技能培训的专业人员，比色时要由两名以上技术人员独立完成对同一钻石的颜色分级，并取得统一的结果。

（2）环境条件

颜色：工作区域要求是中性色，即白色、黑色或者灰色，除此之外最好不要有其他颜色。包括房间内桌椅、墙壁、地面、窗帘，工作人员的着装、眼镜的颜色，甚至肤色都对颜色分级有影响。

光线：工作区域应避免除分级用标准光源以外的其他光线的照射，暗室或半暗的实验室是理想的颜色分级环境。

（3）工具

清洗工具：包括擦钻布、酒精、强酸等。

钻石比色灯：钻石比色灯色温要求严格。国标 GB/T 16554—2010 中规定的比色灯色温应为 5500～7200 K（图 7-3-55）。GIA 要求与我国标准相同，而 HRD 则更为严格，色温必须是 6500 K。使用统一的比色灯可消除由于光源的不同对颜色分级造成的差异，使世界各地不同的实验室、不同的技术人员，能在相同的条件下进行分级，以保证分级结果的一致性和可比性。

比色卡、比色槽：要求为白色（白度大于95）、无荧光、无明显定向反射作用的"V"形比色槽（图 7-3-56）。其材质可为塑料或纸质，可充当容器，提供白色背景，同时还可排除环境中其他光线的影响。

图 7-3-55　颜色分级常见比色灯

图 7-3-56　比色卡

镊子：常使用中—小号的钻石专用镊子。

放大镜：10倍宝石放大镜。放大镜框架颜色也最好是中性色。可用来观察待测样品和比色石的净度特征，防止二者混淆。

天平：秤量精度为0.0001 g的电子天平（或克拉秤亦可）。用来记录待测样品的质量，防止与比色石混淆。

比色石：一套已标定颜色级别的标准圆钻型切工钻石样品，依次代表由高至低不同的颜色等级（图7-3-57）。一套比色石对颜色分级来讲是必不可少的。对于比色石的要求非常严格，必须具备下列条件：①切工。标准圆钻型切工，切工比率级别在"好"范围之内，腰围类型为粗面腰。②质量。每粒质量大于0.30 ct，大小均匀，同一套比色石之间的质量差异不应当大于0.10 ct。③颜色。必须进行严格的色级标定，不得带有黄色以外的其他色调。④净度。净度级别应在SI以上，无色带及带色的矿物包裹体。⑤荧光。无紫外荧光反应。⑥数量。美国宝石学院（GIA）的实验室里保存着一套完整的钻石比色石（D—Z共23粒）。国际钻石委员会（IDC）确定的颜色标准比色石，一套共7粒，另外还有3粒荧光比色石。比利时钻石高层议会（HRD）的比色石为9粒（D—L）。我国新研制的颜色标样有11粒（D—N），另有3粒荧光标样。

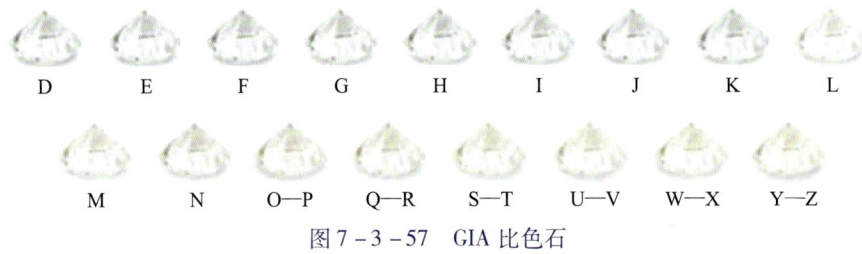

图7-3-57 GIA比色石

（4）比色法颜色划分规则

1）待分级钻石颜色饱和度与某一比色石颜色相同，则该比色石的颜色级别为待分级钻石的颜色级别。

2）待分级钻石颜色饱和度介于相临两粒比色石之间，则以其中较低级别表示待分级钻石的颜色级别。

3）待分级钻石的颜色饱和度高于比色石的最高级别，仍用最高级别表示该钻石的颜色级别。

4）待分级钻石低于"N"比色石，则用"<N"表示。

5）灰色调至褐色调的待分级钻石，以其颜色饱和度与比色石比较，参照上述1）~4）划分规则进行分级。

（5）颜色分级操作步骤

1）工具准备：包括比色灯、比色纸、镊子、天平及清洗工具。

2）清洗样品：包括比色石和待分级钻石样品。

3）摆放比色石：将比色石台面朝下，色级从高到低，摆放位置由左到右，依次均匀排列，间距1~2 cm（视比色槽的长度而定）（图7-3-58）。

4）熟悉比色石：将放有比色石的"V"形槽靠近标准光源（钻石、灯光与人眼的距离保持在15~20 cm左右），在标准光源下冷静观察几分钟，熟悉比色石的颜色差异（图7-3-59）。必要时可将比色石打乱重新排序，看看所排顺序是否正确，以检查自己对比色石的熟悉程度。

5)称重:将待分钻石样品进行称重,检查内、外部特征,并记录其特征,特别是待分钻石与比色石大小一致时,该步骤尤为必要。

6)比色:用镊子夹住待测钻石腰部,台面向下放入比色槽,依次与比色石对比,最终确定钻石颜色级别(图7-3-60)。

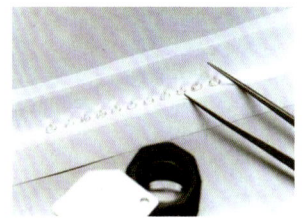 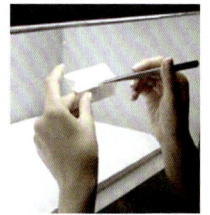 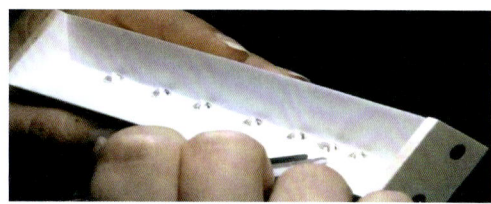

图7-3-58 摆放比色石　　图7-3-59 熟悉比色石　　　图7-3-60 比色实际操作

7)记录:将比色结果用规定的符号(字母或数字)记录下来,同时在颜色坐标上用符号"X"标出确切的颜色位置。

8)检查:通过称重、内外部特征的观察确认样品,防止与比色石混淆。

(三)荧光分级

钻石在紫外光的照射下可发出可见光,称为紫外荧光,简称荧光。大约35%的钻石有荧光,最常见的荧光颜色为蓝白色,比例达到97%,此外还可出现黄色、橙色、黄绿色、绿色和红色荧光。

蓝白色的荧光,可以中和钻石中的黄色体色,在自然光下强荧光的钻石显得更白。不同钻石的荧光强弱差异很大,如南非Premier钻石矿产出的"Jager"钻石,当时被认为是最好的颜色,在日光下观察为蓝白色,实际上是钻石的强荧光所造成,这种蓝白色钻石的真正色级在I色附近。由于钻石荧光强弱对其真正色级有一定影响,所以在对钻石颜色级别进行评定以后,还必须对其荧光强度级别进行划分。

1. 工具

除颜色分级所使用的工具外,还需另外准备:

1)荧光灯:波长为365 nm的长波紫外荧光灯,最好带有暗箱,以避免其他光线的影响。

2)荧光比色石:一套已标定荧光强度级别的钻石样品,共3粒,依次代表强、中、弱3个级别的下限。荧光比色石的要求为:标准圆钻型切工,质量大于0.20 ct。

最好在一张纸上分别绘出荧光比色石的净度素描图,标出克拉质量,以便随时检查,防止待比钻石与荧光比色石混淆。

2. 荧光级别的划分规则

按钻石在长波紫外光下的发光强度,将钻石的荧光级别划分为"强""中""弱""无"四个级别(图7-3-61)。

1)待分级钻石的荧光强度与荧光强度比对样品中的某一粒相同,则该样品的荧光强度级别为待分级钻石的荧光强度级别。

2)待分级钻石的荧光强度介于相邻的两粒比对样品之间,则以较低级别代表该钻石的荧光强度级别(图7-3-62)。

3)待分级钻石的荧光强度高于比对样品中的"强",仍用"强"代表该钻石的荧光强度级别。

4)待分级钻石的荧光强度低于比对样品中的"弱",则用"无"代表该钻石的荧光强度

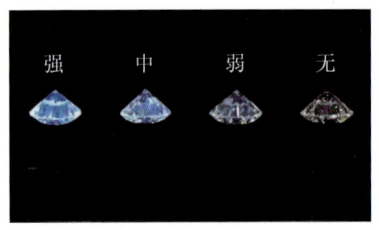
图7-3-61 荧光强度比对样品

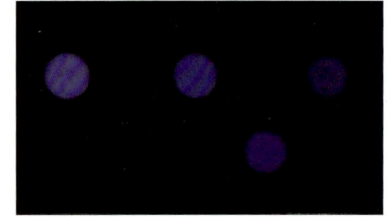
图7-3-62 弱荧光

级别。

3. 荧光分级的操作步骤

1）清洗样品。

2）记录待分级钻石的净度特征及克拉质量。

3）打开荧光灯的长波开关，将荧光比色石台面朝下，由强到弱，由左到右依次排列在荧光灯下，间距2 cm左右。

4）将待分级钻石放入暗箱中由右到左依次比对，记录结果。

5）检查样品，防止与比色石混淆。

（四）净度分级

1. 概述

16世纪前，钻石的品质是根据质量和形态划分的，颜色和净度不在考虑之列。巴西钻石的发现，使人们意识到内含物和颜色对钻石的影响十分明显。1953年，GIA提出了一套9个等级的钻石净度分级体系方案：FL、VVS_1、VVS_2、VS_1、VS_2、SI_1、SI_2、I_1、I_2；1970年，又增添了IF、I_3两个级别。与此同时，欧洲类似的钻石分级体系相继出台，将钻石净度分为LC、VVS_1、VVS_2、VS_1、VS_2、SI_1、SI_2、P_1、P_2、P_3共10个级别，并提出以中性词"内含物"（inclusions）取代"瑕疵"（imperfect）这一贬义词，逐渐建立起现代净度分级体系。

钻石净度分级的概念是在10倍放大镜下，对钻石的内部和外部特征进行等级划分，即全面系统地观察钻石，找出净度特征（内含物），根据其位置大小、数量、可见度及对钻石美观、寿命的影响，决定钻石净度级别的过程。

2. 钻石的内部特征

钻石的内部特征是指包含或延伸至钻石内部的天然包裹体、生长痕迹和人为造成的缺陷。常见的钻石内部特征类型符号及其表示方法见表7-3-6。

表7-3-6 常见钻石内部特征类型

编号	名称	英文名称	符号	说明
01	点状包裹体	pinpoint	·	钻石内部极小的天然包裹体
02	云状物	cloud	⌒	钻石中朦胧状、乳状、无清晰边界的天然包裹体
03	浅色包裹体	crystal inclusion	◯	钻石内部的浅色或无色天然包裹物
04	深色包裹体	dark inclusion	●	钻石内部的深色或黑色天然包裹物
05	针状物	needle	／	钻石内部的针状包裹体
06	内部纹理	internal graining	∥	钻石内部的天然生长痕迹
07	内凹原始晶面	external natural	△	凹入钻石内部的天然结晶面

续表

编号	名称	英文名称	符号	说明
08	羽状纹	feather		钻石内部或延伸至内部的裂隙，形似羽毛状
09	须状腰	beard		腰上细小裂纹深入内部的部分
10	空洞	cavity		大而深的不规则破口
11	激光痕	laser mark		用激光束和化学品去除钻石内部深色包裹物时留下的痕迹。管状或漏斗状痕迹称为激光孔。可由高折射率玻璃充填

钻石常见的内部特征有矿物包裹体、云状物、点状包裹体、羽状纹、裂隙、双晶、生长纹等。

3. 钻石的外部特征

钻石的外部特征是指暴露在钻石外表的天然生长痕迹和人为造成的缺陷。除少数几种外，外部特征多由人为因素造成，相对内部特征，外部特征对钻石的净度影响较小。一些微小的外部特征经重新加工去除，可不影响钻石的净度等级。

常见的钻石外部特征类型符号及其表示方法见表7-3-7。

表7-3-7 常见钻石外部特征类型

编号	名称	英文名称	符号	说明
01	原始晶面	natural		为保持最大质量而在钻石腰部或近腰部保留的天然结晶面
02	表面纹理	surface graining		钻石表面的天然生长痕迹
03	抛光纹	polish lines		抛光不当造成的细密线状痕迹，在同一刻面内相互平行
04	刮痕	scratch		表面很细的划伤痕迹
05	烧痕	burn mark	B	抛光不当所致的糊状疤痕
06	额外刻面	extra facet		规定之外的所有多余刻面
07	缺口	nick		腰或底尖上细小的撞伤
08	击痕	pit	X	表面受到外力撞击留下的痕迹
09	棱线磨损	abrasion		棱线上细小的损伤，呈磨毛状
10	人工印记	inscription		在钻石表面人工刻印留下的痕迹。在备注中注明印记的位置

4. 净度级别

净度是决定钻石价值的另一个重要因素。我国《钻石分级》（GB/T 16554—2010）中将净度级别划分为 LC、VVS、VS、SI、P 共 5 个大级别，又细分为 FL、IF、VVS_1、VVS_2、VS_1、VS_2、SI_1、SI_2、P_1、P_2、P_3 共 11 个小级别。对于质量低于 0.0940 g（0.47 ct）的钻石，净度级别划分为 5 个大级别即可。

除我国标准外，目前国际上还存在着多种净度分级体系，如 GIA、CIBJO、IDC、HRD 等（表7-3-8），无论是哪种分级体系，都是以在 10 倍放大条件下观察到的特征为依据。

5. 净度级别划分规则

我国国家标准中对钻石净度级别的划分规则如下：

表 7-3-8 世界各分级机构净度等级对比表

中国	GIA	CIBJO/IDC/HRD	Scan. D. N
FL	FL (Flawless)	LC (Loupe clean)	FL (Flawless)
IF	IF (Internal flawless)		IF (Internal flawless)
VVS_1/VVS_2	VVS_1/VVS_2 (Very very slightly included)	VVS_1/VVS_2 (Very very slightly inclusions)	VVS_1/VVS_2 (Very very slightly inclusions)
VS_1/VS_2	VS_1/VS_2 (Very slightly included)	VS_1/VS_2 (Very slightly inclusions)	VS_1/VS_2 (Very slightly inclusions)
SI_1/SI_2	SI_1/SI_2 (Slightly included)	SI_1/SI_2 (Slightly inclusions)	SI_1/SI_2 (Slightly inclusions)
P_1	I_1 (Included 1)	P_1 (Piqué 1)	P_1 (Piqué 1)
P_2	I_2 (Included 2)	P_2 (Piqué 2)	P_2 (Piqué 2)
P_3	I_3 (Included 3)	P_3 (Piqué 3)	P_3 (Piqué 3)

（1）LC 级

又称镜下无暇级（Loupe clean）。在10倍放大条件下，未见钻石具内、外部特征。细分为 FL、IF。

在10倍放大条件下，未见钻石具内、外部特征，定为 FL 级。下列外部特征情况仍属 FL 级：

1）额外刻面位于亭部，冠部不可见。

2）原始晶面位于腰围内，不影响腰部的对称，冠部不可见。

在10倍放大条件下，未见钻石具外部特征，定为 IF 级。下列特征情况仍属 IF 级：

1）内部纹理无反光，无色透明，不影响透明度。

2）可见极轻微外部特征，轻微抛光后可去除。

（2）VVS 级

又称极微瑕级（Very very slightly included）。在10倍放大镜下，钻石具极微小的内、外部特征。这些极轻微的内、外部特征通常是一些很细小的点状包裹体、颜色很淡的云状物、纹理、须状腰、缺口、击痕等。极微瑕级还根据内、外部特征的大小、分布位置等因素，即根据观察的难易程度细分为 VVS_1 和 VVS_2 两个级别。

1）VVS_1 级：钻石具有极微小的内、外部特征，10倍放大镜下极难观察。

2）VVS_2 级：钻石具有极微小的内、外部特征，10倍放大镜下很难观察。

VVS 级与 LC 级的根本区别在于前者同时能看到内部特征，而后者只能看到轻微的外部特征。

（3）VS 级

又称微瑕级（Very slightly included），在10倍放大镜下，钻石具细小的内、外部特征，细分为 VS_1、VS_2。

1）VS_1 级：钻石具细小的内、外部特征，10倍放大镜下难以观察。

2）VS_2 级：钻石具细小的内、外部特征，10倍放大镜下比较容易观察。

典型包裹体：点状包裹体群、较轻微的云状物、小的浅色包裹体、较小的羽状纹等。

VS 级与 VVS 级的区别是在10倍放大条件下，前者可以观察到瑕疵，尽管也比较困难，而后者则几乎观察不到。

（4）SI 级

又称瑕疵级（Slightly included）。在10倍放大镜下，钻石具明显的内、外部特征，细分为 SI_1、SI_2。

1）SI_1 级：钻石具明显内、外部特征，10倍放大镜下容易观察。

2）SI_2 级：钻石具明显内、外部特征，10倍放大镜下很容易观察。

典型包裹体：较大的浅色包裹体、较小的深色包裹体、云状物、羽状纹等，各种包裹体类型都可能出现。

SI 级与 VS 级的区别在于，SI 级钻石用10倍放大镜即可很容易发现内、外部特征，但是去掉放大装置用肉眼无法看到内、外部特征。

（5）P 级

又称为重瑕疵级（Piqué）。从冠部观察，肉眼可见钻石具内、外部特征，细分为 P_1、P_2、P_3。

1）P_1 级：钻石具明显的内、外部特征，肉眼可见，在10倍放大条件下，净度特征显而易见，而用肉眼从冠部观察比较困难，但不影响钻石的亮度。

2）P_2 级：钻石具很明显的内、外部特征，肉眼易见，而且已经影响钻石的亮度。

3）P_3 级：钻石具极明显的内、外部特征，肉眼极易见，并且影响钻石的亮度、透明度，部分贯穿性的裂隙还可能影响钻石的耐久性。

典型包裹体：主要为大的云状物、羽状纹、深色包裹体，并且这些包裹体可能影响钻石的耐用性或者影响透明度、明亮度。

6. 净度分级要求

（1）环境要求：中性环境下采用标准光源照明，在10倍放大镜下进行净度分级。

（2）人员要求：从事净度分级的技术人员应受过专门的技能培训，掌握正确的操作方法。由2~3名技术人员独立完成同一样品的净度分级，并取得统一结果。

（五）切工分级

1. 概述

切工在钻石的品质评价中同样占有重要的地位，钻石的美丽除了颜色、净度等自身的因素外，更多的取决于人们对钻石精良的切割，充分地展示出钻石好的亮度、火彩和闪烁，使钻石璀璨夺目。

钻石是人类迄今所发现的最坚硬的材料，发现于公元前4世纪的印度。钻石曾经象征着至高无上的权利，人们对其充满了敬畏，不敢进行加工。直到14世纪中叶，欧洲和印度的工匠们才开始对钻石进行加工。几百年来，人们设计了数百种钻石琢型，其中多数琢型是为了最大限度地保留原石质量和满足市场上求新求异的需求而切磨的。

现代明亮式琢型（Modern brilliant cut）始于20世纪初，1919年马歇尔·托尔科夫斯基（Marcel Tolkowsky）根据光学原理，经过计算提出钻石切磨的最佳角度和比例，能够让钻石产生最大的亮度和火彩。马歇尔·托尔科夫斯基设计的早期现代圆多面形琢型在美国被广泛采用，因此也被称为美国理想式琢型（American ideal cut）或标准圆钻型切工（图7-3-63）。近几十年来，现代圆多面形琢型的发展日益完美，翻光面越来越多，而琢磨精度要求

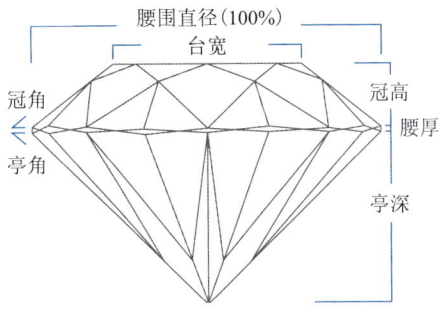

图7-3-63 标准圆钻型切工

也越来越高。

在钻石的4C分级标准中，颜色、净度、克拉质量均是钻石的天然属性，唯独切工是人为的因素，和钻石的稀有性并无关系。一颗切工优良的钻石能焕发出耀眼的亮光，释放出独特的色散，因此比净度、颜色更容易影响钻石的外观。在钻石贸易中，切工也是影响钻石价格的重要因素，一般来说，切工优劣对价格的影响可达10%~40%。

近年来，经过业内钻石专家精心研究，不断改进，对于圆钻型琢磨钻石的评价模式已经日趋完善，但对其他花式琢型还无系统方案。切工分级以评价钻石的亮度、色散、闪光为目的，从比率和修饰度两个方面来确定钻石的切工优劣。

2. 定义

切工分级（Cut grading）的定义：通过仪器测量和放大观察，从比率（包括切磨比率、超重比例、刷磨和剔磨）和修饰度（包括抛光和对称性）两个方面对钻石加工工艺完美性进行等级划分。

钻石的切工分级对象主要针对标准圆钻型切工的钻石，也适用部分花式切工。标准圆钻型切工的各部分名称如图7-3-64所示。

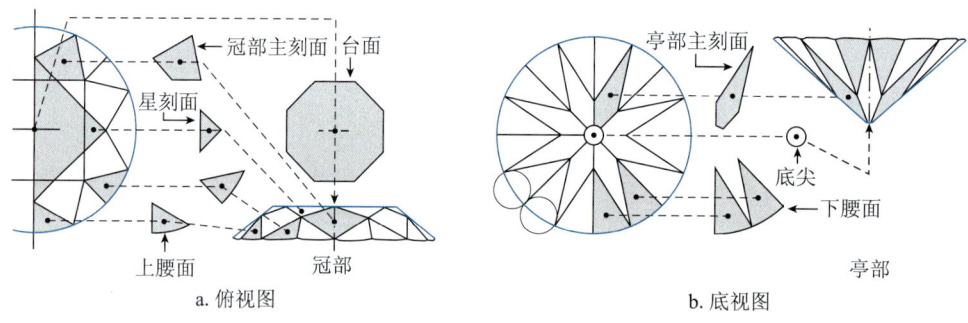

图7-3-64 标准圆钻型切面示意图

圆钻型钻石的切工级别由比率级别和修饰度级别综合确定。比率级别由切工比率、超重比例、刷磨和剔磨三项决定，修饰度级别由抛光级别和对称性级别两项确定。

3. 比率分级

比率是指以平均直径为百分之百，其他各部分相对它的百分比。

平均直径：直径是指钻石腰部水平面的直径，其中最大值称为最大直径，最小值称为最小直径，二者的算术平均值称为平均直径。

比率主要包括以下几个比值：

1) 台宽比：台面宽度相对平均直径的百分比，台宽比 = 台面宽度/平均直径×100%。
2) 冠高比：冠部高度相对平均直径的百分比，冠高比 = 冠部高度/平均直径×100%。
3) 腰厚比：腰部厚度相对平均直径的百分比，腰厚比 = 腰部厚度/平均直径×100%。
4) 亭深比：亭部深度相对平均直径的百分比，亭深比 = 亭部深度/平均直径×100%。
5) 底尖比：底尖的最大直径与平均直径的百分比，底尖比 = 底尖直径/平均直径×100%。
6) 全深比：底尖到台面的垂直距离与平均直径的百分比，全深比 = 全深/平均直径×100%。

除了上述这些线段的比例外，在钻石切割当中，有两个角度很重要，尽管这两个角度与上述线段的比例有直接关系，但是在钻石切工分级中人们还是习惯于将它们单独列出以示其重要性，即：冠角（α），冠部主刻面与腰围所在的水平面之间的夹角；亭角（β），亭部主刻面与腰围所在的水平面之间的夹角。

比率级别分为极好（Excellent，简写为 EX）、很好（Very Good，简写为 VG）、好（Good，简写为 G）、一般（Fair，简写为 F）、差（Poor，简写为 P）五个级别。

比率级别划分时，应依据 GB/T 16554—2010 附录中各台宽比条件下，冠角（α）、亭角（β）、冠高比、亭深比、腰厚比、底尖比、全深比、α+β、星刻面长度比、下腰面长度比等项目确定各测量项目对应的级别，且比率级别由全部测量项目中的最低级别表示。

除上述各项目外，影响钻石比率级别的因素还有超重比例及刷磨和剔磨严重程度等。其中对于刷磨和剔磨的分级，据其严重程度可分为无、中等、明显、严重四个级别。不同程度和不同组合方式的刷磨和剔磨会影响比率级别，严重的刷磨和剔磨可使比率级别降低一级。

比率分级的流程是首先确定基本切磨比率级别，其次确定超重比例，并对刷磨和剔磨程度进行评价，由基本切磨比率级别、超重比例、刷磨和剔磨三项等级确定比率级别。

4. 修饰度分级

修饰度是指对钻石抛磨工艺的评价，即指钻石切磨工艺优劣程度，是评价钻石切工的另一个重要的方面。修饰度分级通常包括对称性分级和抛光分级两个方面。

对称性级别分为极好（Excellent，简写为 EX）、很好（Very Good，简写为 VG）、好（Good，简写为 G）、一般（Fair，简写为 F）、差（Poor，简写为 P）五个级别。

影响对称性级别的要素特征包括腰围不圆、台面偏心、底尖偏心、冠角不均、亭角不均、台面和腰围不平行、腰厚不均、波状腰、刻面尖点不齐、刻面尖点不尖等。

抛光级别分为极好（Excellent，简写为 EX）、很好（Very Good，简写为 VG）、好（Good，简写为 G）、一般（Fair，简写为 F）、差（Poor，简写为 P）五个级别。

影响抛光级别的要素特征包括抛光纹、划痕、烧痕、缺口、棱线磨损、击痕、粗糙腰围、"蜥蜴皮"效应、粘杆烧痕等。

5. 钻石切工的等级

标准圆钻型钻石的切工级别可分为极好（Excellent，简写为 EX）、很好（Very Good，简写为 VG）、好（Good，简写为 G）、一般（Fair，简写为 F）、差（Poor，简写为 P）五个级别。切工级别根据比率级别、修饰度（对称性级别、抛光级别）进行综合评价（表 7-3-9）。

表 7-3-9 钻石切工评价表

切工级别		修饰度级别				
		极好（EX）	很好（VG）	好（G）	一般（F）	差（P）
比率级别	极好（EX）	极好	极好	很好	很好	差
	很好（VG）	很好	很好	很好	好	差
	好（G）	好	好	好	一般	差
	一般（F）	一般	一般	一般	一般	差
	差（P）	差	差	差	差	差

（六）克拉质量分级

在钻石 4C 分级中最重要而又最简单的就是质量分级。通常以直接称量为准。

1. 质量单位

1）克：我国法定计量单位，简写符号为 g。

2）克拉（carat）：是国际通用的的宝石质量单位，也是钻石的常用质量单位，简写符号为 ct，源于地中海杨槐树（carab）的干果。因为这种干果每颗质量都非常相近，约 0.205 g，所以过去被人们用作称量钻石的砝码。旧制的克拉质量并不统一，例如在英国 1 ct 质量为 188.5 mg，法国为 205 mg，荷兰为 205.7 mg。1914 年，由法国国家度量衡局长乔姆提出 1 ct 为 200 mg 的标准，而后被珠宝界采纳。故有：1 ct = 200 mg = 0.2 g，1 g = 5 ct。

3）分（point）：是国际通用的的宝石质量单位，多用于小于 1 ct 钻石质量的计量，简写符号为 pt。分与克拉的换算关系为：1 ct = 100 pt。

4）格令（grain）：主要用于钻石批发中，钻石批发商通常以格令为单位表示一个质量范围。格令一般表示钻石的近似质量，1 格令约等于 1/4 ct，也即 0.25 ct，而 1 格令钻石的质量范围在 0.23～0.26 ct；2 格令钻石的质量范围为 0.47～0.56 ct。

5）粒/ct：在钻石批发贸易中，对于碎钻也用每克拉多少粒来表示其质量，如每克拉 10 粒表示每粒钻石的平均质量范围为 0.09～0.11 ct。

2. 质量的表示方法与质量分级

目前我国的《钻石分级》标准中还没有涉及钻石的质量分级，钻石质量以实际称量为准，没有负公差。抛光钻石质量以克为单位时，精确到小数点后第四位（即万分之一克）；以克拉为单位时，精确到小数点后第二位，第三位八舍九入。如 0.998 ct 应记为 0.99 ct；而 0.999 ct 则可记为 1.00 ct。

钻石质量的表示方法为：在质量数值后的括号内注明相应的克拉重量。如 0.2000 g（1.00 ct）。钻石贸易中可用克拉质量表示，如 0.2000 g 钻石的克拉质量表示为 1.00 ct。

学习任务四　认识钻石成因及资源分布

◆ 任务目标：理解钻石成因的基本原理，熟悉不同钻石矿床类型的基本特点，熟悉世界范围内钻石资源的分布状况。

◆ 任务要求：结合学习材料，取得对钻石成因及资源分布状况的较深入认识。

【学习材料】

一、钻石的成因

1. 钻石的形成年代

确定钻石的年代有助于解释钻石成因。近年来科学家们的研究成果将钻石年龄精确到百万年，并且得出了关于钻石形成年代的诸多提示：

1）钻石形成年代古老，经历了地球的演化历史，形成于约 33 亿年前至 9.9 亿年前，跨度达 23 亿年，是地球存在历史（约 46 亿年）的一半。

2）钻石相比其母岩（金伯利岩）更加古老，这说明：①在被金伯利岩带至地表之前，钻石在地球深部已经埋藏了很长时间；②金伯利岩仅仅是把钻石带至地表的搬运介质。

3）根据含钻石的金伯利岩中捕房体成分特征划分出橄榄岩型钻石和榴辉岩型钻石，前者年龄约 33 亿年，后者年龄约为 15.8 亿年和 9.9 亿年。

2. 含钻石的母岩

金伯利岩和钾镁煌斑岩只是把钻石带至地表的载体，与钻石本身的成因无关。根据捕房体研究表明，榴辉岩和橄榄岩是被发现含钻石的主要捕房体。

榴辉岩是一种粗粒超镁铁质岩，主要由细粒红石榴子石（铁铝榴石－镁铝榴石）、绿辉石、微量金红石、蓝晶石、刚玉和柯石英组成。榴辉岩指示了高温高压环境（尤其是高压），钻石即在这种条件下形成。榴辉岩生成于大陆地壳下深部变质带，是早期岩石（一般认为是玄武岩）经固态转变（变质作用）形成的。地幔中的榴辉岩也是地壳岩石俯冲后变质形成。

橄榄岩在通常意义上讲是一种粗粒超镁铁质岩，主要由橄榄石组成，有的含有镁铁质矿物（如辉石）。石榴子石和尖晶石经常少量出现。橄榄岩被认为是地幔中最常见、分布最广的岩石类型。大多数橄榄岩型的金刚石形成于含石榴子石的方辉橄榄岩中，少量形成于二辉橄榄岩中。

3. 钻石形成的条件

研究表明，钻石形成于高温高压环境中，结晶温度范围在 900～1300 ℃ 之间，压力为 $(45～60) \times 10^8$ Pa，即钻石生成于距地表 120～180 km 深度的上地幔，并通过岩浆侵入和火山喷发被带至地表。

二、钻石的主要矿床类型

1. 原生矿

根据赋矿岩石的特征，可将钻石原生矿分为金伯利岩型和钾镁煌斑岩型。

（1）金伯利岩型

金伯利岩型矿床是世界主要钻石原生矿类型。金伯利岩也称角砾云母橄榄岩，属超基性岩，是在火山喷发通道中形成的，在极高压条件下的筒状侵入体，是多种结晶矿物的混合体，包括金伯利岩岩浆（如橄榄石、金云母）加上橄榄岩捕虏晶和捕虏体以及来源于上地幔的榴辉岩（图 7-4-1）。岩石为浅蓝灰色，故破碎的岩石通常称蓝地；地表经风化作用后变为黄色，称黄地。

图 7-4-1　含钻石金伯利岩

世界上绝大多数原生钻石矿床属金伯利岩型。目前世界上总共发现约 5000 多个金伯利岩岩体，其中岩筒 1000 多个，具经济意义的只有 5%～10%。一般认为钻石在地球深部高温高压环境下形成，巨大的压力迫使岩浆携带金刚石，穿过地壳至近地表形成筒状的岩管（图 7-4-2）。

南非阿扎尼亚的普列米尔金伯利岩岩筒于 1905 年发现。世界上最大的钻石——库里南钻石就发现于此。该岩筒中宝石级金刚石占 55%，又是 Ⅱ 型钻石的主要产地（见图 2-4-1）。

其他如中非的刚果（金）、西伯利亚的雅库

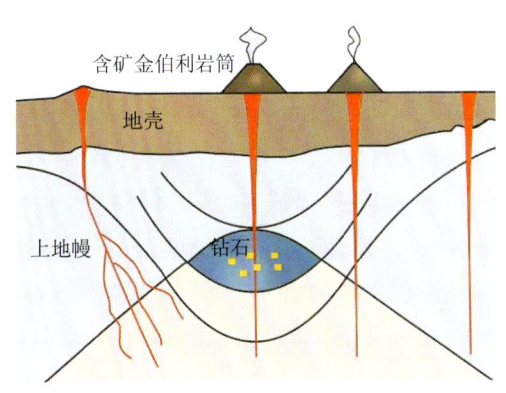

图 7-4-2　金伯利岩岩筒示意图

特（图7-4-3）、坦桑尼亚的姆瓦杜伊和我国辽宁的瓦房店等地，都是典型的金伯利岩型钻石的产地。

（2）钾镁煌斑岩型

1979年在澳大利亚发现的阿盖尔（Argyle）矿是含钻石的钾镁煌斑岩岩筒（见图2-4-3），目前世界上这一类型的钻石矿床很少。

钾镁煌斑岩又称超钾金云火山岩，属铁质、偏碱性至强偏碱性基性-超基性岩，以出现灰色到灰绿色的杂色斑点为特征，像金伯利岩一样是混杂岩，是后期的岩浆岩侵入到早期的火山岩中，使侵入岩与火山岩紧密共生而形成。在化学成分上Mg、Fe、Ca含量比金伯利岩含量低，但Si、Al的含量高于金伯利岩。

西澳大利亚的煌斑岩岩管不仅为寻找新的钻石资源提供了基础资料，而且是红色钻石的重要产地（图7-4-4）。

图7-4-3 西伯利亚雅库特金伯利岩岩筒

图7-4-4 阿盖尔矿区出产的红色钻石

2. 砂矿

金伯利岩和钾镁煌斑岩遭受风化和剥蚀后，被流水、冰川、洪水等自然因素搬运到远离原生矿的地方形成次生砂矿。岩石碎屑在搬运过程中，硬度较小的矿物和低质量的钻石被破碎，而较硬和较坚韧的矿物和高质量的钻石得以保留，在河流的中下游、海滨和近海大陆架富集形成钻石砂矿。因此，砂矿中钻石的品质比原生矿要好。

砂矿是世界上钻石的主要来源。世界各国砂矿中钻石储量约8.5×10^8 ct，占世界钻石总储量的40%，但占总产量的70%。外生砂矿不仅开采方便，成本较低，而且为寻找原生矿提供了线索。

钻石砂矿类型主要有滨海砂矿、河流冲积砂矿和残积砂矿，形成于前寒武纪、晚古生代、中生代和新生代等各个地质历史时期。著名的南非维特瓦特斯兰德含钻石砾岩、南非普列米尔、纳米比亚、博茨瓦纳的奥拉帕岩筒上部的残积砂矿，都是钻石砂矿的重要产地（图7-4-5，图7-4-6）。我国在湖南沅江流域两侧首次发现了具有经济价值的钻石砂矿。

图7-4-5 南非钻石冲积砂矿

图7-4-6 纳米比亚海滨钻石砂矿

三、钻石的资源分布

世界上有20多个国家赋存金刚石矿产，主要分布在澳大利亚、非洲西部和南部、俄罗斯的亚洲部分和北美洲大陆的加拿大（图7-4-7）。

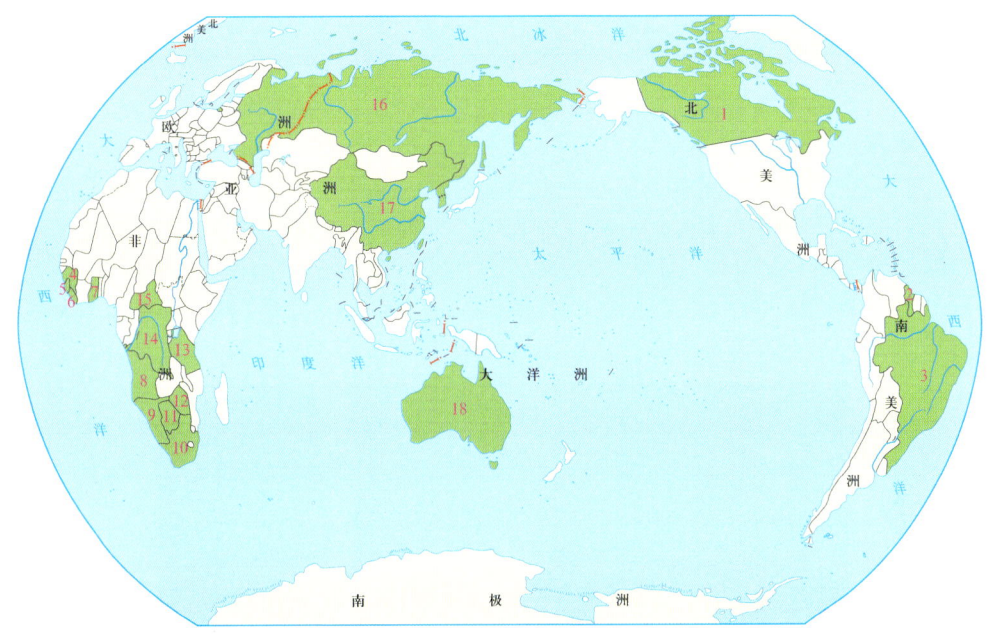

图7-4-7 世界钻石资源分布示意图

1—加拿大；2—圭亚那；3—巴西；4—几内亚；5—塞拉利昂；6—利比里亚；7—加纳；8—安哥拉；
9—纳米比亚；10—南非；11—博茨瓦纳；12—津巴布韦；13—坦桑尼亚；14—刚果（金）；
15—中非；16—俄罗斯；17—中国；18—澳大利亚

世界主要金刚石产出国是：俄罗斯、博茨瓦纳、刚果（金）、加拿大、南非、澳大利亚、安哥拉。这7个国家金刚石产量之和占世界总产量的90.79%，总产值的87.31%。其他金刚石产出国还有纳米比亚、中非共和国、巴西、委内瑞拉、加纳、塞拉利昂、几内亚、象牙海岸、中国、利比里亚、坦桑尼亚等。

1. 非洲

非洲南部是世界主要钻石产区，南非、安哥拉、刚果（金）、博茨瓦纳、纳米比亚等都是重要的钻石产出国。世界上最大的钻石砂矿在纳米比亚，而且质量上乘，宝石级达95%。南非著名的普列米尔岩筒是世界上首次发现的原生钻石矿床，这里产出了许多世界著名的大钻石，如"库利南"（3106 ct）、"高贵无比"（999.3 ct）和琼格尔（726 ct）等。迄今为止，南非共发现金伯利岩岩筒350个，其中含金刚石岩筒150个，钻石估计含量为2.5×10^8 ct。博茨瓦纳是非洲另一个重要的钻石产地，迄今已发现200多个金伯利岩岩筒，其中含金刚石岩筒41个，估计含量为3.5×10^8 ct。

2. 俄罗斯

俄罗斯是世界上著名的金刚石资源大国，开采始于1829年。2006~2010年间其天然毛坯钻石总产量一直居世界第一位，总产值排列全球第二。1954年首次在西伯利亚雅库特发现原生钻石矿床，迄今已发现金伯利岩岩体500个，钻石估计含量为2.5×10^8 ct，世界著名的金刚石岩筒有"黎明""和平""成功""艾哈尔"等。1988年在阿尔汗格尔斯克又发现了新的金刚石矿，估计储量约2.5×10^8 ct，且50%为宝石级。

3. 澳大利亚

1972年在南澳地区发现了含钻石的金伯利岩。1979年又发现了含钻石的橄榄钾镁煌斑岩，从而在钻石矿床方面有了突破性进展，因为这是世界上首次在非金伯利岩中发现了钻石，意义极其重大。现今，在西澳北部地区已发现150多个钾镁煌斑岩岩体，特别是阿盖尔钾镁煌斑岩的发现，它是现今世界含钻石最富、储量最大的岩体。澳大利亚已成为世界钻石产量最高的国家。

4. 加拿大

1990年首次在加拿大西北部耶鲁奈夫市北北东360 km处，靠近北极圈北纬65°的湖泊地带发现了金伯利岩型的钻石原生矿，现已发现51个金伯利岩岩管，其中大多数均含钻石。有5个岩管具有重要的经济价值，其钻石以无色透明为主，质量好，宝石级占30%~40%，平均品位是(25~100) ct/100 t，年产量预计可能会达到4×10^6 ct。加拿大西北部钻石原生矿床的发现是20世纪90年代以来世界钻石史上的一次重大突破（图7-4-8）。

图7-4-8 加拿大Diavik钻石矿

5. 亚洲及中国

在亚洲，印度是世界上最早发现钻石的国家，而且古老而有名的大钻石，如"莫卧儿皇朝"(787 ct)、"光明之山"(186 ct)、"摄政王"(410 ct)、"奥尔洛夫"(400 ct)等均产于此地，但印度钻石的原生矿床至今未发现，其砂矿的产量也有限。

我国是世界钻石资源较少的国家。1950年，在湖南沅江流域首次发现具经济价值的钻石砂矿，但品位低，分布较零散，钻石质量好，宝石级钻石占40%左右。20世纪60年代，又先后在贵州及山东蒙阴找到了钻石原生矿。山东钻石（图7-4-9）原生矿品位高、储量较大，但质量较差，宝石级钻石约占12%，且一般偏黄，主要以工业用钻石为主。70年代初，在辽宁南部瓦房店找到我国最大的原生钻石矿，该矿储量大，质量好，宝石级钻石产量高，约占50%以上。

图7-4-9 山东蒙阴"蒙山五号"百克拉钻石
101.4695 ct，发现于2006年5月

【学习小结】

通过本项目学习，要求学生熟悉钻石的基本宝石学性质，理解钻石人工合成及优化处理的基本原理及方法，理解使用肉眼及仪器鉴定天然毛坯钻石、抛光钻石、合成钻石及优化处理钻石的基本原理和方法，理解钻石的颜色、净度、切工、克拉质量4C分级标准系统的内涵，熟悉钻石分级操作的相关基本规定，熟悉钻石的形成机理和资源分布状况，为后续课程的学习打下基础。

【思考与练习】

1）描述钻石的光学和力学基本性质与特征。
2）根据氮的含量和存在形式可将钻石分成哪几种类型？
3）常见的钻石优化处理方法有哪些？
4）简述钻石的合成方法及其特点。
5）钻石颜色分级的条件是什么？
6）我国国标将钻石颜色等级分为几个级别？各级别划分依据如何？
7）影响钻石净度的因素有哪些？
8）在国家标准《钻石分级》中，是如何对钻石净度等级进行划分的？
9）简述钻石的主要成矿类型及资源分布状况。
10）查阅相关资料，简要归纳目前世界范围内钻石贸易的状况。

学习项目八　认识天然宝石

　　自然界中发现的矿物超过 3000 种，其中约 230 余种可作为宝石原料。天然宝石是天然矿物中具备美丽、耐久、稀少特性，经加工琢磨后可用于佩戴或装饰目的的矿物材料。天然宝石的发现、开发和利用伴随着人类社会历史的发展，体现着不同地域、不同文化背景下人们对美、财富与价值、自我认同和理想精神境界的追求。

　　除钻石外，大多数天然宝石均具有色泽艳丽、光彩夺目、硬度较高等特性，其中红宝石、蓝宝石、祖母绿、金绿宝石更是和钻石一起，被称为世界五大名贵宝石。天然宝石除具有佩戴和装饰作用外，也可保值增值，故成为珠宝首饰市场交易的重要对象，年均交易量和交易额屡创新高。此外，对天然宝石的研究也是宝石学研究的重要内容之一。了解天然宝石的分类品种、基本宝石学性质、成因和产状等方面相关知识，是珠宝首饰业界人士开展宝石学相关工作的必备基础之一，对普通消费者而言也是参与珠宝首饰消费和贸易的前提。

【想一想，议一议】

　　目前，国际国内珠宝首饰市场日趋多样化。请根据已掌握的知识和资讯，选取两种常见的天然宝石品种，谈谈它们在宝石学性质、鉴定检测、宝石贸易、资源和市场等方面的区别和联系。

【内容结构图】

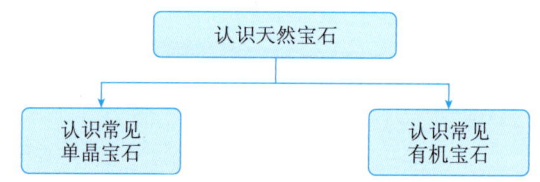

【内容提要】

　　在本学习项目中，通过对常见天然单晶宝石、有机宝石的分类和品种划分、基本宝石学性质、产地和产状等相关信息的介绍和阐述，使学生熟悉各类天然宝石的重要宝石学特征性质，为从事天然宝石贸易、鉴定检测、品质分级等相关职业工作打下基础。

【学习目标与要求】

　　◆ 学习目标：熟悉天然宝石的分类和品种，熟悉天然宝石的各项宝石学特征参数，基本熟悉天然宝石的形成机理、产地产状和资源分布状况。

　　◆ 学习要求：以已掌握的矿物学、岩石学知识和技能为基础，仔细辨析相关概念，结合标本观察，加深对基础知识与技能的掌握。

【任务引入】

　　目前，随着人们消费观念、消费水平的不断提高，国际国内珠宝首饰市场日趋多样化。除

钻石外，刚玉类宝石、祖母绿、金绿宝石、碧玺等重要天然宝石品种在珠宝首饰市场中的份额和交易地位不断提高。不同品种的彩色宝石蕴含着不同的文化和象征意义，满足着人们对美的不同追求。时至今日，品种丰富、色彩艳丽的彩色宝石不仅成为人们购买珠宝首饰的重要选择，也成为人们收藏和投资的宠儿。彩色宝石贸易和消费的多样化，对于丰富珠宝首饰市场要素、分担市场风险、促进行业健康发展具有十分重要的意义。

与此同时，天然宝石品种多样、产地众多、品质要素复杂、贸易和市场行为难以规范的特点也为宝石学界工作者带来了巨大的挑战。对天然宝石的鉴定检测是宝石检验工作者的重要工作内容，日新月异的宝石优化和处理方法使宝石鉴定检验工作面临严峻形势。伴随彩色宝石贸易全球化趋势，建立业界公认的彩色宝石品质评价标准体系的需求和呼声日益强烈，与钻石4C分级标准体系和国际钻石报价体系形成鲜明对比的是，目前对于彩色宝石基本上没有业界公认的品质评价和价值评估标注体系。因此，宝石学工作者任重道远。

对宝石学初学者和普通消费者而言，认识、理解天然宝石的基本宝石学性质，也是参与珠宝首饰行业、培养职业兴趣的重要前提和基础。

学习任务一　认识常见单晶宝石

- ◆ 任务目标：熟悉常见单晶宝石的品种划分和基本宝石学特性。
- ◆ 任务要求：认真辨析相关概念，结合标本观测，取得对常见单晶宝石基本宝石学性质的深入认识。

【学习材料】

一、红宝石和蓝宝石

1. 概述

红宝石、蓝宝石是刚玉矿物中两个最重要的宝石品种，是世界上公认的两大珍贵彩色宝石品种。红宝石"Ruby"一词源于拉丁语，意思是红色。在印度古代的梵语中红宝石被称作"宝石之王""宝石之冠"。红宝石炽热的红色使人们把它和热情、爱情联系在一起，被誉为"爱情之石"，象征着热情似火，爱情的美好、永恒和坚贞。红宝石是七月的生辰石。蓝宝石"Sapphire"一词来自拉丁语，意思是"对土星的珍爱"。古波斯人相信是蓝宝石反射的光彩使天空呈现蔚蓝色，它被看作是忠诚和德高望重的象征。蓝宝石是九月的生辰石。

红宝石和蓝宝石因为同属一族，故有"姊妹宝石"之称。红宝石、蓝宝石同钻石、祖母绿和金绿宝石，被称为世界五大珍贵宝石。

近年来，世界上优质的大颗粒的红宝石、蓝宝石很稀缺。著名的刚玉宝石有收藏于英国自然历史博物馆的重167 ct的爱德华兹红宝石（Edwardes Ruby），收藏于美国自然历史博物馆的德龙星光红宝石（De Long Star Ruby），138.7 ct的罗斯利夫斯红宝石（Rosser Reeves Star Ruby）（图8-1-1），缅甸产的重330 ct的"亚洲之星（Star of Asia）"蓝色星光蓝宝石（图8-1-2）。

2. 品种

刚玉宝石的品种划分有以下几种规则。

（1）依据颜色划分

在传统宝石学分类方法中，可将刚玉宝石分为红宝石和蓝宝石。如国际有色宝石协会

（ICA）规定以红色为主色的刚玉宝石称为红宝石，命名时直接称为红宝石，不必加形容词。除红宝石之外的所有刚玉宝石均属蓝宝石。蓝色之外的蓝宝石，如黄色蓝宝石、紫色蓝宝石、橙色蓝宝石等，命名时须加颜色前缀，蓝色的蓝宝石则直接定名为蓝宝石。

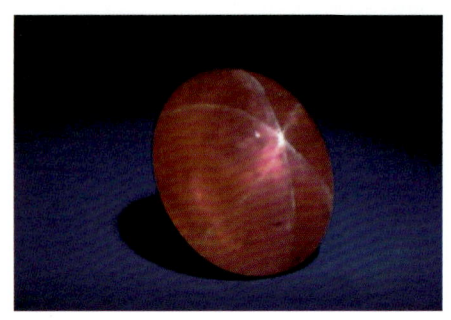
图 8-1-1 罗斯利夫斯红宝石

图 8-1-2 "亚洲之星"星光蓝宝石

国家标准中规定，红宝石指红色的刚玉宝石；蓝宝石指除红宝石外的所有刚玉宝石。

（2）依据特殊光学效应划分

星光红宝石和星光蓝宝石 指具有星光效应的刚玉宝石。红、蓝宝石可含丰富的金红石包裹体，不同方向的金红石在垂直 c 轴的平面内呈 60°相交，加工成弧面型宝石后显示六射星光，偶尔也有双星光现象，构成十二射星线图案。

变色蓝宝石 具有变色效应的刚玉宝石。一般日光下呈蓝色、灰蓝色，灯光下呈暗红色、褐红色。

3. 基本性质

（1）化学成分

红宝石、蓝宝石的化学式为 Al_2O_3，纯净时为无色，可含有 Cr、Fe、Ni、Ti、V、Mn 等微量元素。

（2）晶系及结晶习性

红宝石、蓝宝石属三方晶系，常以六方柱状、桶状或板状晶体产出。依菱面体成聚片双晶，在柱面、双锥面、板面常有聚片双晶形成的斜条纹或横纹。红宝石多呈板状晶体，蓝宝石则多呈桶状（图 8-1-3）。

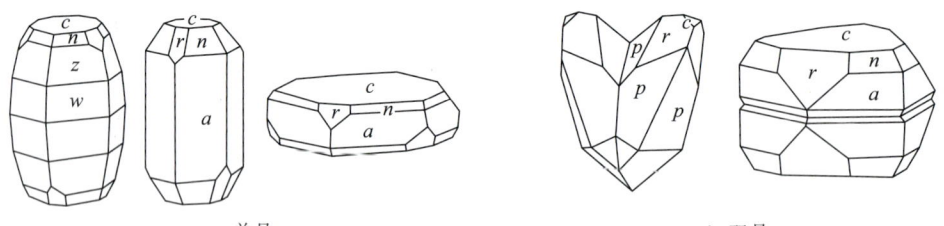

a. 单晶　　　　　　　　　　　　b. 双晶

图 8-1-3 刚玉宝石晶形

（3）光学性质

1）颜色：无色、各种红色色调（鲜红、纯红、血红、紫红）和各种蓝色色调（蓝、天蓝、蓝绿）以及绿、黄、粉、褐色等。刚玉宝石的不同颜色是由其所含的微量元素引起的，刚玉含 Cr 时呈红色，含 Fe 和 Ti 时呈蓝色。刚玉中不同微量元素与颜色的对应关系见表 8-1-1。

表 8-1-1　致色元素与刚玉颜色对应关系表

着色剂	$w_B/\%$	颜色	着色剂	$w_B/\%$	颜色
Cr_2O_3	0.01~0.05	浅红	Cr_2O_3	0.01~0.05	金黄
Cr_2O_3	0.1~0.2	桃红	NiO	0.5	
Cr_2O_3	2~3	深红	Fe_2O_3	1.5	蓝
Cr_2O_3	0.2~0.5	橙红	TiO_2	0.5	
NiO	0.5		Co_2O_3	0.12	
TiO_2	0.5	紫	V_2O_5	0.3	绿
Fe_3O_4	1.5		NiO		
Cr_2O_3	0.1		V_2O_5		蓝紫（日光下）
NiO	0.5~1.0	黄			红紫（灯光下）

2）光泽和透明度：玻璃光泽至亚金刚光泽，透明至不透明。

3）光性特征：非均质体，一轴晶，负光性。

4）折射率和双折射率：折射率为 1.762~1.770（+0.009，-0.005），双折射率为 0.008~0.010。

5）多色性：除无色刚玉外，有色的刚玉宝石均具二色性，二色性的强弱以及色彩变化均取决于自身颜色及颜色深浅程度。具体见表 8-1-2。

表 8-1-2　刚玉宝石的多色性

宝石名称	红宝石	蓝宝石	绿色蓝宝石	橙色蓝宝石	黄色蓝宝石	紫色蓝宝石	粉色蓝宝石
多色性	紫红/橙红	蓝/蓝绿	绿/黄绿	橙/橙红	黄/橙黄	紫/紫红	粉/粉红

6）发光性：在长波紫外光下红色刚玉宝石可具弱至强红色荧光，短波紫外光下可具微弱至中等红色的荧光（图 8-1-4）。同一样品的长波紫外荧光强度大于短波紫外荧光强度。不同产地、不同颜色样品的紫外荧光特点随所含 Cr、Fe 含量的不同而变化。Cr 含量高者红色荧光强而鲜艳，Fe 含量高者荧光弱而暗。蓝色刚玉宝石一般无荧光，偶尔长波紫外光下可见红色至橙色荧光，短波下呈弱的白垩色或黄绿色荧光（图 8-1-5），斯里兰卡的一些黄色刚玉宝石可具杏黄或橙黄色荧光。

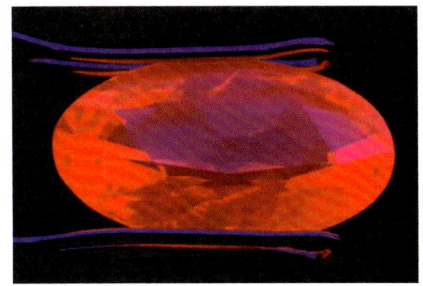
图 8-1-4　红宝石发光性

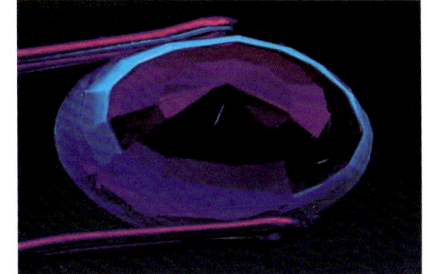
图 8-1-5　蓝宝石发光性

7）吸收光谱：刚玉宝石根据所含杂质的不同而具有不同的吸收光谱。红宝石在 694 nm、692 nm、668 nm、659 nm 处有吸收线，620~540 nm 处有吸收带，476 nm、475 nm 处有强吸收线，468 nm 处有弱吸收线，紫光区普遍吸收（图 8-1-6a）。蓝色刚玉宝石中的蓝色、绿色品种，可具 450 nm 吸收带或 450 nm、460 nm、470 nm 的吸收线（图 8-1-6b），不同产地或颜色深浅不同，其吸收光谱稍有差异，如深蓝色者往往只见到 450 nm 处一较粗的吸收带及 460 nm 的一条细线，浅灰蓝色者仅可见 450 nm 处的一条细线，黄色刚玉宝石的吸收线则很难见到。粉红、紫色蓝宝石兼具红宝石和蓝色蓝宝石的吸收谱线。变色刚玉宝石具有独特的吸收光谱，具 470.5 nm 的吸收线，550~600 nm 强吸收带及 685.5 nm 的吸收线（图 8-1-6c）。

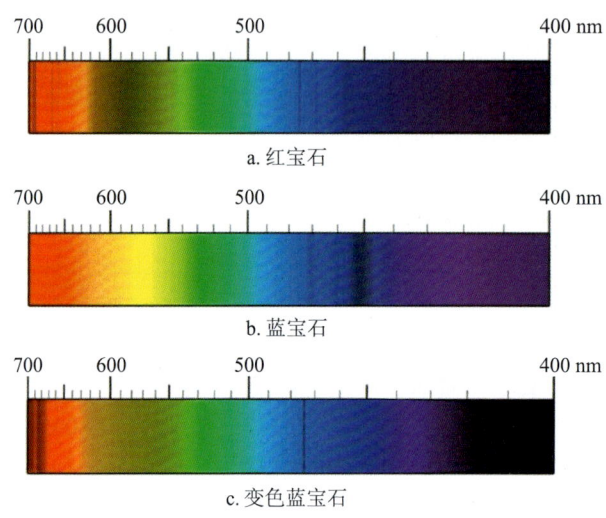

图 8-1-6　刚玉宝石吸收光谱

8) 特殊光学效应：红宝石和蓝宝石有时显示星光效应。蓝宝石偶见变色效应。

(4) 力学性质

1) 解理和裂理：刚玉宝石解理不发育，但常发育菱面体、底面裂理（图 8-1-7a，b），有时可见柱面 $\{11\bar{2}0\}$ 裂理。泰国产出的黑色星光蓝宝石具 $\{0001\}$ 裂理（图 8-1-7c），其内部大量赤铁矿和针铁矿包裹体沿底面平行分布，使层间结合力减弱产生了裂理，宝石呈现深褐色并具有星光效应。

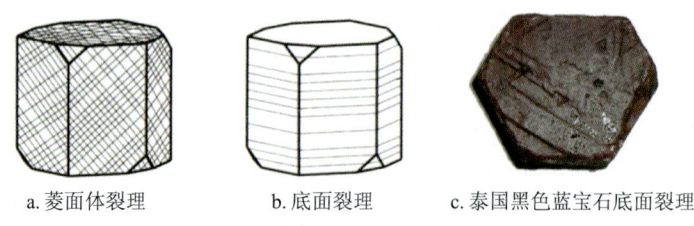

a. 菱面体裂理　　b. 底面裂理　　c. 泰国黑色蓝宝石底面裂理

图 8-1-7　刚玉宝石的裂理

2) 硬度：刚玉宝石的摩氏硬度为 9。硬度略具方向性，平行光轴面的硬度略大于垂直光轴面的硬度。

3) 密度：刚玉矿物的密度为 4.00（+0.10，-0.05）g/cm³。Cr、Fe 等微量元素含量会影响密度大小，含量越高，密度越大。我国山东深蓝色蓝宝石密度可达 4.17 g/cm³。

(5) 内外部显微特征

放大检查常见固态包裹体、气液两相包裹体及特征的生长结构（生长纹、生长色带、双晶纹）。不同产地的宝石其包裹体特征不同。

4. 产地与产状

红宝石、蓝宝石属多成因矿物，分布在成因不同的岩石中，可以产在与火山活动有关的岩浆岩中，也可以产在与气成热液有关的变质岩中，而外生残、坡积砂矿则是宝石级红宝石、蓝宝石的重要来源。

红宝石的矿床类型很多。主要产于深变质岩系的大理岩中；含钙长石、蛭石和奥长伟晶岩中；强变质层状斜长岩杂岩体中；玄武岩中；片麻岩、变粒岩、云母片岩中。著名产地有帕米尔地区，以及缅甸抹谷、阿富汗、巴基斯坦北部的罕萨（HunZa）、坦桑尼亚的翁巴地区、澳大利亚、泰国、越南等地。

蓝宝石主要产于玄武岩，特别是碱性橄榄玄武岩中；花岗伟晶岩同白云母岩石内外接触带中，长石、正长岩与大理岩内接触带中；碱性－基性煌斑岩中；超基性岩交代岩中。著名产地有克什米尔地区，以及斯里兰卡、澳大利亚的新南威尔士州、中国山东昌乐地区、泰国、柬埔寨、老挝、越南南部地区、美国蒙大拿州。

二、绿柱石

1. 概述

绿柱石的英文名称"Beryl"来自于古希腊语。祖母绿（Emerald）是绿柱石中最珍贵的品种，其名源于古波斯语的译音。祖母绿以青翠悦目的颜色为人所喜爱，与钻石、红宝石、蓝宝石、猫眼被视为大自然赋予人类的"五大珍宝"。海蓝宝石（Aquamarine）是天蓝色至海水蓝色的绿柱石宝石，因酷似海水而得名。

2. 品种

（1）祖母绿

只有中等（中亮到中暗）色调的绿色绿柱石才称之为祖母绿。过亮或过暗的绿色者只能归于绿色绿柱石。祖母绿是由 Cr 致色的，也有微量的 V 掺入。祖母绿的颜色是一种纯绿或稍带黄的绿色或稍带蓝的绿色，透明，没有严重的瑕疵。

除普通祖母绿外，还可出现具猫眼效应及星光效应的祖母绿，分别为祖母绿猫眼和星光祖母绿（图 8-1-8）。达碧兹（Trapiche）祖母绿是单晶祖母绿中包有钠长石或碳质的特殊品种（图 8-1-9）。

图 8-1-8　祖母绿猫眼和星光祖母绿　　　　图 8-1-9　达碧兹祖母绿

（2）海蓝宝石

指浅蓝色－蓝色或绿蓝－蓝绿色的绿柱石，色调由很浅到中深，一般较浅。几乎所有海蓝宝石都经热处理以褪去黄色，产生吸引人的蓝色。海蓝宝石猫眼（图 8-1-10）常见。

（3）绿柱石

除祖母绿、海蓝宝石外的其他绿柱石。

图 8-1-10　海蓝宝石猫眼

摩根石是指由 Mn 致色的粉红色绿柱石，含有微量元素 Cs 和 Rb，又称铯绿柱石（图 8-1-11）。

3. 基本性质

（1）化学成分

绿柱石是铍铝硅酸盐矿物，化学式为 $Be_3Al_2(Si_2O_6)_3$，常含有 Cr、Cs、V、Fe、Ni、Mg、

Rb、K、Ti、Li、Mn 等微量元素；祖母绿常含有 Cr、Cs、V、Fe、Ni 等元素；海蓝宝石含 Fe 元素。

（2）晶系及结晶习性

绿柱石属六方晶系，常呈六方柱状，偶见六方板状，具六方双锥和平行双面（图 8-1-12），绿柱石柱面可见纵纹。海蓝宝石的六方晶体往往可见晶形完好的晶体（图 8-1-13）。

图 8-1-11 摩根石

图 8-1-12 祖母绿晶体

图 8-1-13 海蓝宝石晶体

（3）光学性质

1）颜色：绿柱石常见颜色有无色、绿、黄、浅橙、粉、红、蓝、棕、黑色。祖母绿为 Cr 致色的翠绿色，可略带黄或蓝色色调，其颜色柔和而鲜亮，具丝绒质感，如嫩绿的草坪。由其他元素，如 Fe^{2+} 致色的浅绿色、浅黄绿色、暗绿色等绿色的绿柱石，均不能称为祖母绿，而只能称为绿色绿柱石。

2）光泽和透明度：抛光面为玻璃光泽，断口为玻璃光泽至树脂光泽。透明到半透明。

3）光性特征：非均质体，一轴晶，负光性。

4）折射率：常为 1.577～1.583（±0.017），随着碱金属含量的增加而增大。

5）双折射率：0.005～0.009。

6）多色性和色散：多色性因颜色各异（表 8-1-3），色散值 0.014。

表 8-1-3 绿柱石宝石的颜色和多色性

多色性	品种	黄色绿柱石	绿色绿柱石	摩根石	祖母绿	海蓝宝石
	程度	弱	弱至中等	弱至中等	中等至强	弱至中等
	颜色	绿黄/黄	蓝绿/绿	浅红/紫红	蓝绿/黄绿	蓝/绿蓝

7）发光性（紫外荧光下）：一般无紫外荧光。有时在长波紫外光下，呈无或弱绿色荧光，弱橙红至带紫的红色荧光；短波紫外光下，少数呈红色荧光。不同品种荧光性为：①绿柱石通常为弱荧光性，为红色到粉红色荧光，可能因为铁的存在而被抑制和掩盖。长、短波紫外光下荧光性弱，为橙红、红色荧光，但短波较长波荧光性弱。②摩根石为无至弱荧光，粉或紫色。③祖母绿一般无荧光。长、短波紫外光下荧光性弱，为橙红、红色荧光，但短波较长波荧光性弱。

8）吸收光谱：①绿柱石通常为无或弱的铁吸收，某些深蓝色绿柱石可具 688 nm、624 nm、587 nm、560 nm 吸收带。②祖母绿有 683 nm 和 680 nm 强吸收线，662 nm 和 646 nm 弱吸收线，630～580 nm 部分吸收带，紫区全吸收（图 8-1-14）。③海蓝宝石有 537 nm 和 456 nm 弱吸收线，427 nm 强吸收线，随颜色变深而变强。

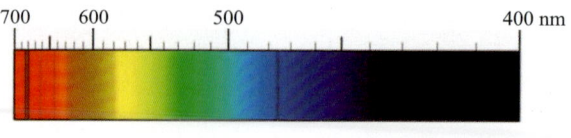
图 8-1-14 祖母绿吸收光谱

9)特殊光学效应:猫眼效应、星光效应(稀少)。

10)查尔斯滤色镜检查:绝大多数的祖母绿在强光照射下,透过滤色镜观察呈红或粉红色(图8-1-15)。值得一提的是,以往将查尔斯滤色镜下的观察作为鉴别祖母绿的主要依据,曾一度造成一些产地的祖母绿被误认为是祖母绿的仿制品,如印度和南非的祖母绿因内部含有铁,在滤色镜下呈现绿色。现在滤色镜下的反应已不再是鉴别祖母绿的依据,而只是祖母绿的一种宝石学特征。

a. 自然光下　　　　　　　　　　　　　b. 滤色镜下

图8-1-15　祖母绿在滤色镜下的反应

(4)力学性质

1)解理:平行{0001}方向具一组不完全解理;断口呈贝壳状至参差状。

2)硬度:摩氏硬度为7.5~8。

3)密度:2.67~2.90 g/cm³,通常为2.72 g/cm³。祖母绿的密度大小受碱金属含量的多少影响,碱金属含量越高,密度越大。此外,因产地不同,密度也稍有差异。

(5)内外部显微特征

放大检查:①绿柱石可含固体矿物包裹体、气液两相包裹体或管状包裹体。②祖母绿含有三相包裹体(气-液-固),如图8-1-16所示;两相包裹体(气-液);矿物包裹体,如方解石、黄铁矿、云母、电气石、阳起石、透闪石、石英、赤铁矿等,裂隙常较发育。③海蓝宝石中典型的内含物是平行管状包裹体(图8-1-17),常见雨点状或雪花状气液两相包裹体及薄片状云母。

图8-1-16　哥伦比亚祖母绿中的三相包裹体　　图8-1-17　海蓝宝石中的平行管状包裹体

4. 产地与产状

绿柱石、海蓝宝石产于伟晶岩矿床及砂矿中。祖母绿产于超基性岩中的云英岩脉中,或碳质页岩、灰岩等沉积岩中,属于热液矿床。

世界上优质的海蓝宝石产地有巴西、乌拉尔、马达加斯加、印度、缅甸、津巴布韦等。我国的新疆、内蒙古、云南、四川、湖南、海南等地的伟晶岩中都发现了海蓝宝石,其中产于新疆和云南的海蓝宝石质量最佳。新疆阿尔泰山脉的海蓝宝石蕴藏量十分丰富。

祖母绿主要产地为哥伦比亚、巴西、南非。此外，津巴布韦、印度、澳大利亚、俄罗斯、赞比亚、巴基斯坦、马达加斯加、美国亦有产出。1992年，中国云南与越南交界的红河州地区，是最早发现的中国祖母绿产地，但所产祖母绿绿色不够鲜艳。

三、金绿宝石

1. 概述

金绿宝石因其独特的黄绿至金绿色外观而得名，以其特殊的光学效应而闻名。金绿宝石根据其特殊光学效应的有无可分为金绿宝石、猫眼、变石和变石猫眼等品种，其中最为有名的当属金绿宝石猫眼。猫眼以其丝绢状的光泽、锐利的眼线而深受人们的喜爱。在亚洲，猫眼宝石常被当作好运气的象征，人们相信它会保护主人的健康，使主人免于贫困。变石更是被誉为"白昼里的祖母绿，黑夜里的红宝石"。在西方，金绿宝石是赫赫有名的五大宝石之一。

2. 品种

金绿宝石按特殊现象划分为以下亚种或变种。

（1）金绿宝石

没有特殊光学现象的金绿宝石（图8-1-18）。一般为淡黄、金黄或带绿的黄色、带褐的黄色，也呈橄榄绿色。浅黄绿色者曾被称为"东方贵橄榄石"，主要产于巴西；深绿色并稍带褐色者，颜色更像绿电气石与橄榄石，在斯里兰卡有产出。

（2）猫眼

具有猫眼效应的金绿宝石称之为猫眼（图8-1-19）。在光线照射下，金绿宝石猫眼表面呈现一条明亮光带，光带随着宝石或光线的转动而移动；另一种有趣的现象是，把猫眼放在两个光源下，随着宝石的转动，眼线会出现张开与闭合的现象（图8-1-20），宛如灵活而明亮的猫的眼睛。

图8-1-18 金绿宝石

图8-1-19 猫眼

图8-1-20 猫眼眼线的开合现象

目前，只有这种金绿宝石的猫眼无须注明矿物种而直称"猫眼"。能产生猫眼效应的其他一些宝石，包括石英、碧玺、绿柱石及磷灰石等，不能将这些宝石直接称为"猫眼"，应称为"石英猫眼""碧玺猫眼"等。

（3）变石

具有变色效应的金绿宝石称之为变石。变石在商业界称为亚历山大石，变石在日光或日光灯下呈现以绿色调为主的颜色，而在白炽灯下或烛光下则呈现出以红色调为主的颜色，因此被誉为"白昼里的祖母绿，黑夜里的红宝石"（图8-1-21）。据传说，在1830年，俄国沙皇亚历山大二世在他生日的那天发现了变石，故将这块宝石命名为亚历山大石，变石的英文Alexandrite即出于此。变石的著名产地是俄罗斯乌拉尔山脉。

（4）变石猫眼

同时具有变色效应及猫眼效应的金绿宝石（图8-1-22）。变石猫眼既含有产生变色效应的铬元素，又含有大量丝状包裹体以产生猫眼效应。变石猫眼是一种更珍贵、更稀罕的宝石品种。

（5）星光金绿宝石

具星光效应的金绿宝石称为星光金绿宝石（图8-1-23）。星光金绿宝石通常为四射星光，其星光产生的原因之一是金绿宝石中同时存在两组互相近于垂直排列的包裹体，其中一组为金红石丝状包裹体，而另一组为细密的气液管状包裹体。这种星光金绿宝石的存在同时证明金绿宝石猫眼效应的形成有两种原因，即猫眼效应既可由金红石包裹体形成，也可由气液包裹体形成。

图8-1-21　变石　　　　图8-1-22　变石猫眼　　　　图8-1-23　星光金绿宝石

3. 基本性质

（1）化学成分

金绿宝石矿物为铍铝氧化物，分子式为 $BeAl_2O_4$，实际上金绿宝石矿物中常含有微量 Fe、Cr、Ti 等组分。不同的微量元素使金绿宝石矿物产生不同的颜色。

（2）晶系及结晶习性

金绿宝石属斜方晶系，原生矿物晶体常呈板状、短柱状晶形。晶面常见平行条纹，晶体常形成假六方三连晶（图8-1-24）。

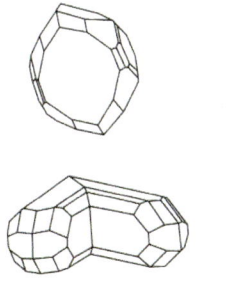  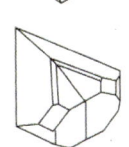 

图8-1-24　金绿宝石常见晶形

（3）光学性质

1）颜色：金绿宝石通常为浅-中等的黄色至黄绿色、灰绿色、褐色至黄褐色，以及很罕见的浅蓝色；猫眼主要为黄色-黄绿色、灰绿色、褐色-褐黄色；变石通常在日光下为带有黄色调、褐色调、灰色调或蓝色调的绿色，而在白炽灯光下则呈现橙色或褐红色-紫红色；变石猫眼呈现出蓝绿色和紫褐色。

2）光泽和透明度：金绿宝石的光泽通常为玻璃光泽至亚金刚光泽，透明度通常为透明-不透明；猫眼的光泽多为玻璃光泽，呈亚透明-半透明；变石抛光面光泽为玻璃光泽至亚金刚光泽，断口呈现玻璃-油脂光泽，而透明度通常为透明。

3）光性特征：非均质体，二轴晶，正光性。

4）折射率：1.746～1.755（+0.004，-0.006）。

5）双折射率：0.008~0.010。

6）多色性：金绿宝石多色性为弱至中等，为黄色/绿色/褐色；猫眼多色性弱，为黄色/黄绿色/橙色；变石多色性强，为绿色/橙黄色/紫红色。

7）发光性（紫外荧光下）：①金绿宝石在长波紫外光下无荧光；在短波紫外光下，黄色和绿黄色宝石一般为无至黄绿色荧光。②猫眼通常无荧光，变石猫眼呈弱至中的红色荧光。③变石在长、短波紫外光下为无至中的紫红色荧光。

8）吸收光谱：金绿宝石的黄色和黄绿色是由于金绿宝石矿物中含有微量 Fe^{3+}，猫眼的颜色也是由于宝石中的 Fe^{3+} 所致。因此金绿宝石和猫眼的吸收光谱具有相似的特点，主要产生以 445 nm 为中心的强吸收带（图 8-1-25a）。变石的颜色及其变色效应是由于金绿宝石矿物中含有微量元素 Cr，在可见光吸收光谱上具有如下特点：680.5 nm 和 678.5 nm 处具两条强吸收线，665 nm、655 nm 和 645 nm 处具三条弱吸收线，580~630 nm 部分吸收，476.5 nm、473 nm 及 468 nm 处具三条弱吸收线，紫区通常完全吸收（图 8-1-25b）。

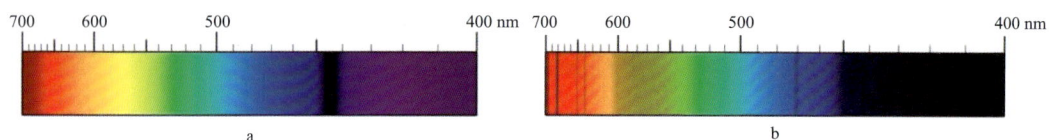

图 8-1-25　金绿宝石吸收光谱

9）特殊光学效应：变色效应，猫眼效应，星光效应（极少）。

（4）力学性质

1）解理：金绿宝石可出现三组不完全解理，变石和猫眼一般无解理，金绿宝石常出现贝壳状断口。

2）硬度：摩氏硬度一般为 8~8.5。

3）密度：变化不大，通常为 3.73（±0.02）g/cm³。

（5）内外部显微特征

金绿宝石内部主要含有指纹状包裹体（图 8-1-26），也可见丝状物。金绿宝石中的固体包裹体包括云母、阳起石、针铁矿、石英和磷灰石，原生和次生两相或三相包裹体也常见，可能含有水和二氧化碳。透明宝石可见阶梯状滑动面或双晶纹，这些面有时采用侧光照明才可见。黄色和褐色金绿宝石显示出各种类型的内部特征，最常见的是两相包裹体、平直的充液空穴和长管（图 8-1-27）。

图 8-1-26　金绿宝石内部的指纹状包裹体

图 8-1-27　金绿宝石内部的管状包裹体

猫眼内部主要含有大量平行排列的丝状金红石包裹体或管状包裹体。

变石内部主要含有指纹状包裹体及丝状物。俄罗斯产变石的内部特征常由指纹状和类似于红宝石中的包裹体组成，变石可含有以上金绿宝石和猫眼所提及的包裹体。

4. 产地与产状

金绿宝石主要产在老变质岩地区的花岗伟晶岩、蚀变细晶岩中，以及超基性岩的蚀变岩——云母岩中。而真正具工业意义的金绿宝石矿大多产于砂矿中。

金绿宝石的主要产地有俄罗斯的乌拉尔地区、斯里兰卡、巴西、缅甸、津巴布韦等。最好的变石，即具有强烈变色效应的变石，产于俄罗斯的乌拉尔地区。而斯里兰卡砂矿中则产出黄绿色大颗粒变石及高质量的猫眼。除斯里兰卡外，目前最主要的金绿宝石产地是巴西，已发现金绿宝石类的各个品种，包括透明的黄色、褐色金绿宝石，很好的猫眼，高质量的变石。

四、水晶

1. 概述

石英是自然界中最常见又最主要的一类造岩矿物，也是珠宝界应用数量较大、范围较广的一类宝石。石英质宝石是一个大家族，按结晶程度划分为显晶质石英宝石、隐晶质和多晶质石英质玉石，其中单晶石英在珠宝界统称为水晶（Rock crystal）。单晶质石英宝石品种有水晶、紫晶、黄晶、烟晶、芙蓉石、墨晶、发晶等。

2. 品种

（1）水晶

专指无色透明的单晶石英。水晶中常出现负晶形包裹体，多数晶形不规则，分散或密集分布，呈雾状、絮状或渣状。有些十分细小，只有在高倍放大时才能看清。负晶绝大多数被气液充填，成为流体包裹体（图8-1-28）。固体包裹体种类繁多，最常见的非金属矿物包裹体是金红石、电气石和阳起石，其他还有方解石、云母、锡石等；金属矿物包裹体有赤铁矿（图8-1-29）、针铁矿、褐铁矿、钛铁矿、板钛矿、黑钨矿等。

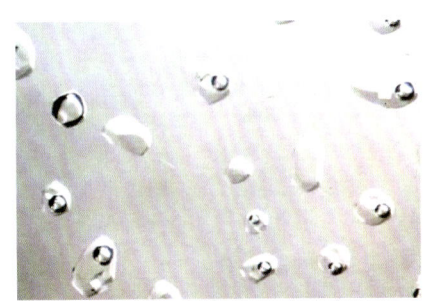
图8-1-28 水晶中的负晶

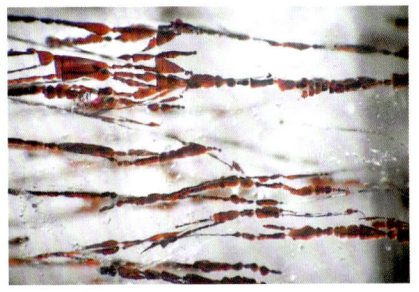
图8-1-29 水晶内部的赤铁矿包裹体

（2）紫晶

也称"紫水晶"。透明至半透明的紫色石英晶体。颜色变化范围可从近无色经淡紫色直至紫红色，分布常不均匀，呈斑状或条带状。具二色性（浓淡不同的蓝紫色/紫色）。紫晶中可见直线形和角状色带以及特征的称为"虎纹"或"斑马纹"的条带状构造（图8-1-30），还有不规则状及负晶形气液包裹体和针铁矿、纤铁矿及金红石的针状包裹体。当前市场上有不少紫晶为合成品。

（3）黄晶

又称"黄水晶"。透明的黄色单晶石英，通常有二色性（淡黄色/黄色），可含有与紫晶相同的包裹体。黄晶在自然界产出较少，大都是与紫晶及水晶晶簇伴生。市面上流行的黄晶有些是由紫晶经热处理而成，但多数是合成品。

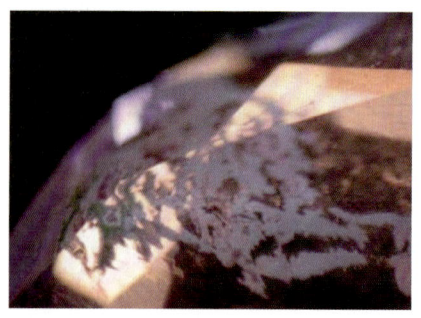

a. 水晶微裂隙中的白色出溶物形成"虎纹"　　b. 在偏光显微镜下"虎纹"出现干涉色

图 8-1-30　紫晶中的"虎纹"

（4）烟晶

烟黄到深褐色的石英晶体，当出现黑色调时称"墨晶"。颜色分布不均匀，可呈细密的带状或斑块状。当前市场上许多烟晶是经过辐照的水晶，也有合成的烟晶。

（5）芙蓉石

淡红色至蔷薇红色石英，也称"蔷薇水晶"，因成分中含有微量的 Mn 和 Ti 而致色，其颜色变化范围可从近白色到较深的蔷薇红色。大多数呈雾状并含大量微细包裹体和裂隙。芙蓉石单个晶体之间通常无明显边界。芙蓉石的颜色不太稳定，加热可褪色；长时间日晒，颜色会变淡。

（6）双色水晶

一种紫色和黄色共存一体的水晶，紫色、黄色分别占据晶块的一部分，两种颜色的交接处有着清楚的界限（图 8-1-31）。双色是由于水晶内的双晶所致。实验表明，当加热紫晶到 350~400 ℃时，偶尔可产生紫黄晶。天然紫黄晶的主要产地为玻利维亚。当前俄罗斯利用水热法已成功地合成出紫黄晶，甚至紫黄绿三色水晶。

（7）绿水晶

通常是因无色水晶中含大量的绿泥石等矿物包裹体而呈绿色。目前市场上所见的绿色石英大都是紫晶在加热成黄晶过程中的中间产物。

（8）石英猫眼

具平行石棉纤维的单晶石英切磨成弧面宝石时会产生猫眼效应（图 8-1-32）。当石英中出现平行排列的金红石包裹体时，也可加工产生猫眼效应。

图 8-1-31　双色水晶　　　　　　图 8-1-32　石英猫眼和星光水晶

（9）星光水晶

除芙蓉石常显示星光外，含金红石针状体的水晶有时可显示六射星光（图 8-1-32）。

（10）发晶

无色透明的水晶晶体中含有纤维状、草束状、针状、丝状、放射状的金红石、电气石、角闪石、阳起石、绿帘石、自然金等固态包裹体，这些包裹体常呈细小的针状、纤维状定向排列，犹如发丝，传统上把这类水晶称为发晶（图8-1-33，图8-1-34）。包裹体的颜色不同，所形成的发晶也不尽相同，常见的颜色有黑色、金黄色、铜红色、银白色、绿色等。

图8-1-33　阳起石发晶　　　　　　　　图8-1-34　金红石发晶

（11）水胆水晶

透明水晶晶体的内部含有较大的液态包裹体被称作水胆水晶。大型水胆水晶的晶体在摇晃时，还能看到液体流动。这种水晶的形成是由于其晶体生长速度较快，包裹了与其混合在一起的岩浆热液、水溶液等。

3. 基本性质

（1）化学成分

水晶的化学成分为二氧化硅（SiO_2），纯净时形成无色透明的晶体，当含微量元素Fe、Ti、Al等时，经辐照，微量元素形成不同类型的色心，产生不同的颜色，如烟色、紫色、黄色等。

（2）晶系及结晶习性

水晶属三方晶系，呈六方柱与菱面体聚形组成的棱柱状，六方柱柱面有明显的横纹。有时呈六方双锥体状或不规则状、扁平状及晶簇形式出现。

（3）光学性质

1）颜色：可有无色、紫色、黄色、粉红色、不同程度的褐色至黑色，以及绿色。

2）光泽和透明度：玻璃光泽，断口可具油脂光泽。透明-半透明。无色水晶透明度很高，清澈如水，随着包裹体含量的增加或有色水晶颜色的加深，透明度降低。

3）光性特征：一轴晶，正光性。水晶的一轴晶干涉图十分独特，其分割干涉色色环的黑十字臂达不到中心，形成一种中空的图案，俗称"牛眼干涉图"（图8-1-35）。

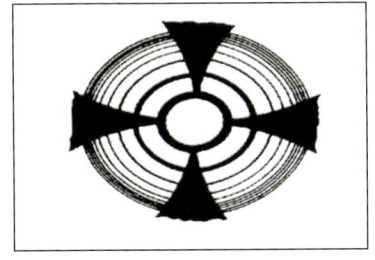 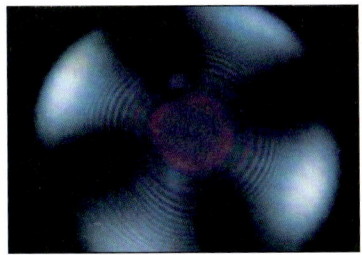

图8-1-35　水晶的"牛眼干涉图"

4）折射率和双折射率：折射率稳定，为1.544~1.553；双折射率为0.009。

5）多色性：弱，与体色深浅有关。

6）发光性：无。

7）吸收光谱：不特征。

8) 特殊光学效应：星光效应（六射，常见于淡粉色石英中），猫眼效应。

（4）力学性质

1) 解理：无解理，有典型的贝壳状断口。
2) 硬度：摩氏硬度为7。
3) 密度：水晶的密度稳定，为2.66（+0.03，-0.02）g/cm³。

（5）内外部显微特征

放大检查常见气液两相包裹体，气、液、固三相包裹体；色带；固态包裹体有针状金红石、电气石及其他固体矿物；负晶。

4. 产地与产状

水晶主要产于伟晶岩脉或晶洞中，几乎世界各地都有水晶矿的产出。彩色水晶的著名产地主要有巴西的米纳斯吉拉斯（Minas Geras）、马达加斯加、美国的阿肯色州、俄罗斯的乌拉尔、缅甸等。

我国的水晶资源丰富，25个以上的省区均有水晶产出。江苏是优质水晶的主要产地，其中以东海最为著名，被称为中国"水晶之乡"。此外，海南、新疆、四川也是高品质水晶的产地。

五、石榴子石

1. 概述

石榴子石英文名称"Garnet"，源于拉丁文"Granatum"，意为"像种子"或"有许多种子"，而中文名是石榴子石，因为该晶体形态与石榴的籽相似而得名。石榴子石也是最早被利用的一种宝石，我国常把石榴子石称为"紫牙乌"，亦称"子牙乌"，一般是指紫红色或红色的石榴子石。数千年来，石榴子石被认为是信仰、坚贞和淳朴的象征。红色的石榴子石是一月的生辰石。

石榴子石是一个复杂的宝石矿物族，其成员都有一个共同的结晶习性及稍有差异的化学成分。石榴子石的价值与自然界资源量有较大的关系，如暗红色的铁铝榴石和镁铝榴石都为常见的宝石，价值不高。而橙色、橙红色的锰铝榴石则较为稀有，有较高的商业价值。绿色的翠榴石和钙铝榴石则是石榴子石族中的珍贵品种，价值不菲。

2. 品种

（1）镁铝榴石

化学成分为$Mg_3Al_2(SiO_4)_3$，其中常见少量的Fe、Mn替代Mg。自然界中几乎没有纯的镁铝榴石。Mg^{2+}常常或多或少地被Fe^{2+}、Mn^{2+}等取代。其中Mg^{2+}和Fe^{2+}最容易形成完全的类质同象替代，当Fe^{2+}和Mn^{2+}原子数之和小于Mg^{2+}原子数时，可将其定名为镁铝榴石。

镁铝榴石的颜色以紫红色－橙色色调为主，宝石级镁铝榴石常见有红色、紫红色、褐红色、粉红色、橙红色等（图8-1-36，图8-1-37）。研究发现，颜色深浅的变化与其中所含Cr_2O_3有关。当Cr_2O_3含量高时，红色色调加深；当Cr_2O_3含量低时，橙色色调加深，少量产

图8-1-36　镁铝榴石　　　　　　　　图8-1-37　镁铝榴石晶体

于金伯利岩中的镁铝榴石还具变色效应。

镁铝榴石的密度为 3.78（+0.09，-0.16）g/cm³。折射率为 1.714～1.742，常见 1.740。

镁铝榴石的吸收光谱为：564 nm 宽吸收带，505 nm 吸收线（图 8-1-38）。含铁的镁铝榴石可有 445 nm、440 nm 吸收线；优质镁铝榴石可有铬吸收谱线，即 685 nm、687 nm 吸收线及 670 nm、650 nm 吸收带。例如，捷克波西米亚和美国亚里桑纳州等地产出的深红色含铬的镁铝榴石就属此类。

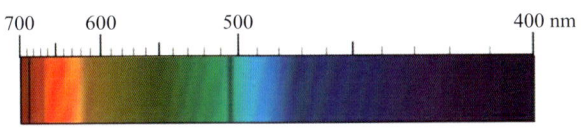

图 8-1-38　镁铝榴石吸收光谱

镁铝榴石的特征包裹体有针状矿物及其他形状的结晶矿物包裹体。据 Gubelin 实验室研究，波西米亚镁铝榴石中常含有石英晶体。亚里桑纳镁铝榴石中还可见一些八面体形状的矿物包裹体。还有相当数量的镁铝榴石在显微镜下看不见包裹体。由于石榴子石解理不发育，因此在镁铝榴石中很少见到裂隙。

（2）铁铝榴石

铁铝榴石也称为贵榴石，主要化学成分为 $Fe_3Al_2(SiO_4)_3$，其中 Fe^{2+} 常被 Mg^{2+}、Mn^{2+} 等取代，形成类质同象替代系列。宝石级铁铝榴石常见的颜色以红色色调为主，包括褐红、粉红、橙红色等（图 8-1-39，图 8-1-40）。

图 8-1-39　铁铝榴石　　　　　　图 8-1-40　铁铝榴石晶体

铁铝榴石的密度为 4.05（+0.25，-0.12）g/cm³，其密度随 Fe^{2+} 被 Mg^{2+} 取代的多少而变化，Mg^{2+} 取代 Fe^{2+} 越多，密度越低。铁铝榴石的折射率比较高，为 1.760～1.820，常见 1.790。铁铝榴石为均质体矿物，但在偏光镜下，很多铁铝榴石可有异常消光。

铁铝榴石特征吸收光谱由 Fe^{2+} 的吸收造成，具 573 nm 强吸收带和 504 nm、520 nm（绿区）两条较窄的强吸收带，称为"铁铝榴石窗"（图 8-1-41）。此外，铁铝榴石还可以在 423 nm、460 nm、610 nm、680～690 nm 处有一些弱的吸收带。铁铝榴石吸收谱线的强弱与 Mg^{2+} 的类质同象替代有关，Mg^{2+} 取代 Fe^{2+} 越多，吸收越弱。

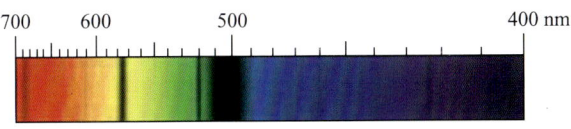

图 8-1-41　铁铝榴石吸收光谱

铁铝榴石的常见包裹体有针状包裹体、结晶矿物包裹体等。针状包裹体通常呈三个方向定向排列，相互以 110°、70°相交（图 8-1-42）。当这种定向排列的针状包裹体非常密集时，可使石榴子石产生四射和六射星光效应（图 8-1-43）。铁铝榴石中结晶矿物包裹体通常具有完好的晶形。斯里兰卡产的铁铝榴石中，还常见特征的"锆石晕圈"，即细小的锆石晶体被包裹在铁铝榴石中，在其周围还带有一个晕环，是由锆石内微量放射性元素辐射造成的。其他还有磷灰石、钛铁矿、尖晶石等包裹体。

图8-1-42 铁铝榴石中的金红石包裹体　　图8-1-43 星光铁铝榴石

（3）锰铝榴石

锰铝榴石的主要化学成分为 $Mn_3Al_2(SiO_4)_3$，其中 Mn^{2+} 通常由 Fe^{2+} 部分取代，Al^{3+} 常由 Fe^{3+} 取代。宝石级锰铝榴石常见颜色有棕红色、玫瑰红色、黄色、黄褐色等（图8-1-44，图8-1-45）。

锰铝榴石的密度为4.12~4.20 g/cm³。折射率为1.790~1.814，使用普通宝石折射仪难以测定。

图8-1-44 锰铝榴石　　图8-1-45 锰铝榴石晶体

锰铝榴石的特征吸收光谱由 Mn^{2+} 的吸收造成，主要有430 nm、420 nm和410 nm 三条吸收线和460 nm、480 nm、520 nm 三条吸收带，有时可有504 nm、573 nm 吸收线（图8-1-46）。但由于这些特征吸收谱线均分布于分光镜的蓝区，背景较暗，有时观察起来会有一定困难。

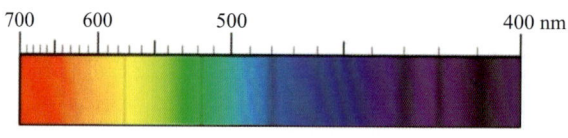

图8-1-46 锰铝榴石吸收光谱

锰铝榴石的包裹体可以是多种多样的，波浪状、浑圆状、不规则状晶体或液态包裹体（图8-1-47，图8-1-48）。由于内部有平行排列的针状包裹体，在锰铝榴石中可出现猫眼效应。

图8-1-47 锰铝榴石中奇特的波状裂隙　　图8-1-48 锰铝榴石中熔蚀的磷灰石包裹体

（4）钙铝榴石

钙铝榴石是榴石类最常见的一种石榴子石，其主要化学成分为 $Ca_3Al_2(SiO_4)_3$。如前所述，钙铝榴石系列石榴子石的特点是三价阳离子容易形成类质同象替代。钙铝榴石和钙铁榴石就是一个完全的类质同象系列，即 Al^{3+} 和 Fe^{3+} 形成完全类质同象替代。当 Al^{3+} 数量大于 Fe^{3+} 时，称之为钙铝榴石。

钙铝榴石的颜色多种多样，主要有绿色、黄绿色、黄色、乳白色等（图8-1-49，图8-1-50）。钙铝榴石密度为 3.57~3.73 g/cm³，折射率为 1.730~1.760。偶有猫眼效应。钙铝榴石通常没有特征吸收光谱，但当钙铝榴石中含有铁铝榴石成分时，也可以显示弱的铁铝榴石的吸收光谱特征，可见 407 nm、430 nm 的两条吸收带（图8-1-51）。

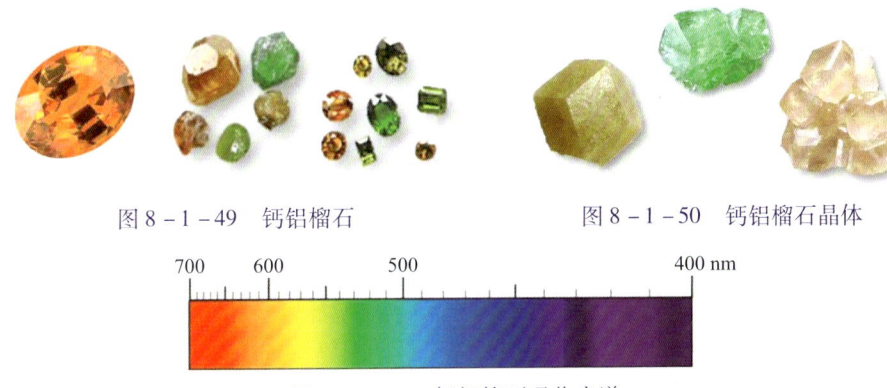

图8-1-49 钙铝榴石　　　　图8-1-50 钙铝榴石晶体

图8-1-51 钙铝榴石吸收光谱

钙铝榴石内部常见短柱状或浑圆状晶体包裹体以及"热浪效应"（图8-1-52，图8-1-53）。

当钙铝榴石中的 Ca^{2+} 被 Fe^{2+} 取代时，称为铁钙铝榴石，即 $(Ca,Fe)_3Al_2(SiO_4)_3$，又称为桂榴石（图8-1-54）。桂榴石的颜色为褐黄色、酒黄色，由 Fe^{3+} 所致。透明度为透明。而其他的宝石学特征与钙铝榴石相同，铁钙铝榴石内部常见锆石、磷灰石包裹体和"热浪效应"。

 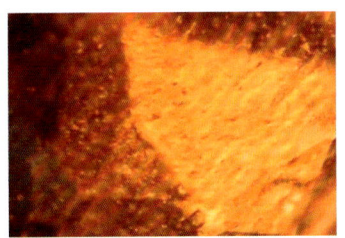 

图8-1-52 钙铝榴石中的　　图8-1-53 钙铝榴石中的　　图8-1-54 桂榴石
严重熔蚀的磷灰石包裹体　　　　"热浪效应"

当钙铝榴石中含有 Cr、V 时称为铬钒钙铝榴石（图8-1-55），绿色，折射率为 1.73~1.75，业界又称为"沙弗莱石（Tsavorite）"，是一种十分有市场潜力的石榴子石品种。

（5）钙铁榴石

主要化学成分为 $Ca_3Fe_2(SiO_4)_3$，其中 Ca^{2+} 常被 Mg^{2+} 和 Mn^{2+} 置换，Fe^{3+} 常被 Al^{3+} 取代，当部分 Fe^{3+} 被 Cr^{3+} 置换时，即为翠榴石。宝石级钙铁榴石常见颜色有黄色、绿色、褐色、黑色（图8-1-56）。含 Ti 较多的黑色钙铁榴石称为黑榴石（图8-1-57）。

钙铁榴石的密度为 3.81~3.87 g/cm³，折射率为 1.855~1.895。

钙铁榴石与其他石榴子石相同，可以包裹许多矿物包裹体，但实际上内部洁净者也是十分

图 8-1-55　铬钒钙铝榴石　　　　图 8-1-56　钙铁榴石　　　　图 8-1-57　黑榴石晶体

常见的。产于俄罗斯乌拉尔山的翠榴石（图 8-1-58）具有非常特征的"马尾"状包裹体（图 8-1-59），"马尾"即由纤维状石棉构成。该地区是全球宝石级翠榴石的最主要产地。翠榴石另外一个鉴定特征是在查尔斯滤色镜下为红色。

图 8-1-58　翠榴石　　　　　　图 8-1-59　翠榴石中"马尾"状石棉包裹体

翠榴石的实测密度为 3.81～3.87 g/cm³，实测折射率为 1.888～1.889。翠榴石的色散值比钻石还高，为 0.057，看上去"火"很强，但常常被其自身的颜色所掩盖。翠榴石可以具有变色效应，日光下呈绿黄色，白炽灯下呈橙红色。

翠榴石具 Cr^{3+} 的吸收谱，在红区 634 nm、618 nm 处有两条清晰的吸收线，690 nm、685 nm 处还有弱吸收线，440 nm 处可见吸收带或 440 nm 以下全吸收。

（6）钙铬榴石

钙铬榴石的主要化学成分为 $Ca_3Cr_2(SiO_4)_3$，其中的 Cr^{3+} 通常被少量的 Fe^{3+} 置换。因此，钙铬榴石是一种与翠榴石相似的品种。

钙铬榴石的颜色为鲜艳绿色、蓝绿色，常被称为祖母绿色石榴子石（图 8-1-60）。密度为 3.72～3.78 g/cm³，折射率为 1.82～1.88。

（7）水钙铝榴石

水钙铝榴石的主要化学成分为 $Ca_3Al_2(SiO_4)_{3-x}(OH)_{4x}$。其中 OH^- 的加入使其主要成分略有变化，OH^- 进入晶格越多，硅氧四面体就越少。此外，还有少量的 Mg^{2+}、Fe^{2+} 取代 Ca^{2+}，少量 Cr^{3+} 取代 Al^{3+}。

宝石级水钙铝榴石的颜色以绿色为主，亦有少量蓝绿色、白色、无色和粉色品种。密度为 3.15～3.55 g/cm³。折射率为 1.720（+0.010，-0.050）。暗绿色品种 460 nm 以下全吸收，其他颜色 463 nm 附近吸收（因含符山石）。水钙铝榴石在查尔斯滤色镜下为特征的粉红-红色。水钙铝榴石常常包裹黑色的铬铁矿，这种黑色的斑点也是鉴定水钙铝榴石的重要特征（图 8-1-61）。

3. 基本性质

（1）化学成分

石榴子石是岛状硅酸盐矿物，由于这一族矿物存在着广泛的类质同象替代，因此每一种石

图 8-1-60 钙铬榴石

图 8-1-61 水钙铝榴石

榴子石的化学成分亦有较大变化。石榴子石的化学成分通式为 $A_3B_2(SiO_4)_3$。其中 A 表示二价阳离子，以 Mg^{2+}、Fe^{2+}、Mn^{2+}、Ca^{2+} 等为主；B 代表三价阳离子，多为 Al^{3+}、Cr^{3+}，Fe^{3+}、Ti^{3+}、V^{3+} 及 Zr^{3+} 等。由于进入晶格的阳离子的半径相差较大，又将这种类质同象替代分为两大系列。一类是 B 以三价阳离子 Al^{3+} 为主，A 以半径较小的 Mg^{2+}、Fe^{2+}、Mn^{2+} 等二价阳离子之间进行类质同象替代所构成的系列，称为铝质系列，常见品种有镁铝榴石、铁铝榴石、锰铝榴石；另一类是 A 以大半径的二价阳离子 Ca^{2+} 为主，B 以 Al^{3+}、Cr^{3+}、Fe^{3+} 等三价阳离子之间进行类质同象替代所构成的系列，称为钙质系列，常见的有钙铝榴石、钙铁榴石、钙铬榴石。此外，一些石榴子石的晶格还附加有 OH^-，形成含水的亚种，如水钙铝榴石等。由于广泛的类质同象替代，石榴子石的化学成分通常很复杂，其宝石种属的划分见表 8-1-4。自然界石榴子石的成分通常是类质同象替代的过渡态，很少有端员组分的石榴子石存在。

表 8-1-4 石榴子石族宝石种属划分

	名称	分子式	英文名称	变种或其他名称	变种的英文名称
铝质系列	镁铝榴石	$Mg_3Al_2(SiO_4)_3$	Pyrope	红榴石（红色的铁镁铝榴石）	Rhodonite
	铁铝榴石	$Fe_3Al_2(SiO_4)_3$	Almandine	贵榴石（铁铝榴石）	Almandite（Almandine）
	锰铝榴石	$Mn_3Al_2(SiO_4)_3$	Spessartite (Spessartine)	—	
钙质系列	钙铝榴石	$Ca_3Al_2(SiO_4)_3$	Grossularite (Grossular)	桂榴石（褐黄色的铁钙铝榴石） 铬钒钙铝榴石（绿色含铬钒的钙铝榴石） 水钙铝榴石（含羟基的钙铝榴石）	Hessonite Tsavolite Hydrogrossular
	钙铁榴石	$Ca_3Fe_2(SiO_4)_3$	Andradite	翠榴石（含铬的钙铁榴石） 黑榴石（含钛的钙铁榴石）	Demantoid Melanite（Pyreneite）
	钙铬榴石	$Ca_3Cr_2(SiO_4)_3$	Uvarovite	—	

（2）晶系及结晶习性

石榴子石族矿物属等轴晶系。通常具有完好的晶形，常见的晶形有菱形十二面体（d）、四角三八面体（n）、六八面体（s）以及三者的聚形（图 8-1-62）。石榴子石晶面上常有聚形纹。

（3）光学性质

1）颜色：石榴子石的颜色千变万化，除蓝色以外的各种颜色几乎均有出现。这与其广泛的类质同象替代有密切的联系。作为宝石的石榴子石，常见的颜色有：

红色系列　包括红色、粉红、紫红、橙红等。

黄色系列　包括黄、橘黄、蜜黄、褐黄等。

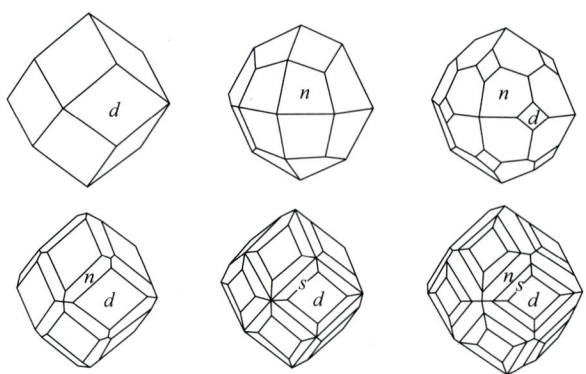

图 8-1-62　石榴子石结晶习性

绿色系列　包括翠绿、橄榄绿、黄绿等。

2）光泽和透明度：石榴子石的光泽多为玻璃光泽。即使同属玻璃光泽的石榴子石也依其折射率的不同彼此之间会有些差异。折射率较高的品种可呈亚金刚光泽，断口为油脂光泽。石榴子石为透明矿物，其透明度一般都较好，但是由于一些石榴子石内部包裹体过于密集，则会降低石榴子石的透明度。此外，石榴子石的集合体通常呈半透明至不透明。例如，我国青海、新疆等地产出的绿色水钙铝榴石呈半透明，粉红色宝石级水钙铝榴石也呈半透明。

3）光性特征：石榴子石为均质体矿物，正常情况下应为全消光，但石榴子石常出现异常消光现象。造成异常消光的原因主要是石榴子石内部晶格的变动。晶格变动主要由两种原因引起：①应力作用导致石榴子石内部晶格变动，特别是变质成因的石榴子石，这种异常消光很普遍；②类质同象替代普遍而复杂造成的晶格变化。

4）折射率和双折射率：石榴子石是均质体矿物，其折射率值随成分变化而略有不同，无双折射率。从矿物学角度来看，铝质系列的石榴子石折射率在 1.710～1.830 之间，钙质系列的石榴子石折射率在 1.734～1.940 之间（表 8-1-5）。

表 8-1-5　不同石榴子石品种折射率

品种名称	折射率
镁铝榴石	1.714～1.742，常见 1.740
铁铝榴石	1.760～1.820
锰铝榴石	1.790～1.814
钙铝榴石	1.730～1.760
钙铁榴石	1.855～1.895
钙铬榴石	1:820～1.880
水钙铝榴石	1.670～1.730

5）多色性和色散：无多色性，色散值 0.022～0.057。

6）发光性：石榴子石族矿物，特别是作为宝石级的石榴子石，在紫外光下为惰性，这是石榴子石有别于其他红色宝石的特征之一。

7）吸收光谱：不同的石榴子石品种吸收光谱差别较大，石榴子石的颜色多样性是由于不同的致色元素造成的，因而会产生截然不同的吸收谱线。

8）特殊光学效应：石榴子石中可以出现星光效应、变色效应和猫眼效应。

石榴子石中星光效应稀少，通常出现四射星光，偶见六射星光。由于针状包裹体方向不同,在不同的晶面方向出现的星线角度和数量有一定的差异。当针状金红石包裹体平行于石榴子石菱形十二面体晶棱方向(即4个三次轴方向)时,在菱形十二面体面上可以观察到110°和70°的斜交四射星光(图8-1-63a);当针状包裹体平行于石榴子石八面体晶棱方向(即6个二次轴方向)时,在立方体面上可以观察到正交四射星光,而在八面体面上可以观察到六射星光;有时正交的四射星光和六射星光可以同时出现在球形石榴子石表面(图8-1-63b)。

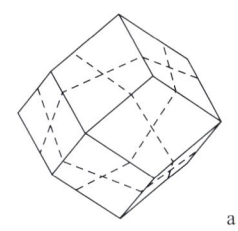  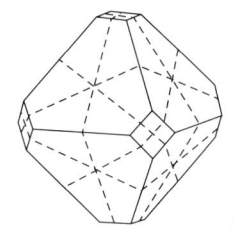 

a   b

图8-1-63 石榴子石的星光效应

镁铝榴石和镁铝-锰铝榴石常常出现变色效应,日光下呈现蓝绿色而在白炽灯光下呈现酒红色或带有红色调的紫色(图8-1-64)。变色石榴子石富含Mn、Fe、V及微量的Cr,V^{3+}应该是导致变色的最主要原因。

a. 日光下   b. 灯光下

图8-1-64 变色石榴子石

(4) 力学性质

1) 解理:通常解理不发育,个别品种可有{110}方向的不完全解理,其断口为参差状。

2) 硬度:石榴子石的摩氏硬度也与类质同象替代有关,不同品种硬度略有不同,石榴子石的摩氏硬度在7~8之间变化。

3) 密度:石榴子石密度也受类质同象替代的影响,不同的品种密度变化较明显。从矿物学角度看,石榴子石的密度在3.50~4.30 g/cm³之间变化,类质同象替代进入晶格的阳离子原子量越大,密度相对越高。石榴子石密度与折射率成正比。

4. 产地与产状

石榴子石族矿物在地壳中产出普遍,它们可产于区域变质岩、接触变质带中,也可作为幔源包裹体产于各种超基性岩中。不同品种的宝石级石榴子石产出特点略有差异,具体情况如下。

(1) 镁铝榴石

镁铝榴石是金伯利岩的伴生矿物。同时,作为地幔岩包裹体的矿物组成之一,镁铝榴石还产于与金伯利岩、玄武岩相关的幔源包裹体之中。常见的岩石类型有橄榄岩、石榴子石辉石橄榄岩、榴辉岩及这些岩类的蚀变产物蛇纹岩等。优质的红榴石产于金伯利岩、玄武岩和基性火山岩中或砂矿中。产地有澳大利亚、坦桑尼亚、津巴布韦、缅甸、巴西、美国、俄罗斯和捷克等。

（2）铁铝榴石

铁铝榴石是区域变质作用的产物。产于原岩为泥质岩的区域变质岩中，也常产于某些中酸性岩浆岩的内接触带或岩体同化泥质岩的围岩中。除此，也常见于花岗岩、片岩、片麻岩、角闪岩、榴辉岩和变粒岩中，是一种分布广泛的矿物。尽管铁铝榴石产出十分广泛，但能够达到宝石级的却十分有限。

铁铝榴石最著名的产地是印度，主要分布在 Jaipur、Kishangarh 等省的云母片岩中，这里也是星光铁铝榴石最主要的产地。星光铁铝榴石的产地还有美国爱达荷州。此外，斯里兰卡的 Trineomalee、巴基斯坦西北部 Swat 峡谷、缅甸、泰国、澳大利亚、巴西、中国也都有宝石级铁铝榴石产出。

（3）锰铝榴石

锰铝榴石主要产于伟晶岩、花岗岩及锰矿床的围岩内，也产于云母片岩、石英岩、高锰矽卡岩中。伟晶岩型的锰铝榴石通常可有很大的晶体，是宝石级锰铝榴石的主要来源。锰铝榴石最早发现于德国巴伐利亚州，但最著名的产地是亚美尼亚的 Rutherford 矿区，以及美国弗吉尼亚州。

锰铝榴石是分布广泛的矿物，宝石矿物发现于斯里兰卡、缅甸、巴西、美国、中国等。我国新疆产的锰铝榴石呈褐红色、粉红色、肉红色到暗红色，透明到半透明，粒径多在 1~18 cm 之间，产于伟晶岩中。

（4）钙铝榴石

钙铝榴石主要产于接触变质岩内，是矽卡岩早期的结晶矿物。钙质岩石经区域变质作用也能生成钙铝榴石，但作为宝石者少见。铁钙铝榴石的主要产地有斯里兰卡，与其他的宝石品种（如红宝石、蓝宝石等）共生。此外，在墨西哥、巴西、加拿大等国也有宝石级钙铝榴石产出，在非洲东部的肯尼亚、坦桑尼亚以及我国的西南部三江地区等地还产出一种含铬、钒的钙铝榴石，称为铬钒钙铝榴石，是一种具有鲜艳绿色的品种。

（5）钙铁榴石

钙铁榴石是接触交代变质矿物，是矽卡岩的重要矿物之一，也产于安山岩经热变质交代作用的产物中。其中翠榴石产于超基性交代成因的蛇纹岩中。翠榴石作为宝石开采迄今为止仅有乌拉尔山一处。在刚果（金）、韩国及美国加利福尼亚州也有少量绿色翠榴石产出，但由于颗粒很小，只有少量达到宝石级，多数只具有矿物学意义。

（6）钙铬榴石

钙铬榴石一般颗粒很小，不易达到宝石级，而且产地也很少，主要产于俄罗斯乌拉尔地区，与翠榴石共生，法国、挪威等国也有产出。

（7）水钙铝榴石

水钙铝榴石是钙铝榴石的交代产物，主要产于接触变质岩中。绿色及红色水钙铝榴石的主要产地有南非、加拿大、美国、中国青海。此外，缅甸和我国也是无色水钙铝榴石的重要产地。

六、尖晶石

1. 概述

尖晶石是一种历史悠久的宝石品种，但在古代它一直被误认为红宝石。目前世界上最具有传奇色彩、最迷人的尖晶石是重 361 ct 的"铁木尔红宝石"（Timur Ruby，图 8-1-65）和

1660 年被镶在英帝国国王王冠上重约 170 ct 的"黑王子红宝石"（Black Prince's Ruby，图 8 - 1 - 66），直到近代才鉴定出它们都是红色尖晶石。我国清代一品官员帽子上用的红宝石顶子，也几乎全部是用红色尖晶石制成的。

图 8 - 1 - 65　铁木尔红宝石

图 8 - 1 - 66　黑王子红宝石

尖晶石有许多颜色，以红色尖晶石最为著名。红色尖晶石以其漂亮的颜色、明亮的光泽、较高的硬度、适中的价格而深受人们喜爱。20 世纪 80 年代以来，在国际市场上一直是很畅销的中档宝石。颗粒大、颜色漂亮的红色尖晶石极为稀少，因而价值不菲。

2. 品种

（1）橙色尖晶石

橙红色至橙色的尖晶石。

（2）红色尖晶石

颜色范围从浅粉红直至极深的红色，中红至深红色的品种最受欢迎，价格较高。最好的红色尖晶石被描述为具"红色交通信号灯"的红色。红色尖晶石多由铬致色。

（3）蓝色尖晶石

在尖晶石结构中，Mg 被 Zn 部分地置换而呈现浅蓝至蓝色。折射率为 1.725 ~ 1.753。密度为 3.58 ~ 4.06 g/cm³。钴蓝尖晶石是蓝色尖晶石中颜色最佳者，但通常为小颗粒，其产地主要是斯里兰卡，目前市场上所见的大部分为合成品，包括早期用焰熔法合成的尖晶石，以及近期俄罗斯用助熔剂法合成的尖晶石。

（4）无色尖晶石

天然无色的尖晶石多少带点粉色色调，纯净无色者稀少。

（5）绿色 - 黑色尖晶石

尖晶石中的 Mg 部分地被 Fe 置换。绿色尖晶石很稀少，一般富铁，颜色发暗，深绿色至黑色，产于斯里兰卡。折射率为 1.77 ~ 1.80。密度为 3.63 ~ 3.90 g/cm³。真正黑色的尖晶石只见于维苏威火山的喷出物中以及泰国的刚玉矿中。

（6）变色尖晶石

变色尖晶石在日光下呈蓝色，白炽灯下呈紫色（图 8 - 1 - 67）。变色主要与尖晶石中所含的少量 Cr，也可能还有 V 有关。

（7）星光尖晶石

呈暗棕红色、紫红色、中灰至黑色。主要产地为斯里兰卡，由出溶的金红石针状体导致星光。可有四射或六射星光，取决于宝石抛磨的方向（图 8 - 1 - 68）。针状包裹体平行于八面体边棱方向分布时，可使尖晶石的八面体晶面方向形成六射星光，而八面体角顶方向形成四射星光。若加工成球形则能同时观察到 8 组六射星光及 6 组四射星光。

a. 日光下　　　　　　　　　　　b. 灯光下

图 8-1-67　变色尖晶石

图 8-1-68　星光尖晶石

3. 基本性质

（1）化学成分

$MgAl_2O_4$，可含有 Al、Cr、Fe、Zn、Mn 等微量元素。这些微量元素可与 Mg、Al 发生完全或不完全类质同象替代。其中 Mg^{2+}–Fe^{2+}、Mg^{2+}–Zn^{2+}、Al^{3+}–Cr^{3+} 之间可发生完全类质同象替代。

（2）晶系及结晶习性

尖晶石属等轴晶系，常呈八面体晶形，有时八面体与菱形十二面体、立方体成聚形（图 8-1-69）。发育双晶和平行连生（图 8-1-70）。

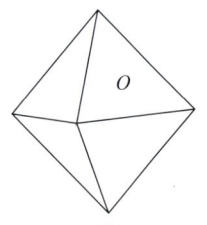 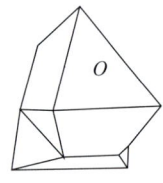 

a. 单晶　　　　　　b. 双晶　　　　　　c. 晶体

图 8-1-69　尖晶石晶形及晶体

图 8-1-70　尖晶石双晶及平行连生

（3）光学性质

1）颜色：尖晶石可有红色、橙红色、粉红色、紫红、无色、黄色、橙黄、褐色、蓝色、绿色、紫色等多种颜色（图 8-1-71）。红色含 Cr^{3+}，蓝色含 Fe^{2+}，绿色含少量 Fe^{2+}，含 Zn^{2+} 时常呈蓝色，褐色含 Cr^{3+}、Fe^{3+}、Fe^{2+}。

2）光泽和透明度：玻璃光泽至亚金刚光泽；透明至不透明。

3）光性特征：均质体。

图 8-1-71　各色尖晶石

4) 折射率和双折射率：1.718（+0.017，-0.008）。锌尖晶石为 1.805，铁尖晶石为 1.835，铬尖晶石可高达 2.00。无双折射率。

5) 多色性和色散：无多色性，色散值 0.020。

6) 发光性：红色、橙色、粉红色尖晶石在长波紫外光下呈弱至强的红色、橙色荧光；短波紫外光下呈无至弱的红色、橙色荧光。黄色尖晶石在长波紫外光下呈弱至中的褐黄色荧光；短波紫外光下无荧光至褐黄色荧光。绿色尖晶石在长波紫外光下呈无至中的橙 – 橙红色荧光。无色尖晶石无荧光。

7) 吸收光谱：红色、粉色的尖晶石是由 Cr 致色的，其吸收光谱在黄绿区有 595~490 nm 强吸收带；红区有 685 nm、684 nm 强吸收线及 656 nm 弱吸收带（图 8-1-72a）。蓝色、紫色尖晶石的致色元素为 Fe 或少量 Co，其主要的吸收线在蓝区，460 nm 处具强吸收带，430~435 nm、480 nm、550 nm、565~575 nm、590 nm、625 nm 为弱或极弱的吸收线或带。460 nm 吸收带为合成蓝色尖晶石中所没有的（图 8-1-72b）。含 Zn 尖晶石的吸收光谱与蓝色尖晶石的吸收光谱相似，只是弱些。

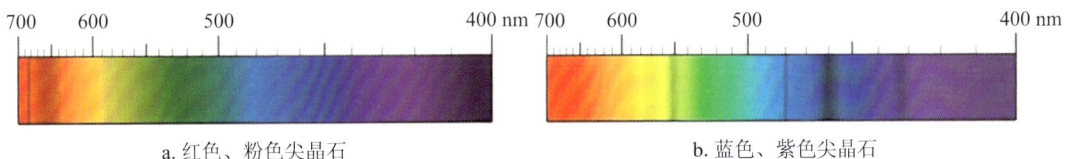

a. 红色、粉色尖晶石　　　　　　　　　　　　b. 蓝色、紫色尖晶石

图 8-1-72　尖晶石吸收光谱

8) 特殊光学效应：星光效应（四射星光、六射星光）稀少，具变色效应。

(4) 力学性质

1) 解理：尖晶石的解理不完全，常见贝壳状断口。

2) 硬度：摩氏硬度为 8。

3) 密度：3.60（+0.10，-0.03）g/cm^3。

(5) 内外部显微特征

1) 固态包裹体：常见八面体尖晶石包裹体，单独、成行排列或呈指纹状分布（图 8-1-73）。有时见八面体负晶，其内局部被方解石、白云石充填（图 8-1-74），其次可见片状石墨、柱状磷灰石、石英等包裹体。在缅甸产的尖晶石中发现有细小雾状包裹体，刀片状榍石包裹体（图 8-1-75），密集时可形成星光效应。

 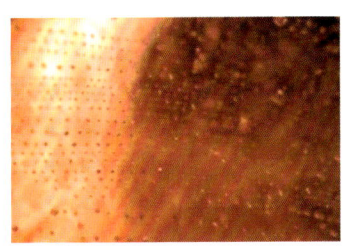 

图 8-1-73　尖晶石中的八面体尖晶石原生包裹体　　图 8-1-74　尖晶石中串珠状八面体负晶　　图 8-1-75　尖晶石中的刀片状榍石包裹体

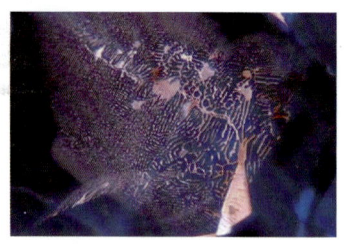

图 8-1-76 尖晶石中的液态包裹体

2）液态包裹体：开放裂隙中常见液态包裹体（图 8-1-76）。八面体晶体包裹体周围可有张力裂隙形成的指纹状包裹体。

3）生长现象：可见沿八面体晶面发育生长带及双晶纹，正交偏光下油浸观察最易发现。

4. 产地与产状

尖晶石产于接触带的变质的钙质岩中或外接触带的矽卡岩中。宝石级尖晶石多产于接触带大理岩内和接触交代矽卡岩矿床中。优质天然尖晶石产自缅甸、斯里兰卡，柬埔寨、巴西、泰国、澳大利亚、美国、尼日利亚等国也有产出。

七、碧玺

1. 概述

碧玺又称"碧硒""碧洗""碧霞玺"等，英文名称"Tourmaline"来源于古僧迦罗语"Turmali"，是"呈混合颜色的宝石"之意。碧玺以颜色艳丽、色彩丰富、质地坚硬而获得了世人的厚爱。17世纪，巴西向欧洲出口了长柱状深绿色碧玺，人们称之为"巴西祖母绿"。18世纪人们发现碧玺具有祖母绿所没有的其他特殊物理性质，如吸引或排斥轻物质（灰尘、草屑）等的能力，于是荷兰人称之为"吸灰石"。中国对碧玺的认识和利用历史久远，但迄今仍未发现古代有关开采碧玺宝石的记载，一般认为此种宝石是从缅甸、斯里兰卡等国输入的。

2. 品种

碧玺颜色十分丰富，宝石界按颜色及特殊光学效应将碧玺划分成不同的品种。

（1）按照颜色划分

红色碧玺 粉红至红色碧玺的总称。单一红色的碧玺，有深浅不等的色彩。稍浅的俗称"单桃红"，即粉红；"双桃红"是很鲜艳的红色品种；紫红色的俗称"紫水"，很像浓的紫水晶，但仍以红为主色；粉和浅粉色者也归为红碧玺。

绿色碧玺 黄绿至深绿以及蓝绿、棕绿色碧玺的总称。单一绿色者，有深浅不同的色彩及向黄绿、蓝绿过渡或过渡到褐绿色。

蓝色碧玺 浅蓝至深蓝色碧玺的总称。

多色碧玺 由于碧玺色带十分发育，常在一个单晶体上出现红色、绿色的二色色带（图 8-1-77a）或三色色带；色带也可依 Z 轴为中心由里向外形成色环（图 8-1-77b），内红外绿者称"西瓜碧玺"（图 8-1-77c）。

a. 双色碧玺

b. 碧玺中的色带

c. 西瓜碧玺

图 8-1-77 多色碧玺

（2）按照特殊光学效应划分

碧玺猫眼 当电气石中含有大量平行排列的纤维状、管状包裹体时，磨制成弧面宝石时可显示猫眼效应，被称为碧玺猫眼。常见的碧玺猫眼为绿色，少数为蓝色、红色（图8-1-78）。

变色碧玺　具变色效应的碧玺。

3. 基本性质

（1）化学成分

碧玺的化学式为（Na, K, Ca）（Al, Fe, Li, Mg, Mn）$_3$（Al, Cr, Fe, V）$_6$（BO$_3$）$_3$（Si$_6$O$_{18}$）（OH, F）$_4$，是极为复杂的硼硅酸盐，以含B为特征。

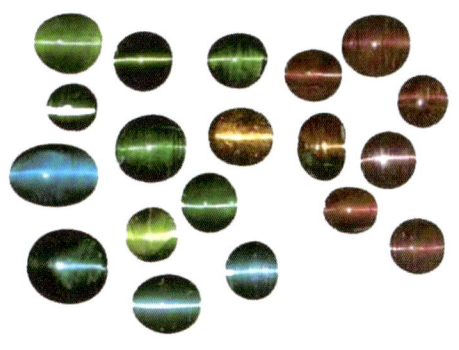

图8-1-78　碧玺猫眼

（2）晶系及结晶习性

碧玺属三方晶系，常见$L^3 3P$对称型，无对称中心。晶体常呈柱状、长柱状，常见单形有三方柱（m）、六方柱（a）、三方单锥（r, o）。晶体两端发育不同的单形。柱面上纵纹发育，横断面呈球面三角形（图8-1-79）。

 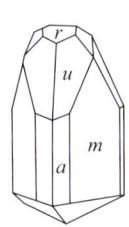 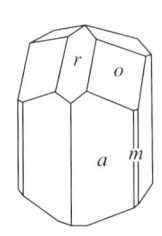 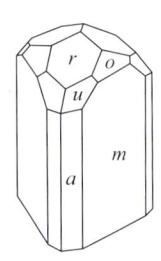  

图8-1-79　碧玺晶形及晶体

（3）光学性质

1）颜色：质纯者无色，但通常呈玫瑰红或粉红、红、绿、深绿、浅蓝、蓝、深蓝、蓝灰、紫、黄、绿黄、褐、黄褐、浅褐橙、黑等色，颜色丰富多彩。同一晶体内外或不同部位可呈双色或多色。碧玺颜色随成分而异，富含铁的碧玺呈暗绿、深蓝、暗褐或黑色；富含镁的碧玺为黄色或褐色；富含锂和锰的碧玺呈玫瑰红色，亦可呈淡蓝色；富含铬的碧玺呈深绿色。碧玺色带发育，色带可依Z轴为中心由里向外形成色环，也可垂直Z轴形成平行排列的色带。

2）光泽和透明度：玻璃光泽；透明至不透明。

3）光性特征：一轴晶，负光性。

4）折射率和双折射率：折射率为1.624~1.644（+0.011，-0.009）。当其成分中富含Fe、Mn时折射率增大。黑色碧玺的折射率可高达1.627~1.657。双折射率为0.018~0.040，通常为0.020。

5）多色性和色散：多色性强度变化于中-强之间，多色性颜色随体色而变化，呈现深浅不同的体色。

6）发光性（紫外荧光）：一般情况下碧玺无荧光，粉红色碧玺在长、短波紫外光照射下有弱红到紫色的荧光。

7）吸收光谱：红色和粉红色碧玺绿色区有一宽吸收带，有时可见525 nm窄带，451 nm和458 nm的吸收线（图8-1-80a）。绿色和蓝色碧玺红区普遍吸收，可见498 nm强吸收带，蓝区有时还可有468 nm吸收线（图8-1-80b）。

8）特殊光学效应：常见猫眼效应，变色效应稀少。

（4）力学性质

1）解理：无解理；贝壳状断口。

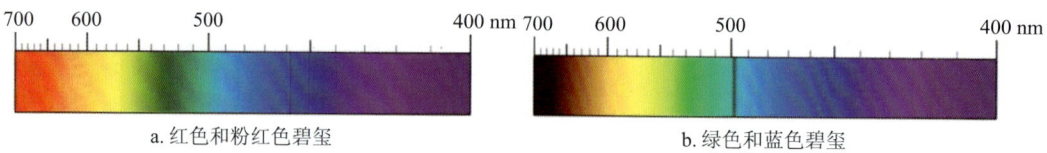

a. 红色和粉红色碧玺　　　　　　　　　　b. 绿色和蓝色碧玺

图 8-1-80　碧玺吸收光谱

2）硬度：摩氏硬度为 7~8。

3）密度：3.06（+0.20，-0.06）g/cm³，与成分有密切关系，当成分中 Fe、Mn 含量增加时密度增加。

（5）电学性质

1）压电性：碧玺宝石为无对称中心的矿物，当碧玺宝石沿特殊方向受力时，能够在垂直应力的两侧表面产生数量相等、符号相反的电荷，且电荷量与压力成正比。

2）热电性：碧玺在温度改变时，在 Z 轴两端产生相反的电荷，易吸附灰尘，因此也被称为"吸灰石"。

（6）内外部显微特征

碧玺内含有典型的不规则线状、管状包裹体和扁平的平行 Z 轴的薄层空穴，包裹体内可被气液充填（图 8-1-81），还可能由少量铁质充填，部分碧玺内可见大量平行纤维，可以出现猫眼效应。常有红色、蓝色、绿色碧玺猫眼。

红色碧玺内部含有许多与晶体长轴平行的裂纹，这些裂纹常被气液包裹体充填，可有镜面反光现象。红色碧玺还含有发丝状的液体包裹体。

绿色碧玺则很少含有与晶体长轴平行的裂纹，而是以含有许多细长而不规则的丝状、"撕裂"状气液包裹体为特征，这些包裹体可以均匀地分布于整个宝石之中，亦称为"毛晶"（图 8-1-82）。

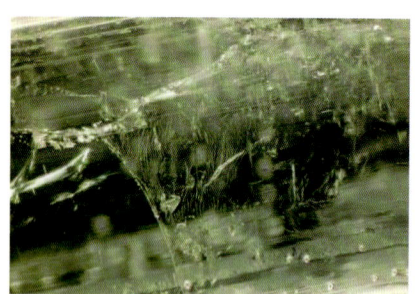

图 8-1-81　碧玺中的气液包裹体

图 8-1-82　碧玺中的"毛晶"

4. 产地与产状

碧玺多与气成作用有关，一般产于花岗伟晶岩及气成热液矿床中，也可产于交代作用形成的变质岩中。一般黑色碧玺形成于较高的温度，绿色、粉红色一般形成于较低的温度。此外，变质矿床中也有碧玺产出。碧玺作为花岗伟晶岩的矿物组成成分，成矿也应该在花岗伟晶岩分布最广泛的地区。

世界上许多国家都盛产碧玺，如巴西、斯里兰卡、缅甸、俄罗斯、意大利、肯尼亚、美国等。其中巴西的米纳斯吉拉斯州所产的彩色碧玺就占世界总产量的 50%~70%，而在巴西的帕拉伊巴州还发现了罕见的紫罗兰色、蓝色碧玺，巴西产出的优质蓝色的透明碧玺被誉为"巴西蓝宝石"。巴西以出产红、绿色碧玺和碧玺猫眼而闻名于世；美国则以出产优质的粉红色碧玺而著称；俄罗斯乌拉尔出产的优质红碧玺有"西伯利亚红宝石"（Siberian Ruby）之称；

意大利则以出产无色碧玺而闻名。

我国优质碧玺主要产在新疆阿尔泰市、内蒙古乌拉特中旗角力格太、云南哀牢山和保山等地的花岗伟晶岩中。

新疆是中国碧玺最为重要的产地，绝大多数产于阿勒泰、富蕴等地的花岗伟晶岩型矿床中，其次为昆仑山地区和南天山腹地。碧玺色泽鲜艳，红色、绿色、蓝色、多色碧玺均有产出，晶体较大，质量比较好。新疆也产出"西瓜碧玺"，颜色成环状分布，外环为墨绿、核心为红色，或外环为黑色、内部为桃红色。

内蒙古是中国碧玺的重要产地之一，分布于乌拉特中旗角力格太等地。质纯者无色、透明。通常呈绿、翠绿、蓝绿、浅绿、黄绿、草绿、天蓝、深蓝、黑、桃红、玫瑰红、浅黄、橘黄、棕黄以及多色。晶体的透明度与其大小有关，一般晶体越小，透明度越高。

云南碧玺大多以单晶体的形式产出，部分碧玺呈棒状、放射状、块状集合体出现。红色碧玺呈粉红、玫瑰红、桃红色，透明到半透明，福贡、元阳等地产出。绿碧玺呈绿、翠绿、墨绿、黄绿、蓝绿、草绿、浅绿、苹果绿等色，透明到半透明，其晶体多为自形、半自形的长柱状，外形一般比较完整，质地较好，贡山、福贡、保山等地产出。蓝色碧玺呈蓝、绿蓝、海蓝等色，透明至半透明，贡山、保山等地产出。多色碧玺晶体裂隙较多，透明度较差，福贡地区产出。

八、托帕石（黄玉）

1. 概述

托帕石的矿物学名称为黄玉，在珠宝领域中两种名称都使用，国家标准正式规定以"托帕石"为标准名称。托帕石因硬度大、颜色美丽而成为自古以来比较贵重的宝石，被当作十一月的生辰石，又是结婚16周年纪念宝石，象征着友情和幸福。托帕石以呈现黄色最为著名而曾称为"黄宝石"，特别是天然产出的酒黄色和天蓝色品种备受欢迎。

2. 品种

托帕石是一种流行而耐用的宝石，有各种各样的颜色，其中最珍贵的为粉红色、红色和金黄橙色（图8-1-83）。

（1）雪莉托帕石

托帕石中最重要的品种，以雪莉酒的颜色（西班牙等国产的浅黄或深褐色的葡萄酒）来命名。包括天然的和处理的不同深浅的以黄、褐为主色调的托帕石，甚至含褐色组分的橙色、橙红色者。其中最昂贵的是橙黄色托帕石，称"帝王黄玉"（图8-1-84），浅橙黄色、金黄色的也属此范畴。罕见的"天鹅绒般"色调柔和的褐黄到黄褐色以及橙色、橙红色的托帕石也备受青睐。

图8-1-83　各色托帕石　　　　　图8-1-84　帝王黄玉

(2) 粉红色、红色托帕石

指粉、浅红到浅紫红或紫罗兰色的托帕石，主要是由黄、褐色托帕石经辐照与热处理而成。由无色托帕石处理的也有，但多带褐色调。稳定的红色总与铬元素相关，并有其特征吸收线。色较深的天然粉红托帕石最受欢迎，但数量极少。

(3) 蓝色托帕石

呈天蓝色，常带一点灰或绿色色调，多色性明显，包裹体较多。蓝色托帕石在国际市场上较畅销，外观似海蓝宝石，但价格却低很多。市场上很多蓝色托帕石是无色或浅蓝色托帕石经辐照处理的产品。

(4) 无色托帕石

无色品种，自然界较多，晶体很大，过去用作钻石代用品，曾被称为"奴隶钻石"。现在是改色托帕石的原料，很少直接作为琢件。

3. 基本性质

(1) 化学成分

托帕石为含氟和羟基的铝的硅酸盐矿物，化学成分为 $Al_2SiO_4(F,OH)_2$，可含微量的 Li、Be、Ga、Ti、Nb、Ta、Cs、Fe、Co、Mg、Mn 等元素。托帕石化学成分特点是含有附加阴离子 F^-，F^- 可部分地被 OH^- 所替代。托帕石的中 $F^-:OH^-$ 值的变化影响其物理性质。

(2) 晶系及结晶习性

托帕石属斜方晶系。斜方柱状，晶形呈短柱状，在晶体的柱面上有明显的纵纹。晶体有时很大，常常一端为锥（图8-1-85），另一端为平面，平面是由底面解理造成的。除晶体外，也呈块状、粒状、滚圆状。

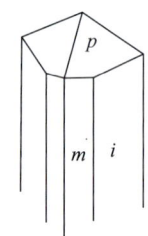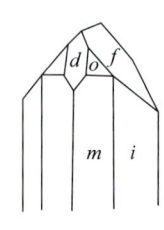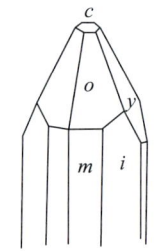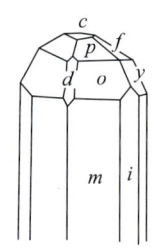

图8-1-85 托帕石晶形及晶体

(3) 光学性质

1) 颜色：一般呈无色、黄棕色-褐黄色、浅蓝色-蓝色、粉红色-褐红色，极少数呈绿色色调。长期的日光照射会使彩色托帕石褪色。与电气石一样，在同一块托帕石上也可能出现两种颜色，如亮粉红色和橘黄色组成的"双色黄玉"。

2) 光泽和透明度：玻璃光泽，透明。

3) 光性特征：二轴晶，正光性。

4) 折射率和双折射率：折射率随成分中 F^- 和 OH^- 含量的变化而变化，与 F^- 的含量呈反比，而与 OH^- 的含量呈正比，一般为 1.619~1.627（±0.010）。无色、褐色及蓝色托帕石折射率（1.61~1.62）比红色、橙色、黄色及粉红色托帕石的折射率（1.63~1.64）低。双折射率变化范围为 0.008~0.010，其大小也与 OH^- 和 F^- 含量变化有关，而且无色、褐色及蓝色托帕石双折射率（0.010）比红色、橙色、黄色及粉红色托帕石双折射率（0.008）高。

5) 多色性和色散：具弱-中的多色性。不同品种托帕石的多色性如下：浅蓝/无色，蓝色/

浅蓝色，棕黄/黄、橙黄色、黄棕/棕色、浅粉红、黄红/黄色、蓝绿/浅绿色。色散值为0.014。

6）发光性：在长波紫外光下，荧光性为无-中，浅褐色和粉红色托帕石呈橙-黄色荧光；蓝色和无色托帕石通常无荧光，有时也可呈很弱的绿黄色的荧光。在短波紫外光下，无-弱，呈橙黄、黄、绿白色荧光。

7）吸收光谱：不特征。

（4）力学性质

1）解理：{001}一组解理完全，常常平行于底轴面断开，看不到它的完整形态。韧性差。

2）硬度：摩氏硬度为8。

3）密度：一般为3.53（±0.04）g/cm³，随晶体中F^-被OH^-替代而减小。

（5）内外部显微特征

与其他大多数主要天然宝石相比，托帕石包裹体相对较少。放大检查可见气-液两相包裹体（图8-1-86），有时在空穴中见两种互不相溶的液体和气泡，且有清晰的分界线把它们分隔开（见图6-3-15）。常见的固体矿物包裹体有云母、钠长石、电气石（图8-1-87）和赤铁矿等，以及负晶（图8-1-88）。当托帕石内部具有平行排列、由气液两相充填的管状包裹体时，经过适当的打磨，即可产生猫眼效应。

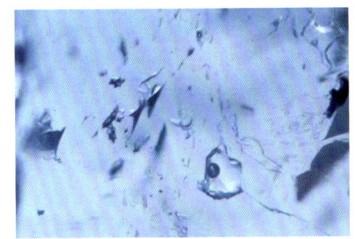
图8-1-86 托帕石中的气液包裹体

图8-1-87 托帕石中的电气石包裹体

图8-1-88 托帕石中的负晶

4. 产地与产状

托帕石是典型的气成热液矿物，主要产于花岗伟晶岩中，其次产于云英岩和高温汽成热液脉及酸性火山岩的气孔中，共生矿物有石英、电气石、萤石、白云母、黑钨矿和锡石等。砂矿型托帕石矿床也是很重要的成因类型。

世界上绝大部分托帕石产于巴西花岗伟晶岩中。另外，在斯里兰卡、俄罗斯乌拉尔山、美国、缅甸和澳大利亚等地也有发现。我国内蒙古、江西和云南等地也出产托帕石。内蒙古的托帕石产于白云母型和二云母型花岗伟晶岩中，与绿柱石、独居石等矿物共生。江西的托帕石属气成高温热液成因，多富集于矿脉较细的支脉内，与石英、白云母、长石、黑钨矿、绿柱石等共生。产于云英岩化花岗岩中的托帕石常与萤石共生，有时则聚集成脉。

九、橄榄石

1. 概述

通常所说的橄榄石是指镁橄榄石和铁橄榄石两个端员组分所形成的连续的类质同象系列的中间成员。其英文名称为"Peridot"或"Olivine"，前者直接源于法文"Peridot"，后者为矿物学名词。橄榄石是一种古老的宝石品种，古埃及人在公元前就开始将它作为饰物了；古罗马人称它为"太阳的宝石"，并用它作为护身符，以驱除邪恶。至今，橄榄石仍以其独有的草绿色和柔和的光泽在珠宝王国占有一席重要之地。橄榄石是八月生辰石。

2. 品种

橄榄石宝石品种如下。

（1）橄榄石

指中到深的绿黄色宝石级橄榄石。

（2）贵橄榄石

指黄绿色及淡的绿黄色宝石级橄榄石。

3. 基本性质

（1）化学成分

橄榄石的化学成分为$(Mg,Fe)_2SiO_4$，可含微量元素 Mn、Ni、Ca、Al、Ti 等。在矿物学中橄榄石族分为三个亚族：镍橄榄石 Ni_2SiO_4、橄榄石$(Mg,Fe)_2SiO_4$、锰橄榄石 Mn_2SiO_4。

宝石学中所指的橄榄石即橄榄石亚族$(Mg,Fe)_2SiO_4$，主要是镁铁类质同象系列。按其中铁含量的高低可分成六个亚种：镁橄榄石、贵橄榄石、透橄榄石、镁铁橄榄石、铁镁橄榄石、铁橄榄石（表8-1-6），但是用作宝石材料的橄榄石只有镁橄榄石和贵橄榄石，作为宝石种可统称为橄榄石。

表8-1-6 橄榄石矿物亚种的划分

名称	镁橄榄石	贵橄榄石	透橄榄石	镁铁橄榄石	铁镁橄榄石	铁橄榄石
$w(Mg_2SiO_4)/\%$	100~90	90~70	70~50	50~30	30~10	10~0
$w(Fe_2SiO_4)/\%$	0~10	10~30	30~50	50~70	70~90	90~100

（2）晶系及结晶习性

橄榄石属斜方晶系，完好晶体沿 Z 轴呈短柱状，主要单形有斜方柱（m、n、l、g、p）、平行双面（a、b、c）、斜方双锥（o），如图8-1-89所示，但完好晶形少见，大多数呈粒状。

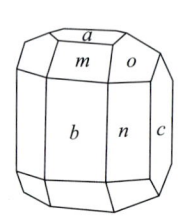 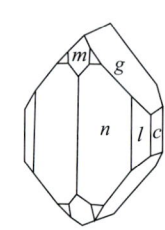 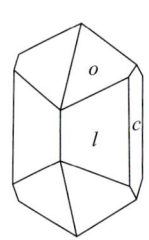 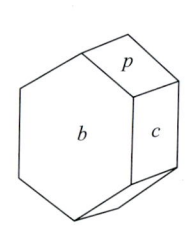 

图8-1-89 橄榄石晶形及晶体

（3）光学性质

1）颜色：橄榄石的颜色是中到深的草绿色（略带黄的绿色，亦称橄榄绿），部分偏黄色（绿黄色），少量呈褐绿色，甚至绿褐色。色调主要随含铁量多少而变化，含铁量越高，颜色越深；褐色调可能是轻度水化引起的，也可能是微量成分锰引起的。橄榄石的颜色是其本身所含的铁等化学成分所致，是一种自色矿物，颜色稳定。

2）光泽和透明度：大部分透明，部分因含固、液、气态包裹体或密集的裂隙而呈半透明。玻璃光泽。

3）光性特征：二轴晶，当铁橄榄石含量少时为正光性，当铁橄榄石含量大于12%时则为负光性。

4）折射率和双折射率：折射率为1.654~1.690（±0.020），折射率大小随成分中铁含量的增加而增大。双折射率0.035~0.038，常为0.036（褐色品种为0.038），所以通过台面可以非常清楚地看到对面棱线的重影。

5) 多色性和色散：橄榄石多色性总体来说较弱。对深绿色品种来说，只有借助二色镜才能见到微弱的三色性，呈黄绿色/弱黄绿色/绿色；浅色品种几乎看不到多色性；褐色品种可显示褐/淡褐/深褐色。中等色散，为0.020，切磨质量高时，可见火彩。

6) 发光性：无。

7) 吸收光谱：在蓝区和蓝绿区有三个等距离的铁的吸收带，分别在453 nm、477 nm和497 nm处（图8-1-90）。

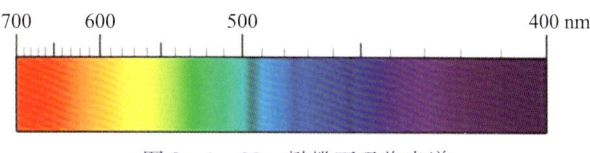

图8-1-90 橄榄石吸收光谱

(4) 力学性质

1) 解理：{010} 解理中等，{001} 解理不完全，脆性较大。

2) 硬度：摩氏硬度为6.5~7，随含铁量的增加而略有增大。

3) 密度：密度为3.34（+0.14，-0.07）g/cm³，其大小随含铁量增加而相应增大。

(5) 内外部显微特征

放大检查可见橄榄石含有丰富的包裹体，大致有以下几类：

1) 深色矿物包裹体：橄榄石中常见矿物包裹体，有的用肉眼即可观察到黑色铬铁矿和深红褐色铬尖晶石等，这些固体包裹体周围常伴有盘状应力纹，或者是气液包裹体，称之为"睡莲叶"状包裹体（图8-1-91）。

2) 负晶：橄榄石中常见负晶存在，周围往往形成圆盘状裂隙和气液包裹体，也称之为"睡莲叶"状包裹体（图8-1-92）。

3) 气液包裹体：橄榄石中可以见到一些针状、柱状、拉长的两头尖的针柱状液态包裹体（图8-1-93），它们沿一定方向排列，其中可见圆形气泡（推测为CO_2）。

图8-1-91 橄榄石中的"睡莲叶"状包裹体

图8-1-92 橄榄石中的负晶

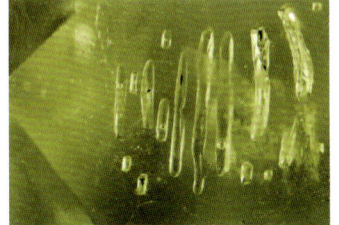

图8-1-93 橄榄石中的气液包裹体

4) 云雾状包裹体：橄榄石中云雾状包裹体很多，有时使橄榄石呈现乳白色半透明状，这些云雾状包裹体是由气泡集合体组成的，可能是因为橄榄石随玄武岩带到地表后，由于温度和压力的骤降，发生固-液不混溶所造成，也可能是位错造成（图8-1-94）。

图8-1-94 橄榄石中的云雾状包裹体

4. 产地与产状

宝石级橄榄石的产状较单一，一般是由玄武岩捕获并带至地表的橄榄岩包裹体经过风化剥蚀后而形成残坡积橄榄石矿床。

中国河北张家口、吉林蛟河是世界优质橄榄石产地。此外，橄榄石还产于美国亚利桑那州和新墨西哥州的砂矿中。缅甸、埃及、巴西、捷克、澳大利亚、肯尼亚等国也产有优质品种，其中埃及扎巴贾德岛自古以来就是优质宝石级橄榄石的主要产地。

十、锆石

1. 概述

锆石，又称为锆英石，是地球上形成最古老的矿物之一。因其稳定性好而成为同位素地质年代学最重要的定年矿物，已测定出的最老的锆石形成于43亿年以前。锆石被人们用作装饰的历史也非常悠久，早在古希腊时期即受到人们的喜爱，光芒四射的锆石被喻为繁荣与成功的象征。锆石是十二月的生辰石。

2. 品种

（1）按照结晶程度划分

锆石根据其结晶程度分为高型、中型和低型三种。

高型锆石　属四方晶系，受辐射少或未受辐射，晶格没有或很少发生变化的锆石。具较高的折射率、双折射率、密度和硬度，是锆石中最重要的宝石品种。常呈四方柱、四方双锥聚形，颜色多呈深黄色、褐色、深红褐色，经热处理可变成无色、蓝色或金黄色。主要产于柬埔寨、泰国。

低型锆石　由不定型的氧化硅和氧化锆的非晶质混合物组成，其结晶程度低、晶格变化大，折射率、双折射率、密度和硬度均较低。低型锆石经一段时间的高温加热，可重新获得高型锆石的特征。宝石级的低型锆石主要产于斯里兰卡，内部有大量的云雾状包裹体，常见颜色有绿色、灰黄色、褐色等。

中型锆石　结晶程度介于高型和低型之间的锆石，其物理性质也介于高型和低型锆石之间。目前中型锆石仅出产于斯里兰卡。常呈黄绿色、绿黄色、褐绿色、绿褐色，深浅不一，主要呈现黄色和褐色的色调。中型锆石在加热至1450℃时，可向高型锆石转化，部分可具有高型锆石的物理特征，但处理后的中型锆石，常呈混浊、不透明状，不太美观，所以市场上很少出现这类锆石，仅供收藏。

（2）按照颜色划分

商贸中常根据锆石的颜色划分品种，主要有：

无色锆石　锆石中常见品种，为高型锆石，可带一些灰色调，主要产于泰国、越南和斯里兰卡。无色锆石主要采用圆钻型切磨，但一般在亭部多出八个面，常称为锆石型切工，可得到很好的火彩效果，因而曾一度被作为钻石的天然仿制品，流行一时。

蓝色锆石　常是经热处理而成。可有纯蓝色、铁蓝色、天蓝色、浅蓝色、稍带绿的浅蓝色，以铁蓝色为最好，这是其他宝石中所没有的颜色，但不常见。热处理的主要原料来源于柬埔寨与越南的交界处。

红色锆石　主要呈红色、橙红、褐红等不同色调的红色，其中以纯正的红色为最佳。红色锆石称为"风信子石"，常是碱性玄武岩中的深源矿物包裹体或片麻岩中的变质矿物，主要产出于斯里兰卡、泰国、柬埔寨、法国。

金黄色锆石　与蓝色锆石一样，同属于热处理产生的颜色。其他色调的黄色可有浅黄、绿黄等。常切磨成圆形、椭圆形或混合形。具高型锆石的特征。

绿色锆石　常为结晶程度较低的锆石。低型锆石常见有绿色，中型锆石可具绿黄、黄色、褐绿、绿褐等不同色调的绿色。有些热处理锆石，由于技术控制不当，可以产生带绿色色调的样品。

3. 基本性质

（1）化学成分

锆石的化学式为$ZrSiO_4$，可含有微量 Mn、Ca、Fe、Mg、Al、P、Hf 以及放射性微量元素 U、Th 等。这些放射性元素释放出 α 粒子，α 粒子不断撞击晶格使晶格受到破坏。这种破坏使得锆石的结晶程度降低，其物理性质也随之改变。根据结晶程度可将锆石分为高、中、低三种类型，其中高型、中型为结晶态，低型接近于非晶态。

（2）晶系及结晶习性

锆石属四方晶系，四方柱（m、a）与四方双锥（p、u、x、s）能够以不同倾斜角度结合。晶体可呈假八面体状，但四方柱常较发育（图8-1-95a）。依 {011} 构成膝状双晶（图8-1-95b）。

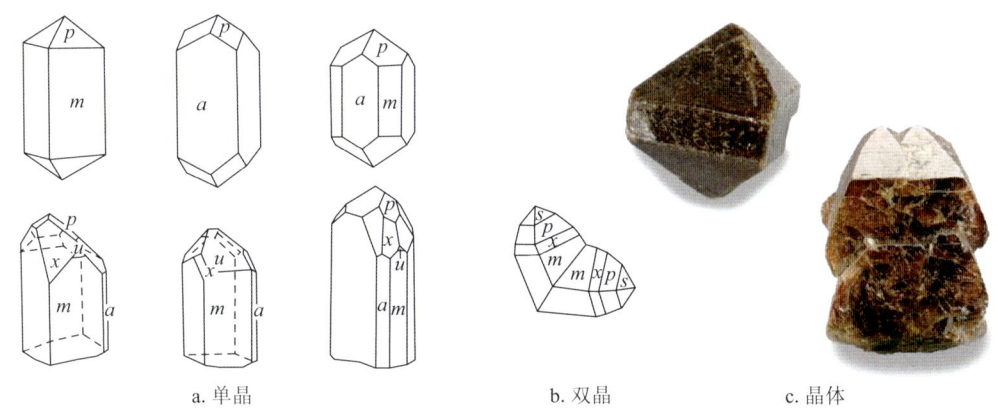

图 8-1-95　锆石晶形及晶体

（3）光学性质

1）颜色：常见有无色、蓝色、绿色、黄绿色、黄色、棕色、褐色、橙色、红色、紫色等（图8-1-96）。

2）光泽和透明度：抛光面为金刚光泽至玻璃光泽，断口为油脂光泽。透明至半透明。

3）光性特征：中、高型锆石为一轴晶，正光性；低型锆石接近于非晶态。

4）折射率和双折射率：折射率从高型至低型逐渐变小，高型锆石折射率为 1.925～1.984（±0.040），双折射率 0.040～0.060；中型锆石折射率为 1.875～1.905（±0.030），双折射率 0.010～0.040；低型锆石折射率为 1.810～1.815（±0.030），双折射率无至很小（表8-1-7）。高型锆石从台面观察易见后刻面棱线重影（见图5-1-9）。

图 8-1-96　各色锆石

表 8-1-7　不同类型锆石的折射率、双折射率和密度

类型	折射率	双折射率	密度/(g·cm^{-3})
高型锆石	1.925～1.984	0.040～0.060	4.60～4.80
中型锆石	1.875～1.905	0.010～0.040	4.10～4.60
低型锆石	1.810～1.815	0.001～0.010	3.90～4.10

5）多色性和色散：锆石的双折射率虽然很大，但其多色性表现一般不明显，热处理产生的蓝色锆石除外。蓝色锆石多色性强，呈蓝/棕黄至无色；绿色锆石多色性很弱，呈绿色/黄绿色；橙至褐色锆石多色性弱至中，呈紫棕色/棕黄色；红色锆石中等，呈紫红/紫褐色。

6）发光性：紫外灯下一般无荧光，但有些具很强荧光，荧光颜色总带有不同程度的黄色。蓝色锆石长波下无至中，浅蓝色荧光；短波下无荧光。绿色锆石一般无荧光，有些可有很弱的绿、黄绿色荧光。棕、褐色锆石无至极弱的红色荧光。红、橙红色锆石无至强的黄、橙色荧光。

7）吸收光谱：锆石的可见光吸收谱中可具 2～40 多条吸收线，特征吸收光谱为 653.5 nm 吸收线（图 8-1-97）。蓝色和无色的锆石只有 653.5 nm 吸收线；绿色锆石可多达 40 条吸收线；红色和橙-棕色锆石无特征吸收线。低型锆石一般只有中心位于 653.5 nm 处的宽吸收带，比较模糊，热处理后较清晰，并产生其他吸收线。

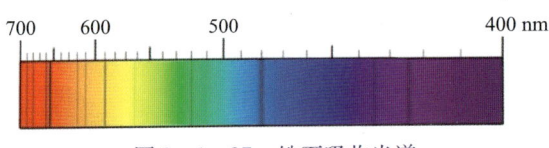

图 8-1-97　锆石吸收光谱

8）特殊光学效应：可具猫眼效应、星光效应，较罕见。

（4）力学性质

1）解理：无解理。断口呈贝壳状。锆石较脆，常见边角有破损（纸蚀）。

2）硬度：摩氏硬度一般为 6～7.5，高型锆石为 7～7.5，低型锆石可低至 6。

3）密度：从高型锆石至低型锆石逐渐变小，范围为 3.90～4.80 g/cm³（表 8-1-7）。

（5）内外部显微特征

高型锆石常具愈合裂隙（图 8-1-98）及矿物包裹体，如磁铁矿、磷灰石（图 8-1-99）、黄铁矿等。高型锆石的后刻面棱线重影十分明显，中、低型锆石常具平直或两个方向的角状色带（图 8-1-100），还可见少量絮状包裹体。锆石中还可见平行的生长管道（图 8-1-101），切磨成弧面型宝石时可呈

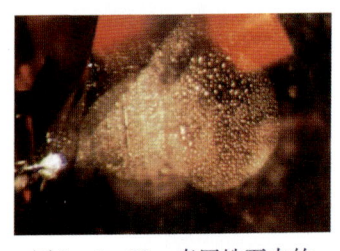

图 8-1-98　泰国锆石中的愈合裂隙

现猫眼效应。

4. 产地与产状

锆石是分布很广的一种岩浆副矿物，多产于花岗岩、正长岩、花岗闪长岩和霞石正长岩中。在前震旦纪花岗片麻岩中也有紫色的锆石。

图 8-1-99　锆石中的半自形磷灰石包裹体

图 8-1-100　斯里兰卡锆石中的正方形色带

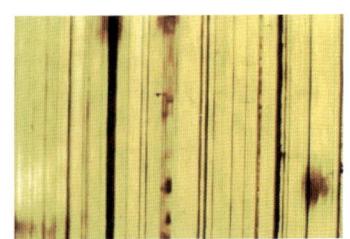

图 8-1-101　锆石中的平行生长管道

目前所知世界宝石级锆石主要产于玄武岩和镁质矽卡岩、硅质矽卡岩风化后的残坡积、冲

积砂矿中。世界上重要的宝石级锆石产于斯里兰卡、柬埔寨、缅甸、泰国、老挝等国。我国宝石级的锆石除产于华东地区外，也产于华南、华北等地区的碱性玄武岩中，有时与蓝宝石及其他碱性玄武岩中的宝石共生。

锆石最重要的产地是越南与泰国交界的区域，这里是唯一产出适于热处理形成蓝色、金黄色和无色锆石的原料产地。

十一、长石

1. 概述

长石的英文名称为"Feldspar"，由德文"Feldspath"演化而来。Spar 是裂开的意思，刚好说明了长石具有完全解理的特性。长石是无水架状结构硅酸盐矿物，长石族矿物产出于各类成因的岩石中，是地壳中分布最广、最重要的造岩矿物，约占地壳总质量的 50%、体积的 60%，它们也是宝石世界里的重要成员。

长石族矿物品种繁多，凡色泽艳丽、透明度高、无裂纹、块度较大者均可用作宝石，重要的长石宝石还具有特殊的光学效应，如月光石、日光石和拉长石等。

2. 品种

长石中重要宝石品种有正长石中的月光石，微斜长石的绿色变种天河石，斜长石中的日光石、拉长石等。

（1）钾长石类宝石品种

钾长石包括正长石、透长石、冰长石、微斜长石、歪长石等。除微斜长石、歪长石属三斜晶系外，其余均为单斜晶系。颜色有肉红、浅红、玫瑰红、灰白、白、黄、绿、淡褐色以及无色。

钾长石类宝石共同宝石学特征：折射率、密度稍低于斜长石，折射率一般为 1.52～1.53（点测），密度为 2.57 g/cm³。

A. 月光石

又称"月长石""月亮石"。在古代，世界上很多国家的人们认为佩戴月光石能给人带来好运，并能唤醒心上人的温柔感情，给人以力量，憧憬美好的未来。月光石与珍珠、变石一起被视为六月生辰石，象征健康、富贵和长寿。

月光石是正长石和钠长石两种成分层状交互的宝石矿物。通常呈无色至白色，还有红棕色、绿色、暗褐色，透明或半透明，常见蓝色、无色或黄色等晕彩，具有特征的月光效应（图 8-1-102）。

月光石密度为 2.55～2.61 g/cm³，折射率为 1.518～1.526（±0.010），双折射率为 0.005～0.008。印度月光石的密度比其他产地的高，为 2.58～2.59 g/cm³；而斯里兰卡月光石的密度较低，接近于 2.56 g/cm³，摩氏硬度为 6，折射率为 1.520～1.525，双折射率为 0.005，点测法折射率约为 1.52，无特征吸收光谱，在长波紫外光下呈弱的蓝色荧光，短波下呈弱的橙红色荧光。

月光石的内部包裹体一般比较特征。特别是在斯里兰卡月光石中，具有平行于晶轴的平直裂理，大多裂理沿 Y 轴方向发育，以成对或多个一组短距离排列，在垂直方向扭曲，形成"蜈蚣"状包裹体（图 8-1-103）；另一种裂理是以空洞或负晶形式出现的裂理。缅甸产月光石有些内部含有针状包裹体，这些针状包裹体有可能形成猫眼效应（图 8-1-104）。

B. 正长石

正长石的化学成分为 $KAlSi_3O_8$，但是很少有纯净的组分，在其中总有数量不等的 NaAl-

Si_3O_8 组分出现（可达 20%，最高为 50%）。正长石常见颜色为浅黄色至金黄色（图 8-1-105），富含铁元素而致色。刻面宝石最大可达两千多克拉。主要产于马达加斯加的伟晶岩中，缅甸产的正长石还可具猫眼效应。

图 8-1-102 月光石

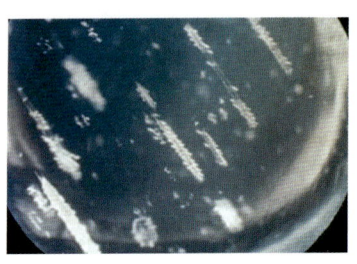
图 8-1-103 月光石中的"蜈蚣"状包裹体

图 8-1-104 月光石猫眼

正长石密度 2.57 g/cm³，折射率点测 1.52~1.53，在蓝区和紫区具铁吸收光谱，在 420 nm 处为强吸收带，448 nm 处为弱吸收带。长、短波紫外光下均呈弱橙红色荧光，在 X 光下发强的橙红色。

C. 冰长石

冰长石为钾长石的低温变种，化学成分为 $KAlSi_3O_8$，其中 Na 的含量比一般钾长石低，属于三斜或者似单斜晶系。单晶体以 {110} 解理发育，呈平行 Z 轴的柱状，横切面为菱形。通常无色，有时呈乳白色（图 8-1-106），透明。已有刻面型和弧面型宝石出现，但是很少。

图 8-1-105 正长石

图 8-1-106 冰长石

冰长石硬度 6~6.5，密度 2.55~2.63 g/cm³，一般为 2.56 g/cm³，折射率点测 1.52~1.53，二轴晶，负光性。

D. 透长石

透长石化学成分为 $KAlSi_3O_8$，其中常含有较多的 $NaAlSi_3O_8$，最高达 60%，为钾长石中稀有品种，常见颜色有无色、粉褐色，呈透明或半透明。

E. 天河石

天河石又称"亚马逊石"，英文 Amazonite 的音译。天河石是微斜长石中呈绿色至蓝绿色的变种（图 8-1-107），成分和微斜长石一样，为 $KAlSi_3O_8$，含有 Rb 和 Cs，一般 Rb_2O 的含量为 1.4%~3.3%，Cs_2O 为 0.4%~0.6%。对于其颜色，有一种说法是含 Rb 致色；也有人认为是其中含有微量的 Pb，取代结构中的 K，引起结构上的缺陷，因而产生色心，才导致呈色的。一般为透明至半透明，常含有斜长石的聚片双晶（图 8-1-108）或穿插双晶，而呈绿色和白色格子状、条纹状或斑纹状，并可见解理面的闪光。

天河石的密度为 2.56（±0.02）g/cm³，二轴晶负光性，折射率为 1.522~1.530（±0.004），比正长石稍高，双折射率为 0.008（通常不可测）。无特征吸收光谱，长波紫外光下呈黄绿色荧光，短波下无反应。

图8-1-107 天河石

图8-1-108 天河石聚片双晶

（2）斜长石类宝石品种

斜长石矿物均属三斜晶系，单晶体常为板状或短柱状，有两组斜交的完全解理（交角86°24'），故名斜长石。常见聚片双晶，透明至半透明，颜色为白至暗灰色，有的呈绿色、肉红色。

斜长石宝石共同的宝石学特征：均为三斜晶系，常呈块状，常发育有聚片双晶等，在底面解理面上可见重复的双晶纹，密度和折射率、光性符号都随成分的变化而有所改变。密度从钠长石的2.60 g/cm³到钙长石的2.76 g/cm³，折射率可从钠长石的1.53～1.54（点测）到钙长石的1.57～1.58（点测）。

A. 日光石

又称"日长石""太阳石"，是钠奥长石中最重要的品种，有时也称为砂金效应长石（图8-1-109）。钠奥长石中因含有大致定向排列的金属矿物薄片，如赤铁矿（图8-1-110）和针铁矿，随着宝石的转动，能反射出红色或金色的反光，即砂金效应。常见颜色为金红色至红褐色，一般呈半透明。

图8-1-109 日光石

图8-1-110 日光石中的赤铁矿包裹体

日光石的密度为2.62～2.67 g/cm³，常见密度为2.64 g/cm³，折射率为1.537～1.547（+0.004，-0.006），在紫外光下无反应。

B. 拉长石

拉长石化学成分为(Ca,Na)[Al(Al,Si)Si$_2$O$_8$]。拉长石最重要的宝石品种是晕彩拉长石，其特征是把宝石样品转动到某一特定角度时，可见整块样品亮起来，可显示蓝色、绿色以及橙色、黄色、金黄色、紫色和红色晕彩，即晕彩效应（图8-1-111）。晕彩产生的原因是拉长石聚片双晶薄层之间的光相互干涉（图8-1-112），或由于拉长石内部包含的细微片状赤铁矿包裹体及一些针状包裹体，使拉长石内部的光产生干涉。

有的拉长石因内部含有针状包裹体，可呈暗黑色，产生蓝色晕彩，如果切磨方向正确，有时还可以产生猫眼效应，这种拉长石还被称为黑色月光石。

图 8-1-111 晕彩拉长石

图 8-1-112 拉长石中的聚片双晶

拉长石的密度为 2.65~2.75 g/cm³，折射率为 1.559~1.568（±0.005），双折射率常为 0.009，色散 0.012，无特征的吸收谱线。

3. 基本性质

（1）化学成分

长石在矿物学中属于长石族。矿物学中将长石族分为钾长石（碱性长石）、斜长石、钡长石三个亚族，与宝石学相关的主要是前两类。

长石矿物从成分上来看，是 Na、Ca、K 和 Ba 等元素组成的铝硅酸盐。长石的一般化学式可以表示为 $XAlSi_3O_8$，其中 X 为 Na、Ca、K、Ba 以及少量的 Li、Rb、Cs、Sr 等，它们为离子半径较大的一价或二价碱金属离子；Si 可以被 Al 以及少量的 B、Ge、Fe、Ti 等替代，它们多为离子半径较小的四价或三价离子。

从化学观点看，大多数长石都包括在钾长石（$KAlSi_3O_8$）-钠长石（$NaAlSi_3O_8$）-钙长石（$CaAl_2Si_2O_8$）的三元系列中，即相当于由钾长石、钠长石、钙长石三种端员成分组成的混溶矿物，其中钾长石和钠长石在高温条件下形成完全类质同象，构成钾长石系列 $KAlSi_3O_8$-$NaAlSi_3O_8$，钠长石和钙长石也能形成完全类质同象，构成斜长石系列 $NaAlSi_3O_8$-$CaAl_2Si_2O_8$，而钾长石和钙长石几乎不能混溶（图 8-1-113）。

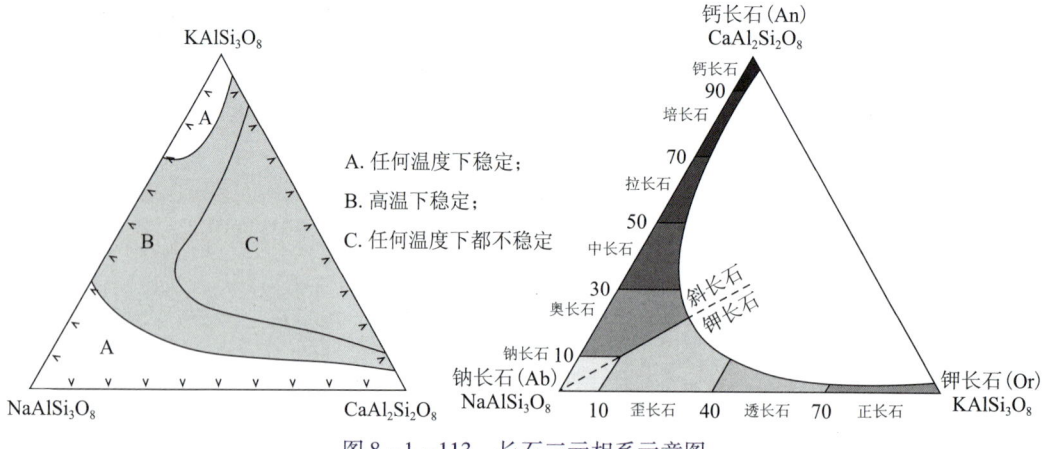
图 8-1-113 长石三元相系示意图

钾长石系列根据化学成分可分为正长石、透长石和微斜长石，以及歪长石。斜长石系列根据化学成分可分为钠长石、奥长石、中长石、拉长石、培长石、钙长石。

（2）晶系及结晶习性

正长石、透长石为单斜晶系，其他为三斜晶系。

长石通常呈板状、短柱状，双晶普遍发育，斜长石发育聚片双晶，钾长石发育卡式双晶和格子状双晶（图 8-1-114）。

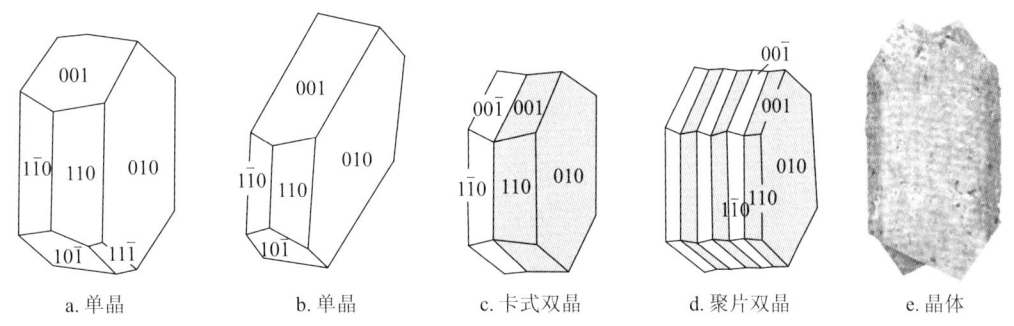

a. 单晶　　　　b. 单晶　　　　c. 卡式双晶　　　d. 聚片双晶　　　e. 晶体

图 8-1-114　常见长石晶形及晶体

(3) 光学性质

1) 颜色：长石通常呈无色至浅黄色、绿色、橙色、褐色等，长石的颜色与其中所含有的微量元素（如 Rb、Fe）、矿物包裹体及特殊光学效应有关。

2) 光泽和透明度：透明至不透明。抛光面呈玻璃光泽，断口呈玻璃至珍珠光泽或油脂光泽。

3) 光性特征：非均质体，二轴晶，正光性或负光性。钾长石一般为负光性，斜长石中的钠长石和拉长石为正光性，其他为正光性或负光性。

4) 折射率和双折射率：钾长石折射率为 1.518~1.533，双折射率为 0.005~0.007；斜长石折射率为 1.529~1.588，双折射率为 0.007~0.013。

5) 多色性：一般不明显，黄色正长石及带色的斜长石可显示不同的多色性。

6) 发光性：紫外荧光灯下呈无至弱的白色、紫色、红色、黄色、黄绿色等颜色的荧光。

7) 吸收光谱：不特征。黄色正长石具 420 nm、448 nm 宽吸收带。

8) 特殊光学效应：月光效应、晕彩效应、猫眼效应、砂金效应、星光效应。

(4) 力学性质

1) 解理及断口：长石具有两组夹角近 90° 的完全解理，有时还可见不完全的第三组解理。长石断口多为不平坦状、阶梯状。

2) 硬度：摩氏硬度为 6~6.5。

3) 密度：密度为 2.55~2.75 g/cm³。

(5) 内外部显微特征

放大检查时，在长石中可见到少量固态包裹体、聚片双晶、解理、双晶纹、气液包裹体、针状包裹体。

月光石：解理发育，可见两组解理近于垂直相交排列构成的"蜈蚣"状包裹体、指纹状包裹体、针状包裹体。

天河石：常见网格状色斑。

拉长石：常见双晶纹，可见针状或板状包裹体。

日光石：常见具有红色或金色的金属矿物板状包裹体。

4. 产地与产状

(1) 月光石

月光石的重要产地是斯里兰卡，位于南部省份 Ambalangoda、中央省份 Dumbara 和 Kandy 区域，产于冲积砾石中。印度也产有月光石，产出的月光石有体色变化。其他产地有马达加斯加、缅甸、坦桑尼亚、南美的加罗里多、印第安纳，以及美国新墨西哥、纽约、北卡罗来纳、宾夕法尼亚等地。

中国的月光石产地有内蒙古、河北、安徽、四川、云南等地。内蒙古的月光石发现于古老的花岗伟晶岩岩脉的长石石英块体带和石英块体带中，与微斜条纹长石连生或共生。另外，在内蒙古中部地区的砂矿中也有月光石发现。河北的月光石发现于宣化城北变质岩系中的花岗伟晶岩脉中，质量较好。安徽的月光石发现于庐江的黑云母二长岩岩体中，呈粒状及似斑状，与斜长石、黑云母、辉石、磷灰石、磁铁矿等共生。此外，四川的月光石发现于丹巴的花岗伟晶岩中，云南的月光石发现于哀牢山变质带。

（2）透明正长石

透明正长石的主要产地为马达加斯加、缅甸。在德国的 Rhineland 也发现有一种玻璃状的正长石变种，呈无色、粉褐色。

（3）天河石

天河石目前主要产于印度的克什米尔和巴西，美国的优质天河石曾一度开采于弗吉尼亚，但现在已采空。北美最重要的产地在科罗拉多州，产于伟晶岩中。另外，加拿大的安大略、俄罗斯的米斯克和乌拉尔山脉、马达加斯加、坦桑尼亚和南非等地均有很好的绿色或蓝绿色的天河石。

我国新疆、甘肃、内蒙古、福建、湖北、湖南、广东、云南、四川等地也产出天河石。新疆的天河石分布于哈密和阿尔泰等地区，甘肃的天河石分布于酒泉地区，云南的天河石分布于贡山县至泸水县间以及元阳等地，其中贡山一带天河石质量较好，分布面积广，有望成为中国未来一个重要的天河石产区。

（4）日光石

最好的日光石产于挪威南部的 Tvedestrand 和 Hitero，日光石产于穿插在片麻岩中的石英脉中，呈块状产出；另一个产地是俄罗斯贝加尔湖地区。此外，在加拿大、印度南部、美国的 Maine 和新墨西哥、纽约等地都有日光石产出。

（5）拉长石

拉长石的主要产地为加拿大、美国、芬兰。加拿大的拉布拉多（Labrador）就以富产宝玉石级的拉长石大晶体而闻名，"Labradorite"（拉长石）一名亦由此而来。优质拉长石产于美国。最漂亮的晕彩拉长石发现于芬兰。

学习任务二　认识常见有机宝石

- 任务目标：熟悉常见有机宝石的基本宝石学特性。
- 任务要求：认真辨析相关概念，结合标本观测，取得对常见有机宝石基本宝石学性质的较深入认识。

【学习材料】

一、珍珠

1. 概述

珍珠，英文名称为"Pearl"，源于拉丁语"Pernnla"，意思是"海之骄子"。珍珠和其他宝玉石不同，浑圆成型，色彩柔美，珠光照人，洁白清丽，典雅高贵，不需琢磨加工就是一件漂亮而珍贵的饰品。自古以来，珍珠一直受到人类的珍爱，代表着纯真、完美、权力和富贵，人们把珍珠誉为宝石"皇后"，是宝石中的一颗璀璨明珠，国际珠宝界将珍珠列为六月份的生辰石和结婚30周年的纪念石。

2. 分类

珍珠的分类可按珍珠的形成原因、生成环境、产地、颜色、形态、大小和母贝种类等特征进行分类，目前尚无统一标准。通常珍珠的分类方法有如下几种。

（1）按成因分类

按成因可分为天然珍珠及养殖珍珠。天然珍珠是在贝类或蚌类等软体动物体内，不经人为因素介入而自然形成的分泌物。它们由碳酸钙（主要为文石）、有机质（主要为贝壳硬蛋白）和水等组成，呈同心层状或同心层放射状结构，具珍珠光泽。养殖珍珠为产珠软体动物在经过人工手术（插核或插片）后，在海洋或江、河、湖泊等养殖环境下，由内分泌作用所形成的一种富含有机质和碳酸钙的球形或近似于球形物质，其表面具珍珠光泽，内部具有同心放射状、平行状构造，分为有核珠或无核珠，形态各异，可受人为因素控制。目前市场上的珍珠主要以养殖珍珠为主，天然珍珠极少，养殖珍珠可分为两类，即淡水养殖珍珠和海水养殖珍珠。

（2）按产出水域环境分类

按产出的水域环境可分为海水珍珠和淡水珍珠。

（3）按产出地区分类

日本海水珍珠（Akoya 珍珠）及淡水养殖珍珠（Biwa 珍珠） 日本的海水养殖珍珠大小通常为 5~8 mm，圆形或半圆形，白玫瑰色或白色。日本淡水养殖珍珠是在 Biwa 湖中采用许氏帆蚌所产的淡水珍珠，主色调为白色及粉红色。

中国海水珍珠及淡水珍珠 中国海水珍珠的著名产地为广西合浦及广东、海南沿海地区。中国海水珍珠大多直径为 5.5~7 mm，以白色、黄色、灰色、深灰色为主。中国淡水珍珠著名产地为浙江诸暨及江苏等地，常见颜色为浅黄、白、粉、灰、紫色等，直径多为 3~12 mm，8 mm 以上的圆珠仅占产量的 1%。

南洋珍珠 专指产出于南太平洋海域沿岸国家的天然或养殖珍珠，其产出地域广泛，主要有澳大利亚、印度尼西亚、菲律宾等地。南洋珍珠主要产于白蝶贝（Pinctada maxima）中，主要色系为白色系列。金色系列为新的子系列，极为稀少，产出于金唇贝中。

塔希提黑色珍珠 自 19 世纪 60 年代以来，塔希提一直出产世界著名的养殖黑色珍珠，而且产量稳定增长，目前年产量约占黑色珍珠的 1%，占世界黑珍珠产量的 95% 左右，使得塔希提几乎成了黑珍珠的代名词。黑色珍珠的其他产地有夏威夷及法属玻利尼西亚。

（4）国家标准中的分类法

我国国家标准中规定，珍珠可按成因和水域进行分类，分为天然珍珠和养殖珍珠两大类。

天然珍珠 指天然贝、蚌类体内形成的珍珠，包括天然海水珍珠，即海珠，是由海洋贝体内产出的珍珠；天然淡水珍珠，即由淡水中蚌类体内产出的珍珠。

养殖珍珠 用人工培育的方法，在贝、蚌类体内形成的珍珠。按照产出水域特点分为海水养殖珍珠，即珍珠是在海洋环境中生长的；淡水养殖珍珠，即珍珠是在淡水江河湖泊中生长的。

3. 基本性质

（1）化学成分

天然珍珠的组成绝大部分是无机碳酸钙，通常以斜方晶系文石和三方晶系方解石形式存在，文石的含量直接影响珍珠的质量。珍珠中无机成分的含量大于91%；有机成分（介壳质）的含量占2.5%~7%；水含量0.5%~2%。不同种类和质量的母贝生长出的珍珠，其化学成分的含量是有所差异的，从而导致珍珠营养、药用价值的差别很大，如淡水珍珠的价值低于海水珍珠。

除此之外，珍珠中还含有Cu、Fe、Zn、Mn、Mg、Cr、Sr、Pb、Na、K、Ti、V等十多种微量元素。微量元素对珍珠的品质及颜色都会带来影响，就像其他宝石一样，微量元素对珍珠的颜色起着重要的作用。

珍珠有机成分的主体是壳角蛋白（也称角质蛋白或固蛋白）和各种色素（类胡萝卜素和金属卟啉）等。

（2）晶系

珍珠中的碳酸钙主要以斜方晶系的文石出现，少数以三方晶系的方解石出现。

（3）结构、构造

珍珠具同心环状结构，对于这种结构形成的原因有两种理论，其一是认为珍珠层的形成顺序是先形成壳角蛋白膜层，然后形成碳酸钙沉积，当碳酸钙的球状晶体长到 $0.25 \sim 0.5~\mu m$ 后就附存在这层薄膜上，并横向生长，最后形成板状结晶，这种结构就像建筑砌砖一样，壳角蛋白如水泥，碳酸钙结晶体就好像泥砖（图8-2-1）。另一种理论认为珍珠结构是复杂多变的，即由最内层的珠核、次内层的不定形有机质层、次外层的方解石棱柱层和最外层的文石珍珠层组成（图8-2-2）。

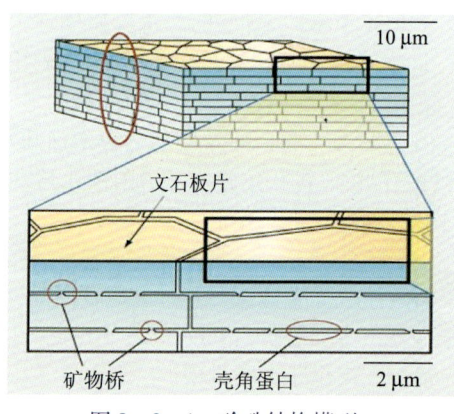

图8-2-1 珍珠结构模型1

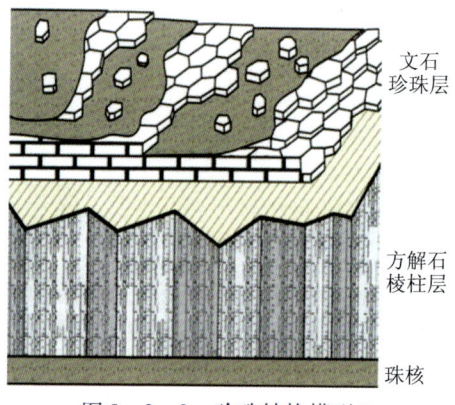

图8-2-2 珍珠结构模型2

A. 有核珍珠的结构

珍珠的最内层为珠核。次内层为无定形基质层，一般该层紧贴于珠核表面，其厚度变化较大。方解石结晶层（也称棱柱层）在各种贝、蚌的珍珠中都常出现，具有一定的普遍性，只不过发育程度、厚度有差别而已。文石晶层（又称珍珠质层）是珍珠的主要成分，直接决定着珍珠质地的优劣，它是由许多文石晶质薄层与壳角蛋白的薄膜交替累积而成，整个文石晶层就是由几百甚至上千个文石薄层累积而成。组成晶层的文石单晶长约 $3 \sim 5~\mu m$，宽约 $2 \sim 3~\mu m$，厚约 $0.2 \sim 0.5~\mu m$，为不规则多边形的扁平平板块状，由壳角蛋白黏结相连，好像砖上加上一层沙浆似的。

珍珠还有一层近似透明的表层，其成分也以 $CaCO_3$ 为主，但 CaO 含量偏低，微量元素明显增加。其厚度一般在 $100 \sim 200~\mu m$ 之间，但不稳定，有的缺失此层。该层是珍珠的外衣，其厚度、排列、微量元素种类直接影响珍珠的质量和颜色，同时也是珍珠优化处理必须考虑的一个环节。有核养殖珍珠的结构除珠核较天然珍珠珠核大之外，其结构基本相同。

B. 无核珍珠的结构

淡水无核养殖珍珠几乎完全由珍珠层构成,不像有核珍珠,中央有一颗大的珠核,外部才是珍珠层。一般它们的半径基本上就是整个珍珠的珍珠层厚度,优质淡水无核养殖珍珠接近圆心部分碳酸钙的层状结晶呈同心环状,通过壳角蛋白的"黏合"由珍珠层叠合而成(图8-2-3)。

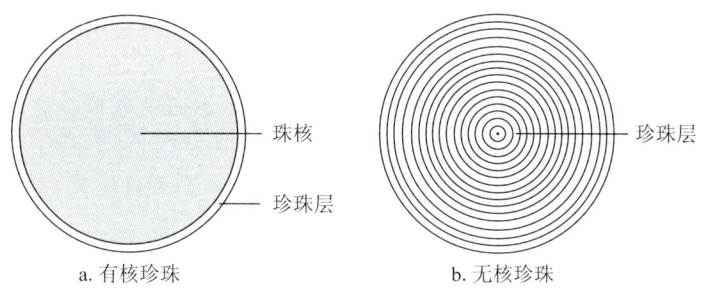

图8-2-3 有核及无核珍珠的结构

C. 珍珠的表面特征

不管哪种理论,都表明珍珠的表面形态应是碳酸钙晶体与壳角蛋白堆积在珍珠表面的一种反映,在理想状态下,这种堆积是紧密、完整的,因此珍珠的表面是干净、光滑的,但由于环境和螺蚌健康程度的影响,珍珠会出现许多沟纹、瘤刺、斑点等瑕疵。

(4) 光学性质

1) 颜色:珍珠的颜色是其体色、伴色和晕彩综合的颜色(图8-2-4)。颜色的描述以体色描述为主,伴色和晕彩描述为辅。

体色 又称为本体颜色,也称背景色,是珍珠对白光的选择性吸收产生的颜色,它取决于珍珠本身所含的各种色素和微量金属元素。根据珍珠的体色,可将珍珠颜色分为以下五个系列。白色系列:纯白色、奶白色、银白色、瓷白色等。

图8-2-4 各色珍珠

红色系列:粉红色、浅玫瑰色、浅紫红色等。黄色系列:浅黄色、米黄色、金黄色、橙黄色等。黑色系列:黑色、蓝黑色、灰黑色、褐黑色、紫黑色、棕黑色、铁灰色等。其他颜色:紫色、褐色、青色、蓝色、棕色、紫红色、绿黄色、浅蓝色、绿色、古铜色等。

伴色 漂浮在珍珠表面的一种或几种颜色。可能有的伴色有:白色、粉红色、玫瑰色、银白色或绿色等。

晕彩 在珍珠表面或表面下层形成的可漂移的彩虹色,是加在其体色之上的,是从珍珠表面反射光中观察到的,由珍珠次表面的内部珠层对光的反射、干涉等综合作用形成的特有色彩。晕彩可分为:晕彩强、晕彩明显、有晕彩和无晕彩。

2) 光泽和透明度:珍珠光泽,随珍珠层的薄厚及透明度的不同,珍珠光泽将发生变化。按光泽的强弱,光泽又可细分为极强珍珠光泽、强珍珠光泽、中等珍珠光泽、弱珍珠光泽四个级别。半透明至不透明。

3) 光性特征:非均质集合体。

4) 折射率和双折射率:折射率为1.530~1.685,多为1.53~1.56;双折射率不可测。

5) 发光性:黑色珍珠在长波紫外光下呈现弱至中等的红色、橙红色荧光。其他珍珠呈现无至强的浅蓝色、黄色、绿色、粉红色荧光。

6) 吸收光谱:珍珠无特征吸收光谱。

(5) 力学性质

1) 解理：集合体无解理。

2) 硬度和韧度：摩氏硬度为 2.5~4.5。韧性强。

3) 密度：珍珠的密度一般在 2.60~2.85 g/cm³ 之间，不同种类、不同产地珍珠的密度会略有差异。

(6) 内外部显微特征

显微镜下观察珍珠，可见覆盖珍珠的结晶物或含有珍珠层的小型板状物，表面呈各种形态的花纹，有平行线状、平行圈层状、不规则条纹状、旋涡状（图 8-2-5），很像地图上的等高线纹理，也有光滑无条纹的。这种珍珠在电子显微镜下可清晰地看到台阶状的碳酸钙结晶层，每层都由六方板状的结晶体和胶状物质平行叠瓦状连接而成（图 8-2-6），其间有许多小孔隙。

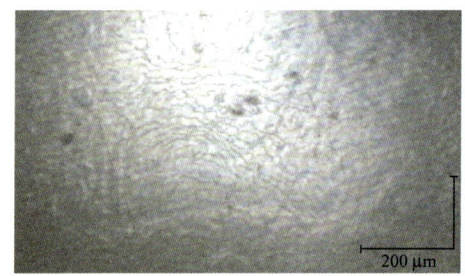
a. 淡水珍珠

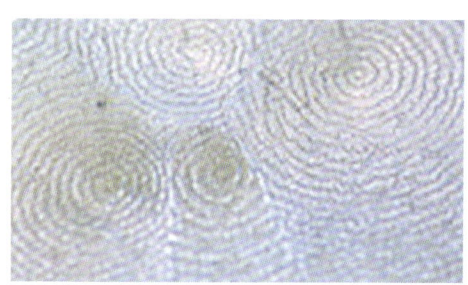
b. 海水珍珠

图 8-2-5　珍珠表面结构

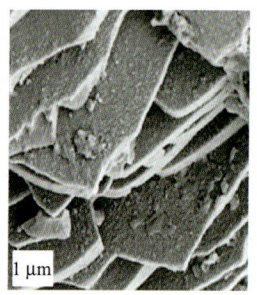

图 8-2-6　珍珠表面的平行叠瓦状构造

从内部结构看，有核珍珠有明显的珠核，无核珍珠无珠核（图 8-2-7）。

a. 有核珍珠　　　　　　　　　　b. 无核珍珠

图 8-2-7　珍珠的内部结构

4. 珍珠养殖

(1) 珠母贝的种类及特点

世界上约有数十万种贝类，其中只有 30 种以上的贝类适合珍珠养殖。世界各地都有产珠贝分布，主要分布于东南亚、澳大利亚、中美洲、西欧和非洲等地。

目前用于海水养殖珍珠的贝类主要有珠母贝属和珍珠贝属（图8-2-8）。

图8-2-8　海水养殖珍珠贝

珠母贝属（Pinctada）：马氏珠母贝（Pinctada fucata）、白蝶贝（Pinctada maxima）、黑蝶贝（Pinctada margaritifren）。

珍珠贝属（Pteria）：企鹅贝（Pteria Penguin）。

马氏珠母贝按形状划分属于中型贝，长、高为7~8 cm，厚约3 cm，在我国俗称为合浦珠母贝，在日本称为Akoya贝。其分布范围大致从东北亚至澳大利亚的太平洋海域。在我国，马氏珠母贝所产海水珍珠占海水珠年产量的85%~90%，主要分布于广东、广西、海南沿海。

白蝶贝为养殖白色南洋珠的主要贝类，为大型贝类，长、高为20~30 cm，重3000~3500 g，外壳为黄色，内壳中央部分为银白色，周边部分为黄褐色。主要栖息场所为岛屿众多、水质佳且水温温暖的澳大利亚北部海域。此外，在印度尼西亚东北部、菲律宾、缅甸、马来西亚也有分布。

黑蝶贝为养殖黑色南洋珠的主要贝类，长、高为15~20 cm，外壳为黑紫色或黑绿色，存活时间可长达30年之久。黑蝶贝常和珊瑚伴生，栖息地水流较急，分布地域宽广。大致分布在太平洋及印度洋的赤道附近，如秘鲁、巴拿马、菲律宾及塔希提，其中以塔希提所产黑色南洋珠最为著名。

企鹅贝为养殖半圆形珍珠的主要贝类，长、高为20~25 cm，宽约4 cm，栖息地主要分布在柬埔寨、斯里兰卡及日本的奄美大岛附近。

目前用于淡水养殖珍珠的贝类主要有三角帆蚌（Hyriopsis cumingii）、褶纹冠蚌（Cristaria plicata）和许氏帆蚌（Hyriopsis schlegeli）（图8-2-9）。

a.三角帆蚌　　　　　　b.褶纹冠蚌　　　　　　c.许氏帆蚌

图8-2-9　淡水养殖珍珠蚌

三角帆蚌贝壳大而扁平，壳长可达19 cm，壳高9 cm，宽4 cm，壳质较厚、坚硬，外形略呈不等边三角形，为我国特有品种，分布于河北、山东、安徽、江苏、浙江、江西等省，品质优良，植核手术操作便利，成活率高，产珠质量好。

褶纹冠蚌具大型贝壳，壳长可达29 cm，壳高17 cm，宽10 cm，壳质较厚、坚固且膨胀，外形略呈不等边三角形，贝壳两侧不对称。分布于我国黑龙江、河北、河南、山东、安徽、江苏、浙江等地，为淡水育珠的优良品种之一。分布范围比三角帆蚌广泛，所要求的栖息环境不严格，产量较大，成珠快，外套膜厚实，产珠质量仅次于三角帆蚌。

许氏帆蚌为日本淡水产珠贝，也称为池蝶贝，是世界优质淡水育珠贝，其成珠速度是三角帆蚌的两倍。日本就是以该贝培育淡水珍珠而成为世界珍珠大国的。

（2）养殖珍珠的种类

早在13世纪，中国人就将诸如小菩萨像等物件放置于贝类的壳与外套膜之间，经过一段时间，这些物件表面便可覆盖上珍珠层，这是最早的养珠技术，该技术后来传入日本。日本人御木本幸吉采用并发展了这一技术，使人工养殖珍珠得以成功。目前人工养殖珍珠主要有以下几种。

全核人工养殖珍珠　将一颗完整的珠核置入软体动物的外套膜内，最终这个珠核可以覆盖上大约1.5 mm的珍珠层，形成一个完整的球形珍珠。

贝附珍珠　将珠核置于软体动物的壳与外套膜之间，将置核后的软体动物放入水中生活数年，珠核上面就会覆盖一层天然钙质膜。养殖后的珍珠加工方法各异，有时将后部切掉，然后在半形珠上粘一层珠母质，经车、磨、抛光后形成拼合珍珠（图8-2-10）。

Mabe珍珠　通常是将上述贝附珍珠中的珠核去除，换上新的小珠，或用蜡充填其间，然后再拼合上一块珠母层，加工成一圆形珍珠，称Mabe珍珠（图8-2-11）。

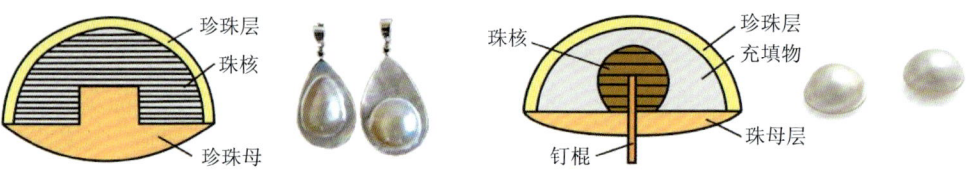

图8-2-10　贝附珍珠　　　　　　　　图8-2-11　Mabe珍珠

无核养殖珍珠　用外套膜的微块替代珠核植入软体动物的外套膜中，一个珠蚌可以植入大约50个外套膜微块，经过三四年就可以收获珍珠。这种方法养殖的珍珠形态差异很大，在很大程度上取决于被植入的外套膜的形态，但该种养殖方法产量高，目前在淡水养殖珍珠中已占有相当重要的地位。

商业上常说的客旭（Keshi）珍珠是指那些数量较大，外表呈黑色和白色，形状古怪、不规则的无核海水养殖珍珠（图8-2-12）。优质的客旭珍珠以其强的珍珠光泽和彩虹色而著称。南洋珠中有较好质量的客旭珠产出。

（3）珍珠形成的机理

珍珠实际上是外来异物进入蚌类软体内部时，引起蚌类抵抗外来侵入机制反应的结果。当外来的沙粒、珠核或外套膜块进入这些软体动物的外套膜时，由于受这些外来物质的侵入、刺激，激发了蚌类的防御机制，外套膜便会分泌出黏液（也就是碳酸钙和有机质构成的珍珠质），将它们一层一层地包裹起来，形成一层层呈叠瓦状的同心珍珠层，一般每一层代表一个生长季节，经过一段时间的生长便形成了珍珠（图8-2-13）。

图8-2-12　塔希提keshi珍珠

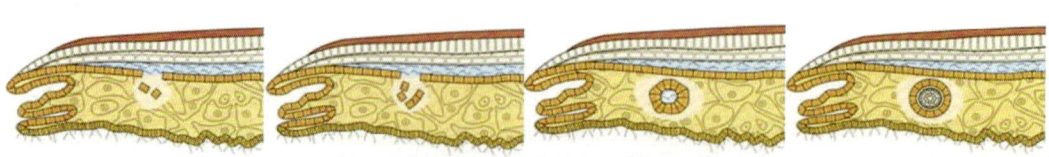

a. 沙粒进入母体内　　b. 外套膜受刺激　　c. 外套膜包裹沙粒形成珍珠囊　　d. 珍珠质不断分泌形成珍珠

图8-2-13　珍珠的形成过程

5. 优化处理

珍珠经过优化处理，颜色更加悦目，这在商业上是很有价值的。珍珠的优化工艺一般包括预前处理→漂白→增白→上光等工艺流程，另外还有珍珠剥皮处理、表面裂隙充填和γ射线辐射等处理方法。

（1）优化

1）预前处理。预前处理的好坏直接影响到后序工艺的效果，预前处理主要包括分选（图8-2-14）、打孔（图8-2-15）、膨化、脱水、光照等环节。

图8-2-14 珍珠分选

图8-2-15 珍珠打孔

2）漂白。早在1924年，人们就将漂白法广泛应用于天然和养殖珍珠。漂白是珍珠优化过程中最重要的一环。目前，国外多采用过氧化氢漂白法和氯气漂白法两种：过氧化氢（H_2O_2）漂白法是将珍珠浸泡于浓度为2%~4%的过氧化氢溶液中，温度为20~30℃、pH值在7~8之间，同时将其暴露在阳光或紫外线下，经过约20天以上的漂白，珍珠即会变为灰白色或银白色，效果好时可变成纯白色；氯气漂白法利用氯气的漂白能力比过氧化氢强的原理对珍珠进行漂白，使用这种漂白方法不当时会使珍珠变得易碎和易脆，或留下一个白垩色的粉状表面，因此这种漂白方法不常使用。

3）增白。漂白不能使珍珠中的色团完全变白，因此利用荧光增白处理是一种很好的方法，它是利用光学中互补色原理来达到增白、增色的。使用这种方法要求水质很高，不含铁、铜等金属离子，一般需要软化处理。目前，日本采用的是第三代增白技术——固体增白。

4）上光。即抛光，是一道很重要的工序，好的上光可增强漂白、增白效果。目前采用的抛光材料有小竹片、小石头及石蜡，也有的用木屑、颗粒食盐、硅藻土等，抛光后的珍珠应用洗涤剂洗净晾干。

（2）处理

1）染色。珍珠内部的多孔结构使珍珠的染色成为可能，珍珠的染色可分为化学着色和中心染色两种方法（图8-2-16）。化学着色是将珍珠浸于某些特殊的化学溶液中上色，如用冷高锰酸钾作为染料，可染成棕色。将珍珠浸泡在某些特殊的化学溶液中，可使表面染成各种颜色，如将珍珠置于碱性钴盐配制的溶液中，可染成粉红色。在海水珍珠中，黑色珍珠产量稀少，比较珍贵，所以常有用天然珍珠染色冒充黑珍珠，染色方法是将珍珠放在硝酸银溶液中浸泡，再取出放在阳光下晒，即变成黑色。中心染色法是将染料注入事先打好的孔洞中，使珍珠显色。

2）辐射处理。γ射线辐射法所用放射源为^{60}Co，强度为$3.7×10^{13}$ Bq（相当于1000居里），辐射距离约1 cm，辐照时间为20分钟，经过辐射的珍珠可产生蓝灰色和黑色（图8-2-17），处理结果稳定。并不是所有珍珠都可利用辐照改变颜色，实验证明，在γ射线辐射中，淡水珍珠比海水珍珠易改变颜色。

图 8-2-16　染色珍珠　　　　　　　　　图 8-2-17　辐照改色珍珠

3）其他处理方法。①珍珠的剥皮处理：用极细的工具小心地剥掉珍珠不美观的表层，希望在其下部找到一个更好的表层。这种操作难度大，有时一次剥离会导致再一次的剥离，直至不剩珍珠层为止。目前，国内较少使用此方法，国外仍在采用。②表面裂隙充填法：珍珠表面的细小裂隙必须及时愈合，以保证珍珠光泽和外观的美丽。具体方法是将珍珠浸于热橄榄油中，油的渗透使珍珠表面裂隙渐渐"愈合"。如果将温度升至150 ℃，珍珠表面将产生一种深棕色。

6. 品质评价

珍珠的价值在于它质量的优劣。评价珍珠质量的因素包括颜色、光泽、形状、珍珠层厚度、珠面质量、大小、加工精细程度及匹配性等，这些也是选购、收藏珍珠饰品的标准。

（1）颜色

珍珠具有各种不同的颜色，珍珠的颜色是指其体色、伴色及晕彩的综合特征。

珍珠对白光选择性吸收产生的颜色称为体色，体色是珍珠本身整体的颜色，它取决于珍珠的各种致色离子、有机色素的种类和含量。

漂浮在珍珠表面的一种或几种颜色称为伴色。伴色一般叠加在珍珠的体色上，使珍珠魅力倍增。珍珠一般有各种不同的伴色，最常见的伴色是粉红色、蓝色、玫瑰色、银白色和绿色。一般而言，黑珍珠的伴色多为绿色或蓝色；粉红色珍珠的伴色为玫瑰色系；白色珍珠具有玫瑰色、粉红色和其他颜色的伴色。

晕彩是指在珍珠表面或表层下形成的可漂移的彩虹色，是由珍珠的结构所导致的光的折射、反射、漫反射、衍射等光学现象的综合反映，也称之为光彩。晕彩主要有粉红、绿、黄、橙、蓝、紫等或多种色彩组合的彩虹。滚动珍珠以寻找晕彩，可能有两种或更多彩虹颜色出现在珍珠表面或表层。

对珍珠颜色的描述一般以体色描述为主，伴色和晕彩描述为辅。

养殖珍珠的颜色多种多样，一般按珍珠的颜色可分为白色系列、红色系列、黄色系列、黑色系列和其他颜色五个系列。

颜色是珍珠质量评价的重要指标，但因各地的民俗、种族、爱好、文化背景和市场需求不同，对颜色的爱好也不尽相同。一般而言，珍珠颜色的价差不会太大，但某种颜色的流行需求和稀缺性会较大地影响它们的价格。即便如此，颜色价值的权重也只占珍珠价值的10% ~ 20%。

（2）光泽

珍珠光泽指的是珍珠表面反射光的强度及映像的清晰程度。珍珠光泽的产生是由其多层结构对光的反射、折射和干涉等综合作用的结果。

珍珠光泽一般划分为四个等级，分别为极强、强、中和弱（表8-2-1；图8-2-18）。

珍珠光泽强弱主要决定于珍珠层的物相组成、有序度及厚度，也受贝体的健康与否、海水温度高低、珍珠生长时间长短和速度快慢等因素影响。一般而言，珍珠质层越多、珠层越厚、文石排列有序度越高，则珍珠光泽越强。

表 8-2-1　养殖珍珠光泽质量要求

光泽级别		海水养殖珍珠质量要求	淡水养殖珍珠质量要求
极强	A	反射光特别明亮、锐利、均匀，表面像镜子，映像清晰	反射光很明亮，锐利、均匀，映像很清晰
强	B	反射光明亮、锐利、均匀，映像清晰	反射光明亮，表面能见物体影像
中	C	反射光特别明亮，表面能见物体影像	反射光不明亮，表面能照见物体，但影像较模糊
弱	D	反射光较弱，表面能照见物体，但影像较模糊	反射光全部为漫反射光，表面光泽呆滞，几乎无映像

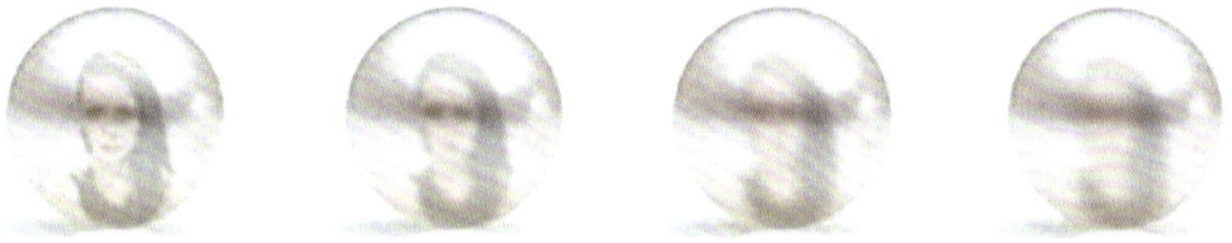

　　极强　　　　　　　强　　　　　　　中　　　　　　　弱

图 8-2-18　珍珠光泽级别

　　珍珠评价中，光泽和珠面质量分别约占 25% 的权重，因此，光泽和珠面质量不仅是选购珍珠的主要因素，也是珍珠贸易中价格高低的决定因素。

（3）形状

　　珍珠的形状是指珍珠的外部形态。珍珠的形成受众多因素的影响，其形状以球形为主，如圆形、椭圆形和水滴形等。此外还有不规则状的异形珍珠，这些造型如果得到巧妙地设计和应用，也会达到意想不到的美学效果和极高的艺术价值。

　　在中国养殖珍珠国家标准中，将海水珍珠形状一般分为正圆、圆、近圆、椭圆、扁平、异形等（图 8-2-19），圆度越高越好。正圆、圆、近圆形海水珍珠以最小直径来表示，其他形状海水珍珠以最大直径和最小直径表示。

　圆　　　　近圆　　　　椭圆　　　　水滴　　　　扁平　　　　腰线　　　　异形

图 8-2-19　珍珠的形状

　　淡水珍珠形状与海水珍珠的分类基本相同，但在小类划分尺度上略有差异，国际珍珠标准将其分为圆形类、椭圆形类、扁圆形类和异形类四大类。圆形类分为正圆、圆、近圆三个级别；椭圆形分为短椭圆、长椭圆两个级别；扁圆形分为高形、低形两个级别；异形类仅分异形一个级别。

（4）珍珠层厚度

　　一般将珠层厚度分为特厚、厚、中、薄、极薄五个级别。珍珠层厚度对不同贝类是不同的，南洋珠一般达 2 mm 以上，故质量均优；而合浦珠母贝养殖的海水珠则要求不同，贝体小、养殖时间短，只要达到 0.3 mm 以上即可，小于此标准则为不合格珍珠。

（5）珠面质量

　　珍珠的珠面质量包括瑕疵和光洁度。

　　珍珠瑕疵是指导致珍珠表面不光滑、不美观的内外部缺陷。光洁度指珍珠瑕疵多少的总程度（图 8-2-20）。

　　珍珠珠面常见的瑕疵有腰线、隆起（丘疹、尾巴）、凹陷（平头）、皱纹（沟纹）、破损、

无瑕疵　　微瑕疵　　30%表面瑕疵　　50%表面瑕疵　　重瑕疵　　极重瑕疵

图 8-2-20　珍珠的珠面质量

缺口、斑点（黑点）、针夹、划痕、剥落痕、裂纹及珍珠疤等。

珍珠瑕疵的观察，一般以肉眼观察为主，无须借助任何放大设备。对单粒珍珠进行瑕疵评定时，根据其数量、大小、种类和位置来分级；但对一串珍珠（如项链）进行瑕疵评定时，要进行综合考虑，大溪地珍珠行业以瑕疵所占的百分数为判断依据。

（6）大小

珍珠的大小指单粒珍珠的尺寸。正圆、圆、近圆形养殖珍珠以最小直径来表示，其他形状的养殖珍珠以最大直径和最小直径来表示。

珍珠的大小与价值关系极为密切，一般而言，越大越贵重。影响珍珠大小的因素很多，其中贝类的大小直接影响其孕育珍珠的大小。一般来讲，贝体越大，产出的珍珠也越大。对海水珍珠而言，贝体大者可植入大的珠核，但在珠核得以长大之前，贝体排出珠核及死亡的可能性也随之增加。因此，珍珠越大越稀有，价值也越高。

一般珍珠的大小按直径（毫米）可分为下述六个等级：厘珠（$\Phi = 2.0 \sim 5.0$ mm，一般小于 5.0 mm）、小珠（$\Phi = 5.0 \sim 5.5$ mm）、中珠（$\Phi = 5.5 \sim 7.0$ mm）、大珠（$\Phi = 7.0 \sim 7.5$ mm）、特大珠（$\Phi = 7.5 \sim 8.0$ mm）、超特大珠（$\Phi > 8.0$ mm）。

珍珠大小对其价值和价格都有重大影响，在同等条件下（皮光、皮色、形状），珍珠越大价值越高。

（7）匹配

珍珠可以制成多种首饰品，如项链、手链、耳饰、戒指等。若以品质评价来说，是针对戒指上单一的珍珠来评定等级，但如果鉴定的是由多粒珍珠组成的饰品，则必须视整件饰品的珍珠做统一的评定，而并非只取其中的一颗来决定整件饰品的珍珠的品质。对整件饰品的珍珠来说，同样必须依照珍珠的光泽、光洁度、形状、颜色及大小来区分等级的高低，并且要求整件饰品的珍珠要整齐划一。习惯上，将多粒珍珠饰品中养殖珍珠匹配性级别划分为三个级别：很好、好、一般。

7. 产地

（1）天然珍珠

产于波斯湾地区的东方珍珠已成为天然珍珠的代名词。巴黎是世界上天然珍珠的销售中心，巴黎市场上 90% 的珍珠来自波斯湾。世界上最优质的珍珠以波斯湾地区巴林岛的为最佳。伊朗、阿曼、沙特阿拉伯海岸已有 2000 多年的产珠历史。

印度和斯里兰卡之间的马纳尔湾也是具有悠久历史的珍珠产地。

美国田纳西州的天然淡水珠很多，颜色似彩虹，主要有白色、粉红色，偶尔有绿色、灰色和黑色等。

（2）养殖珍珠

世界上的养殖珍珠主要产于中国、日本。

中国的海水养殖珍珠主要分布于南海北部湾及南海海域，也称之为"南珠"。如历史悠久的广西合浦珍珠，色泽艳丽，质地优良。海水养殖珍珠以广东、广西、海南省发展最为迅速。

南珠代表性的品种是产自广西北海的海水养殖珍珠。

中国的淡水无核养殖珍珠主要分布于浙江、江苏、上海、安徽、江西、湖南、湖北等地。其中以浙江、江苏产量较大。据业界粗略估计,浙江省约有上万个淡水珠养殖户,江苏省的数目更多,但养殖场规模一般较浙江小。两省珍珠产量超过全国淡水珠总产量的八成。目前中国的淡水养殖珍珠超过世界总产量的90%。

日本的海水养殖珍珠主要分布于三重、高知、爱媛、长崎、广岛、神户等县,其中三重县为世界优质海水养殖珍珠的著名产地,珠径可达 9~10 mm。淡水养殖珍珠主要产于日本列岛中部的琵琶湖和霞浦湖。

此外,塔希提岛、澳大利亚、印度尼西亚、菲律宾、泰国、缅甸及其他国家和地区也拥有发展程度不同的珍珠养殖业。

一个多世纪以来,塔希提一直是世界著名的黑珍珠产出地区,而且产量稳定增长,占世界黑珍珠产量的90%左右,塔希提几乎成为黑珍珠的代名词。生产黑珍珠的另一个主要产地是夏威夷。

所谓的南洋珍珠是指产于南太平洋海域沿岸国家的天然或养殖珍珠,主要产地包括澳大利亚、印度尼西亚和菲律宾。南洋珠以白色著称,但实际上有白色、黑色和金色三个系列。其中澳大利亚是目前世界上最大的白色海水养殖珍珠的产出国。

二、琥珀

1. 概述

在中国古代,琥珀曾被称作"虎魄""兽魄""育沛""顿牟""江珠""遗玉"等,谓"虎死精魄入地化为石",或认为琥珀是老虎流下的眼泪,这些传说蕴含着中国古人对琥珀的揣测和追寻,暗示着人们认为琥珀有趋吉避凶、镇宅安神的功能。

琥珀是中生代白垩纪至新生代新近纪松柏科植物的树脂,经地质作用而形成的有机混合物。琥珀的形成一般有三个阶段,第一阶段是树脂从柏松树上分泌出来;第二阶段是树脂被深埋,并发生了石化作用,树脂的成分、结构和特征都发生了明显的变化;第三阶段是石化树脂被冲刷、搬运、沉积和发生成岩作用,从而形成了琥珀。

2. 分类

在国家标准中,没有对琥珀进行进一步的分类,但在商业中常根据琥珀的成因、产地及不同特征来命名。结合商业习惯称呼,琥珀的主要类型有血珀、金珀、蜜蜡、金绞蜜、香珀、虫珀、石珀、蓝珀等,另外还有灵珀、花珀、水珀、明珀、蜡珀、红松脂等其他类型。

(1) 血珀

红色透明,又称红珀,色红如血者为琥珀中的上品(图8-2-21a)。

(2) 金珀

金黄色透明的琥珀(图8-2-21b)。

(3) 蜜蜡

半透明至不透明,可以呈现各种颜色,以金黄色、棕黄色、蛋黄色等黄色最为普遍,有蜡状感,光泽有蜡状-树脂光泽,也有呈玻璃光泽的(图8-2-21c)。

(4) 金绞蜜

当透明的金珀与半透明的蜜蜡互相绞缠在一起时,形成一种黄色的具绞缠状花纹的琥珀(图8-2-21d)。

a. 血珀　　　　　b. 金珀　　　　　c. 蜜蜡
d. 金绞蜜　　　　e. 虫珀　　　　　f. 蓝珀

图 8-2-21　琥珀的分类

(5) 香珀

具有香味的琥珀。

(6) 虫珀

包含有动物、植物遗体的琥珀，其中以"琥珀藏蜂""琥珀藏蚊""琥珀藏蝇"等较为珍贵（图 8-2-21e）。

(7) 石珀

有一定石化程度，硬度比其他琥珀大，色黄而坚润的琥珀。

(8) 蓝珀

在紫外灯下呈现蓝色荧光的琥珀（图 8-2-21f）。

(9) 其他类型

琥珀的其他类型也是根据琥珀的不同特征来命名的，但不常用。

3. 基本性质

(1) 化学成分

琥珀化学成分为 $C_{10}H_{16}O$，其中约含 C 75%～85%，H 9%～12%，O 2.5%～7%，有时含少量硫化氢。微量元素主要有 Al、Mg、Ca、Si、Cu、Fe、Mn 等元素。琥珀含有琥珀酸和琥珀树脂等有机物，不同琥珀的组成有一定的差异。

(2) 形态

琥珀为非晶质体，有各种不同的外形，如结核状、瘤状、水滴状等，还有一些如树木的年轮或表面具有放射纹理；产在砾石层中的琥珀一般呈圆形、椭圆形或有一定磨圆的不规则形，并可能有一层薄的不透明的皮膜。

(3) 光学性质

1) 颜色：浅黄-蜜黄色、黄棕色-棕色、浅红棕色、淡红、淡绿褐色、深褐色、橙色、红色和白色，蓝色、浅绿色、淡紫色少见。

2) 光泽和透明度：未加工的原料为树脂光泽，有滑腻感，抛光后呈树脂光泽至近玻璃光泽。透明到微透明、半透明。

3) 光性特征：在正交偏光镜下全消光，常见异常消光，局部因结晶而发亮。

4) 折射率：通常为 1.540，其折射率稍有变化，最低到 1.539，最高至 1.545。

5）发光性：长波紫外光下具浅蓝白色（图8-2-22）及浅黄色、浅绿色、黄绿色至橙黄色荧光，弱到强。短波下荧光不明显。

（4）力学性质

1）断口：断口呈贝壳状（图8-2-23）。韧性差，外力撞击容易碎裂。

2）硬度：摩氏硬度2~2.5，用小刀可轻易刻划，甚至指甲可以刻划。

3）密度：琥珀是已知宝石中最轻的品种，其密度为1.08（+0.02，-0.08）g/cm³，在饱和的盐水中可以悬浮。

（5）内外部显微特征

包裹体常见，且许多肉眼可见，有动物、植物、气液包裹体、旋涡纹、杂质、裂纹等类型。

1）动物：有甲虫、苍蝇、蚊子、蜘蛛、蜻蜓、马蜂、蚂蚁等多种动物（图8-2-24），但动物个体完整者少见，多表现有挣脱迹象，易留下残肢断腿的碎片。

图8-2-22 琥珀的发光性

图8-2-23 琥珀的贝壳状断口

图8-2-24 琥珀中的动物包裹体

2）植物：琥珀中保存有伞形松、种子、果实、树叶、草茎、树皮等植物碎片（图8-2-25）。

3）气相和气液两相包裹体：琥珀中常见圆形或椭圆形气泡，还可有气液两相包裹体（图8-2-26）。

4）旋涡纹：多分布于昆虫或外来植物碎片周围。

5）裂纹：在琥珀中经常可见有裂纹发育（图8-2-27），并被黑色与褐色物质充填，黑色物质为碳质，褐色物质为铁质，这些裂纹可能由于风化、搬运迁移、石化过程中受力所致。

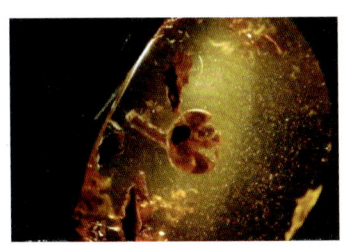
图8-2-25 琥珀中的植物包裹体

图8-2-26 琥珀中的气液两相包裹体

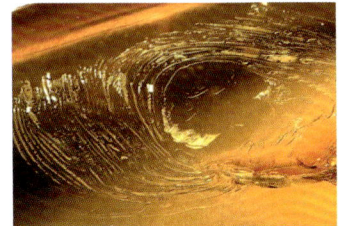
图8-2-27 琥珀中的裂纹

6）杂质：在琥珀的裂隙、空洞中经常有杂质充填，可能是在风化过程中充填或是树脂流动过程中包裹的泥土、砂砾、碎屑，这些物质大多受到铁锰物质浸染而呈褐色或黑褐色。

（6）其他特性

1）导电性：琥珀是电的绝缘体，与绒布摩擦能产生静电，可将细小的碎纸片吸起来。

2）导热性：琥珀的导热性差，有温感，加热至150℃时变软，开始分解，250℃时熔融，产生白色蒸气，并发出一种松香味。

3）溶解性：易溶于硫酸和热硝酸中，部分溶解于酒精、汽油、乙醇和松节油中。

4. 优化处理

为了提高琥珀的质量或利用价值，常对琥珀进行优化处理，琥珀的优化处理有以下几种。

（1）热处理

为增加琥珀的透明度，将云雾状琥珀放入植物油中加热，加热后的琥珀变得更加透明。在处理过程中会产生叶状裂纹，通常称为"睡莲叶"或"太阳光芒"（图8-2-28，图8-2-29），这是由于小气泡受热膨胀爆裂而成。天然琥珀也会因地热而发生爆裂，但在自然界条件下，由于受热不均匀，气泡不可能全部爆裂，而处理过的琥珀，气泡已全部爆裂，故不存在气泡。

图8-2-28 热处理琥珀

图8-2-29 热处理琥珀中的叶状裂纹

（2）再造

由于一些琥珀块度过小，不能直接用来制作首饰，因此将这些琥珀碎屑在适当的温度、压力下烧结，形成较大块琥珀，称为再造琥珀，亦称压制琥珀、熔化琥珀或模压琥珀。

再造琥珀有以下特征：①内部特征。早期生产的再造琥珀常含有定向排列的扁平拉长状气泡及明显的流动构造，并产生清澈与云雾状相间的条带，琥珀颗粒间可见颜色较深的表面氧化层。新式再造琥珀透明度高，不存在云雾状及流动构造，表现为糖浆状的搅动构造，有时含有未熔物。未处理过的琥珀内所含气泡多呈圆形，通常含有动、植物碎屑。②通过放大观察可见再造琥珀可能具有粒状结构或"血丝"状构造（图8-2-30，图8-2-31），在抛光面上可见相邻碎屑因硬度不同而表现出凹凸不平的界线。③正交偏光镜下，再造琥珀表现为异常双折射，天然琥珀的典型特征是局部发亮。④再造琥珀的密度比天然琥珀稍低一些，一般为$1.03 \sim 1.05 \text{ g/cm}^3$。⑤在短波紫外光下，再造琥珀比天然琥珀的荧光强，再造琥珀表现为明亮的白垩状蓝色荧光，天然琥珀为浅蓝白、浅蓝或浅黄色荧光。⑥天然琥珀的颜色通常为黄色、棕色、红色等；压制琥珀的颜色一般为橙黄或橙红色。

图8-2-30 再造琥珀

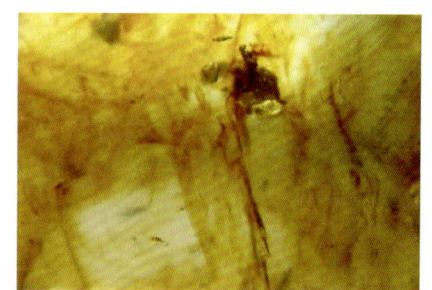
图8-2-31 再造琥珀中的"血丝"状构造

（3）染色处理

琥珀在空气中暴露若干年后会变红。染成红色可以模仿这种老化特征，另外还可染成绿色或其他颜色。放大观察，颜色只存在于裂隙中。

5. 品质评价

琥珀的评价从颜色、块度、透明度及内含物四个方面进行。

（1）颜色

以颜色浓正者为佳。绿色和透明的红色价值最高。常见的颜色是黄色系列。

（2）块度

一般要求具有一定块度，且越大越好。

（3）透明度

要求洁净无裂纹，越透明越好，以晶莹剔透者为上品，半透明至不透明者次之。

（4）内含物

琥珀中可含许多动植物及其碎片，以含昆虫者最好，由所含昆虫的完整程度、清晰程度、形态大小和数量决定虫珀的价格。

6. 保养

琥珀属于有机宝石，易溶于有机溶剂，如指甲油、酒精、汽油、煤油、重液，应避免触及化学药品，也不宜放入化妆柜中。一般情况下，不要用重液测定其相对密度，也不要用浸油法测折射率。使用后可用湿棉布轻轻擦拭表面，然后再擦上植物性油脂（如橄榄油）后风干，即可恢复琥珀的光泽。

琥珀性脆，硬度低，不宜受外力撞击，应避免摩擦、刻划，防止划伤、破碎。收藏琥珀时应以单件存放，避免与硬质首饰一起保存，以免擦撞而造成刮痕。

琥珀的熔点低、易熔化，怕热、怕暴晒，琥珀制品应避免太阳直接照射，不宜放在高温的地方。琥珀易脱水、干燥，易产生裂纹。

7. 产地

琥珀的产地众多，主要有欧洲的波罗的海沿岸国家，如波兰、德国、丹麦、俄罗斯，多米尼加海域也曾大量产出优质琥珀。目前，在罗马尼亚、捷克、意大利西西里岛、挪威、英国、新西兰、缅甸、黎巴嫩、美国、加拿大、智利、伊朗、阿富汗均有产出。

中国的琥珀主要产自辽宁抚顺的古近–新近纪煤田中，且有优质虫珀产出。另外，河南的西峡和南阳，云南的保山、丽江和哀牢山，福建的漳浦也有琥珀产出。

三、珊瑚

1. 概述

珊瑚是由生活在浅海中的珊瑚虫（圆筒状腔肠动物）分泌出来的钙质壳体，是珊瑚虫老化死亡后形成的树枝状群体。

珊瑚虫生活在温暖的浅海中，呈圆筒状，固着在岩石上生活，靠管口的触手捕捉微生物，通过内腔消化食物，并分泌出石灰质（$CaCO_3$）来建造躯壳，通过无性生殖细胞繁殖，沿垂直附壁方向及两侧生长、扩大，形成树枝状群体，死后就形成了珊瑚，是天然的艺术品。

2. 品种

按照成分和颜色可将珊瑚划分为两类五种。

（1）钙质型珊瑚

主要由碳酸钙组成，含有极少的有机质，主要包括三个品种。

红珊瑚　又称为贵珊瑚。通常呈浅至暗色调的红至橙红色，有时呈肉红色（图8-2-32a）。主要分布于太平洋海域。

白珊瑚　分布于南中国海、菲律宾海域、澎湖海域、琉球海域和九州西岸，为白、灰白、乳白、瓷白色的珊瑚（图8-2-32b）。主要用于盆景工艺。

蓝珊瑚　蓝色、浅蓝色珊瑚（图8-2-32c）。

a. 红珊瑚

b. 白珊瑚

c. 蓝珊瑚

图8-2-32　钙质型珊瑚

（2）角质型珊瑚

主要成分为有机质，包括两个品种。

黑珊瑚　灰黑至黑色珊瑚，几乎全部由角质组成（图8-2-33a）。

金珊瑚　金黄色、黄褐色角质型珊瑚（图8-2-33b）。金黄色珊瑚外表有清晰的斑点和独特的丝绢光泽。

a. 黑珊瑚

b. 金珊瑚

图8-2-33　角质型珊瑚

3. 基本性质

（1）化学成分

钙质型珊瑚主要由无机成分、有机成分和水分等组成。通过研究得知，白珊瑚的主要矿物成分为文石，红珊瑚的主要矿物成分为方解石。除此之外，钙质珊瑚还含有少量的碳酸镁、硫酸钙和氧化铁。

通过对珊瑚的微量元素光谱分析可知，珊瑚还含有 Sr、Pb、Si、Mn 等十几种微量元素。此外，珊瑚还含有一定量的角质蛋白和有机酸、谷氨酸等14种氨基酸。

角质型黑珊瑚和金珊瑚几乎全部由有机质组成，很少或不含碳酸钙，还含有 H、S、Br 和 Fe 等元素。

（2）结晶状态和形态

珊瑚的组成矿物为隐晶质方解石、文石。集合体形态奇特，多呈树枝状、星状、蜂窝状等。

（3）光学性质

1）颜色：常见有白色、奶油色、浅粉红至深红色、橙色、金黄色和黑色。偶见蓝和紫色。

2) 光泽和透明度：蜡状光泽，抛光面呈玻璃光泽；微透明至不透明。

3) 折射率：钙质型珊瑚的折射率为 1.486～1.658，点测法约为 1.650；角质型珊瑚的折射率为 1.560。

4) 多色性：无多色性。

5) 发光性：在长、短波紫外光下钙质珊瑚无荧光或具弱的白色荧光，黑珊瑚无荧光。

6) 吸收光谱：不特征。

(4) 力学性质

1) 解理：无解理。钙质型珊瑚断口呈参差状至裂片状；角质型珊瑚断口呈贝壳状至参差状。

2) 硬度：摩氏硬度为 3～4。

3) 密度：钙质型珊瑚为 2.60～2.70 g/cm^3，通常为 2.65 g/cm^3；角质型珊瑚为 1.30～1.50 g/cm^3，平均为 1.35 g/cm^3。

(5) 内外部显微特征

在纵截面上，珊瑚虫腔体表现为颜色和透明度稍有变化的平行波状条纹（图 8-2-34a），在横截面上呈放射状、同心圆状结构（图 8-2-34b）。黑珊瑚和金珊瑚横截面显示环绕原生枝管轴的同心环状结构，与树木年轮相似，纵面表层具有独特的小丘疹状外观（图 8-2-34c、d）。

图 8-2-34 珊瑚内外部特征

(6) 其他特征

1) 可溶性：钙质型珊瑚易被酸溶蚀，在不显眼的地方滴一小滴稀盐酸会产生大量气泡。角质型珊瑚遇酸不起泡。

2) 热效应：在喷灯或吹管的火焰中会变黑。角质型珊瑚加热后散发出蛋白质烧焦的臭味。

4. 优化处理

(1) 漂白

珊瑚通常要用过氧化氢漂白去除其浑浊的颜色，尤其是死枝珊瑚，如未经过漂白处理即呈浊黄色。一般深色珊瑚经漂白后可得到浅色珊瑚，如黑色珊瑚可漂白成金色（图 8-2-35），而暗红色珊瑚可漂白成粉红色。

(2) 染色

将白色珊瑚浸泡在红色或其他颜色的有机染料中染成相应的颜色。最简单的鉴别方法是，用蘸有丙酮的棉签擦拭，若棉签被染色，即可确定为染色珊瑚。另外，染色珊瑚的颜色单调，而且表里不一，染料集中在小裂隙及孔洞中，颜色外深内浅，着色不均（图 8-2-36）。染色珊瑚佩戴后，容易褪色或失去光泽。

(3) 充填

用环氧树脂等物质充填多孔的劣质珊瑚（图 8-2-37）。经充填处理的珊瑚，其密度低于正常珊瑚；在热针试验中，充填珊瑚可有树脂等物质析出。

图 8-2-35　漂白处理珊瑚　　　　图 8-2-36　染色处理珊瑚

（4）覆膜处理

对质地疏松或颜色较差的珊瑚进行覆膜处理，常见的材料是黑珊瑚。覆膜黑珊瑚光泽较强，丘疹状突起较平缓，用丙酮擦拭有掉色的现象（图8-2-38，图8-2-39）。

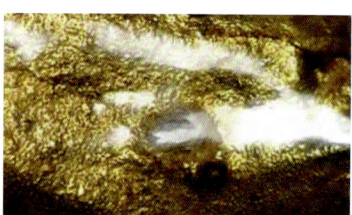

图 8-2-37　充填处理珊瑚　　　图 8-2-38　覆膜处理黑珊瑚　　　图 8-2-39　覆膜处理金珊瑚

5. 品质评价

珊瑚的质量评价从颜色、块度、质地和做工精细程度四方面进行，其中颜色是最重要的因素。

（1）颜色

工艺上对珊瑚颜色的要求是纯正而鲜艳。对于钙质珊瑚来讲，以红色为最佳，红色质量排列顺序为鲜红色、红色、暗红色、玫瑰红色、淡玫瑰红色、橙红色。白珊瑚以纯白色为最佳，依次为瓷白色、灰白色。有机珊瑚中的黑色珊瑚、金黄色珊瑚均为名贵品种。

（2）块度

要求越大越好，大而完整。高大者可制作雕刻佳品，小者制作小件首饰。

（3）质地

质地致密坚韧、无瑕疵者为好，有白斑、白心者为次。而有虫蛀或虫眼、多孔、多裂纹者价值低。

（4）做工精细程度

除造型美观外，还要看雕刻工艺的精细程度。

6. 产地

珊瑚多产于岩岸和沙岸的交接处，其产区相当广大，代表区域如下。

（1）太平洋海区

主要是琉球群岛和台湾东岸、澎湖列岛及南沙群岛，水深100~200 m的海床上盛产白珊瑚。中国台湾是当代红珊瑚最重要的产地，年产量约为2×10^5 kg，占世界总产量的60%，红珊瑚约在水深100~300 m的海床上群体产出。

（2）大西洋海区

地中海沿岸的国家，如意大利、阿尔及利亚、突尼斯、西班牙、法国等，是世界上红珊瑚的主要产区。其中最佳的红珊瑚来自非洲阿尔及利亚、突尼斯和欧洲西班牙沿海，意大利的那不勒斯则是红珊瑚最著名的加工区。

（3）夏威夷西北部中途岛附近海区

该地区是红、粉红色珊瑚产地。

四、象牙

1. 概述

象牙是牙类中最常使用的品种，它取自象的长牙。象牙材质温润细腻，色泽特别，作为高档饰品历史悠久，市场效应使大象濒于灭绝，为了保护这种珍稀动物，大象被国际上列为一级保护动物，象牙贸易从1991年开始被禁止。

2. 品种

象牙有广义和狭义两种，狭义的象牙专指大象的长牙和牙齿，有非洲象牙和亚洲象牙之分，而广义的象牙是指包括象牙在内某些哺乳动物的牙齿，如河马、海象、一角鲸、疣猪和鲸等动物的牙。

狭义象牙品种划分如下。

非洲象牙 指非洲公象和母象的长牙和小牙。有白色、绿色等颜色，质地细腻，截面上带有细纹理。

亚洲象牙 指亚洲公象和母象的长牙，颜色多为纯白色，少见淡玫瑰白色，但质地较疏松柔软，容易变黄。

3. 基本性质

（1）化学成分

象牙的化学组成包括磷酸盐和有机质两部分。有机成分主要是胶质蛋白和弹性蛋白。

（2）常见形态及截面特征

象牙一般呈弧形弯曲的角状，几乎一半是中空的。每只象牙平均重6.75 kg，长为1.5～2.0 m，但现代象牙由于生长时间短，一般长60～70 cm。

象牙的根截面多呈圆形、近圆形、浑圆形，直径随品种、生长期和部位而异。一般生长期长的象牙横截面直径较大，同一根象牙从牙尖到牙根横截面直径逐渐变大。

象牙的横截面具有特征的"Retzius"纹理（勒兹纹理线），亦称旋转引擎纹理线，具体表现为由两组呈十字交叉状的纹理线以大于115°或小于65°相交组成的菱形图案（图8-2-40）。

图8-2-40 象牙横截面上的勒兹纹

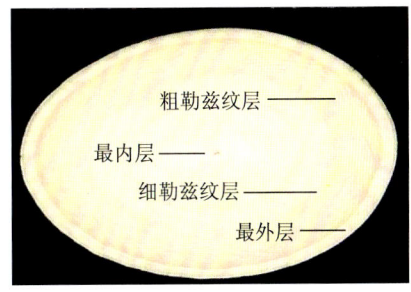

图8-2-41 象牙横截面分层结构

象牙的横截面还具有分层结构，即从象牙的中心到外表面具有分层现象，且分界线较清晰（图8-2-41）。各层厚度随象牙品种、生长期和部位不同而异。一般象牙从外到内分为四层：Ⅰ层（最外层）为致密状或同心圆状层，很薄，仅0.5～3 mm；Ⅱ层（次外层）为粗勒兹纹层,"Retzius"纹理线组成的斜十字交叉状菱形图案,纹理线夹角较大,可至124°左右,纹理线间距较宽,为1~2.5 mm;Ⅲ层(次内层)为细勒兹纹层,纹理线夹角较Ⅱ层小,平均在120°左右,纹理线间距很窄,为0.1~0.5 mm;Ⅳ层(最内层)为致密状或空腔状。

象牙纵截面上呈现近于平行的波纹线。

(3) 光学性质

1) 颜色:象牙新鲜时呈白色、奶白色、瓷白色、淡玫瑰白色,偶见浅金黄色、白色、淡黄色、黄色、浅褐黄色。史前象牙常呈蓝色,偶尔呈绿色。

2) 光泽和透明度:具有美丽柔和的油脂光泽或蜡状光泽,呈不透明至透明,多呈微透明至半透明。

3) 光性特征:正交偏光镜下无消光位。

4) 折射率和双折射率:折射率为1.535~1.540,点测法常为1.540;无双折射率。

5) 发光性:在长、短波紫外光下发弱至强的蓝白色至蓝紫色荧光(图8-2-42)。

a. 长波下中等蓝白色荧光　　　　　　　b. 短波下极弱蓝白色荧光

图8-2-42　象牙的发光性

(4) 力学性质

1) 解理和断口:无解理,断口呈裂片状、参差状。

2) 硬度:摩氏硬度为2~3,能被方解石或铜针刻划。

3) 密度:1.70~2.00 g/cm^3,通常为1.85 g/cm^3。

4) 韧性:象牙的韧性极好。

(5) 内外部显微特征

具勒兹(Retzius)纹理线。

(6) 其他特征

可溶性和热效应:象牙短时间浸泡于酸中不会褪色,但可以被软化,长时间用酸浸泡,象牙可能被分解;象牙遇热会收缩。

4. 优化处理

象牙的优化处理方法主要是漂白、浸蜡和染色。

(1) 漂白

对于新鲜的具有黄色的象牙或陈旧变黄的象牙制品,可以进行漂白,利用漂白液等具有氧化性的试剂与存在于象牙间隙里的有机质作用,使蛋白质中的着色物质发生反应,生成简单的有机物溶解出来;或破坏其着色物的结构,使其颜色褪去或发生改变,达到优化的效果。漂白后,效果稳定,不易检测。

(2) 浸蜡

象牙表面浸蜡可以增强其光泽,以改善外观。可见表面蜡感,不易检测。

(3) 染色

象牙可以染色，以产生古象牙的外观。只要溶液浓度、温度、时间适当，可染成各种颜色。放大检查可见颜色沿结构纹浓集或见色斑。

5. 品质评价

象牙的质量评价可从以下四个方面进行：颜色、重量、质地和透明度。以颜色罕见或纯白色、半透明、质地致密、坚韧、纹理线细而重量大、做工精细者为优等品，而颜色发黄、块体小、结构疏松的象牙价值较低，甚至失去珠宝的价值。

6. 产地

象牙主要产于非洲，如坦桑尼亚、塞内加尔、埃塞俄比亚、加蓬等，以坦桑尼亚的潘加里附近出产的象牙质量为最佳，其次是亚洲的泰国、缅甸和斯里兰卡。

五、煤精

1. 概述

煤精又称煤玉、黑炭石，是一种光泽强、质密体轻、坚韧耐磨的黑色有机岩石。煤精是褐煤的一个变种，由树木埋置于地下转变而来，是某些低等植物死后埋于地下，经过长期地质作用，受压力和温度的影响，植物腐烂成腐殖质，并埋藏在细粒淤泥中，然后转变成硬质的页岩，称为煤玉岩。从岩石学角度来看，煤精属于腐殖质和腐泥质的混合物。

煤精用于装饰品和工艺品已有悠久的历史，早在古罗马时代就是最流行的"黑宝石"之一，在欧洲石器时代和北美印第安人部落的遗迹中都有煤精制品出现。因其色泽黝黑凝重，在19世纪英国维多利亚时代，煤精常被用来制成治丧珠宝，象征着悲痛和懊悔，以表示对死者的悼念。

在中国，煤精也是出土文物中最早的玉石品种之一。在距今6800～7200年的沈阳新乐文化遗址中发现了磨制的圆形、圆珠等煤精饰物，是目前发现最早的煤精制品。煤精是中国传统的雕刻工艺原料之一，其质地细密坚韧，适宜雕刻各种工艺品，从装饰品到实用品，品种繁多，如文房四宝、烟具、配饰等，都是具有独特风格的工艺美术品。

2. 基本性质

（1）化学成分

煤精成分变化很大，其主要化学成分是C。此外，还有H、O、N、S等元素及少量的矿物质，如石英、长石、黏土矿物、黄铁矿等。

（2）结构和形态

煤精呈无定形态，常见集合体为致密块状。

（3）光学性质

1）颜色：黑色、褐黑色，条痕为褐色。

2）光泽和透明度：具明亮的树脂光泽，抛光后可呈玻璃光泽，不透明。

3）折射率：点测值为1.66（±0.02）。

4）条痕色：褐色。

（4）力学性质

1）断口：煤精具平坦或贝壳状断口（图8-2-43）。性脆，刀切会产生缺口和碎末，粉末为褐色。

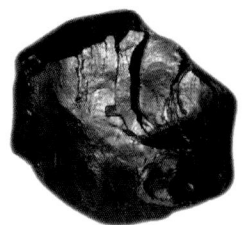

图8-2-43 煤精的贝壳状断口

2) 硬度：摩氏硬度为 2~4。

3) 密度：1.32（±0.02）g/cm³。

(5) 其他特征

1) 电学性质：用力摩擦可带（静）电。

2) 热效应：煤精具可燃性，呈煤烟状火焰。用热针尖接触时发出燃烧煤炭的气味。加热到 100~200 ℃时质地变软，并可弯曲。

3) 可溶性：酸可使其表面光泽变暗。

3. 品质评价

煤精质量评价可从以下五个方面进行：颜色、光泽、质地、瑕疵、块体。颜色越黑越好，纯黑色者为佳品（图 8-2-44），如果带褐色则较差；光泽以明亮的树脂光泽或沥青光泽为好，光泽弱者为次；质地致密细腻者是上品；无裂纹杂斑者质量好；块体愈大愈好。

4. 产地

世界优质煤精的主要产地是英国约克郡惠特比附近的沿岸地区。法国朗格多克省，西班牙阿拉贡、加利西亚、阿斯图里亚，美国科罗拉多州埃尔帕索县，德国符泰堡，加拿大斯科舍省皮克图和美国犹他州也有煤精产出，但质量较差。另外还有意大利、捷克、斯洛伐克、俄罗斯、泰国等国家也产煤精。

中国的煤精产出地以辽宁抚顺为主，其次为鄂尔多斯盆地。山西浑源、大同和山东兖州、枣庄等地的煤矿中出产属于烛煤的煤精。

六、贝壳

1. 概述

贝壳（Shell）是指许多贝类、蚌类、海螺类等软体动物所具有的钙质硬壳。人类对贝壳的应用由来已久，北京周口店山顶洞人用打孔的贝壳制成装饰品，这应该是人类最早的饰品。贝壳在远古时代还曾经作为钱币使用。现在贝壳被用来制作纽扣、珠子、弧面宝石、镶嵌品、贝雕、盒子和家具的镶嵌品等，应用更加广泛。

2. 品种

贝壳的品种很多，据称有 11 万余种。其中重要的、可作为饰品的贝壳有砗磲贝（图 8-2-45）、鲍鱼贝（图 8-2-46）、三角帆蚌、背瘤丽蚌、马蹄螺贝、黑蝶贝、白蝶贝、珍珠牡蛎贝等。

图 8-2-44 煤精精品雕件

图 8-2-45 砗磲

图 8-2-46 鲍鱼贝

3. 基本性质

(1) 化学成分

贝壳的化学成分与珍珠类似。无机成分主要为文石、方解石，约占 90% 左右，有机成分主要为碳氢化合物（天冬氨酸、谷氨酸、甘氨酸等），约占 10% 左右。含有多种微量元素，如 Si、Al、Mg、Si、K、Fe、Rb、Cu、P 等。

（2）结晶状态

无机成分：斜方晶系（文石），三方晶系（方解石），呈放射状集合体。

有机成分：非晶质。

（3）光学性质

1）颜色：可呈各种颜色，一般为白、灰、棕、黄、粉等色。

2）光泽和透明度：油脂光泽至珍珠光泽，不透明。

3）光性特征：非均质集合体。

4）折射率：1.530～1.685。

5）发光性：紫外荧光因贝壳种类而异。

6）吸收光谱：不特征。

（4）力学性质

无解理，摩氏硬度为 3～4，密度为 2.86（+0.03，-0.16）g/cm^3。

（5）内外部显微特征

层状结构，表面叠复层结构、"火焰"状结构等。

（6）其他特征

遇盐酸起泡。可具晕彩效应。

4. 优化处理

（1）覆膜处理

贝壳表面覆涂珍珠精液等材料，可仿珍珠，放大检查可见部分薄膜脱落，表面光滑无砂而成光泽异常，内部呈层状结构（图 8-2-47）。

（2）染色处理

贝壳可染成各种颜色，放大检查可见粒层间或粒隙颜色集中（图 8-2-48）。

图 8-2-47　覆膜贝壳　　　　　　　　图 8-2-48　染色贝壳

5. 品质评价

优质的贝壳要求颜色丰富或洁白无瑕，珍珠光泽强，有强的伴色或晕彩，无裂纹或其他瑕疵，块度（厚度）大，形状好。

6. 贝壳的产地

贝壳生活在水域中，如大海、湖泊和大的河流之中，世界上水域发育的国家均有产出。

七、龟甲

1. 概述

龟甲具有美丽的斑纹，半透明至微透明，有很好的韧性和加工性能，所以很早就被用来制成手镯、戒指、手链、发饰、服饰和首饰盒、扇、梳篦、刀柄等实用精美的工艺品。在亚洲，玳瑁饰品被视为吉祥、长寿之珍宝，认为经常佩戴有趋吉、辟邪、纳福的作用，因产量稀少，历代多沿袭相传。玳瑁工艺品色似琥珀，温润细致，华贵高雅，具有很高的装饰、收藏和观赏价值。

玳瑁龟一般长60~80 cm，体大者可达100 cm，体重50 kg左右。背甲共有13块，做覆瓦状排列，重约3 kg。玳瑁龟甲不仅可以用作装饰品，还可入药，据《本草纲目》记载，玳瑁为中药良方之一，合药能治冷嗽降火气。由于历年来过量捕捉，现在玳瑁龟已成为珍稀的海洋动物，被列为国家二级保护动物。

2. 基本性质

（1）化学成分

由角质和骨质等有机质组成，主要成分为复杂的蛋白质。

（2）光学性质

1）颜色：底色为黄褐色，其上可有暗褐色、黑色或绿色斑点。

2）光泽和透明度：油脂光泽至蜡状光泽，微透明。

3）光性：非晶质、各向同性。

4）折射率：1.550（±0.010）。

5）发光性：长、短波紫外光下无色，龟甲中的黄色部分可有蓝白色荧光。

（3）力学性质

龟甲无解理，断口呈不平坦状，而且暗淡。摩氏硬度为2~3，韧度很好。密度为1.29（+0.06，-0.03）g/cm^3。

（4）内外部显微特征

龟甲中常具有美丽不规则的斑点，多呈褐色、黄色、黄褐色相混杂。在显微镜下观察，可见其色斑由许多红色圆形的色素小点组成，这是鉴定玳瑁的主要特征（图8-2-49，图8-2-50）。色点越密集则颜色越深。

图8-2-49 玳瑁（龟甲）

图8-2-50 玳瑁色素小点局部放大

（5）其他特征

易受硝酸侵蚀，但不与盐酸发生反应。龟甲在高温下颜色会变暗，燃烧时会发出头发烧焦的气味。在沸水中龟甲会变软。

3. 品质评价

龟甲的质量评价主要取决于透明度、厚度、颜色斑纹、玳瑁龟的龟龄等因素，以透明度高、厚度大、斑纹清晰且颜色和底色的搭配适宜、龟龄长者为佳。此外，龟甲斑纹的珍奇独特程度、龟板的采获条件和龟甲的加工工艺、造型、款式、黏结、抛光等，都会对成品质量和价值产生影响。

4. 产地

玳瑁龟主要栖息在热带和亚热带水深为 15~18 m 的浅潟湖内。主要产地有印度洋、太平洋和加勒比海。

八、硅化木

1. 概述

硅化木是埋于地下亿万年的树木被 SiO_2 交代，并保留了其木质结构外观的木化石。硅化木因其质地细腻、坚硬、色泽丰富又有清晰的纹路，古拙典雅、历经沧桑、刚直有力，而成为制作山石盆景、装饰工艺品、首饰的绝佳材料。

2. 品种

硅化木按物质成分及 SiO_2 存在的状态可分为普通硅化木、玉髓硅化木、蛋白石硅化木、钙质硅化木等。

（1）普通硅化木

矿物成分以隐晶质石英为主，颜色与树木原来的颜色有关，而且木质的内部结构清晰可见。

（2）玉髓硅化木

矿物成分以玉髓为主，质地坚硬，外观上像玛瑙，颜色有灰、黑、褐、绿、红等，木质结构仍较明显。

（3）蛋白石硅化木

矿物成分以蛋白石为主，质地致密，颜色较浅，有灰、灰白、浅土黄色等，木质结构也较明显。

（4）钙质硅化木

矿物成分仍以隐晶质石英为主，但伴有少量钙质，如方解石、白云石等。

3. 基本性质

（1）矿物组成

硅化木的矿物组成主要为石英类矿物，根据其结晶程度和石化程度的不同，可有隐晶质石英、玉髓、蛋白石及方解石、白云石、褐铁矿、黄铁矿等。

（2）化学成分

无机成分为 $SiO_2 \cdot nH_2O$，常含 Fe、Ca、Mg、Al、P 等其他元素；有机质为碳氢化合物，如氨基酸等。

（3）结晶状态

隐晶质集合体至非晶质体，常呈纤维状集合体。

（4）光学性质

1）颜色：常见颜色有浅黄至黄、红、黄褐、红褐、褐、棕、黑、灰、白等颜色（图 8-2-51）。

2）光泽和透明度：抛光面具玻璃光泽，半透明至不透明。

3）光性特征：非均质集合体或均质集合体。

4）折射率：1.544~1.553，一般为 1.54 或 1.53（点测法）。

（5）力学性质

无解理，摩氏硬度为7，密度 2.50~2.91 g/cm³。

（6）内外部显微特征

隐晶质-粒状结构，木质纤维状、木纹状、年轮状构造（图8-2-52）。

图8-2-51 多色硅化木

图8-2-52 硅化木年轮状构造

4. 品质评价

硅化木的质量评价可以从颜色、质地、造型等方面进行。

（1）颜色

硅化木的颜色要求鲜艳、绚丽多彩、反差大、光泽强。

（2）质地

优质的硅化木要求质地致密、细腻、坚韧。相对来说，玉髓硅化木优于其他硅化木。

（3）造型

优质的硅化木要求完整，有枝节、印痕、年轮、木质结构清晰。

5. 产地

硅化木的主要产地在欧洲，美国、古巴、缅甸等国也有产出。中国的主要产地是新疆、河北、云南、山东、甘肃、福建、辽宁等省。硅化木主要赋存于中生代陆相地层中，以松柏类为主；新生代地层中的硅化木则以被子植物为主。

【学习小结】

通过本项目学习，要求学生熟悉常见天然单晶宝石和有机宝石分类和品种划分、基本宝石学性质、优化处理方法、产地和产状等相关内容，掌握天然宝石的若干重要知识点，形成对天然宝石较为全面的理解和认识，为后续课程学习打下基础。

【思考与练习】

1）简述红宝石、蓝宝石的光学性质、力学性质和包裹体特征。
2）简述绿柱石族宝石的主要品种，并列举其宝石学特征。
3）简述金绿宝石猫眼的品质评价要点及加工特点。
4）简述 SiO_2 质宝石的主要品种及其特点。
5）简述不同石榴子石族宝石的典型光谱和内含物特征。
6）总结市场上常见宝石中存在类质同象现象的主要品种及其特点。
7）查阅相关资料，简述碧玺、托帕石在加工中的流程及注意事项。
8）长石矿物的宝石品种有哪些？它和水晶在宝石学性质方面有何不同？

9) 总结市场上常见的红色系列宝石品种特点及鉴别要点。
10) 总结市场上常见的绿色系列宝石品种特点及鉴别要点。
11) 总结市场上常见的蓝色系列宝石品种特点及鉴别要点。
12) 简述珍珠优化处理方法的基本特点及其品质评价要点。
13) 简述世界范围内海水珍珠及淡水珍珠的分布状况。
14) 查阅相关资料,归纳目前市场上关于琥珀鉴定的主要问题。
15) 查阅相关资料,归纳目前市场上出现的珊瑚主要品种及其特点。
16) 查阅相关资料,归纳目前国际国内对于象牙使用的相关规定。
17) 查阅相关资料,总结我国主要有机宝石品种的资源分布状况。

学习项目九　认识天然玉石

玉石是远古人们在利用石料制造工具的长达数万年的过程中，经筛选确认的具有社会性及珍宝性的一种特殊矿石。自古就有"黄金有价玉无价"的说法，足可见玉石的珍贵。中国是世界上开采和使用玉石最早、最广泛的国家。玉在我国具有悠久的文化与历史，玉石在中国流传发展了数千年，它所包含的意义不仅仅是宝石学的概念，还有丰富的文化含义。由于玉石自身具有玉质温润、坚韧的特点，因此被赋予了许多人格化的意义，如"君子比德于玉""冰清玉洁""宁为玉碎，不为瓦全"等，玉在古老的中国文化中，作为一种象征被人格化、精神化了。

我国用玉的历史可以追溯到迄今8200年前的兴隆洼文化。自最初作为生产生活工具、到祭祀器具及礼器、到最终用以美化人身的配饰，玉的概念随着不同历史时期，承载了不同的含义，而玉文化的发展也极大地推动了玉器的发展。

在整个玉文化的发展史中，玉的概念有两种，一种是狭义的，专指软玉和翡翠；另一种是广义的，泛指自然界中产出的各种美丽、质地细腻坚韧且具有工艺价值的矿物集合体，不仅指软玉、翡翠，还包括岫玉、玛瑙、绿松石、寿山石等。

自明朝中叶始，翡翠流入中国，由于其颜色丰富瑰丽、形态变化多样、质地坚韧，晶莹通透又不失温婉含蓄，故在玉石中异军突起，越来越受到人们的喜爱，成为与软玉齐名的名贵玉石品种。

【想一想，议一议】

目前，以翡翠为代表的玉石市场方兴未艾。请根据已掌握的知识和资讯，以翡翠为对象，谈谈对翡翠原石开采和贸易、翡翠成品市场交易态势、翡翠鉴定检测、翡翠品质评价与价值评估等的认识和理解。

【内容提要】

在本学习项目中，通过对常见天然玉石分类和品种划分、基本宝石学性质、优化处理原理与方法、质量评价、产地和产状等相关信息的介绍和阐述，使学生熟悉各类天然玉石的重要宝石学特征性质，为从事天然玉石贸易、鉴定检测、品质分级等相关职业工作打下基础。

【学习目标与要求】

◆ 学习目标：熟悉天然玉石的分类和品种，熟悉天然玉石的各项宝石学特征参数、优化处理原理和方法、质量评价要点、产地产状和资源分布状况。

◆ 学习要求：以已掌握的矿物学、岩石学知识和技能为基础，仔细辨析相关概念，结合标本观察，加深对基础知识与技能的掌握。

【任务引入】

玉石与人们的生活息息相关，在人们眼中，玉石不仅仅是美丽，往往还带有神秘的信仰和

寄托，故古人与今人都皆爱玉、喜玉、玩玉。玉石文化源远流长，数千年来，玉石以它们绚丽多彩的颜色，深邃晶莹的质地，蕴涵着神秘东方文化的灵秀之气，成为世人追逐的对象，具有很高的经济价值、收藏价值和观赏价值。

有别于彩色宝石，玉石以其独特的魅力吸引着越来越多的爱好者，成为世界各地炎黄子孙及东南亚地区人民所钟爱的装饰物，佩戴玉石已成为一种现代流行时尚。自翡翠传入中国，由于王公贵族的喜爱（尤其是受到清朝乾隆皇帝的推崇和慈禧太后的宠爱），被称为"皇家玉"，翡翠身价倍增，成为玉中极品。

如今，以翡翠为代表的玉石越来越受到人们喜爱，玉石的交易、拍卖、收藏等活动越来越普遍。因此，如何鉴定、鉴赏玉石；如何科学评价玉石的品质及其工艺与价值；如何合理开发利用各种玉石资源，并开展健康有序的玉石市场贸易是人们极为关心的问题。中国作为全球最大的玉石市场，在玉石行业从业人数、市场规模和水平、年均交易量和交易额上均居世界领先地位，对玉石的宝石学研究也具备相当水平。然而，必须意识到的是，玉石市场有待规范、玉器设计及加工制作理念水平有待提高、玉石文化有待弘扬、玉石资源开发利用有待合理规划，这也是对从业者的严峻挑战。深入认识玉石，理解玉石所包含的丰富内涵是宝石学从业者、宝石学初学者和广大玉石消费者应对上述挑战的根本出发点。

学习任务一　认识常见天然玉石

◆ 任务目标：熟悉翡翠、软玉、石英质玉石等主要天然玉石的品种分类、宝石学基本性质、优化处理原理和方法、质量评价要点及产地资源分布状况。

◆ 任务要求：认真辨析相关概念，结合标本观测，取得对常见天然玉石基本宝石学性质的较深入认识。

【学习材料】

一、翡翠

1. 概述

翡翠一词由来已久，汉朝许慎编著的中国最早的字典《说文解字》中就有了这个词："翡，赤羽雀也；翠，青羽雀也。"它所表达的内容是一种鸟类。后来人们就用"翡翠"一词表述这种色彩艳丽的宝石。清乾隆之后，开始大规模的使用翡翠。

翡翠在华人心目中有着特殊的地位。翡翠通灵欲滴的绿色是一种极具生命力的颜色，翡翠品种的纷繁多样、翡翠赌石的神奇、翡翠价值的巨大差异，这一切都使得人们感觉翡翠变幻莫测、奥秘无穷。加之翡翠细腻润透的特性又极其符合华人的审美观，所以在这300多年之中，中国人对翡翠形成了浓厚的情结，无论是灵秀精美的首饰，还是大气磅礴的玉雕山子，无不融入了炎黄子孙的情感、华夏文化的精髓。

2. 基本性质

（1）翡翠的定义

我国国家标准《翡翠分级》（GB/T 23885—2009）中，对翡翠的定义是：翡翠指主要由硬玉或由硬玉及其他钠质、钠钙质辉石（钠铬辉石、绿辉石）组成的、具工艺价值的矿物集合体，可含少量角闪石、长石、铬铁矿等矿物。摩氏硬度为6.5~7，密度为3.34（+0.06，

-0.09）g/cm³，折射率为 1.666~1.680（±0.008），点测值为 1.65~1.67。

（2）矿物组成

翡翠是以硬玉为主的矿物集合体。它的主要组成矿物是硬玉（Jadeite），次要矿物有绿辉石、钠铬辉石、钠长石、角闪石、透闪石、透辉石、霓石、霓辉石、沸石，以及铬铁矿、磁铁矿、赤铁矿和褐铁矿等，其中绿辉石在有些情况下会成为主要组成矿物。

从岩石学角度来看，翡翠是一种岩石，它是由硬玉、绿辉石为主要矿物成分的辉石族矿物组成的矿物集合体，是一种硬玉岩或绿辉石岩。在商业中，翡翠是指具有工艺价值和商业价值、达到宝石级硬玉岩和绿辉石岩的总称。"翡"单用时，是指翡翠中各种深浅的红色、黄色翡翠；"翠"单用时，是指各种深浅绿色的翡翠，高品质的绿色翡翠一般称之为"高翠"。

（3）化学成分

翡翠中主要矿物硬玉的化学成分为 $NaAlSi_2O_6$，可含有 Cr、Fe、Ca、Mg、Mn、V、Ti、S、Cl 等元素。翡翠的矿物组成不同，其化学成分亦有较大的变化。

（4）晶系与结晶习性

翡翠为晶质集合体，其中主要组成矿物硬玉、绿辉石属单斜晶系。常呈柱状、纤维状或粒状集合体。

（5）结构

结构是指组成矿物的颗粒大小、形态及相互关系。

翡翠是原岩经变质作用重新结晶而成的。固态下的重结晶是一种比液态结晶作用更复杂的过程，它既与原岩物质成分、结构和构造有关，同时又与变质作用过程中温度、压力、溶液性质及应力有关。

翡翠常见的结构有纤维交织结构、粒状纤维交织结构等。

1）纤维交织结构：在地质学中又称为纤维变晶结构。纤维状的硬玉等矿物近于定向排列或交织排列在一起（图9-1-1）。它是翡翠的一种最常见结构，形成了翡翠硬度高、韧性强等特点。当翡翠受到剪切作用的影响时，较大颗粒碎裂成细小颗粒；当剪切作用足够强烈时，则发展成糜棱-超糜棱结构（图9-1-2），矿物颗粒通常高度亚颗粒化，颗粒极细（<0.05 mm），因而透明度高，致密而细腻。高档翡翠多属于此。

2）粒状纤维交织结构：翡翠中粒状、纤维状的矿物颗粒近于定向排列或交织排列在一起。通常颗粒较粗，边界平直，没有遭受明显的动力变质和蚀变作用（图9-1-3）。根据矿物颗粒粒度可以分为：显微粒状结构（<0.1 mm）；细粒结构（0.1~1 mm）；中粒结构（1~3 mm）；粗粒结构（3~10 mm）；巨粒结构（>10 mm）。

3）其他结构：除了以上两种常见结构之外，还可能出现斑状变晶结构（图9-1-4）、塑性变形结构、碎斑结构（图9-1-5）、交代结构（图9-1-6）等。

图9-1-1　纤维交织结构

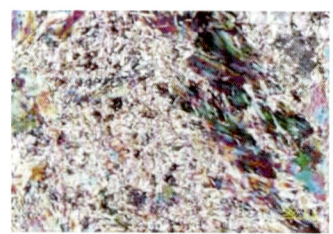
图9-1-2　糜棱结构

图9-1-3　粒状纤维交织结构

翡翠的结构决定了翡翠的质地、透明度和光泽。一般来讲，矿物颗粒越粗、颗粒间结合越松散，则翡翠质地就松散，透明度和光泽也差；相反，矿物颗粒越细、结合越紧密，则翡翠质地细腻致密,透明度好,光泽也强。纤维交织结构者韧性好,而粒状结构者韧性差。

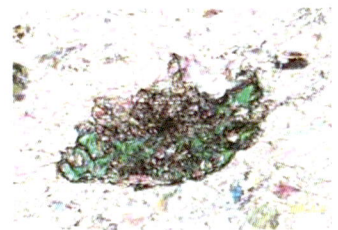

图9-1-4 斑状变晶结构

图9-1-5 细粒碎斑结构

图9-1-6 交代结构

(6) 光学性质

1) 颜色:翡翠的颜色多种多样,是翡翠的价值所在。翡翠常见的颜色有无色、白色,各种不同色调的绿色、红色、黄色、紫色、黑色、灰色等几种。翡翠的颜色按其呈色机理可以分为原生色和次生色。原生色是翡翠形成过程中由致色离子所致;次生色由翡翠成岩之后的外来有色物质浸染所致,如黄色、红色等。

无色 也就是无色透明。此种翡翠成分单一,由纯的 $NaAlSi_2O_6$ 组成,并且矿物颗粒细腻,结构紧密,矿物颗粒光性趋于一致,透明度好。

白色 翡翠组成成分单一,由 $NaAlSi_2O_6$ 组成,但结构松散,硬玉矿物颗粒之间有一定的空隙,残留空气或其他物质,降低了透明度,使得硬玉岩不透明,显白色。

绿色 翡翠的绿色主要由微量的 Cr、Ti、Fe 等元素类质同象替代所致,含量越高,颜色越深。类质同象替代有三种情况:①当硬玉中的 Al^{3+} 被适量 Cr^{3+} 替代时,则翡翠呈诱人的翠绿色;若 Cr^{3+} 含量很高时,则翡翠绿色变成墨绿色甚至是黑色。硬玉晶体中,$w(NaCrSi_2O_6) < 2\%$ 的含铬硬玉,单粒晶体呈很浅的绿色,当含铬硬玉组成一定块度集合体时呈现翠绿色;当 $w(NaCrSi_2O_6) = 2\% \sim 10\%$ 时称为铬硬玉,颜色很绿,只有磨制成很薄的玉件才具滋润感,商业上俗称的"铁龙生"翡翠即主要由铬硬玉组成(图9-1-7);当 $w(NaCrSi_2O_6) > 10\%$,形成富铬硬玉时,其透光性很差,失去玉性而无工艺价值,商业上俗称"干青种"(图9-1-8)。②当硬玉中的 Al^{3+} 主要被 Fe^{3+} 替代时,翡翠呈灰绿色,不如含铬翡翠颜色那么鲜艳、明快,油青翡翠属于此类。③当硬玉中的 Al^{3+} 同时被 Fe^{3+} 和 Cr^{3+} 替代时,则翡翠颜色介于前两者之间,视 Fe^{3+} 和 Cr^{3+} 的比例而定。

紫色 按其深浅变化可有浓紫(图9-1-9)、紫、浅紫、红紫(图9-1-10)、粉紫、蓝紫色之分,甚至近乎蓝色。传统观念认为是由微量 Mn 致色,也有人认为是由 Fe^{2+} 和 Fe^{3+} 跃迁而致色,或与 K^+ 的存在有关。

图9-1-7 "铁龙生"翡翠原石

图9-1-8 "干青种"翡翠

图9-1-9 浓紫色翡翠

黑色 日常商贸中常见的黑色翡翠主要有三种类型。第一种是由风化作用形成的次生黑色,一般靠近翡翠仔料外皮呈浸染状分布(图9-1-11),可能是氧化锰或铁锰氧化物充填在硬玉粒间间隙造成的，这种黑色与翡翠中的绿色无关。次生黑色也可能是分布在硬玉矿物解理纹内的细小分散的原生或次生黑色尘状包裹体（有机碳质及金属成分）造成的，行业内俗称"黑乌鸡种"翡翠；第二种是铬铁矿被硬玉交代后的残余或假象所呈现的黑色，在普通光源下反射观察为黑色，在强光源透射下往往呈翠绿色－深绿色（图9-1-12），并且由色块中心向外，绿色逐渐变浅。此种黑色翡翠质地细腻，其主要矿物为硬玉，此外含霓石、绿辉石、透辉石。黑色外观主要是由过量的铬、铁造成的，过量的铬或铁形成铬铁矿残余或假象，一般呈黑点状。此种翡翠的折射率和密度比一般翡翠高，折射率为1.67~1.68，密度为3.4 g/cm³左右；第三种是由角闪石等暗色矿物导致的黑色，一般呈深灰色至灰黑色，常常和绿色部分相伴出现，并且由黑色中心部位开始，向外出现黑色→深绿色→绿色的颜色过渡现象，故有"绿随黑走"的说法（图9-1-13，图9-1-14）。

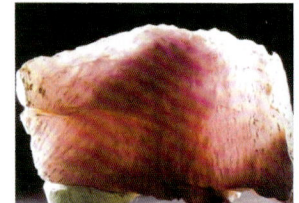
图9-1-10　红紫色翡翠

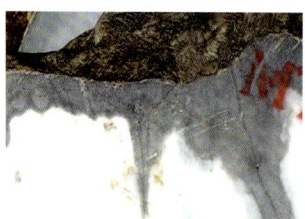
图9-1-11　由风化作用引起的次生黑色

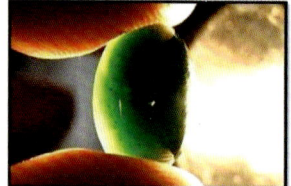
图9-1-12　由铬铁矿被硬玉交代残余假象形成的黑色

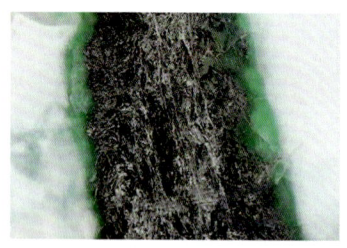
图9-1-13　由角闪石等暗色矿物导致的黑色

图9-1-14　"绿随黑走"

红色和黄色　大部分的翡色（实际上是褐红和褐黄的混合色）主要出现在翡翠的皮壳中，或沿裂隙分布，是当白色、紫色或绿色翡翠形成后，其含铁量较高的部分由于风化作用形成赤铁矿或褐铁矿，沿翡翠颗粒之间的缝隙或解理慢慢渗入所致。一般红褐色为赤铁矿所致，黄色多为褐铁矿或针铁矿所致。

组合色　在珠宝界，对翡翠的一些颜色组合给予了一些特定的名称，如"春带彩""福禄寿"等。"春带彩"为紫色、绿色相间，有着春花怒放之意。"福禄寿"为绿色、红色、紫色同时存在于一块翡翠上，象征吉祥如意，代表福禄寿三喜。翡翠的颜色丰富多彩，其色的形状与组合、色的深浅与分布千变万化。有时同一块料上可有五种颜色，又称为"五彩玉"。

2）光泽和透明度：玻璃光泽至油脂光泽。半透明至不透明，极少为透明。在商业中，翡翠的透明度又称为"水头"。一般来说，翡翠组成成分越单一，矿物颗粒越细，结构越紧密，则透明度越好，光泽越强；组成成分越复杂，颗粒越粗，结构越松散，则透明度、光泽越差。另外，翡翠中含有过量的Fe、Cr等微量元素时，透明度变差，甚至不透明。

3）光性特征：非均质集合体。

4）多色性：无。

5）折射率：1.666~1.680（±0.008），点测法常为1.66。

6）吸收光谱：437 nm吸收线是翡翠的特征吸收谱，是铁的吸收线（图9-1-15a）。630 nm、660 nm、690 nm吸收带或线是铬的吸收线，绿色越浓艳铬线越清晰（图9-1-15b）。

如果绿色很浅，则 630 nm 吸收线就不易观察到。铬盐染绿色的翡翠在 650 nm 处可有一条明显的宽带（图 9 – 1 – 15c）。

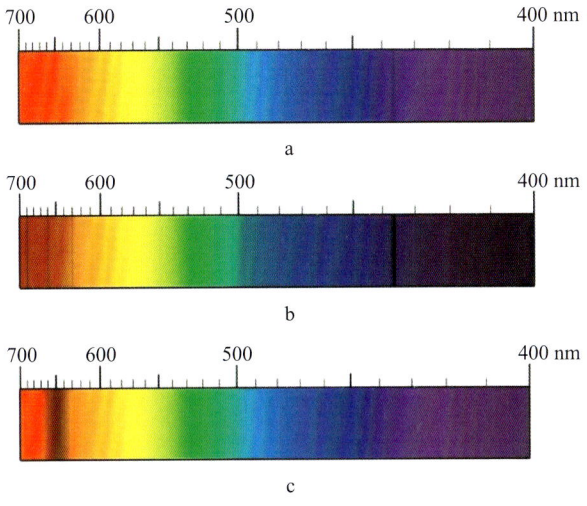

图 9 – 1 – 15　翡翠吸收光谱

7）发光性：天然翡翠绝大多数无荧光，个别翡翠有弱的绿色、白色或黄色荧光。翡翠中若长石经高岭石化可显弱的蓝色荧光。早期充填处理翡翠可有弱至中等的黄绿、蓝绿色荧光；近期充填处理翡翠为无至弱的蓝绿或黄绿色荧光（图 9 – 1 – 16）。染色的红色翡翠可有橙红色荧光。注油翡翠有橙黄色荧光。

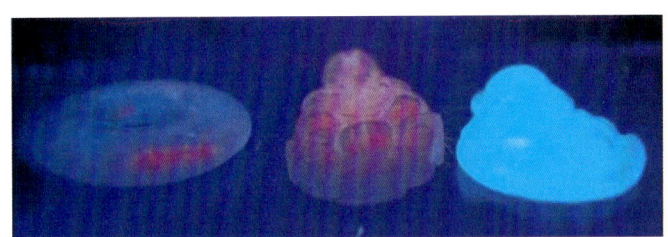

图 9 – 1 – 16　充填处理翡翠紫外荧光

（7）力学性质

1）解理：组成翡翠的主要矿物硬玉具有平行于 {110} 的两组完全解理，并且可有平行于 {001} 和 {100} 的简单双晶和聚片双晶。解理面和双晶面的星点状、片状、针状闪光也就是人们所说的"翠性"，俗称"苍蝇翅"或"沙星"，是鉴别翡翠的重要标志。但是"翠性"并不是在所有的翡翠表面都能见到，如老种玻璃地的翡翠就看不到"翠性"。

2）硬度：摩氏硬度为 6.5 ~ 7。

3）密度：3.25 ~ 3.40 g/cm^3，几乎等于二碘甲烷（3.32 g/cm^3）的密度。翡翠密度随其中 Fe、Cr 等元素含量的增加而增加。

（8）放大检查

反射光下可见"翠性"，透射光下可见纤维交织结构至粒状纤维交织结构。

3. 优化处理

翡翠的优化处理方法可分为两类。优化的方法主要有热处理和浸蜡，这种优化处理过的翡翠与未经处理的天然翡翠一样，可不加申明，俗称"A 货"翡翠；处理的方法主要有漂白、浸蜡、漂白并充填等，这种优化处理的翡翠俗称"B货"翡翠；而染色处理的翡翠俗称"C货"翡翠。

（1）热处理

加热的目的是促进氧化作用的发生，使黄色、棕色、褐色的翡翠转变成鲜艳的红色。

将体积相近的翡翠清洗干净后放在炉中加热。样品最好包上，悬空吊在炉中，升温速度要缓慢，当翡翠颜色转变为猪肝色时，开始缓慢降温，冷却之后翡翠就呈现红色。为获得较鲜艳的红色，可进一步将翡翠浸在漂白水中，氯化数小时，以增加它的艳丽程度。

热处理的红色翡翠与天然红色翡翠的形成基本相同，不同的是通过加热加速了褐铁矿失水的过程，使其在炉中转变成了赤铁矿。从外观而言，天然红色翡翠稍微透明一些，而加热的红色翡翠则有干的感觉。经热处理的翡翠，其基本性质与天然翡翠基本相同，常规方法不易鉴别。

通过红外光谱仪进行鉴别可以看出，天然翡翠在 1500～1700 cm^{-1}、3500～3700 cm^{-1} 附近表现出较强的吸收区，这是结晶水和吸附水的吸收区；经热处理的红色翡翠在上述两个位置没有强的吸收区，说明烧制翡翠中没有水的存在。

（2）浸蜡

为了掩盖翡翠的裂纹和增加透明度，常进行浸蜡处理。

将翡翠成品放入蜡的液体中，稍稍加温、浸泡，使蜡的液体沿裂隙和微小缝隙渗入，再抛光后可增加透明度，掩盖原有缝隙。

这种处理方法只是暂时掩盖了较为明显的裂纹，增加了光的折射和反射能力，同时使透明度有所提高。如果遇到高温会使蜡质溢出，耐久性差。

浸蜡处理是翡翠加工中的常见工序，轻微的浸蜡处理不影响翡翠的光泽和结构，属于优化。严重浸蜡的翡翠缓慢地在酒精灯上加热可使蜡溢出。在紫外荧光灯下可见蓝白色荧光。有机物峰明显，具有 2854 cm^{-1}、2920 cm^{-1} 红外吸收特征谱线。

（3）漂白、充填处理

A. 目的

翡翠颗粒常因存在着一些铁、锰等元素杂质，而产生黑、灰、褐、黄等杂色，影响了翡翠美观程度，降低了翡翠价值。为了去掉这些杂色，人们常用化学的方法给翡翠漂白。

漂白是传统玉器加工中常用的方法之一，目的是去除表面杂色，不影响翡翠的耐久性，属于"优化"，目前仍在应用。而通常意义上所指的漂白是将翡翠放置于强酸中，破坏翡翠的原有结构，并有物质带进带出，此种漂白属于"处理"。

充填是指对经过严重酸洗漂白的翡翠进行充填固结处理。在漂白过程中，去除杂色和脏色的同时也破坏了翡翠的结构，造成翡翠颗粒之间出现较多、较大的缝隙，有的甚至呈疏松的渣状。这样的翡翠不可能直接使用，所以必须用一些能够起固结作用的有机聚合物（如树脂或塑料）充填于缝隙之间，既固结了翡翠又加强了透明度（图 9-1-17）。

处理前　酸洗后　充填后

处理前 处理后

图 9-1-17　翡翠漂白充填处理

B. 选料

漂白充填翡翠通常选用未抛光、结构不太紧密，且基底有泛黄、泛灰、泛褐等脏色调的翡翠成品或小块原石，块大者可切成片状。油青翡翠就不适于进行漂白充填处理。

C. 漂白充填处理翡翠制作方法

早期"B货"翡翠做法很简单，先挑选好料或成品，然后用酸浸泡，直到腐蚀掉表层的杂色和污点后，涂上一层蜡，填平缝隙。这种表层涂蜡的早期"B货"翡翠，肉眼极易识别，因为蜡的光泽明显低于翡翠的玻璃光泽；蜡遇热后会变软、脱落；用普通的针尖也可轻试。这种粗糙的早期"B货"翡翠即使不经加热，过几个月后就会出现许多微小裂隙，裂隙中常析出（氧化）褐色粉末。目前，这种翡翠市场上已不多见。

近期的翡翠优化处理技术有了很大提高，通常经过选料、强酸浸泡（又称为"白渣化"）、弱碱中和、清洗、烘干、填充、抛光等几个步骤来完成处理的全过程（图9-1-18）。

a. 选料 　　　　　　b. 粗加工 　　　　　　c. 制半成品

d. 酸洗前处理（加固） 　　e. 酸洗（中和清洗） 　　f. 注胶（充填处理）

g. 打磨 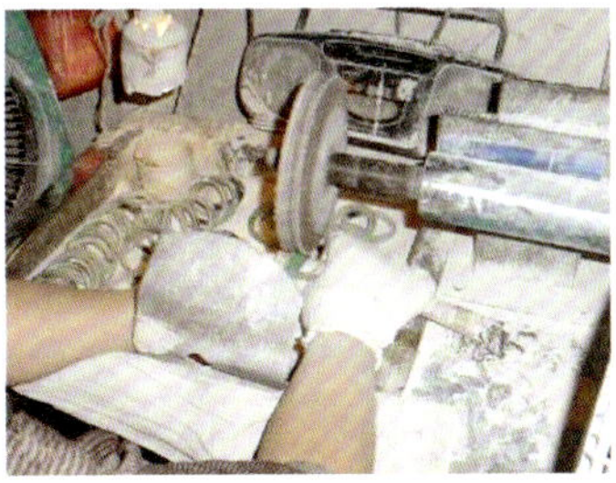　　　　　　h. 抛光 　　　　　　i. 成品

图9-1-18　漂白充填处理翡翠制作过程

D. 耐久性

漂白充填处理会使翡翠结构受到一定的破坏，并且胶质固结物经过一段时间后会发生老化现象，翡翠的光泽、颜色、水头等均会发生变化，影响翡翠的耐久性。

（4）染色处理

染色处理为了使无色或浅色翡翠的颜色变成绿色、红色或紫色，是一种原始、最易制作的处理方法。

用于染色的翡翠要有一定的缝隙，也就是颗粒较粗者比较适宜。染色的方法很多，但基本上大同小异。首先将选好的待染色的翡翠用稀酸漂白、清洗，干燥后放入准备好的染料（如氨基染料）或颜料（如铬酸盐）的溶液中，稍微加热，浸泡的时间视翡翠的大小和质地而定。

炝色是先将翡翠加热，使翡翠颗粒之间产生微裂隙，然后迅速放入有色的染料或颜料溶液中。这种方法可以减少浸泡时间，但颜色沿裂隙分布会更加明显。

已染色或炝色的翡翠需烘干上蜡，以增加透明度，掩盖缝隙。部分染色或炝色翡翠需要充胶处理，起到提高透明度、掩盖裂隙及固结的作用；部分漂白后的翡翠直接充填有色胶结物，也可起到同样的作用，即所谓的"B+C货"翡翠（图9-1-19）。

染色翡翠耐久性较差。因为着色剂没有进入晶格，而是存在于颗粒之间的缝隙中。当染色翡翠受到光线的长期照射、酸碱溶液的侵蚀、受热，甚至空气的氧化作用时，原本鲜艳的颜色会褪色，甚至变为无色。

染色处理的翡翠通常具有如下特征：利用放大镜或显微镜观察颜色的分布，由于染料沿颗粒或裂隙进入翡翠，所以看到染色的颜色呈丝网状分布，在较大的绺裂中可见染料的沉淀或聚集（图9-1-20），这是鉴别染色翡翠最直接的证据。炝色翡翠可以看到清晰的炸裂纹。

铬盐染色处理的绿色翡翠常出现650 nm宽吸收带。特征的吸收光谱是鉴定染色翡翠的有力证据。

由于着色剂的不同，染色翡翠在查尔斯滤色镜下的反应也不同，既可以无变化也可以变红。但如果绿色翡翠在查尔斯滤色镜下变红，则表示该翡翠经过染色处理（图9-1-21）。有些染色翡翠在紫外光的照射下，会发黄绿色或橙红色荧光（染红色翡翠）（图9-1-22）。

图9-1-19 "B+C货"翡翠

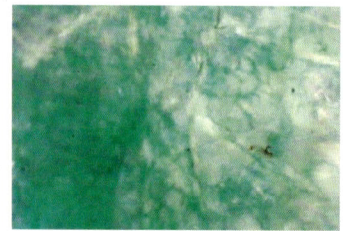
图9-1-20 染色翡翠颜色分布特点

图9-1-21 染色翡翠滤色镜下反应

经有机染料染色的翡翠在红外光谱中出现 2854 cm^{-1} 和 2920 cm^{-1} 的吸收峰，表示存在有机物。

（5）覆膜处理

覆膜处理是为了改变翡翠的颜色，使其更加漂亮。通常在翡翠的成品表面覆盖一层有机膜，又称为"穿衣翡翠"（图9-1-23）。覆膜翡翠的耐久性较差，薄膜容易脱落。

覆膜翡翠颜色均匀；折射率偏低，点测法为1.56左右（薄膜折射率）；放大观察可见表面光泽弱，多为树脂光泽；无颗粒感；局部可见气泡；可见薄膜脱落，多出现在边缘部位；针触之感觉较软；手感较涩。

（6）翡翠拼合石

将两块或两块以上翡翠经人工拼合给人以整体感觉，是常见的翡翠原石作假行为。制作过程为：在没有颜色、质地较差的翡翠原石上切下一薄片，将切下的薄片涂上绿色颜料或植入绿色胶块后，再粘贴回去，然后再在其外部用粉碎的翡翠皮壳混合石英砂用胶黏结，目的是掩盖拼接缝（图9-1-24）。有时也将无皮壳的翡翠表面做皮，仿带皮的翡翠。但是经过这种方法拼合的翡翠原石皮壳质地较软、有胶感，缺少天然翡翠原石皮壳的结构。

图9-1-22 染色翡翠的紫外荧光性　　图9-1-23 覆膜翡翠　　图9-1-24 翡翠拼合石
图中下部为拼合缝中的胶

4. 合成翡翠

1984年12月美国通用电气公司，在世界上首次人工合成了翡翠。方法是用粉末状钠、铝和二氧化硅加热至2700℃高温熔融，然后将熔融体冷却，固结成一种玻璃状物体。再将其磨碎，置于制造人造钻石的高压炉中加热。为了获得各种颜色的翡翠，可以加入一定的致色离子，如：加少量的铬变成绿色；加多些铬变成黑色；加少量锰可以得到紫色等。这种高压下加热结晶的产物就是合成翡翠（图9-1-25）。

图9-1-25 GE合成翡翠（5.20 ct）

合成翡翠的成分、硬度、密度等方面与天然翡翠基本一致。但是合成翡翠颜色不正，透明度差。其物质组成主要是晶体粗大、具有方向性的硬玉矿物和玻璃质，两者的化学成分基本一致，接近硬玉矿物的组成。

由于合成翡翠的技术目前尚不成熟，针对合成翡翠研究的深度和广度比较欠缺，所以合成翡翠的鉴别相对比较容易。合成翡翠的透明度差，发干；颜色不正，比较呆板；不具有纤维交织结构，无"翠性"。

5. 品质评价

翡翠的质量评价可以从颜色、结构、透明度、净度、加工工艺、重量六个方面进行，其涉及行业中常提及的"种""水""色""地""工"等俗称。

（1）颜色

颜色是翡翠质量评价的关键（图9-1-26）。商业上经常从以下几方面对翡翠的颜色进行评价。

浓：是指翡翠颜色的饱和度要高。同一色调的饱和度越高颜色就越深，饱和度越低颜色就越浅。翡翠有许多种颜色，绿色是最主要的色彩，好的翡翠要求是浓淡相宜的翠绿色。

阳：指的是翡翠颜色的亮度要高。颜色鲜艳的翡翠给人以青春勃发的感觉。

正：指的是翡翠的色调要纯正，不含其他色调。正色翡翠的色彩饱和度可高可低，也就是颜色可浓可淡，但色彩的主色调一定要纯正，也就是纯的光谱色。如纯正的绿色翡翠应为正绿色或翠绿色；紫色翡翠要求是纯正的紫罗兰色。

匀：指的是翡翠颜色分布的均匀程度。翡翠是同种或不同种矿物的集合体，颜色多呈点状、丝状、团块状分布，很难达到均匀。所以翡翠的颜色越均匀，其价值越高。

和：指的是翡翠不同颜色分布的和谐与否。翡翠经常出现不同颜色的组合，如"春带彩""福禄寿""刘关张"。不同的颜色搭配为翡翠的艺术创作提供了丰富的想象。

（2）结构

翡翠的结构是指其矿物颗粒的大小、形态及颗粒间结合方式，它直接影响翡翠的种质、水头、光泽和硬度等。颗粒细小，结合紧密的翡翠则显得温润细腻，是高档翡翠的必备条件；反之，颗粒粗大，结构松散的翡翠质量将明显下降（图9-1-27）。

图9-1-26 高档满绿翡翠戒面

图9-1-27 翡翠颗粒特性与质地之间的关系

（3）透明度

翡翠的透明度又称为"水头"。透明度的好坏在行业中常用"长""足""短"表示，称之为"水头长""水头足""水头短"；也可用"一分水""二分水"来表示。绝大部分翡翠都是不透明至半透明，透明者极为罕见。翡翠越透明表明其品质越高（图9-1-28）。

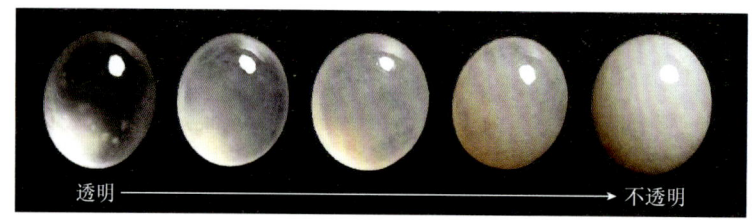
图9-1-28 翡翠的不同透明度级别

（4）净度

净度是指影响翡翠美观程度的因素，包括脏色和裂隙等，即所谓的"绺裂"。这些"绺裂"的存在将影响翡翠的美观，净度越高则翡翠的品质越高。

（5）加工工艺

翡翠的加工工艺是指翡翠的选材设计、切割比例、雕刻工艺及抛光工艺等几个方面。对于素面翡翠要求切割比例适中，抛光优良；而对于玉雕制品的质量评价来说，工匠们的巧妙构思、娴熟技艺将起到决定性的作用。

（6）重量

翡翠制品的价值不受重量的严格限制，但是在颜色、质地、透明度等质量相同或相近的情况下，体积越大，也就是重量越大，则其价值越高。

6. 产地与产状

翡翠的主要产地有：缅甸北部克钦邦的帕敢-道茂一带、危地马拉的Motagua谷地的中央、日本、俄罗斯Borus山和Sayan西部、哈萨克斯坦靠近巴尔喀什湖Itmurunby山等地。

世界上有95%以上的商业翡翠产于缅甸。缅甸翡翠的成因现仍存在争议，有区域变质成因、岩浆成因和交代成因等学说。

缅甸翡翠矿床位于缅北抹谷西北的雾露河中上游地区。主要分为三个矿区：后江矿区、帕敢-道茂矿区、抹岗矿区，其中帕敢-道茂矿区是最大、最著名的矿区，也是最古老的矿区。

翡翠矿床类型分为两大类：原生翡翠矿床，次生翡翠矿床。次生翡翠矿床又可分为第四纪砾岩层翡翠矿床、现代河流冲积型翡翠矿床、残坡积层翡翠矿床。

（1）原生翡翠矿床

原生翡翠矿床产出于道茂岩体的蛇纹石化橄榄岩之中。道茂原生矿床包括四条矿脉，矿脉是由硬玉和钠长石矿物组成的硬玉岩、钠长石硬玉岩和钠长石岩，呈脉状在蛇纹石化橄榄岩内产出。另外，原生矿脉还见于格地莫、散卡、隆肯等地，这些矿脉被称为新场区，新场区的翡翠多为中低档次。

(2) 次生翡翠矿床

次生翡翠矿床主要分布于钦敦江支流雾露河的冲积层，雾露河上游有两条东西流向的支流，发源于翡翠原生矿分布地区，道茂矿床即为南支流的源头，这两条支流汇合于隆肯北边，并折向南，河流冲积层发育，形成不同类型的次生翡翠矿床。

1) 第四纪砾岩层翡翠矿床：此类矿床属次生矿床，是原生翡翠矿床经构造运动、风化剥蚀、搬运分选沉积而成。雾露河流域第四纪巨厚砾岩层是主要的翡翠矿床赋集层，分布在帕敢-道茂矿区的中南部，矿体呈长条状分布，长达几十千米，北北东走向，最宽处在麻蒙一带，宽6 km，砾岩层的厚度可达300 m，组成雾露河高层阶地。含硬玉岩的砾岩层为最底层，厚约15 m。第四纪砾岩层的翡翠以砾石体积巨大为特点，是玉雕用翡翠的主要来源，底层砾岩中也含有优质翡翠。第四纪砾岩层翡翠矿床主要产地有次通卡、大谷地、会卡、香拱等老场区。在古近-新近纪砂岩-砾岩的沉积层也发现有硬玉的漂砾，只是这些矿床的规模较小，如仙洞场区。

2) 现代河流冲积型翡翠矿床：是最有价值的翡翠矿床，它是由流经第四纪含翡翠砾岩层的雾露河及其支流搬运分选而成，与第四纪砾岩层翡翠矿床同属次生矿床，并且在成因上具有连带性。矿床主要分布于雾露河及其支流的河谷中，集中在散卡村到蒙麻地区雾露河下游约30 km长的河床中，优质翡翠矿床更是集中在帕敢和蒙麻一带。现代河流沉积型翡翠矿床所产翡翠具有相对密度大、硬度高、质地均匀、结构紧密、裂隙少等特点，多为高档首饰级翡翠，是老场区集中开采的矿床类型。

3) 残坡积层翡翠矿床：主要产出在山坡上，也属次生矿床，一般是原生矿床剥离后，经洪水或重力的搬运作用而成，砾石有了一定的分选性和磨圆度，但保留有更多的原生矿翡翠的特点。雾露矿区以龙塘矿床为代表，属新老场，翡翠的质量介于原生矿与砂矿之间，产量较少。

另外，后江矿区、抹岗矿区与帕敢-朵莫矿区具有相同或相似的地质产出条件，也是两个重要的矿区。

后江矿区位于帕敢矿区的西北部。包括后江和雷打场两个采区。后江采区翡翠矿床沿后江分布，长约3 km，宽100～200 m，属现代河床沉积矿床，此采区出产的翡翠具有产量高、品种多、质量好等特点，属老场区。雷打场采区位于后江上游的山坡上，为残坡积型矿床，翡翠矿床赋存于第四纪砂土层中，翡翠具有种干、硬度低、裂绺多、难以取料等特点，因其裂绺呈树枝状分布，像天空打雷时闪电的形状，故称之为"雷打石"，属新老场，多为中低档翡翠。

抹岗矿区位于帕敢矿区南部，北邻恩多湖，属砾岩层沉积型翡翠矿床，有较悠久的开采历史。

二、软玉

1. 概述

古往今来，软玉（和田玉、闪石玉）以其色泽光洁柔美、质地坚韧细腻、温润含蓄、符合国人的审美观念而深得人们的喜爱，人们将"仁""义""礼""智""信"的道德理念及社会财富、权力等一系列社会元素赋予和田玉。从7000年前的新石器时代开始，和田玉制品作为日常用品、饰品、祭器、礼器，甚至葬器，已经成为人们生活中不可缺少的一部分。历代琳琅满目的软玉制品,是中华民族灿烂文化的重要组成部分,也是人类艺术史上的辉煌成就,被誉为东方艺术。

2. 基本性质

(1) 矿物组成

软玉主要是由角闪石族中透闪石-阳起石类质同象系列的矿物所组成,软玉的主要矿物为透闪石,次要矿物有阳起石及透辉石、滑石、蛇纹石、绿泥石、绿帘石、斜黝帘石、镁橄榄石、粗晶状透闪石、白云石、石英、磁铁矿、黄铁矿、镁铁尖晶石、磷灰石、石榴子石、金云母、铬尖晶石等。

(2) 化学组成

透闪石-铁阳起石类质同象系列的成分为 $Ca_2Mg_5(Si_4O_{11})_2(OH)_2 - Ca_2Fe_5(Si_4O_{11})_2(OH)_2$,在多数情况下软玉是这种端员组分的中间产物。

(3) 晶系及结晶习性

软玉的主要组成矿物为透闪石和阳起石,都属单斜晶系。这两种矿物的常见晶形为长柱状、纤维状、叶片状,软玉是这些纤维状矿物的集合体。

(4) 结构

软玉的矿物颗粒细小,结构致密均匀,所以软玉质地细腻、润泽且具有高的韧性。依据软玉矿物颗粒的大小、形态及颗粒结合方式,软玉的结构主要为毛毡状交织结构(显微隐晶质结构)、显微叶片变晶结构、显微纤维变晶结构、显微纤维状隐晶质结构、显微片状隐晶质结构、显微放射状或帚状结构等(图9-1-29~图9-1-32)。

图9-1-29 毛毡状交织结构

图9-1-30 显微叶片变晶结构

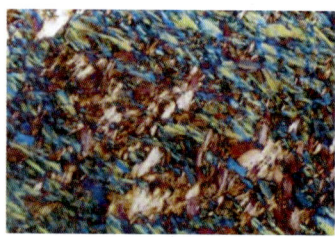

图9-1-31 显微纤维变晶结构

图9-1-32 显微放射状结构

(5) 光学性质

1) 颜色:有白色、青色、灰色、浅至深绿色、黄色至褐色、墨色等。主要组成矿物为白色透闪石时则软玉呈白色,随着Fe对透闪石中Mg的类质同象替代,软玉可呈深浅不同的绿色,Fe含量越高,绿色越深。主要由铁阳起石组成的软玉几乎呈黑绿-黑色。当透闪石含细微石墨时则成为墨玉。

2) 光泽和透明度:可呈油脂光泽、蜡状光泽或玻璃光泽;半透明至不透明,绝大多数为微透明,极少数为半透明。

3) 折射率:1.606~1.632(+0.009,-0.006),点测法为1.60~1.61。

4) 光性特征:非均质集合体。

5) 吸收光谱:软玉极少见吸收线,可在500 nm、498 nm和460 nm有模糊的吸收线或吸收带;在509 nm有一条吸收线;某些软玉在689 nm有双吸收线。

6)发光性:紫外光下软玉为荧光惰性。

(6) 力学性质

1) 解理、断口:透闪石具有两组完全解理,集合体通常不可见。断口为参差状。

2) 硬度:摩氏硬度为6~6.5。不同品种硬度略有差异,同一产地青玉的硬度大于白玉。

3) 密度:2.95(+0.15,-0.05)g/cm³。

4) 韧度:软玉的韧度极高,仅次于黑金刚石,是常见宝玉石品种中韧度最高的。

(7) 放大检查

可见毛毡状结构,黑色固体包裹体。

3. 品种

(1) 按产出环境分类

A. 原生矿

从原生矿床开采所得,呈块状,不规则状,棱角分明,无磨圆及皮壳,俗称"山料"(图9-1-33a)。

B. 次生矿

从原生矿床自然剥离的残坡积或冰川堆碛的软玉,一般距原生矿较近,次棱角状,磨圆度差,通常有薄的皮壳,块度较大,俗称"山流水"(图9-1-33b)。

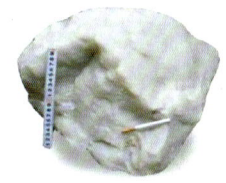   

a. 山料　　　　　b. 山流水　　　　　c. 仔玉　　　　　d. 戈壁料

图9-1-33　软玉原料

从原生矿床自然剥离,经过风化搬运至河流中的软玉,一般距原生矿较远,呈浑圆状、卵石状,磨圆度好,块度大小悬殊,外表可有厚薄不一的皮壳。俗称"仔玉""仔料"或"子料"(图9-1-33c)。皮壳分无色及有色,皮壳颜色多种,以红褐色居多,细分为秋梨皮、虎皮、枣皮等。

从原生矿床自然剥离,经过风化搬运至戈壁滩上的软玉,一般距原生矿较远,呈次棱角状,磨圆度较差,块度较小,表面有风蚀痕迹,无皮壳,俗称"戈壁料"(图9-1-33d)。

(2) 按颜色分类

按颜色差异,软玉可分为如下品种(图9-1-34)。

白玉　白色,可略泛灰、黄、青等杂色,颜色柔和均匀,有时可带少量糖色或黑色。白玉中品质最好的称为羊脂玉(图9-1-34a),颜色呈羊脂白色,颜色柔和均匀,有时可带少量糖色。质地致密细腻,光洁坚韧,基本无绺裂、杂质及其他缺陷。

青玉　颜色有青至深青、灰青、青黄等色,颜色柔和均匀,有时可带少量糖色或黑色(图9-1-34b)。青玉产量最大,常有大料出现。

青白玉　青白玉的颜色以白色为基础色,介于白玉与青玉之间,颜色柔和均匀,有时可带少量糖色或黑色(图9-1-34c)。

墨玉　颜色以黑色为主(占60%以上),多呈叶片状、条带状聚集,可夹杂少量白或灰白色(占40%以下),颜色多不均匀(图9-1-34d)。墨玉的墨色是由于玉中含有细微石墨鳞片所致。墨色多呈云雾状、条带状分布,也有墨色中带有黄铁矿细粒,呈星点状分布,俗称

| a. 羊脂玉 | b. 青玉 | c. 青白玉 |
| d. 墨玉 | e. 碧玉 | f. 糖玉 |

图 9-1-34　软玉的颜色分类

"金星墨玉"。

青花玉　基础色为白色、青白色、青色，夹杂黑色（占 20%~60%），黑色多呈点状、叶片状、条带状、云朵状聚集，不均匀。

碧玉　颜色以绿色为基础，常见有绿、灰绿、黄绿、暗绿、墨绿等颜色，颜色较柔和均匀，碧玉中常含有黑色点状矿物（图 9-1-34e）。它是软玉的重要品种之一。但它决非石英质玉石中的"碧玉"。

黄玉　颜色淡黄至深黄，可微泛绿色，颜色柔和均匀。黄玉十分稀少，价值甚至不低于羊脂玉，主要产于新疆的若羌县。这里应注意区分软玉中的黄玉和单晶宝石黄玉（托帕石）。

糖玉　颜色有黄色、褐黄色、红色、褐红色、黑绿色等。一般情况下，如果糖色占到整件样品 80% 以上时，可直接称之为糖玉（图 9-1-34f）。如果糖色占到整件样品 30%~80% 时，可称为糖羊脂玉、糖白玉、糖青白玉、糖青玉等。糖色部分占到整件样品 30% 以下时，名称中不予体现。软玉中常有糖色分布，糖色属于次生色，当原生矿暴露于地表或近地表时，由于铁的氧化浸染而呈类似于红糖的颜色，俗称"糖色"。糖色可薄可厚，也可沿裂隙分布。

4. 优化处理

软玉的优化处理通常有如下几类。

（1）漂白

对新疆和田玉中出现的黄褐色斑点进行漂白，这些斑点主要是次生矿物褐铁矿等的 Fe^{3+} 染色所致。用清洗液与 Fe^{3+} 反应，消除斑点。黄褐色斑点全部消失后提高了和田玉的净度和白度，改善了品级（图 9-1-35）。

图 9-1-35　漂白软玉

（2）浸蜡

石蜡或液态蜡充填软玉成品表面，以掩盖裂隙、改善光泽。浸蜡的软玉带有蜡状光泽，有时可污染包装物，热针可熔，红外光谱可见有机物吸收峰。

（3）拼合

通常将糖玉薄片贴于白玉表面，然后进行雕刻，将多余部分的糖色雕刻掉，剩余的糖色部分组成所要表现的图案，用来仿俏色浮雕。拼合软玉的特点是俏色部分的颜色与基底的颜色截然不同，无过渡，仔细观察可见拼合缝。

（4）染色

选择软玉整体或部分进行染色，用来掩盖瑕疵，或用来仿仔料。颜色有黄色、褐黄色、红色、褐红色、黑绿色等。染色软玉的颜色鲜艳，不自然，多存在于表皮及裂隙中（图9-1-36）。

（5）磨圆

将粗加工的山料放入滚筒中，加入卵石和水滚动磨圆，用以仿仔料，俗称"磨光仔"（图9-1-37）。磨圆较差者反射光下隐约可见棱面；磨圆较好者表面光洁度高于天然仔料（天然仔料的表面类似于鸡蛋皮），有时可见新鲜裂痕。

图9-1-36 染色软玉

图9-1-37 磨圆处理软玉

图9-1-38 做旧软玉

（6）"做旧"处理

作为出土文物的古玉，因为埋藏年代久远，在各种侵蚀作用下会形成不同的"沁色"，如土黄色的"土沁"、红色的"血沁"、黑色的"水银沁"、灰白色的"石灰沁"等。"做旧"处理的目的就是仿古玉。20世纪90年代以前仿古玉的"做旧"仍然采用传统的方法，即将仿旧的软玉（可做成残缺状）放入梅杏干水中煮几天，直到将玉上的杂质、裂纹、油脂腐蚀成不光亮状，或出现坑洼麻点后取出，在其产品表面涂以猪血或地黄、红土、炭黑、油烟等，再经火烤，使色浸入内部；擦拭干净后，再放入油、蜡锅中浸油，恢复表面油状光泽，即成仿旧玉（图9-1-38）。如果将这样的仿旧玉埋入地下半年、一年，再经常浇些水，取出后效果更好。有时为了模仿古人玩过的旧玉效果，还用麦糠揉搓，用皮肤磨蹭，用皮子擦拭（俗称"盘玉"）。

从20世纪90年代开始，现代技术被引入仿古玉做旧领域，强酸、强碱和高温高压的应用，使得仿古玉制作水平大为提高。

5. 品质评价

软玉主要用来制作雕件和各种饰品。对原料的要求主要从以下几个方面考虑。

（1）质地

质地要求致密、细腻、坚韧、光洁，油润无瑕，少有绺裂。

（2）颜色

颜色要求柔和、纯正、均匀。古人对玉色的要求是"白如截脂""黄如蒸栗""青如苔藓""绿如翠羽""黑如纯漆"。软玉中历来以羊脂玉最为珍贵，是极为稀少珍贵的软玉品种。

（3）光泽

品质好的软玉多为油脂光泽，其次为油脂至玻璃光泽。

（4）块度

块度越大越好，要求完整、无裂。同样颜色、质地和块度的软玉，带皮的仔料价值较高，其次为山流水和山料。山料无磨圆，呈棱角状的外形，一般润性及韧性稍差。

（5）净度

软玉要求瑕疵越少越好，瑕疵主要包括石花、玉筋、石钉、黑点和绺裂等，将影响玉石的品质和出成率。

6. 产地和产状

软玉的产地较广，原生矿床主要分布于中国、加拿大、俄罗斯、韩国、澳大利亚、新西兰等多个国家。俄罗斯软玉主要分布在布里亚特共和国、伊尔库茨克州、克拉斯诺雅尔斯克边区、乌拉尔山脉、贝加尔湖地区等。软玉的品种主要为白玉、青白玉、糖玉、碧玉等。俄罗斯软玉的糖皮与和田玉的指示意义不同，新疆和田玉的糖皮可作为判别是否为仔料的一个依据，而俄罗斯软玉的糖皮大多是由于山料的裂隙或矿体边缘受到铁质浸染而成。

中国主要的产地有新疆昆仑山、阿尔金山、天山地区，青海省格尔木的纳赤台、大灶台和祁连山脉，辽宁岫岩，台湾花莲和四川汶川等地。

传统和田玉是指分布于新疆昆仑山和阿尔金山，为接触交代（中酸性侵入岩和镁质碳酸盐岩的接触带中）形成的软玉。

昆仑山的软玉矿主要分布于塔什库尔干－叶城－皮山－和田－策勒和于田一带长达1000多千米的山中和河流中。除各河流产仔玉外，原生矿床有十几处，集中分布在塔什库尔干－叶城、阿尔金山等地区。现收藏于故宫博物院的"大禹治水图"青白玉山子，即来自于塔什库尔干－叶城地区。新疆玛纳斯河产出著名的玛纳斯碧玉（图9-1-39）。且末地区是阿尔金山产玉的主要地区，除河流中产玉外，原生矿床分布于且末县的东南，在长约110 km范围内已知有5处产地。塔特里克苏玉矿是目前新疆出产软玉原生矿的主要矿山，矿化带规模大，有多条矿脉和矿体。该地区主要产青白玉和青玉，并有白玉和糖白玉。

青海软玉主要分布于青海省格尔木市西南的纳赤台、纳赤台西北的大灶台和祁连县境内的祁连山脉。青海省软玉矿床在地质构造上与新疆且末、和田等玉石矿同属于昆仑造山带，在成因上都与岩浆岩与碳酸盐岩交代变质作用有关。产出的主要有白玉、青白玉、烟青玉（图9-1-40）、翠青玉（图9-1-41）、糖玉等。

图9-1-39 玛纳斯碧玉　　图9-1-40 青海烟青玉　　图9-1-41 青海翠青玉

岫岩原生软玉矿床产于岫岩县细玉沟沟头的山顶上，矿体赋存于元古宇辽河群大石桥组三段的透闪石白云质大理岩中的构造破碎带间，严格受地层层位和构造的控制。从原生矿采掘出来的透闪石玉料在当地俗称"老玉"。产于细玉沟外白沙河中及其流域的泥沙中的透闪石玉料当地俗称"河磨玉"，也叫"石包玉"。

"台湾"软玉产于台湾省东部山区花莲县寿丰乡，矿体形成于古生代－中生代结晶片岩与蛇纹岩的接触带上。软玉形成于蛇纹石化初期的矽卡岩化之后，系热水溶液交代蛇纹石而成。

三、石英质玉石

1. 概述

石英矿物在地壳中分布广泛,以石英为主的玉石品种繁多。按照结晶程度可分为显晶质石英质玉石(石英岩、木变石等)和隐晶质石英质玉石(玉髓、玛瑙等)。石英质玉石的应用历史悠久,早在50万年前周口店北京人文化遗址中就发现有用玉髓制作的石器。

2. 基本性质

(1) 矿物组成

石英质玉石的组成矿物主要是隐晶质-显晶质石英,另可有少量云母类矿物、绿泥石、褐铁矿、赤铁矿、针铁矿、黏土矿物等。

(2) 化学组成

石英质玉石的化学组成主要是SiO_2,另外可有少量Ca、Mg、Fe、Mn、Ni、Al、Ti、V等元素的存在。

(3) 晶系

石英质玉石的主要组成矿物石英属三方晶系。

(4) 结构、构造

石英质玉石呈显微隐晶质-显晶质集合体,为粒状结构、纤维状结构、隐晶质结构,块状、团块状、条带状、皮壳状、钟乳状构造。

(5) 光学性质

1) 颜色:石英质玉石颜色丰富,常见白色、绿色、灰色、黄色、褐色、橙红色、蓝色等。石英质玉石纯净时为无色,当含有不同的微量元素(如Fe、Ni等)或混入其他有色矿物时,可呈现不同的颜色。

2) 光泽和透明度:抛光平面可呈玻璃光泽、油脂光泽或丝绢光泽,断口一般呈油脂光泽。微透明至透明。

3) 光性特征:非均质集合体,正交偏光镜下无消光位。

4) 折射率:1.544~1.553,点测法常为1.53或1.54,个别可测到1.55。

5) 多色性:在集合体中无多色性。

6) 吸收光谱:一般无特征光谱。

(6) 力学性质

1) 硬度:略低于单晶石英,摩氏硬度为6.5~7。

2) 密度:由于结晶程度和杂质影响,会有一定变化,一般为2.64~2.71 g/cm^3左右。

3. 品种

石英质玉石根据结构和构造、矿物组合、矿物成因特点等可分为如下几种。

(1) 隐晶质石英质玉石

根据结构、构造特点及次要矿物含量,隐晶质石英质玉石可分为玉髓、玛瑙两个品种。

A. 玉髓

超显微隐晶质石英集合体,多呈块状产出。单体呈纤维状,杂乱或略定向排列,粒间微孔内充填水分和气体。可含Fe、Al、Ca、Ti、Mn、V等微量元素或其他矿物的细小颗粒。根据颜色和所含其他矿物,玉髓又可细分为以下品种。

白玉髓　灰白–灰色，成分单一。微透明–半透明（图9-1-42a）。

红玉髓　红–褐红色，由微量Fe致色（部分样品经分析，Fe_2O_3含量在1.7%左右），微透明–半透明（图9-1-42b）。

a. 白玉髓　　　b. 红玉髓　　　c. 绿玉髓　　　d. 蓝玉髓

图9-1-42　各色玉髓

绿玉髓　不同色调的绿色，由Fe、Cr、Ni等杂质元素致色，也可由细小的绿泥石、阳起石等绿色矿物的均匀分布引起颜色。微透明–半透明（图9-1-42c）。澳大利亚出产的绿玉髓，又称"澳洲玉"或"澳玉"，颜色为均匀的绿色，由Ni致色，常带黄色调和灰色调，高品质者呈较鲜艳的苹果绿色。

蓝玉髓　灰蓝–蓝绿色，由所含蓝色矿物产生颜色。不透明–微透明（图9-1-42d）。中国台湾产蓝玉髓呈蓝色、蓝绿色，颜色均匀，由Cu^{2+}致色。硬度接近于7。密度2.58 g/cm³左右。不透明至半透明。高质量的台湾蓝玉髓的颜色与高质量的天蓝色绿松石颜色相近。

除以上四种玉髓外，还有一些含杂质较多的玉髓，杂质主要为氧化铁和黏土矿物，含量可达20%以上，在商业上俗称"碧玉"。它们多为不透明，颜色呈暗红色、绿色。商业中常按颜色命名，如绿碧玉、红碧玉；有时也可按特殊花纹来命名，如风景碧玉、血滴石等。其中，风景碧玉是一种彩色碧玉，不同颜色的条带、色块交相辉映，犹如一幅美丽的自然风景画，故而得名（图9-1-43）；血滴石是一种暗绿色不透明–微透明的碧玉，其上散布着棕红色斑点，犹如滴滴鲜血，故得名"血滴石"（图9-1-44，图9-1-45），血滴石最著名的产地为印度。

  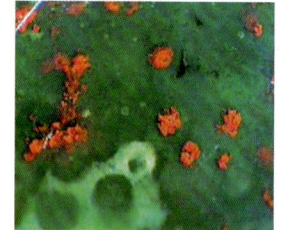

图9-1-43　风景碧玉　　　图9-1-44　血滴石　　　图9-1-45　血滴石局部放大

B. 玛瑙

具条带状构造的隐晶质石英质玉石。按颜色、条带、杂质或包裹体等特点可分为以下品种。

1）按颜色分类：可分为白玛瑙、红玛瑙、绿玛瑙、黑玛瑙等。

白玛瑙　灰–灰白色，纯白色很少见（图9-1-46a）。白玛瑙中的条带状构造是由于颜色或透明度的细微差异所致。白玛瑙除大块、色较均匀者可以作为雕刻品外，绝大部分需染色后才可使用。

红玛瑙　天然产出的红玛瑙很少有颜色很深的，多呈较浅的褐红色、橙红色（图9-1-46b）。块体内不同深浅、不同透明度的红色条带与白色条带相间分布。红色由细小的氧化铁颗粒引起。市场上出现的红玛瑙多是由热处理或人工染色而成的。

绿玛瑙　天然产出的绿玛瑙很少有颜色特别鲜艳的，多呈一种淡淡的灰绿色，其颜色由所含绿泥石等细小矿物产生（图9-1-46c）。市场上出现的绿玛瑙多为人工染色。

a. 白玛瑙　　　　　　　　b. 红玛瑙　　　　　　　　c. 绿玛瑙

图9-1-46　各色玛瑙

2）按条带分类：缟玛瑙。

缟玛瑙　亦称条纹玛瑙，一种颜色相对简单、条带相对清晰的玛瑙。常见的缟玛瑙可有黑、白相间的条带或红、白相间的条带（图9-1-47a）。当缟玛瑙的条带变得十分细窄时，又可称为缠丝玛瑙。较名贵的一种缠丝玛瑙由缠丝状红、白相间的条带组成。

3）按杂质或包裹体分类：可分为苔纹玛瑙、火玛瑙、水胆玛瑙等。

苔纹玛瑙　一种具苔藓状、树枝状图形的含杂质玛瑙（图9-1-47b）。一般绿色由绿泥石的细小鳞片聚集而成；黑色由铁、锰的氧化物聚集而成。苔纹玛瑙在工艺上有较高的价值，那些绿色、黑色图案给人以丰富的想象，因此苔纹玛瑙成为玛瑙中的名贵品种。

火玛瑙　在玛瑙的微细层理之间含有薄层的液体或红色板状赤铁矿等矿物包裹体。在光的照射下可产生干涉、衍射效应，如果切工正确，火玛瑙将显示五颜六色的晕彩（图9-1-47c）。

a. 缟玛瑙　　　　　　　　b. 苔纹玛瑙　　　　　　　c. 火玛瑙

图9-1-47　缟玛瑙、苔纹玛瑙及火玛瑙

水胆玛瑙　封闭的玛瑙晶洞中包裹有天然液体（一般是水），称为水胆玛瑙。当液体被玛瑙四壁（通常是由微粒石英组成的不透明薄壳）遮挡时，整个玛瑙在摇动时虽有响声，但并无工艺价值；当液体位于透明-半透明空腔中时，这种玛瑙才有较大的工艺价值。

4）其他商业品种：雨花石、天珠等。

雨花石　广义雨花石指各种卵状砾石，包括各种色彩的燧石、硅质岩、石英岩、脉石岩、硅化灰岩、火山岩以及蛋白石、水晶等。狭义的雨花石是指产于南京雨花台砾石层中的玛瑙。由于雨花石具有纹带状的显著特征，故古时称之为"文石"或"纹石"。

天珠　是西藏宗教的一种信物。其主要矿物成分为玉髓。

(2) 显晶质石英质玉石（石英岩、东陵石）

显晶质石英质玉石由粒状石英颗粒集合体所组成。粒度一般为0.01～0.6 mm。集合体呈块状，微透明至半透明。密度与单晶石英相近，为2.64～2.71 g/cm^3。纯净者无色，若含有细小的其他有色矿物，可呈现出不同的颜色。商业中常以产地命名，如京白玉（产于北京郊区）、密玉（产于河南省新密市）、贵翠（产于贵州省）。显晶质石英质玉石的常见品种为东陵石。

东陵石 一种具砂金效应的石英质玉石，常含有其他颜色的矿物而呈现不同的颜色。含铬云母者呈现绿色，称为绿色东陵石（图9-1-48a）；含蓝线石者呈蓝色，称为蓝色东陵石（图9-1-48b）；含锂云母者呈现紫色，称为紫色东陵石（图9-1-48c）。总体来讲，东陵石的石英颗粒相对较粗，其内所含的片状矿物相对较大，在阳光下片状矿物可呈现一种闪闪发光的砂金石效应。

a. 绿色东陵石　　b. 蓝色东陵石　　c. 紫色东陵石

图9-1-48　东陵石

国内市场上最常见的是绿色东陵石，放大镜下可以看到粗大的铬云母鳞片，大致定向排列，滤色镜下略呈褐红色。

（3）二氧化硅交代的玉石（木变石）

木变石亦称为硅化石棉，其原矿物为蓝色的钠闪石石棉，后期被二氧化硅所交代，但仍保留其纤维状晶形外观，呈纤维状结构。高倍显微镜下观察，"纤维"细如发丝，定向排列，交代的二氧化硅已具脱玻化现象，呈非常细小的石英颗粒。由于置换程度的不同，木变石的物理性质略有差异。SiO_2置换程度较高者，硬度接近于7，密度相对较低，一般来讲变化于2.64～2.71 g/cm^3之间。微透明至不透明。丝绢状光泽。根据颜色可将木变石分为虎睛石、鹰睛石等品种。

虎睛石　为棕黄、棕至红棕色、黄褐色、褐色的木变石（图9-1-49a）。黄褐色、褐色是褐铁矿所致。成品表面可具丝绢光泽。当组成虎睛石的纤维较细、排列较整齐时，弧面型宝石的表面可出现猫眼效应（图9-1-49b）。虎睛石的猫眼效应一般眼线较宽，左右摆动时很少见到像金绿宝石猫眼那样的眼线开合现象。

鹰睛石　为灰蓝色、暗灰蓝色、蓝绿色的木变石（图9-1-49c）。蓝色是残余的蓝色钠闪石石棉的颜色。也可具有猫眼效应。

a. 虎睛石　　b. 虎睛石猫眼　　c. 鹰睛石

图9-1-49　木变石

斑马虎睛石　为黄褐色、蓝色呈斑块状间杂分布的木变石。

4. 优化处理

石英质玉石的优化处理，主要采用热处理和染色两种方法，另外还有水胆玛瑙的注水处理等。

（1）热处理

用于热处理的品种主要有玛瑙和虎睛石。

不均匀的浅褐红色玛瑙直接在空气中加热，可以变成较均匀、较鲜艳的红色。这是因为玛瑙中含有少量褐铁矿，在高温氧化条件下，褐铁矿中的 Fe^{2+} 转换为 Fe^{3+}，而且水分被消除，褐铁矿转换为赤铁矿，从而使玛瑙变成较鲜艳的红色。

虎睛石的热处理原理与玛瑙相同。黄褐色的虎睛石在氧化条件下，加热处理可转变成褐红色。虎睛石在还原条件下加热处理可转变成灰黄色、灰白色，可用于仿金绿宝石猫眼。

（2）染色

目前市场上的绝大部分玉髓和玛瑙制品是经过染色处理的。这其中又可分为有机染料直接浸泡致色和无机染料渗入、反应沉淀致色等。经染色处理的玉髓和玛瑙表现为极其鲜艳均匀的红色、绿色、蓝色等（图9-1-50）。按照我国国家标准规定，玉髓和玛瑙染色属于优化。

石英岩的染色处理方法是先将石英岩加热，淬火后再染色，主要染成绿色，市场上俗称"马来西亚玉"（图9-1-51）。石英颗粒直径为 0.03~0.3 mm 不等，摩氏硬度 6.5~7，密度 2.63~2.65 g/cm³。放大检测可见染料在颗粒间分布，呈丝网状（图9-1-52）。分光镜下具 650 nm 的宽吸收带（图9-1-53）。短波紫外荧光下可具暗绿色荧光，主要用来仿翡翠。

图9-1-50 染色玛瑙

图9-1-51 染色石英岩　　图9-1-52 染色石英岩中染料分布

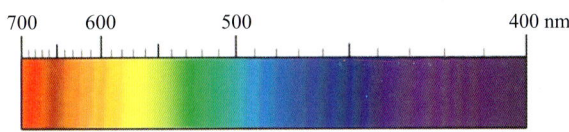
图9-1-53 染色石英岩吸收光谱

（3）水胆玛瑙的注水处理

当水胆玛瑙有较多裂隙或在加工过程中产生裂缝时，水胆中的水便会缓慢溢出，直至干涸，整个水胆玛瑙就会失去其工艺价值。处理的办法是将水胆玛瑙浸于水中，利用毛细作用，使水回填，或采用注入法使水回填，最后再用胶等将细小的缝堵住。其鉴定方法是观察在水胆壁上有无人工处理的痕迹，在可疑处用针尖轻轻刻划，若发现有胶质或蜡质充填的孔洞或裂隙，则可能经过注水处理。

5. 品质评价

石英质玉石可用于制作各种饰物，如小挂件、手镯、项串、雕件、戒面等。其质量要求和评价可以从以下几个方面衡量。

（1）颜色

石英质玉石原料应有一定的颜色，或可以染成一定的颜色，如绿色、黄色、红色等。灰色、褐色杂色的石英质玉很难直接用于染色。颜色应相对均匀，成品颜色应越纯正、越鲜艳、越好。

（2）特殊的图案及包裹体

当石英质玉石原料的颜色能形成一定花纹、图案，如玛瑙内红白相间的色带有规律排列，形成缠丝玛瑙时，碧玉中的不均匀颜色能形成一种风景图案时，材料的价值将有所提高。

另外，当石英质玉石内的有色矿物包裹体能形成一定图案时，如绿泥石鳞片的排列形成的水草玛瑙、铁锰质杂质聚集形成的苔纹玛瑙的价值都要高于灰白色玛瑙。成品图案越美观、越有意境，越好。

水胆玛瑙的"水胆"越大、"水"越多、透明度越高，其价值越高。

（3）质地

石英质玉石要求结构均匀细腻，结合致密，裂纹、杂质、"沙心"越少越好。

（4）透明度

石英质玉石要有一定的透明度，完全不透明的材料较难设计和应用。

（5）块度

要求有一定的块度。

图9-1-54　俏色玛瑙摆件"虾盘"

（6）加工工艺

石英质玉石原材料价值一般都很低，但在加工中如果构思巧妙、俏色新异、加工精细，同样可具有很高的价值，如我国传统玉雕的"虾盘"（图9-1-54）"龙盘""水漫金山"（水胆玛瑙摆件）都被誉为国宝级雕件。

6. 产地与产状

石英质玉石矿的产地很多，几乎世界各地都有产出，而且产状各异。我国已有二十多个省市发现玉髓或玛瑙矿床，包括原生矿和次生矿两类。原生矿主要产于基性、中性岩中和火山侵入体、凝灰岩的气孔、裂隙中，由富含二氧化硅的胶体溶液充填冷凝而成。次生矿床由原生矿床风化淋滤、搬运而成，如南京的雨花石、内蒙古的玛瑙"湖"。

主要产于由区域变质作用和热液接触变质作用形成的石英岩中。而河南的密玉则产于变质石英岩的裂隙中，属于后期热液交代型矿床。木变石主要产于变质的石棉矿床中，如河南的内乡-淅川一带、贵州的罗甸等地。

四、欧泊

1. 概述

"在一块欧泊石上，你可以看到红宝石般的火焰、紫水晶般的色斑、祖母绿般的绿海，五色缤纷、浑然一体、美不胜收。"这是古罗马的哲学家普林尼在《自然史》中对欧泊发出的由衷赞叹。欧泊一词是由英文名称"Opal"音译而成的。高质量的欧泊被誉为宝石的"调色板"，以其具有特殊的变彩效应而闻名于世。欧泊被定为金秋十月的生辰石。

2. 基本性质

（1）矿物组成

欧泊的组成矿物为蛋白石（Opal），另有少量石英、黄铁矿等次要矿物。

（2）化学组成

欧泊的化学成分为$SiO_2 \cdot nH_2O$。含水量不定，一般为4%~9%，最高可达20%。

（3）结晶状态

非晶质体。

(4) 光学性质

1) 颜色：欧泊的体色可有白色、黑色、深灰、蓝、绿、棕色、橙色、橙红色、红色等多种颜色。

2) 光泽和透明度：玻璃光泽至树脂光泽，透明至不透明。

3) 折射率：1.450（+0.020，-0.080），通常为1.42~1.43，火欧泊可低至1.37。

4) 光性特征：均质体，火欧泊常见异常消光。

5) 多色性：无多色性。

6) 紫外荧光：黑色或白色体色的欧泊可具无至中等强度的白色、浅蓝色、浅绿色和黄色荧光，并可有磷光，有时磷光持续时间较长。火欧泊可有无至中等强度的绿褐色荧光，可有磷光。

7) 吸收光谱：绿色欧泊的可见光光谱具660 nm、470 nm吸收线，其他颜色的欧泊吸收光谱不明显。

(5) 力学性质

1) 解理：无解理，具贝壳状断口。

2) 硬度：摩氏硬度为5~6。

3) 密度：2.15（+0.08，-0.90）g/cm³。

(6) 内外部显微特征

欧泊内有时可有两相和三相的气液包裹体，可含有石英、萤石、石墨、黄铁矿等诸多的矿物包裹体。据报道，墨西哥欧泊中含有针状的角闪石。色斑呈不规则片状，边界平坦且较模糊，表面呈丝绢状外观。

(7) 特殊光学效应

欧泊具典型的变彩效应，在光源下转动欧泊，可以看到五颜六色的色斑。猫眼效应稀少。

3. 品种

欧泊有许多品种，包括黑欧泊、白欧泊、火欧泊、"晶质"欧泊等。

(1) 黑欧泊

体色为黑色或深蓝、深灰、深绿、褐色的品种，以黑色最理想，因为黑色体色使变彩效应显得更加鲜明夺目（图9-1-55a）。

(2) 白欧泊

在白色或浅灰色体色上出现变彩的欧泊，透明至半透明（图9-1-55b）。

a. 黑欧泊　　　　　　　b. 白欧泊　　　　　　　c. 火欧泊

d. "晶质"欧泊　　　　　e. 绿欧泊　　　　　　　f. 欧泊猫眼

图9-1-55 欧泊的品种

(3) 火欧泊

无变彩或少量变彩的半透明-透明品种，一般呈橙色、橙红色、红色（图9-1-55c）。

(4)"晶质"欧泊

具有变彩效应的无色透明至半透明的欧泊（图9-1-55d）。

(5) 绿欧泊

一种带绿色体色、半透明的、没有变彩的欧泊，颜色从淡绿到暗绿和绿黄色，蓝绿色调是由于含少量的铜所引起的（图9-1-55e）。这种欧泊有时与玉髓混合生长在一起，可称为玉髓蛋白石。

(6) 欧泊猫眼

有两种类型：一种类型为黄绿至褐绿色；另一种类型产于坦桑尼亚，外观与金绿宝石猫眼非常相似（图9-1-55f）。猫眼效应是由定向排列的针状包裹体（推测是针铁矿）所致，体色为绿黄至褐黄色，半透明，折射率 1.44~1.45，密度 2.08~2.11 g/cm³，质地好，但相当稀少。

4. 合成欧泊

1974年合成欧泊首次由吉尔森公司投入市场（图9-1-56）。

图9-1-56　Gilson合成欧泊

(1) 合成欧泊的生产方法

虽然合成方法的细节保密，但一般认为合成欧泊的生产包括三个阶段。

①氧化硅球体的形成：向在酒精和水的混合溶液中扩散呈小点滴形式存在的有机硅化合物中加入中强碱（如氨水），把硅化合物点滴变成氧化硅球体。试剂的纯度、浓度及搅拌的速度都必须小心控制，以生成大小相同的球体，并按照要求得到不同类型的欧泊品种，球体的直径为200~300 nm不等。②沉淀：让氧化硅球体沉淀，一旦沉淀，球体就自动地采取紧密排列形式。这个阶段可能需要一年以上的时间。③压实和黏结：这个过程是最困难的，是生产合格欧泊材料的关键。氧化硅球体被液体覆盖，这时在各个方向上对球体施以同等的静水压力，以避免结构改变；最后球体可能被添加的胶体氧化硅黏结在一起，或者把材料烧结在一起。

(2) 合成欧泊与天然欧泊的鉴别

用上述方法生产出的合成白欧泊、黑欧泊和具变彩效应的火欧泊，外观上完全可以以假乱真，但经过仔细的鉴定是可以将它们与天然欧泊区分开的。

图9-1-57　合成欧泊的镶嵌状色斑

1）结构：合成欧泊的色斑结构很特殊，它们往往呈柱状排列，具有三维形态。正对着合成欧泊的柱体看过去，柱体界线分明，边缘呈锯齿状，被紧密排列的交义线所分割，从而产生一种镶嵌状结构。每个镶嵌块内可有蛇皮（或称为蜥蜴皮）状、蜂窝状或阶梯状的结构（图9-1-57）。而天然欧泊的色斑是二维的，色斑呈不规则片状，边界平坦且较模糊（图9-1-58）。需要注意的是，主产于埃塞尔比亚Shewa省的Mezezo欧泊的色斑很有特点，具有类似于镶嵌状的结构，与合成欧泊十分相似（图9-1-59，图9-1-60）。

图9-1-58 天然欧泊的
不规则片状色斑

图9-1-59 埃塞尔比亚
Mezezo欧泊

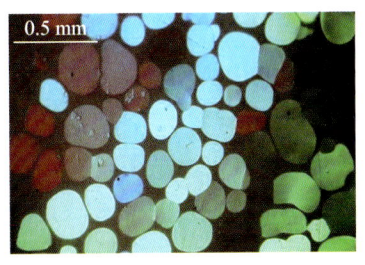
图9-1-60 埃塞尔比亚欧泊
的色斑结构

2）发光性：紫外荧光灯下的反应可作为区分天然和合成欧泊的一种辅助手段，大多数天然欧泊具有持续的磷光，而合成白色欧泊几乎没有磷光，合成欧泊在长波紫外光照射下比天然欧泊更透明。

3）红外光谱特征：在红外光谱的鉴定中，合成欧泊与天然欧泊的水分子振动谱有着较明显的差异，为鉴定提供了依据。

5. 优化处理

（1）拼合

目前市场上最常见的拼合宝石就是拼合欧泊。因为欧泊主要为沉积成因或呈细脉状产出，有时欧泊太薄，不能琢磨成宝石。这种材料可以用黏合剂把它和玉髓片或劣质欧泊片粘接在一起，作为欧泊两层石；或在欧泊两层石的顶部加一个石英或玻璃顶帽来增强欧泊的坚固性，而成为欧泊三层石（图9-1-61）。

图9-1-61 拼合欧泊

要注意拼合欧泊与带围岩的天然欧泊（又称为漂砾欧泊）的区别，漂砾欧泊与围岩间的界线呈自然的过渡状，结合缝不平直（图9-1-62）。

图9-1-62 漂砾欧泊

（2）糖酸处理

方法始于1960年，目的是仿黑欧泊（图9-1-63），过程如下。

①清洗：预先清洗，在低于100℃下烘干。②浸泡：将欧泊放在热糖溶液中浸泡几天，等欧泊慢慢冷却后快速擦净多余的表面糖汁，然后放入100℃左右的浓硫酸中浸泡1~2天，再慢慢冷却。③冲洗：将欧泊仔细冲洗后，再在碳酸盐溶液中快速漂洗一下，然后冲干净，这样

糖中的氢和氧被去掉，而第三种元素碳留在欧泊裂纹和孔隙中，从而产生暗色背景。

这种欧泊经放大观察，色斑呈破碎的小块并局限在欧泊的表面，结构为粒状，可见小黑点状碳质染剂在彩片或球粒的空隙中聚集（图 9-1-64）。

图 9-1-63　糖酸处理欧泊

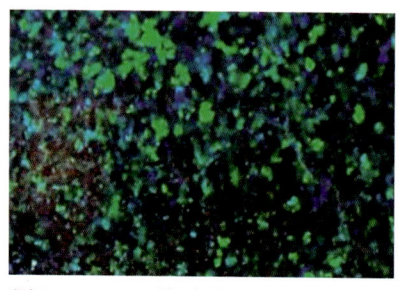
图 9-1-64　糖酸处理欧泊局部放大

（3）烟处理

烟处理的目的也是仿黑欧泊。用纸把欧泊裹好，然后加热，直到纸冒烟为止，这样可产生黑色背影，但这种黑色仅限于表面。另外，用于烟处理的欧泊多孔，密度较低，其密度仅为 $1.38\sim1.39\ g/cm^3$，用针头触碰，烟处理的欧泊可有黑色物质剥落，有黏感。

（4）注塑处理

在天然欧泊里注入塑料，以掩盖裂隙或使其呈现暗色的背景。注塑欧泊密度较低，约 $1.90\ g/cm^3$，可见黑色集中的小块，比天然欧泊透明度高，用热针触及，可有塑料的辛辣味。在红外光谱鉴定中，注塑欧泊将显示有机质引起的吸收峰。

（5）注油处理

用注油和上蜡的方法来掩饰欧泊的裂隙，这种材料可能显蜡状光泽，当用热针检查时有油或蜡渗出（图 9-1-65）。

a. 成品

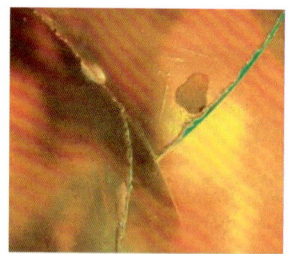
b. 表面低折射率裂隙

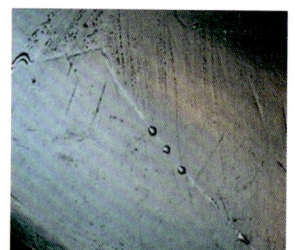
c. 热针实验有油滴溢出

图 9-1-65　注油处理欧泊

6. 品质评价

一般来说黑欧泊比白欧泊或浅色欧泊价值更高。

高质量的欧泊应变彩均匀、完全，无变彩的部分越少越好。变彩的颜色可出现单一颜色，变彩色斑颜色依蓝、绿、黄、橙、红其价值逐渐增高。变彩的颜色也可是组合色，颜色越丰富越好，越明亮越好。

欧泊不应有明显的裂痕和其他杂色包裹体，否则其耐久性和美观度将受影响。欧泊的体积越大越好。

7. 产地与产状

欧泊是在表生环境下，由硅酸盐矿物风化后产生的二氧化硅胶体溶液凝聚而成的，也可由热水中的二氧化硅沉淀而成。其主要的矿床类型有风化壳型和热液型。

澳大利亚是世界上最重要的欧泊产出国，主要产区在新南威尔士、南澳大利亚和昆士兰，其中新南威尔士所产的优质黑欧泊最为著名。墨西哥以其产出的火欧泊和晶质欧泊而闻名，主要产出于硅质火山熔岩溶洞中。巴西北部的皮奥伊州是除澳大利亚外最重要的欧泊产地之一。美国主要产区在内华达州。其他产地还有洪都拉斯、马达加斯加、新西兰、委内瑞拉等。

五、蛇纹石玉（岫玉）

1. 概述

蛇纹石玉（岫玉）在自然界分布广泛，因产地不同而有不同的玉石名称，如广东的信宜玉、广西的陆川玉、甘肃的酒泉玉、新疆的昆仑玉，以及美国、新西兰和阿富汗的鲍文玉，朝鲜玉等。岫玉是中国古老的传统玉种，在一万多年前的辽宁海城小孤山文化遗址中发现有岫玉制成的砍凿器，汉代的金缕玉衣大部分也是由岫玉片制成的。

2. 基本性质

（1）矿物组成

蛇纹石玉的主要组成矿物是蛇纹石，次要矿物有方解石、滑石、磁铁矿、白云石、菱镁矿、绿泥石、透闪石、透辉石、铬铁矿等。次要矿物的含量变化很大，对蛇纹石玉的质量有着明显的影响，个别情况下次要矿物的含量可超过半数而成为主要组成矿物。

（2）化学组成

蛇纹石是层状含水镁硅酸盐矿物，化学式为$(Mg,Fe,Ni)_3Si_2O_5(OH)_4$，六次配位的 Mg 可被 Mn、Al、Ni、Fe 等置换，有时还可有 Cu、Cr 的混入。

对于蛇纹石玉来说，化学成分受其矿物组合的影响。一般情况下，纯蛇纹石玉的化学成分接近蛇纹石矿物各种组分的理论含量。当玉石中透闪石含量增加时，化学成分变为高硅、富钙、贫镁；当玉石中绿泥石含量明显增加时，化学成分相对贫镁、贫硅而富铝。

（3）结晶状态

蛇纹石属于单斜晶系，呈细粒叶片状或纤维状隐晶质集合体产出。

（4）结构、构造

叶片状、纤维状交织结构，常见均匀致密块状构造，有时可见脉状、片状、碎裂状构造。蛇纹石玉的组成矿物十分细小，肉眼鉴定时很难分辨其颗粒，只有在断口处可见一些片状（图9-1-66）、纤维状的定向生长特点。在高倍显微镜下，可见蛇纹石玉内细小的粒状、纤维状矿物呈块状集合体，略具定向排列（图9-1-67）。

（5）光学性质

1）颜色：蛇纹石矿物本身为无色至淡黄色、黄绿色至绿色。蛇纹石玉的颜色除受蛇纹石本身颜色影响外，还受矿物共生组合的影响。常见的蛇纹石玉主要有黄绿色、深绿色、绿色、灰黄色、白色、棕色、黑色及多种颜色的组合。

2）光泽和透明度：蜡状光泽至玻璃光泽，半透明至不透明。

3）光性特征：蛇纹石玉为非均质矿物集合体，正交偏光下无消光位。

4）多色性：无。

5）折射率：点测法常为 1.560～1.570（+0.004，-0.070）。

6）发光性：紫外灯下蛇纹石表现为荧光惰性，有时在长波紫外光下可有微弱的绿色荧光。

(6) 力学性质

1) 解理：无解理，断口呈参差状。

2) 硬度：受组成矿物的影响，摩氏硬度变化于 2.5～6 之间。纯蛇纹石玉的硬度较低，为 3～3.5，当透闪石等混入物含量增高时，硬度加大。

3) 密度：2.57（+0.23，-0.13）g/cm³。

(7) 内外部显微特征

放大检查时，可见到蛇纹石黄绿色基底中存在着少量黑色矿物（图9-1-68），灰白色不透明的矿物（图9-1-69），灰绿色绿泥石鳞片聚集成的丝状、细带状和由颜色的不均匀而引起的白色（图9-1-70）、褐色条带或团块。叶片状、纤维状交织结构（图9-1-71）。

(8) 特殊光学效应

猫眼效应（图9-1-72）极少见。

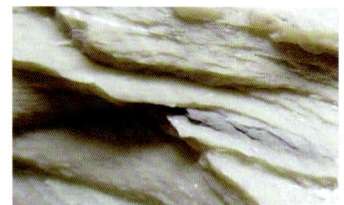
图9-1-66 蛇纹石玉断口的片状结构

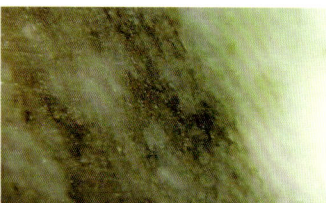
图9-1-67 蛇纹石玉内部结构

图9-1-68 蛇纹石玉中的黑色矿物

图9-1-69 蛇纹石玉中的灰白色矿物

图9-1-70 蛇纹石玉中的白色条带

图9-1-71 蛇纹石玉的纤维状结构

3. 品种

蛇纹石玉的产地非常多，不同产地的蛇纹石玉矿物组合各异，表现在颜色等特征上也各有特点。除辽宁岫岩县外，中国蛇纹石玉产地非常广泛，例如：

图9-1-72 蛇纹石猫眼

酒泉蛇纹石玉 产于中国甘肃省祁连山地区，为一种含有黑色斑点或不规则黑色团块的暗绿色蛇纹玉石（图9-1-73a）。

信宜蛇纹石玉 产于中国广东省信宜市，为一种含有美丽花纹的质地细腻的暗至淡绿色块状蛇纹石玉，俗称"南方玉"（图9-1-73b）。

陆川蛇纹石玉 产于中国广西陆川县，是一种在黄绿色基底上常见有黑斑的致密块状蛇纹岩（图9-1-73c）。

昆仑蛇纹石玉 简称"昆仑玉"，因产于新疆昆仑山麓而得名，昆仑玉以暗绿色为主，也有淡绿、淡黄、灰、白等色。绿色中往往伴有褐红、橘黄、黑、白等色。土质与岫岩玉相似，质地细腻，油脂光泽。

会理蛇纹石玉　简称"会理玉",是一种外观似碧玉的暗绿色块状蛇纹岩(图9-1-73d)。产地在四川省会理县。

台湾蛇纹石玉　产于中国台湾花莲县,其内常含有铬铁矿、铬尖晶石、磁铁矿、石榴子石、绿泥石等矿物包裹体,呈具黑点或黑色条纹、半透明、油脂光泽、草绿-暗绿色的蛇纹石玉。

国外较著名的蛇纹石玉有新西兰的"鲍文玉(Bowenite)"和美国宾西法尼亚州的"威廉玉(Williamsite)"。鲍文玉是一种貌似翡翠的绿至浅绿色的蛇纹石质玉石(图9-1-73e),主要产于新西兰、美国、阿富汗等国,在物质组成上因常常含有黑色的磁铁矿和铬铁矿而形成黑色的斑块和疵点,硬度和相对密度偏高。威廉玉是一种主要由含镍蛇纹石组成的玉石,常呈浓绿色,致密细腻,优质威廉玉可呈半透明至微透明,也常有铬铁矿的黑色斑点(图9-1-73f),主要产于美国马里兰州。

a. 酒泉产蛇纹石玉　　b. 信宜产蛇纹石玉　　c. 陆川产蛇纹石玉

d. 会理产蛇纹石玉　　e. "鲍文玉"　　f. "威廉玉"

图9-1-73　蛇纹石玉品种

在传统习惯上,蛇纹石玉常以产地命名,因此出现了"信阳玉""陆川玉""台湾玉"等名称。这些名称在市场上常引起混淆,使购买者无法了解所购物的本质是什么,因此在珠宝玉石的国家标准中规定,宝石级蛇纹石均以"蛇纹石玉"或"岫玉"统一命名。

4. 优化处理

蛇纹石玉的优化处理方法主要有染色、蜡充填与"做旧"处理。

(1) 染色

染色蛇纹石玉是通过加热淬火处理,产生裂隙,然后浸泡于染料中进行染色。染色蛇纹石玉的颜色集中在裂隙中,放大检查很容易发现染料的存在(图9-1-74)。铬盐染绿色者可具650 nm宽吸收带。

(2) 蜡充填

这种方法主要是将蜡充填于裂隙或缺口中,以改变样品的外观,充填的地方具有明显的蜡状光泽,用热针试验,可以发现裂隙处有"出汗"现象,即蜡可从裂隙中渗出来,同时可以嗅到蜡的气味。

(3) "做旧"处理

蛇纹石玉中质地较粗者常常"做旧",用来仿古玉(图9-1-75)。做旧的方法有加热熏烤、强酸腐蚀、染色形成各种"沁色",有的最后再人工致使其成残缺状来仿古玉。

图9-1-74 染色蛇纹石玉　　　图9-1-75 做旧蛇纹石玉

5. 品质评价

蛇纹石玉原料的质量主要根据颜色、透明度、质地、净度、块度等进行评价。

蛇纹石玉中的绿至深绿色、高透明度、无瑕疵、无裂隙、块度大者，其价值较高。

6. 产地与产状

蛇纹石玉的生成与热液交代有关。富含镁的岩石，如超基性岩或白云岩经热液交代作用可以形成蛇纹石。在矽卡岩化作用的后期往往有蛇纹石生成。

蛇纹石玉产出国较多，主要有中国、新西兰、美国等。中国著名的产地是辽宁，分布在岫岩、宽甸、凤城、丹东和海城一带，其中岫岩储量最大，在岫岩境内有北瓦沟、瓦沟、细玉沟、哈镇、大房身、偏岭等10多处蛇纹石玉产地。

六、独山玉

1. 概述

因产于我国河南省南阳市的独山而得名，是我国特有的玉石品种，又名"南阳玉"。

2. 基本性质

（1）矿物组成

独山玉是一种黝帘石化斜长岩，其组成矿物较多，主要矿物是斜长石（钙长石）（20%～90%）和黝帘石（5%～70%），次要矿物为翠绿色铬云母（5%～15%）、浅绿色透辉石（1%～5%）、黄绿色角闪石、黑云母，还有少量楣石、金红石、绿帘石、阳起石、白色沸石、葡萄石、绿色电气石、褐铁矿、绢云母等。

（2）化学组成

钙长石化学式为$CaAl_2Si_2O_8$，黝帘石化学式为$Ca_2Al_3(SiO_4)_3(OH)$。独山玉的化学组成变化较大，随其组成矿物含量的变化而变化。

图9-1-76 独山玉

（3）结构、构造

独山玉具细粒（$d<0.05$ mm）状结构，其中斜长石、黝帘石、绿帘石、黑云母、铬云母和透辉石等矿物呈他形-半自形晶紧密镶嵌，集合体为致密块状（图9-1-76）。

（4）光学性质

1）颜色：由于组成矿物种类繁多，因此独山玉颜色丰富，主色有白、绿、紫、蓝绿、黄、褐、黑等，单一色调的原料及成品较少。

2）光泽和透明度：玻璃光泽，半透明至不透明。

3)光性特征:非均质集合体,正交偏光镜下无消光位。

4)折射率:独山玉折射率的高低受组成矿物影响,点测法测到的折射率变化于1.560~1.700之间。

5)吸收光谱:未见特征吸收谱。

6)发光性:在紫外灯下,独山玉表现为荧光惰性。有的品种可有微弱的蓝白、褐黄、褐红色荧光。

(5)力学性质

1)解理:无解理。

2)硬度:摩氏硬度为6~7。

3)密度:2.70~3.09 g/cm³,一般为2.90 g/cm³。

(6)内外部显微特征

放大检查可见细粒状结构,蓝色、蓝绿色或紫色色斑。

3. 品种

工艺上,独山玉主要依据颜色划分品种。

(1)白独玉

总体为白色、乳白色,常为半透明至微透明或不透明,依据透明度和质地的不同又有透水白、油白、干白三种称谓,其中以透水白为最佳(图9-1-77a)。

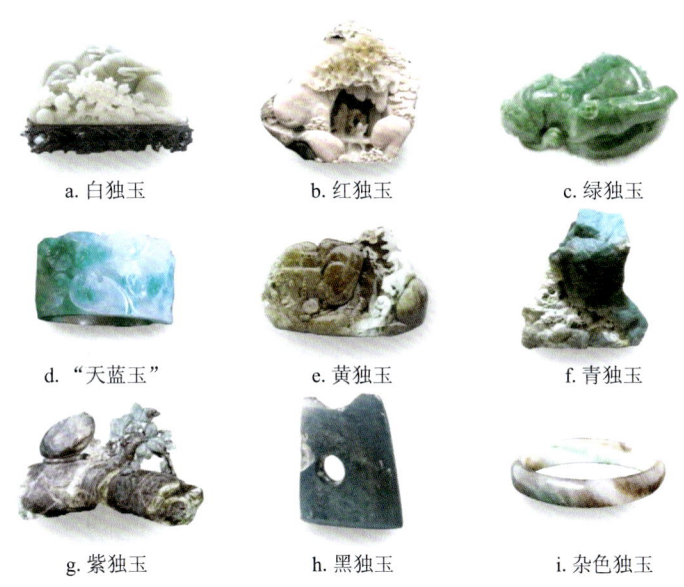

a. 白独玉　　b. 红独玉　　c. 绿独玉

d. "天蓝玉"　　e. 黄独玉　　f. 青独玉

g. 紫独玉　　h. 黑独玉　　i. 杂色独玉

图9-1-77　独山玉的品种

(2)红独玉

常表现为粉红色或芙蓉色,深浅不一,一般为微透明至不透明,与白独玉呈过渡关系(图9-1-77b)。

(3)绿独玉

包括绿色、灰绿色、黄绿色,常与白色独玉相伴,颜色分布不均,多呈不规则带状、丝状或团块状分布(图9-1-77c)。透明度从半透明至不透明表现不一,其中半透明的蓝绿色独玉为独山玉的最佳品种,商业上亦有人称之为"天蓝玉"(图9-1-77d)或"南阳翠玉"。近年矿山开采中,这种优质品种产量渐少,而大多为灰绿色不透明的绿独玉。

(4) 黄独玉

为不同深度的黄色或褐黄色，常呈半透明分布，其中常有白色或褐色团块，并与之呈过渡色（图9-1-77e）。

(5) 青独玉

青色、灰青色、蓝青色，常表现为块状、带状，不透明，为独山玉中常见的品种（图9-1-77f）。

(6) 紫独玉

呈浅紫、紫罗兰、绛紫到所谓红亮紫的独山玉，并常与暗绿和褐黄绿色相伴，或渐变过渡为白色（图9-1-77g）。在矿物组成上以含有一定量（1%～5%）的黑云母为特征。

(7) 黑独玉

又称"墨玉"，黑色、墨绿色，透明，颗粒较粗大，常为块状、团块状或点状，与白独玉相伴（图9-1-77h）。

(8) 杂色独玉

独山玉中最常见的品种，在同一块标本或成品上常表现为上述两种或两种以上的颜色，特别是在一些较大的独山玉原料或雕件上常表现出4～5种或更多颜色的品种，如绿、白、褐、青、墨等多种颜色相互呈浸染状或渐变过渡存在于同一块体上（图9-1-77i），甚至在不足1cm的戒面上亦会出现褐、绿、白三色并存，这种复杂的颜色组合及分布特征对独山玉的鉴别具有重要的指导意义。

4. 品质评价

独山玉的质量评价主要依据颜色、裂纹、杂质及块度大小。优质独山玉的颜色为绿色和白色、微透明、质地细腻、无裂纹、无杂质。颜色杂、色调暗、不透明、有裂纹和杂质的独山玉品质较差。

5. 产地与产状

迄今为止，能达到工艺要求的独山玉仅产于中国河南。矿体呈脉状、透镜状及不规则状，产出于蚀变辉长岩体中。围岩蚀变作用有透闪石-阳起石化、钠黝帘石化、蛇纹石化和绿泥石化，一般矿脉长1～10 m，宽0.1～1 m，个别宽5 m。独山玉由于颜色丰富，成为利用较广的玉雕材料，近几年独山玉的俏色作品常见于市场。

七、绿松石

1. 概述

绿松石又叫松石，因其"形似松球、色近松绿"而得名。在国外，绿松石被称为"土耳其玉"。其实，土耳其这个国家并不出产绿松石，而是古代波斯出产的绿松石经土耳其输入欧洲，于是人们就习以为常地把绿松石称为"土耳其玉"。在中国清代以前，绿松石被称为"甸子"。色泽淡雅、绚丽的绿松石是深受古今中外人士喜爱的传统玉石，作为佩戴和使用已有5000年以上的历史。在美国等西方国家，人们把绿松石作为镇妖、辟邪的圣物和吉祥、幸福的象征。绿松石是十二月的生辰石。

2. 基本性质

(1) 矿物组成

绿松石（Turquoise）玉主要组成矿物是绿松石，另外绿松石常与埃洛石、高岭石、石英、云母、褐铁矿、磷铝石等共生，高岭石、石英、褐铁矿等加入的比例将直接影响绿松石的品质。

（2）化学组成

绿松石为一种含水的铜铝磷酸盐，化学式为 $CuAl_6(PO_4)_4(OH)_8·5H_2O$。

（3）晶系及结晶习性

绿松石属三斜晶系，平行双面晶类，偶见有短柱状单晶，晶体极少见，只有在显微镜下才能见到。通常见到的绿松石多为隐晶质－非晶质集合体。

（4）结构、构造

绿松石通常呈致密块状、块状、皮壳状等隐晶质集合体。断口为贝壳状－粒状（与孔隙度有关）。绿松石的原石大致可分为结核状、浸染状、细脉状三种。

（5）光学性质

1）颜色：绿松石具有独特的天蓝色，人们称之为"绿松石色"。绿松石的常见颜色为浅至中等蓝色、绿蓝色至绿色，常伴有白色细纹、斑点、褐黑色网脉（铁线）或暗色矿物杂质。绿松石的颜色可分为蓝色、绿色、杂色三大类：蓝色包括蔚蓝、蓝，色泽鲜艳；绿色包括深蓝绿、灰蓝绿、绿、浅绿以至黄绿；杂色包括黄色、土黄色、月白色、灰白色。绿松石是一种自色矿物，Cu^{2+} 的存在决定了其蓝色的基色，而 Fe^{3+} 的存在将影响其色调的变化。绿松石中 Fe^{3+} 与 Al^{3+} 的含量呈反消长关系，随着 Fe^{3+} 含量的增加，绿松石由蔚蓝色变为绿色、黄绿色。绿松石中水含量一般在15%～20%之间，以结构水、结晶水及吸附水三种状态存在。随着风化程度的加强，绿松石中结晶水、结构水的含量逐渐降低，结晶水、结构水的脱出与铜的流失一样，将导致绿松石结构完善程度的降低，随着 Cu^{2+} 和水的逐渐流失，绿松石的颜色将由蔚蓝色变成灰绿色以至灰白色。

2）光泽和透明度：蜡状光泽、油脂光泽，抛光很好的平面可达到玻璃光泽，一些浅灰白色的绿松石具土状光泽。不透明。

3）光性特征：非均质集合体。

4）折射率和双折射率：在宝石检测中，测得绿松石集合体的折射率在1.610～1.650之间，点测法通常为1.61。双折射率，集合体不可测。在绿松石的检测中应避免绿松石与折射率液长久接触，以防止绿松石被测部分变色。

5）多色性：无。

6）发光性：在长波紫外光下，绿松石一般无荧光或荧光很弱，呈现一种黄绿色弱荧光。而短波紫外光下绿松石则无荧光。

7）吸收光谱：在强的反射光下，在蓝区420 nm处有一条不清晰的吸收带，432 nm处有一条可见的吸收带，有时于460 nm处有一条模糊的吸收带（图9-1-78）。

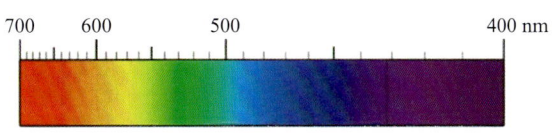

图9-1-78 绿松石吸收光谱

（6）力学性质

1）解理：绿松石多为块状集合体、结核状集合体，无解理。

2）硬度：摩氏硬度为5～6。硬度与品质有一定的关系，高品质的绿松石硬度较高，而灰白色、灰黄色绿松石的硬度较低，最低为3左右。

3)密度:绿松石的密度为2.76(+0.14,-0.36)g/cm³。高品质的绿松石,其密度应在2.8~2.9 g/cm³之间。多孔绿松石的密度有时可降到2.40 g/cm³。

(7)内外部显微特征

放大检查常见暗色基质,即常有黑色斑点或线状铁质或碳质。

绿松石成品在结构、构造上常有一些典型特征。①绿松石在绿色、蓝色的基底上常可见一些细小的、不规则的白色纹理和斑块,它们由高岭石、石英等白色矿物聚集而成(图9-1-79)。②绿松石中常有褐色、黑褐色的纹理和色斑,宝石界称为"铁线",由褐铁矿和碳质等杂质聚集而成(图9-1-80)。个别样品中可以见到微小蓝色的圆形斑点,这是由于沉积作用而形成的。

图9-1-79 绿松石中的白色斑块

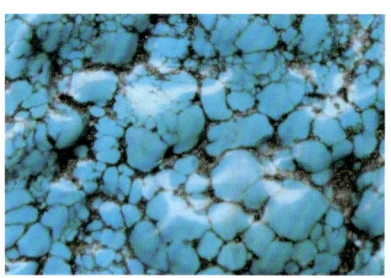

图9-1-80 绿松石中的"铁线"

(8)其他性质

绿松石是一种非耐热的玉石,在高温下绿松石会失水、爆裂,变成一些褐色的碎块。在阳光的照射下也会发生干裂和褪色;在盐酸中绿松石可溶解,但速度很慢;绿松石孔隙发育,所以鉴定过程中,绿松石不宜与有色的溶液接触,以防有色溶液将其污染。

3. 品种

目前珠宝界对于绿松石的品种划分,没有严格的标准。

(1)按颜色分类

按照颜色不同,可以将绿松石分为天蓝色、深蓝色、浅蓝色、蓝绿色、绿色、黄绿色、浅绿色等品种(图9-1-81)。

图9-1-81 各色绿松石

(2)按结构、构造分类

1)晶体绿松石:一种极为罕见的透明绿松石晶体,粒度很小,琢磨的成品宝石不足1 ct,

目前已知产地仅限于美国弗吉尼亚州。

2）致密块状绿松石：一种致密的绿松石集合体，摩氏硬度在 5～6 之间，外表可呈团块状、结核状，外层常有灰褐色、黑褐色、黄褐色包壳，包壳内部可见到颜色鲜艳均匀、质地细腻、无缺陷的高品质绿松石。绿松石断口呈贝壳状，抛光后光泽似瓷器，故俗称"瓷松"（图 9-1-82a）。这种绿松石为首饰和玉器加工的主要材料。

a. 脊松　　　　　　　　b. 面松　　　　　　　c. 铁线绿松石

图 9-1-82　绿松石的品种

3）块状绿松石：一种受到不同程度风化的绿松石，摩氏硬度低于 5，外表仍呈团块状，外层带有灰白色、灰黄色包壳，其中绿松石的颜色一般为浅灰蓝色、浅蓝绿色等，质地较疏松。断口呈粒状，用指甲能刻划，故俗称"面松"（图 9-1-82b）。有的块料可用作玉雕材料。"泡松"是指比"面松"还软的绿松石，质地很差，为劣等品，不能用作玉雕材料，这种绿松石常作为优化处理的原料，多经人工着色、注胶或注蜡处理。

4）浸染状绿松石：一种呈浸染状充填于围岩角砾间的绿松石。绿松石本身常有压碎现象，呈斑状、角砾状。宝石加工中连同围岩一起切磨的情况非常少，但绿松石是个例外，浸染状绿松石常同围岩一起切磨。当绿松石与细脉状黑色铁质、碳质共生时，又称为"铁线绿松石"（图 9-1-82c）。

5）脉状绿松石：呈脉状赋存于围岩破碎带中的绿松石。

4. 合成绿松石

由吉尔森生产的合成绿松石 1972 年面市，它被认为是原材料再生产的产品，而不是真正意义上的人工合成品。市面上有两个品种，一种为较均匀、较纯净的材料（图 9-1-83），另一种加入了杂质成分，外表类似于含围岩、含基质的绿松石材料（图 9-1-84）。

吉尔森合成绿松石颜色单一、均匀，成分较均一，吉尔森法合成绿松石采用了制作陶瓷的工艺过程。吉尔森合成绿松石结构单一，放大 50 倍时，可见到这种合成绿松石浅灰色基质中大量均匀分布的蓝色球形微粒，称"麦乳效果"（图 9-1-85）。

图 9-1-83　较纯净　　　图 9-1-84　含杂质的　　　图 9-1-85　合成绿松石的
的合成绿松石　　　　　合成绿松石　　　　　　　　"麦乳效果"

吉尔森绿松石具有较低的折射率，为 1.610～1.650，点测法通常为 1.61。吉尔森绿松石的密度与天然绿松石相近，为 2.76（+0.14，-0.36）g/cm^3。摩氏硬度为 5～6，早期的合成材料硬度低，并有破裂的趋势，数月之后，在其表面往往会出现绿蓝色的碎屑物质。

合成材料缺失天然绿松石的吸收光谱。放大检查可见浅色基底中分布细小蓝色微粒、蓝色

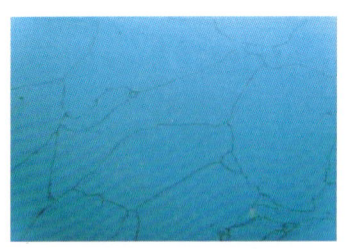

图 9 - 1 - 86　合成绿松石的"铁线"

丝状包裹体及人工加入的黑色网脉。人造铁线纹理分布在表面，仅表现出几条生硬的细脉，一般不内凹（图 9 - 1 - 86），绝无天然绿松石中千变万化的构图，天然绿松石铁线往往是内凹的。

5. 再造绿松石

再造绿松石（也称黏结绿松石）是由一些天然绿松石微粒、各种铜盐或者其他金属盐类的蓝色粉末材料，在一定的温度和压力下胶结而成。用这种材料加工而成的绿松石制品与天然绿松石非常相似。

再造绿松石外观像瓷器，具有典型的粒状结构，放大检查时，可以看到清晰的颗粒界线及基质中的深蓝色染料颗粒。

6. 优化处理

颜色苍白或质地松散的绿松石，一般需要进行人工优化处理，以改变其颜色和外观。人工优化处理方法主要有以下几种。

（1）注油

将绿松石浸泡在汽油等液体中，以改变颜色和光泽，但浸泡后的样品极易褪色。此为传统处理方法，目前已很少使用。

（2）浸蜡（过蜡）

将绿松石在虫蜡或川蜡中煮，传统珠宝界称其为"过蜡"。浸蜡可加深绿松石的颜色，封住细微的孔隙。

（3）染色

将绿松石浸于无机或有机染料中，将浅色或近白色的绿松石染成所需的颜色（图 9 - 1 - 87）。

（4）注塑

包括无色或有色塑料的注入，有时也添加着色剂。这种优化处理方法是目前最现代化、最成功的方法。通过注塑可以弥补孔洞以提高绿松石的稳定性；减少表面光的散射，使绿松石显示中等蓝色调，以改善外观（图 9 - 1 - 88）。

图 9 - 1 - 87　染色处理绿松石

图 9 - 1 - 88　染色注塑处理绿松石

7. 品质评价

绿松石的品质评价应从以下几方面综合考虑。

（1）颜色

颜色是评价绿松石的重要因素。颜色要纯正、均匀、鲜艳，最好的颜色是天蓝色，其次为深蓝色、蓝绿色、绿色、灰色、黄色。

(2) 结构

高档绿松石要求结构致密，具有较高的密度和硬度，密度约为 2.7 g/cm³，摩氏硬度在 6 左右。因为密度直接反映出绿松石受风化的程度，随着风化程度的加深，绿松石相对密度降低，硬度降低，品质也明显降低。密度低于 2.4 g/cm³、摩氏硬度低于 4 的绿松石，一般要经稳定化处理才可使用。

(3) 纯净度

绿松石内常含黏土矿物和方解石等杂质，这些杂质多呈白色，在玉器行里称为"白脑"或筋。"白脑"发育的绿松石，加工时易炸裂，品质明显降低。

(4) 特殊花纹（铁线）

当铁线在绿松石中构成优美的图案时，可以提高其品质。

(5) 块度

绿松石多呈结核状、块状，一般在 50 g 以下，大块者多为 100～4000 g，5000 g 以上的少见。块度越大越好，同样大小的绿松石要看是否有杂质。在绿松石原石的销售中，对块度有一定的要求，总的原则是颜色品质高的绿松石，块度要求可以低些。如在美国，浅蓝色、浅绿色绿松石的原石块度不小于 10 mm，重 7～28 g；天蓝色绿松石可以薄些，但不应低于 4 g。

8. 产地与产状

绿松石矿床的工业类型不复杂，但对绿松石成因看法却并不统一。主要有以下几种看法：绿松石是一种内生的热液交代产物；绿松石是在外生条件下，被次生矿物交代而成的，属于风化壳的产物。多数人认为，绿松石是地表地质作用的产物，应属于淋积成因类型。绿松石常与褐铁矿、高岭石、蛋白石、玉髓等共生。

按照围岩类型，绿松石矿床工业类型可分为三类：酸性火山喷出岩型矿床；碳质 - 碳酸盐 - 硅质岩型矿床；含钼或多金属矿床氧化和次生硫化物富集带中的矿床。

世界上出产绿松石的主要国家有伊朗、美国、埃及、中国等。中国绿松石主要集中于鄂、豫、陕交界处，以鄂西北郧县、竹山县产的绿松石矿最为著名。

八、青金石

1. 概述

青金石因其色相如天，备受历代皇帝器重。据记载："皇帝朝珠杂饰，唯天坛用青金石，地坛用琥珀，日坛用珊瑚，月坛用绿松石；皇帝朝带，其饰天坛用青金石，地坛用黄玉，日坛用珊瑚，月坛用白玉。"清代四品官员的朝服顶戴为青金石。青金石还是天然蓝色颜料的主要原料。青金石与绿松石、锆石同为十二月的生辰石。

2. 基本性质

(1) 矿物组成

主要矿物为青金石（Lapis Lazuli）、方钠石、蓝方石，次要矿物有方解石、黄铁矿，有时含透辉石、云母、角闪石等。

(2) 化学成分

青金石的化学成分为 $(Na, Ca)_8(AlSiO_4)_6(SO_4, Cl, S)_2$。

(3) 晶系及结晶习性

青金石为等轴晶系，晶形为菱形十二面体，通常呈致密块状。

（4）结构、构造

粒状结构，块状构造。

（5）光学性质

1）颜色：中至深微绿蓝色至紫蓝色，常有铜黄色黄铁矿、白色方解石、墨绿色透辉石、普通辉石的色斑（图9-1-89）。

2）光泽和透明度：抛光面呈玻璃光泽至蜡状光泽，半透明至不透明。

3）光性特征：均质集合体。

4）折射率：点测1.50左右；有时因含方解石，可达1.67。

5）多色性：无。

6）发光性：长波紫外光下共生的方解石可发粉红色荧光；短波紫外光下呈弱至中等的绿色或黄绿色荧光。

（6）力学性质

1）解理：青金石{110}解理不完全，集合体无解理。

2）硬度：摩氏硬度为5~6。

3）密度：2.75（±0.25）g/cm^3，取决于黄铁矿的含量。

（7）内外部显微特征

粒状结构，常含黄色黄铁矿斑点、白色方解石团块（图9-1-90，图9-1-91）。

（8）特殊光学效应

无。

图9-1-89 青金石原料

图9-1-90 青金石中的黄铁矿斑点

图9-1-91 青金石中的方解石团块

（9）其他性质

查尔斯滤色镜下呈赭红色；共生方解石与酸强烈反应，起泡，故不可将它放入电镀槽、超声波清洗器和珠宝清洗液中。

3. 合成青金石

由吉尔森公司制造并出售的一种合成青金石材料，实际上是一种仿制品，而不是真正的合成材料，且含有较多的含水磷酸锌。这种材料有如下宝石学特征。

（1）透明度

天然青金石微透明，光线可透过弧面型宝石的边缘，如果把光纤灯靠近玉石表面，可见有一部分光从玉石的边缘通过并产生蓝色光晕，合成青金石不透明，光照下边缘不会出现蓝色光晕。

（2）颜色

大多数天然青金石的颜色不均匀，而合成青金石颜色分布较均匀（图9-1-92）。

(3) 包裹体

合成青金石也可含有黄铁矿包裹体,它是将天然黄铁矿材料粉碎、筛分后加入到粉末原料中的,一般均匀分布在整块材料中,且颗粒边沿平直(图9-1-93),而天然材料中的黄铁矿轮廓不规则,黄铁矿呈小斑块或条纹状出现。

(4) 密度

合成青金石的密度低于天然材料,一般小于2.45 g/cm³,且孔隙度较高,放于水中一段时间后,重量会有所增加,这一点对镶嵌宝石的鉴别特别有效。

图9-1-92 合成青金石

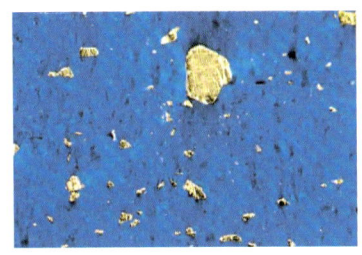

图9-1-93 合成青金石中的黄铁矿

图9-1-94 染色青金石

4. 优化处理

(1) 浸蜡、浸无色油

某些青金石上蜡或浸无色油可以改善其外观,放大观察可发现局部蜡质脱落的现象。用热针靠近其表面,可发现有蜡或油析出。

(2) 染色

蓝色染剂可改善劣质青金石的颜色,仔细观察可发现颜色沿缝隙富集(图9-1-94)。在不引人注意的部位用蘸有丙酮、酒精或稀盐酸的小棉签小心地擦拭,棉签可因染剂变蓝。如果发现有蜡,应先清除蜡层,然后再进行上述染色测试。

(3) 黏合

某些劣质青金石被粉碎后用塑料黏结。当热针触探样品不显眼部位时,会有塑料的气味发出。放大检查时可以发现样品具明显的碎斑块状构造。

5. 品质评价

青金石原料的质量评价可以从颜色、净度(所含方解石、黄铁矿的多少)、重量(块度)等方面进行。最好的青金石应为紫蓝色,且颜色均匀,没有方解石和黄铁矿包裹体,并有较强的光泽。方解石(尤其是大块白色方解石)的存在会使青金石价值降低。

6. 产地与产状

所有青金石矿床均属接触交代的矽卡岩型矿床。

阿富汗东北部地区是世界著名的优质青金石产地,出产的青金石颜色呈略带紫的蓝色,少有黄铁矿和方解石脉,是比较难得的高品质青金石。俄罗斯贝加尔地区的青金石以不同色调的蓝色出现,通常含有黄铁矿,质量较好。智利安第斯山脉的青金石一般含有较多的白色方解石,并常带有绿色色调,价格较便宜。其他产地有缅甸、美国加利福尼亚州等。

九、孔雀石

1. 概述

孔雀石由于颜色酷似孔雀羽毛而得名。中国古代称孔雀石为"绿青""石绿""铜绿",

曾被用作炼铜原料、绘画的颜料及中药药物。

质地致密细腻、颜色鲜艳、纹带清晰、块度较大的孔雀石可制作成各种首饰和雕件。由于孔雀石性脆、不够坚韧，因此孔雀石雕件不追求纤细和玲珑，而多是体现其颜色和条带、花纹之美。造型独特、有一定块度的孔雀石可制作观赏石、盆景石。较厚的块料可制作印章。另外，孔雀石可以作为建筑物内部装饰材料。颜色浓绿、鲜艳的孔雀石粉末可作为高级颜料。

2. 基本性质

（1）矿物组成

主要组成矿物为孔雀石（Malachite）。在矿物学中属于孔雀石族。

（2）化学组成

孔雀石是含铜的碳酸盐矿物，化学式为 $Cu_2CO_3(OH)_2$，其中 CuO 含量 71.59%，CO_2 含量 19.9%，H_2O 含量 8.15%，可含微量 CaO、Fe_2O_3、SiO_2 等机械混入物。

图 9-1-95 孔雀石

（3）晶系及结晶习性

孔雀石为单斜晶系，单晶体多呈细长柱状、针状，十分稀少。常呈纤维状集合体，通常为具条纹状、放射状、同心环带状的块状、钟乳状、皮壳状、结核状、葡萄状、肾状等（图 9-1-95）。

（4）光学性质

1）颜色：为微蓝绿、浅绿、艳绿、孔雀绿、深绿和墨绿，常有杂色条纹。

2）光泽和透明度：玻璃光泽至丝绢光泽，半透明、微透明至不透明。

3）折射率和双折射率：折射率为 1.655～1.909；双折射率为 0.254，集合体不可测。

4）光性：二轴晶，负光性。非均质集合体。

5）多色性：无。

6）发光性：紫外光下为荧光惰性。

7）吸收光谱：无特征吸收谱。

（5）力学性质

1）解理：通常不见解理。集合体具参差状断口。

2）硬度：摩氏硬度为 3.5～4。

3）密度：3.95（+0.15，-0.70）g/cm^3。

（6）放大检查

集合体呈典型的纹层状、放射状、同心环状构造。

（7）其他

孔雀石具可溶性，遇盐酸起泡，并且易溶解。

3. 品种

孔雀石按其形态、物质构成、特殊光学效应及用途分为五个品种。

（1）晶体孔雀石

具有一定晶形（如柱状）的透明至半透明的孔雀石，非常罕见。单晶个体小，刻面宝石仅重 0.5 ct，最大也不超过 2 ct。

（2）块状孔雀石

具块状、葡萄状、同心层状、放射状和带状等多种形态的致密块体。块体大小不等，大者可达上百吨。多用于制作玉雕和各种首饰。

（3）青孔雀石

又称"杂蓝银孔雀石"。孔雀石和蓝铜矿紧密结合，构成致密块状，使绿色与深蓝色相映成趣，成为名贵的玉雕材料（图9-1-96）。

（4）孔雀石猫眼

具有平行排列的纤维状结构的孔雀石，垂直纤维琢磨成弧面型宝石，可呈现猫眼效应。

（5）孔雀石观赏石

由大自然"雕塑"而成的、形态奇特的孔雀石，无须人工雕刻，以其天然造型即可作为陈设艺术品。通常可直接用作盆景或用于观赏，故又名盆景石、观赏石（图9-1-97）。

4. 合成孔雀石

合成孔雀石是1982年首先由苏联试制成功的。合成孔雀石由众多的致密小球粒团块组成，其产生和生长由结晶条件控制，合成的样品小至0.5 kg，大至几千克（图9-1-98）。

图9-1-96　杂蓝银孔雀石

图9-1-97　孔雀石观赏石

图9-1-98　合成孔雀石

合成孔雀石按纹理可分为带状、丝状和胞状三种类型（图9-1-99）。

经证明，合成孔雀石的化学成分、颜色、密度、硬度、光学性质及X射线衍射谱线等方面与天然孔雀石相似，仅在热谱图中呈现出较大的差异。所以，差热分析是鉴别天然孔雀石与合成孔雀石唯一有效的方法。然而，这种分析属破坏性鉴定，在鉴定中应慎用。

图9-1-99　合成孔雀石中的条纹

5. 优化处理

（1）浸蜡

孔雀石的浸蜡是将蜡从表面浸入以掩盖小裂缝。放大检查可见光泽有差别，热针可使蜡熔化。

（2）充填处理

用塑料或树脂充填以利于抛光和掩盖小裂缝，改善其耐久性。热针可熔化塑料或树脂，并伴有辛辣气味，放大检查可见充填物。

6. 品质评价

孔雀石的品质评价从颜色、质地、块度三方面进行。

（1）颜色

要求颜色鲜艳，以孔雀绿色为最佳，且花纹要清晰、美观。

（2）质地

要求结构致密，质地细腻，无孔洞，且硬度和密度要较大。

（3）块度

要求越大越好。不过，孔雀石可用作首饰、玉雕和图章料，大小均可，且价格随着重量的增加而增加。

7. 产地与产状

孔雀石产于铜矿床的蚀变带和氧化带，常与蓝铜矿、辉铜矿、赤铜矿、自然铜等含铜矿物共生。它是由原生含铜硫化物，经氧化作用、淋滤作用和化学沉淀作用而形成的一种次生含铜碳酸盐矿物。而且，孔雀石主要形成和赋存于围岩为碳酸盐岩的、矽卡岩型铜矿床的氧化带中。

世界上出产孔雀石的国家较多。著名产地主要有赞比亚、澳大利亚、津巴布韦、纳米比亚、俄罗斯、刚果（金）、美国和智利等。孔雀石是智利的国石。

中国的孔雀石主要产于广东阳春、湖北大冶、江西西北部等地。另外，内蒙古、西藏、甘肃、云南等地也有产出。

十、萤石

1. 概述

萤石，又称为"氟石"，是一种钙的氟化物，因在紫外线、阴极射线照射下发出荧光而得名。萤石（Fluorite）的"Fluor"在拉丁语中是"容易溶解"的意思。人类对萤石资源的开发与利用已有悠久的历史，如在古罗马时代，人们就已用萤石来雕刻杯、碗、瓶等装饰品。在中国，七千年前的浙江余姚河姆渡人已开始选用萤石作为装饰品了。色泽鲜明的萤石可以作为宝玉石材料，因为萤石的解理发育、硬度小，所以很少用于磨制戒面，主要用来制作珠粒、球体和雕件。颜色鲜艳、晶形好的萤石晶体或萤石晶簇可作为矿物晶体观赏石。具有明显磷光效应的萤石，常被人们作为"夜明珠"收藏。

2. 基本性质

（1）矿物名称

萤石在矿物学中属于萤石族。

（2）化学成分

萤石的化学式为CaF_2，理论上含Ca 51.33%，F 48.67%。通常含杂质较多，Ca常被Y和Ce等稀土元素替代（替代量较多时称为钇萤石和铈萤石）。此外，还含有少量的Fe_2O_3、Al_2O_3、SiO_2、沥青物质（乌灰色萤石加热时有臭味），微量的Cl（主要是黄色萤石）、He、U、CO_2等。

（3）晶系及结晶习性

萤石为等轴晶系。单晶呈立方体、八面体、菱形十二面体及聚形，立方体晶面上常出现与棱平行的网格状条纹，集合体为粒状、晶簇状、条带状、块状等（图9-1-100）。

图9-1-100 萤石晶体

（4）光学性质

1）颜色：纯净的萤石为无色，但因含有较多Y、Ce等元素，造成萤石结构空位，产生色心而致色。萤石的颜色非常丰富，除红色和黑色少见外，几乎可以看到其他的任何颜色。常见的颜色有浅绿色至深绿色、蓝、绿蓝、紫、棕、黄、粉、灰、褐、玫瑰红、深红、无色等，且常有多种颜色共存于一块萤石之上，构成多姿多彩的图案。颜色的多样性既与晶体缺陷、包裹体、混入物有关，也与成矿温度有关。成矿温度从高至低形成萤石颜色依次是紫色－淡蓝色－绿色。

2）光泽和透明度：玻璃光泽至亚玻璃光泽，透明至半透明。

3）光性特征：均质体。

4）折射率和双折射率：1.434（±0.001）；无双折射率。

5）多色性：无多色性。

6）发光性：在阴极射线下或紫外光照射下，萤石可有紫或紫红色荧光，随不同品种而异，一般具很强的荧光。某些萤石有热发光性，即在受热的情况下（如在酒精灯上加热，或经热水浸泡，或在太阳光下曝晒等其他方式加热）可发出磷光。另外，紫色萤石具有摩擦发光的特性。

7）吸收光谱：可见光吸收光谱不特征，变化较大。一旦有吸收，吸收线表现得很明显。

（5）力学性质

1）解理：萤石有平行｛111｝四组完全解理，解理面常出现三角形的解理纹。

2）硬度：摩氏硬度为4。

3）密度：3.18（+0.07，-0.18）g/cm³。

（6）放大检查

放大检查时，可见萤石的色带（图9-1-101）以及两相包裹体（图9-1-102）、三相包裹体或多相包裹体。

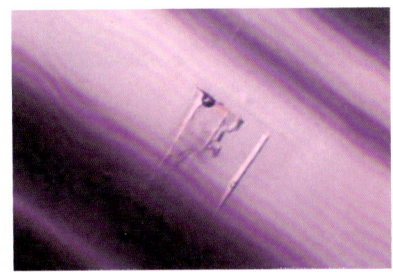
图9-1-101　萤石中的色带

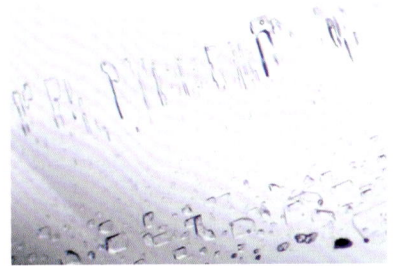
图9-1-102　萤石中的两相包裹体

（7）特殊光学效应

有些萤石具有变色效应。

3. 品种

珠宝界常按萤石的工艺用途、颜色特征和发光性来划分萤石的品种。

（1）按工艺用途划分

按工艺用途可将萤石分为宝石级和玉石级两种。

1）宝石级：单晶颗粒大、透明、颜色鲜艳、均匀或呈独特的花纹，其中以祖母绿色、葡萄紫色、紫罗兰色为最佳。因硬度低，很少用于首饰，而多用于观赏和收藏。

2）玉石级：为粒状或纤维状集合体，半透明，单一颜色或不同颜色相间呈条带状分布，多用于雕刻或制成工艺摆件。用于制作玉器的萤石，主要利用其颜色和透明度，尤以颜色最重要。因萤石解理发育，所制玉器应以保色为主，不追求纤巧。

（2）按颜色特征划分

按常见颜色可将萤石分为绿、紫、蓝色等品种。

绿色萤石　蓝绿、绿、浅绿色。较常见的为晶簇。古有"软水绿晶"之说，现已不用。
紫色萤石　深紫、紫，常呈条带状分布。古有"软水紫晶"之称，现已不用。
蓝色萤石　灰蓝、绿蓝、浅蓝，往往表面深，中心浅。
黄色萤石　橘黄至黄色，常呈条带状出现。
无色萤石　无色透明至半透明，以单晶或晶簇出现。

(3) 按发光性划分

"夜明珠"又称为"隋珠""明月珠""夜光璧"，千百年来一直被国人视为珍宝。但对于"夜明珠"的材料众说不一，多数专家认为，具有磷光效应（现象）的矿物和岩石才能称为"夜明珠"。目前已发现萤石、金刚石、方解石、白钨矿、磷灰石等20余种矿物在外来能量的激发下能发出可见磷光。特别是近几年，在我国市场上出现了大量的萤石"夜明珠"。

萤石"夜明珠"（图9-1-103）原石的颜色一般为墨绿色、深绿色、浅绿色、紫色等，透明-半透明。发光性和发光的颜色、强度主要与矿物成分中含有稀土元素的种类和数量有关，由于矿物在结晶过程中稀土元素进入晶格时，形成发光中心或晶体结构存在缺陷。发光的颜色和明暗与原石颜色的深浅有关，也与原石或球体的大小成正消长关系。通常绿色萤石的磷光比紫色的强。

a. 日光下

b. 磷光

图9-1-103　萤石"夜明珠"

4. 优化处理

(1) 热处理

热处理在萤石中较为常见，通过加热可使暗蓝至黑色萤石变成蓝色。一般来说，这种热处理的萤石很难鉴定，其颜色在300℃以下的环境中是稳定的。

(2) 充填塑料或树脂

在萤石中充填塑料或树脂，其主要目的是愈合表面裂隙，使其在加工或佩戴时不至碎裂。

(3) 辐照处理

无色的萤石通过辐照可产生紫色。辐照处理的萤石很不稳定，遇光就会很快褪色，因此这种处理方法不具实用价值。

(4) 优化处理的萤石"夜明珠"

目前通过优化处理使萤石产生磷光效应的方法主要有：充填磷光粉、涂层、辐照。

1) 充填磷光粉：磷光粉又称夜光粉，是一种人工合成的超细（1500~2000目）夜光材料，由铝酸锶、二氧化硼和稀土元素等按一定比例配制而成。将本身不能发光的天然普通萤石放到磷光粉和胶的混合液中浸泡，并加热，使磷光粉沿着解理和裂隙渗入萤石中，然后进行抛光。经磷光粉充填的萤石，鉴定时可见其解理和裂隙发光性强，其他地方无发光性或发光性较弱。

2) 涂层：在萤石表面涂上绿色或透明的含有磷光粉的胶。其特点是能在白天较暗的条件下发出很强的绿光或者白光，具体发光颜色是磷光粉控制的。

3）辐照：将原来没有磷光效应的萤石通过放射线辐射而使其产生磷光效应。通常可用γ射线对萤石进行辐照处理产生磷光效应，因为γ射线的能量小，所以该萤石"夜明珠"没有放射性。经γ射线辐照的萤石发光时通体均匀，磷光可以保持3个月左右。这种辐射处理的萤石用目前的珠宝鉴定仪器尚不能明确地鉴别出来。

5. 品质评价

宝石级萤石要求透明、无杂色、颜色鲜艳。玉石级萤石集合体则要求颗粒细、致密、块度较大。萤石观赏石则要求晶形完整、透明，颜色鲜艳，或晶簇造型好。

萤石"夜明珠"的品质评价最重要的因素有磷光辉度（亮度）、颜色及发光持续时间的长短。另外还要求萤石颜色纯净单一、透明或半透明、矿物晶体或块体完整、瑕疵少、有一定的耐久性。

6. 产地与产状

萤石是一种多成因的矿物，主要产于热液矿床中。无色透明的萤石晶体产于花岗伟晶岩或萤石脉的晶洞中。

据探测，世界萤石总储量约 9.35×10^8 t。世界宝石级萤石主要分布于美国、哥伦比亚、加拿大、英国、纳米比亚，以及奥地利、瑞士、意大利、德国、捷克、斯洛伐克、俄罗斯、西班牙、澳大利亚、南非、墨西哥等国。

中国是世界上萤石矿产最多的国家之一，占世界萤石储量的35%。各个省区几乎都找到了萤石资源，其中宝石级萤石主要分布于湖南、浙江、内蒙古、河北、福建、江西、广西、贵州、新疆等地。中国的萤石矿床主要产于火山岩和硅酸盐岩中，少部分产于沉积碳酸盐岩中。

十一、天然玻璃

1. 概述

天然玻璃（Natural glass）是指在自然条件下形成的"玻璃"。天然玻璃成因多种多样，一种是岩浆喷出型的黑曜岩、玄武岩玻璃，另一种是陨石型的玻璃陨石。

2. 基本性质

（1）矿物名称

天然玻璃主要包括玻璃陨石（Tektite）、火山玻璃（Volcanic glass）（黑曜岩、玄武玻璃）。

（2）化学成分

主要为 SiO_2，可含多种杂质。

（3）晶系和结晶习性

非晶质体。

（4）光学性质

1）颜色：玻璃陨石为中至深的黄色、灰绿色；火山玻璃为黑色（常带白色斑纹）、褐色至褐黄色、橙色、红色、绿色、蓝色、紫红色少见，黑曜岩常具白色斑块，有时呈菊花状。

2）光泽和透明度：玻璃光泽，透明至不透明。

3）光性特征：均质体，常见异常消光。

4）折射率和双折射率：折射率 1.490（+0.020，-0.010），无双折射率。

5）多色性：无。

6）发光性：通常无紫外荧光。

7）吸收光谱：不特征。

（5）力学性质

1）解理：无解理，具贝壳状断口。

2）硬度：摩氏硬度为 5～6。

3）密度：玻璃陨石为 2.36（±0.04）g/cm³；火山玻璃为 2.40（±0.10）g/cm³。

（6）放大检查

圆形和拉长气泡，流动构造，黑曜岩中常见晶体包裹体、似针状包裹体。

（7）特殊光学效应

未知。

3. 品种

（1）黑曜岩

黑曜岩是酸性火山熔岩快速冷凝的产物。黑曜岩的主要化学成分为 SiO_2，其质量分数在 60%～75% 之间，此外还含有 Al_2O_3、FeO、Fe_3O_4 及 Na_2O、K_2O 等。几乎全部由玻璃质组成，通常会有少量石英、长石等矿物的微晶、斑晶、骸晶。在偏光镜下，黑曜岩表现为光性均质体，但又略显明暗变化，这主要是由于基质中的微晶造成的，微晶可有球状、棒状等形态。

黑曜岩可呈黑色、褐色、灰色、黄色、绿褐色等。颜色可不均匀，常带有白色或其他杂色的斑块和条带，被称为"雪花黑曜岩"（图 9-1-104a），这是一种含斜长石聚斑状黑曜岩，主要矿物为隐晶及玻璃质，斑晶由白色斜长石组成，有少量钾长石，在黑色基底上分布有一朵朵如雪花般的白色斑块，因此而得名。

（2）玄武玻璃

玄武玻璃是玄武岩浆喷发后快速冷凝形成的。与黑曜岩类似，也是一种以天然玻璃为主的火山岩，通常多为碱性玄武岩的喷发物。玄武玻璃多为带绿色调的黄褐色、蓝绿色（图 9-1-104b）。在成分上与黑曜岩有所区别，SiO_2 的质量分数在 40%～50% 之间，而 MgO、FeO 和 Fe_3O_4、Na_2O、K_2O 等的质量分数要比黑曜岩高一些。玄武玻璃的密度为 2.70～3.00 g/cm³，折射率在 1.58～1.65 之间变化。玄武玻璃中还常含有长石、辉石等矿物微晶。

a. "雪花"黑曜岩　　b. 玄武玻璃　　c. 玻璃陨石

图 9-1-104　天然玻璃

（3）玻璃陨石

玻璃陨石是陨石成因的天然玻璃，还有很多其他的名称，如"莫尔道玻璃""雷公墨"等。玻璃陨石被认为是石英质陨石在坠入大气层燃烧后快速冷却形成的；另有一种观点认为，地外物体撞击地球，地表岩石熔融冷却后形成玻璃陨石。通常是透明的绿色、绿棕色或者棕色（图 9-1-104c）。其原石表面常常具有非常特征的高温熔蚀结构，内部常见圆形或拉长状气泡及塑性流变构造等。玻璃陨石的密度为 2.36（±0.04）g/cm³，折射率为 1.49（+0.02，-0.01）。

4. 产地及产状

黑曜岩在地球上分布广泛。宝石级黑曜岩的主要产地为北美，如著名的美国黄石国家公园及科罗拉多州、内华达州、加利福尼亚州等。此外，意大利、墨西哥、新西兰、冰岛、希腊等国也有宝石级黑曜岩产出。

玄武玻璃的著名产地是澳大利亚的昆士兰州。

玻璃陨石著名产地有捷克的波西米亚、利比亚、美国得克萨斯州、澳大利亚西部及东南地区，以及我国的海南岛等地。

十二、钠长石玉

1. 概述

钠长石玉可与翡翠相伴生，较透明，以前常用于仿冰种翡翠。

2. 基本性质

（1）矿物组成

钠长石玉（Albite jade）主要矿物组成是钠长石，次要矿物有硬玉、绿辉石、绿帘石、阳起石和绿泥石等。

（2）化学成分

钠长石玉的化学成分为 $NaAlSi_3O_8$。

（3）晶系及结晶习性

钠长石属三斜晶系，单晶呈板状或板柱状。

（4）结构、构造

钠长石玉为纤维状或粒状变晶结构，块状构造。

（5）光学性质

1）颜色：钠长石玉的常见颜色为白色、无色、灰白色以及灰绿白、灰绿等。

2）光泽和透明度：钠长石玉的光泽为油脂光泽至玻璃光泽，半透明至透明。

3）光性特征：二轴晶，非均质集合体。

4）折射率：1.52~154，点测法常为1.52~1.53。

5）多色性：无。

6）发光性：无紫外荧光。

7）吸收光谱：未见特征吸收谱。

（6）力学性质

1）解理：钠长石具两组完全解理。

2）硬度：摩氏硬度为6。

3）密度：2.60~2.63 g/cm^3。

（7）放大检查

可见纤维或粒状结构，在透明或半透明的底色中常含白色斑点和蓝绿色斑块（图9-1-105）。白色斑点为辉石类矿物，透明度较差；蓝绿色斑块为闪石类矿物以及绿泥石等。

（8）特殊光学效应

未见。

3. 品质评价

钠长石玉的质量评价主要从颜色、净度、重量、质地及结构等几个方面进行。好的钠长石玉要求颜色纯正、艳丽，质地细腻，透明度高，块度大。

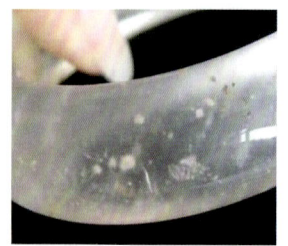

图 9-1-105　钠长石玉

钠长石玉中白色斑点或暗色、杂色团块的存在使其价值降低。

4. 产地与产状

宝石级钠长石玉多与翡翠矿床共生，作为翡翠矿床的围岩产出。

钠长石玉目前的主要产地在缅甸。

【学习小结】

通过本项目学习，要求学生重点掌握主要玉石品种，如翡翠、软玉、欧泊、岫玉、独山玉、绿松石、青金石、玛瑙、石英质玉、孔雀石等玉石的矿物组成、力学性质、光学性质等宝石学性质及特征，掌握一些重要玉石的品质评价要素，了解某些主要玉石品种的优化处理方法和不同玉石品种的产地与产状。

【思考与练习】

1）翡翠的主要化学成分是什么？组成矿物有哪些？
2）试述翡翠的品质评价要点。
3）翡翠的颜色是如何形成的？从成因角度看，翡翠颜色如何分类？
4）翡翠透明度和质地之间有何关系？为什么？
5）试述翡翠的结构和构造特点，这样的特点和其他玉石品种有何区别和联系？
6）翡翠品质评价标准体系的基本框架和内容是什么？
7）试述软玉的矿物组成、化学成分和结构特征。软玉品质的评价指标有哪些？
8）试述不同产地软玉的典型特征，这样的特征对软玉鉴定检测和品质评价有何帮助或影响？
9）从矿物学和岩石学角度比较软玉和翡翠在结构和构造上的区别和联系。
10）列举蛇纹石玉不同产地品种的区分特点。
11）试述独山玉的结构特征、矿物组成特点、品质分类和评价指标。
12）根据宝石学性质与特征，如何区别独山玉与翡翠？
13）试述天然翡翠和漂白充填翡翠在宝石学性质上的异同点。
14）如何区别绿松石、合成绿松石、再造绿松石？
15）如何鉴别青金石、合成青金石？
16）如何区别石英质玉石与钠长石玉？
17）拼合欧泊与天然欧泊在宝石学性质上有何差异？
18）白色钠长石玉和白色石英质玉石如何区别？
19）试述石英质玉石不同品种的典型特征。
20）天然玻璃与石英质玉石在宝石学性质上有何差异？

学习项目十　认识人工宝石和优化处理宝石

　　人工宝石是为缓解天然宝石供需矛盾而产生和发展的产物，是人工制作而非天然产出的宝石。人工宝石是指完全或部分由人工生产或制造用作首饰及装饰品的材料的统称，它包括合成宝石、人造宝石、拼合宝石和再造宝石。换句话说，人工宝石是指人们运用现代科学技术的基本原理和方法，选用适宜的原材料，通过合理的工艺、技术流程，在实验室或工厂里制造出来的用作首饰及装饰品的材料。

　　天然宝石属不可再生的珍贵矿产资源，而优质宝石的储量原本就稀少，经过长期、大量的开采，许多优质宝石的矿床已近枯竭。近20年来，世界范围内人们对天然优质宝石的需求递增，导致珠宝市场上优质宝石的供需矛盾日趋尖锐化。因此，开展宝石人工优化处理工艺技术的研究，有助于使不可再生的珍贵宝石资源得以综合利用，既可局部缓解人们对天然宝石的供需矛盾，又可使其潜在的美以及经济效益、社会效益得以充分发挥。

【想一想，议一议】

　　目前，人工宝石和优化处理宝石已经在国内外宝玉石市场中占有相当的地位，请根据已掌握的知识和资讯，各选取一种人工宝石和优化处理宝石品种，谈谈对人工宝石和优化处理宝石的理解和认识。

【内容结构图】

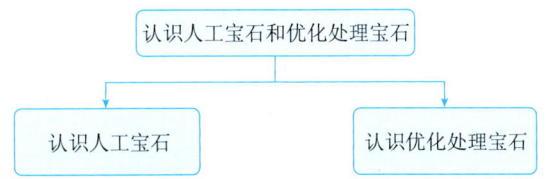

【内容提要】

　　在本学习项目中，通过对常见宝石合成及人造方法、常见宝石优化处理方法及常见人工宝石与优化处理宝石基本宝石学特征的介绍和阐述，使学生熟悉各类人工宝石及优化处理宝石的重要宝石学特征性质，为从事宝玉石贸易、珠宝首饰鉴定检测等相关职业工作打下基础。

【学习目标与要求】

　　◆　学习目标：熟悉常见宝石合成及人造方法的基本原理和工艺特点，熟悉常见宝石优化处理方法的基本原理，熟悉常见人工宝石和优化处理宝石的基本宝石学特征。

　　◆　学习要求：对照学习资料，以已掌握的矿物学、岩石学等知识和技能为基础，仔细辨析相关概念，结合标本观察，加深对基础知识与技能的掌握。

【任务引入】

　　人工宝石工艺起源于矿物晶体合成与生长技术。自19世纪末合成红宝石问世以来，对于

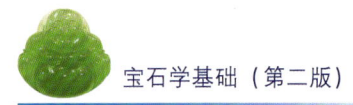

人工宝石的研究和利用便一直伴随着世界珠宝业的发展，成为一股越来越引人注目的力量。人工宝石运用于装饰佩戴仅仅是人工宝石材料利用的一个方面，除此以外，高品质的人工宝石晶体材料在光学、电子、航天等领域均有广泛的运用。研究宝石合成与人造技术，既能为宝石界供应品质更高的天然宝石替代品，同时也为科技和社会的发展提供助力。

宝石的优化处理由来已久，伴随科学技术的发展，宝石优化处理技术越来越先进，人们不断探索能进行优化处理的宝石品种，提高和改进已经存在的宝石优化处理工艺，其目的无外乎是要弥补天然宝石资源匮乏的不足，最大限度地开发天然宝玉石材料的潜在价值。

人工宝石和优化处理宝石有其存在的合理性，但同时也给宝玉石市场和广大珠宝首饰消费者带来困扰。20世纪80年代出现的染色石英岩未经明示冒充高档翡翠销售的事件，为人工宝石和优化处理宝石带来的挑战敲响了警钟。进入21世纪以来，伴随合成钻石、辐照处理托帕石、漂白充填翡翠等人工宝石和优化处理宝石的大量出现，人们对人工宝石和优化处理宝石的关注度越来越高，对其态度也不尽相同，但是如何正确认识和看待各类人工宝石和优化处理宝石已成为珠宝界的共识。从这个角度看，了解和认识人工宝石和优化处理宝石的由来和特点就成为达成上述目的的基本出发点。

学习任务一　认识人工宝石

◆　任务目标：熟悉目前国内外常见人工宝石合成与制造的基本原理和工艺特点，熟悉主要人工宝石品种的典型特性。

◆　任务要求：认真辨析相关概念，结合标本观测，取得对常见人工宝石基本宝石学性质的较深入认识。

【学习材料】

一、合成宝石与人造宝石

1. 概述

合成宝石的历史可追溯到1500年前，埃及人用玻璃模仿祖母绿、碧玉、青金石和绿松石等。1892年市场上出现的"日内瓦红宝石"就是合成红宝石。不久之后，科学家们采用助熔剂法成功地合成了祖母绿。目前，绝大多数的重要宝石品种都已被成功合成出来，包括钻石、红宝石、蓝宝石、祖母绿、尖晶石、水晶、金红石、钇铝榴石（YAG）、钆镓榴石（GGG）、锆石（CZ）和钛酸锶等人工宝石，以及欧泊、翡翠等玉石。

随着社会的进步和科学技术的发展，人工合成宝石的方法和手段也在不断增多和更新，有些宝石还可以用多种方法合成。目前，单晶宝石的合成方法主要分为三大类。

1）从熔体中结晶：用与晶体化学组分相同的化学物质，按正确的比例混合并熔化，然后在受控条件下冷却结晶。属于这类的方法有焰熔法、提拉法、冷坩埚法、区域熔炼法和高温高压结晶法（如合成钻石）。

2）从溶液中结晶：相应的化学组分溶解于液体之中，在受控条件下于籽晶上结晶。属于这类的方法有助熔剂法和水热法。

3）化学沉淀结晶：相应的化学组分分散在液体中或以气态存在，在受控条件下沉淀结晶。属于这类的方法有化学液相沉淀法、化学气相沉淀法。

除上述主要方法外，还有一些其他方法，主要是指利用玻璃、陶瓷、塑料或其他工艺制作人造宝石（如人造玻璃猫眼、人造夜光宝石及用玻璃等材质仿绿松石、仿欧泊、仿琥珀、仿珍珠等）、拼合宝石（蓝宝石拼合石、红宝石拼合石、拼合欧泊和石榴子石拼合石等）和再造宝石（再造琥珀）的方法。各种人工合成宝石的方法各有其制作原理、生产工艺和设备的特点。能够生长的宝石晶体有些与天然宝石是相同的，但天然宝石中某些宝石晶体只能在特定的条件下形成，人工的方法尚不能代替。

2. 宝石合成方法

（1）从熔体中结晶

◆ 焰熔法

1891年法国的化学家维尔纳叶（Verneuil）发明了焰熔法合成红宝石技术，该方法又被称为维尔纳叶法。1902年焰熔法生产合成宝石进入了商业化生产阶段。焰熔法的特点是晶体生长速度快、设备简单、产量大、便于商业化。但是，前期用此法生产的合成宝石晶体缺陷较多，后来经过技术的改进，得以生产出许多较为洁净的合成宝石品种。

该方法主要用来合成红宝石、蓝宝石、金红石、尖晶石和钛酸锶等。

A. 基本原理

焰熔法的原理就是将生产所需的粉末原料在通过高温的氢氧火焰后熔化，熔滴在下落过程中冷却结晶，形成宝石晶体。

B. 生产工艺

焰熔法的合成装置由供料系统、燃烧系统和生长系统组成，合成过程是在维尔纳叶炉中进行的。维尔纳叶法合成装置图如图10-1-1所示，它包括以下几部分。①供料系统：原料成分因合成品的不同而变化。原料的粉末经过充分拌匀，放入料筒。料筒（筛状底）为一圆筒，用来装原料，料筒中部贯通有一根振动装置，使粉末少量、等量、周期性地自动释放。振动器使料筒不断抖动，以便使原料的粉末能从筛孔中释放出来。如果合成红宝石，则需要 Al_2O_3 和 Cr_2O_3，致色剂为1%～3%的 Cr_2O_3。②燃烧系统：氧气管从料筒一侧释放，与原料粉末一同下降。氢气管在火焰上方喷嘴处与氧气混合燃烧。通过控制管内流量

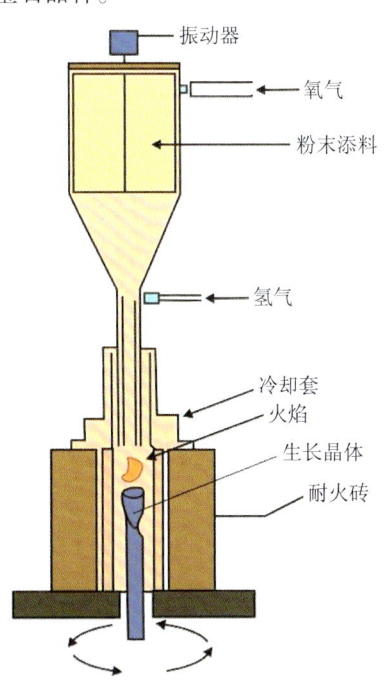

图10-1-1 焰熔法合成装置

来控制氢气和氧气比例，$O_2:H_2$ 为1:3；氢氧燃烧温度为2500℃，Al_2O_3 粉末的熔点为2050℃。吹管至喷嘴处有一冷却水套，使氢气和氧气处于正常供气状态，保证火焰以上的氧气管不被熔化。③生长系统：落下的粉末经过氢氧火焰熔融，并落在旋转平台的籽晶棒上，逐渐长成一个晶棒（梨晶）。冷却套下为一耐火砖围砌的保温炉，保持燃烧温度及晶体生长温度，近上部有一个观察孔，可了解晶体生长情况。耐火砖保证熔滴温度缓慢下降，以便结晶生长。旋转平台上安置籽晶棒，边旋转，边下降；落下的熔滴与籽晶棒接触称为接晶；接晶后通过控制旋转平台扩大种晶的生长直径，称为扩肩；然后，旋转平台以均匀的速度边旋转边下降，使晶体等径生长。生长出的晶体形态类似梨形，故称为梨晶（图10-1-2）。生长速度为1 cm/h，一般6 h可完成生长。因为生长速度快，内应力很大，停止生长后，应该轻轻敲击，让它沿纵向裂成两半以释放内应力，避免以后产生裂隙。

◆ 提拉法

提拉法又称丘克拉斯基法，是丘克拉斯基（Czochralski J）于1917年发明的。20世纪60

图 10-1-2　焰熔法合成刚玉宝石（梨晶）

年代，提拉法进一步发展为一种更为先进的定型晶体生长方法——熔体导模法。它是控制晶体形状的提拉法，即直接从熔体中拉制出具有各种截面形状晶体的生长技术。提拉法能够生长无色蓝宝石、红宝石、钇铝榴石、钆镓榴石、变石和尖晶石等重要的宝石晶体。

A. 基本原理

将组成晶体的原料放在坩埚中加热熔化，在熔体表面接籽晶提拉熔体，在受控条件下，使籽晶和熔体的交界面上不断进行原子或分子的重新排列，随降温逐渐凝固而生长出单晶体。

B. 生产工艺

首先将待生长的晶体的原料放在耐高温的坩埚中加热熔化，调整炉内温度场，使熔体上部处于过冷状态；然后在籽晶杆上安放一粒籽晶，让籽晶接触熔体表面，待籽晶表面稍熔后，提拉并转动籽晶杆，使熔体处于过冷状态而结晶于籽晶上，在不断提拉和旋转过程中，生长出圆柱状晶体。晶体提拉法的装置由加热系统、坩埚和籽晶夹、传动系统、气氛控制系统、后加热器五部分组成（图10-1-3）。①加热系统：由加热、保温、控温三部分构成。最常用的加热装置分为电阻加热和高频线圈加热两大类。采用电阻加热，方法简单，容易控制。保温装置通常采用金属材料以及耐高温材料等制作成的热屏蔽罩和保温隔热层，如用电阻炉生长钇铝榴石、刚玉时就采用该保温装置。控温装置主要由传感器、控制器等精密仪器进行操作和控制。②坩埚和籽晶夹：制作坩埚的材料要求化学性质稳定、纯度高，高温下机械强度高，熔点要高于原料熔点200 ℃左右。常用的坩埚材料为铂、铱、钼、石墨、二氧化硅或其他高熔点氧化物。其中铂、铱和钼主要用于生长氧化物类晶体。籽晶用籽晶夹装夹。籽晶要求选用无位错或位错密度低的相应宝石单晶。③传动系统：为了获得稳定的旋转和升降，传动系统由籽晶杆、坩埚轴和升降系统组成。④气氛控制系统：不同晶体常需要在各种不同的气氛里进行生长。如钇铝榴石和刚玉晶体需要在氩气气氛中进行生长。该系统由真空装置和充气装置组成。⑤后加热器：可用高熔点氧化物（如氧化铝）、陶瓷或多层金属反射器（如钼片、铂片等）制成。通常放在坩埚的上部，生长的晶体逐渐进入后加热器，生长完毕后就在后加热器中冷却至室温。后加热器的主要作用是调节晶体和熔体之间的温度梯度，控制晶体的直径，避免组分过冷引起晶体破裂。

◆ 冷坩埚法

冷坩埚法是生产合成立方氧化锆晶体的方法。该方法是俄罗斯科学院列别捷夫固体物理研究所的科学家们研制出来的，并于1976年申请了专利。合成立方氧化锆晶体的良好的物理性质，使无色的合成立方氧化锆成为钻石的代用品。合成立方氧化锆可获得各种颜色鲜艳的晶体，受到广泛欢迎。

A. 基本原理

冷坩埚法仅用于生长合成立方氧化锆晶体。其特点是直接用原料本身作为坩埚，使其内部熔化，外部则装有冷却装置，从而使表层未熔化，形成一层未熔壳，起到坩埚的作用。内部已熔化的晶体材料，依靠坩埚下降脱离加热区，熔体温度逐渐下降并结晶长大。

合成立方氧化锆的熔点最高为2750 ℃。几乎没有什么材料可以承受如此高的温度而作为氧化锆的坩埚。冷坩埚技术用高频电磁场进行加热，将紫铜管排列成圆杯状"坩埚"，紫铜管用于通冷却水，杯状"坩埚"内放置氧化锆粉末原料。外层为石英管套装高频线圈（图10-1-4）。高频线圈处于固定位而冷坩埚连同水冷底座均可以下降。

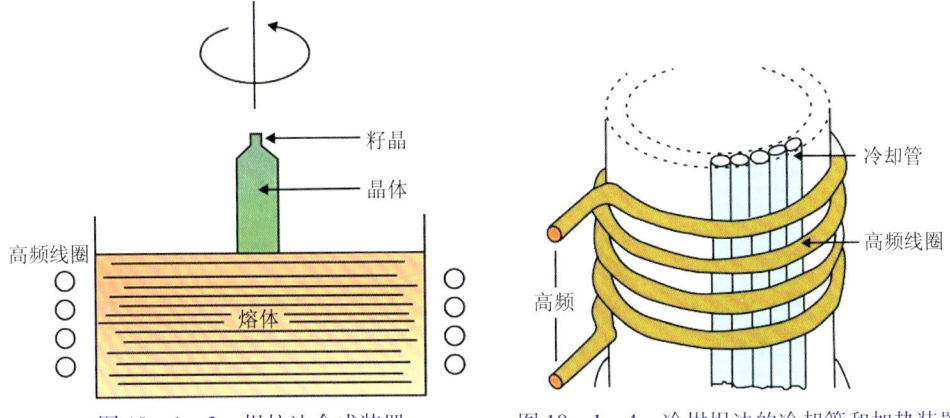

图10-1-3　提拉法合成装置　　　　图10-1-4　冷坩埚法的冷却管和加热装置

常温下立方氧化锆不能稳定存在，会转变为单斜结构相。所以在晶体生长的配料中必须加入稳定剂，才能使合成立方氧化锆在常温下稳定。通常选用 Y_2O_3 作为稳定剂，最少加入量为 10%（摩尔分数）。

B. 生产工艺

首先将 O_2 与稳定剂 Y_2O_3 按摩尔比9∶1混合均匀，装入紫铜管围成的杯状"冷坩埚"中，在中心投入 4~6 g 锆粉用于"引燃"。接通电源，进行高频加热。约8 h 后，锆粉开始起燃。起燃1~2 min 后，原料开始熔化。先产生了小熔池，然后由小熔池逐渐扩大熔区。在此过程中，锆金属与氧反应生成氧化锆。同时，紫铜管中通入冷水冷却，带走热量，使外层粉料未熔，形成"冷坩埚熔壳"。待冷坩埚内原料完全熔融后，将熔体稳定 30~60 min。然后坩埚以 5~15 mm/h 的速度逐渐下降，"坩埚"底部温度先降低，所以在熔体底部开始自发形成多核结晶中心，晶核互相兼并，向上生长。只有少数晶体得以发育成较大的晶块。

晶体生长完毕后，慢慢降温退火一段时间，然后停止加热，冷却到室温后，取出结晶块，用小锤轻轻拍打，合成立方氧化锆单晶体便分离出来。

整个生长过程约为 20 h。每一炉最多可生长 60 kg 晶体，未形成单晶体的粉料及壳体可回收再次用于晶体生长。生长出的晶块呈不规则柱状体，无色透明，一般洁净（图10-1-5）。

图10-1-5　合成立方氧化锆晶体

◆ 区域熔炼法

区域熔炼法通常分为两种：一种是有容器的区域熔炼法，另一种是无容器的区域熔炼法。宝石晶体的生长通常采用无容器区域熔炼法，也称"浮区熔炼法"。

区域熔炼法生长的宝石晶体有合成变石、合成红宝石、钇铝榴石等。

A. 基本原理

在进行区域熔炼过程中，物质的固相和液相在密度差的驱动下，物质发生输运。因此，通过区域熔炼可以控制或重新分配存在于原料中的可溶性杂质或相。利用一个或数个熔区在同一方向上重复通过原料烧结以除去有害杂质；利用区域熔炼过程有效地消除分凝效应，也可将所期望的杂质均匀地掺入到晶体中去，并在一定程度上控制和消除位错、包裹体等结构缺陷。

B. 生产工艺

浮区熔炼法的工艺过程是：把原料先烧结或压制成棒状，然后用两个卡盘将两端固定好。

将烧结棒垂直地置入保温管内，旋转并下降烧结棒（或移动加热器）。烧结棒经过加热区，使材料局部熔化。熔融区仅靠熔体表面张力支撑。当烧结棒缓慢离开加热区时，熔体逐渐缓慢冷却并发生重结晶，形成单晶体。

浮区熔炼法通常使用电子束加热和高频线圈加热（或称感应加热）。电子束加热方式具有熔化体积小、热梯度界限分明、热效率高、提纯效果好等优点，但由于该方法仅能在真空中进行，所以受到很大的限制。目前感应加热在浮区熔炼法合成宝石晶体中应用最多，它既可在真空中应用，也可在任何惰性氧化或还原气氛中进行。

在浮区熔炼法装置中，将高频线圈绕在垂直安装的材料棒上（图10-1-6）。感应加热在熔区中可提供自动的电磁搅拌，搅拌的程度取决于所用的频率、线圈的实际配置和熔区的长度，还可通过检测热损耗值或材料电导率的变化来实现熔区直径的自动控制。移动原料烧结棒（或移动加热器），使烧结棒自上而下逐渐被加热熔化。熔区内的温度大于原料熔化温度，熔区以外温度则小于原料熔化温度。旋转烧结棒，热源逐渐从烧结棒一端移至另一端，直至整个烧结棒变成宝石单晶。重复该过程，可使晶体进一步得到精炼和提纯。

◆ 高温高压结晶法

早在18世纪，人们就开始了合成金刚石的探索，直到20世纪50年代，ASEA公司、美国通用电气公司（GE）合成出了小颗粒的金刚石。此后，工业级金刚石的合成技术得到广泛应用，目前几乎三分之二的工业用金刚石已由合成金刚石替代。1970年，大颗粒的钻石由美国通用电气公司成功合成，经过近30年的努力，目前已能获得十几克拉大的晶体。钻石合成的成本仍然很高，虽有初

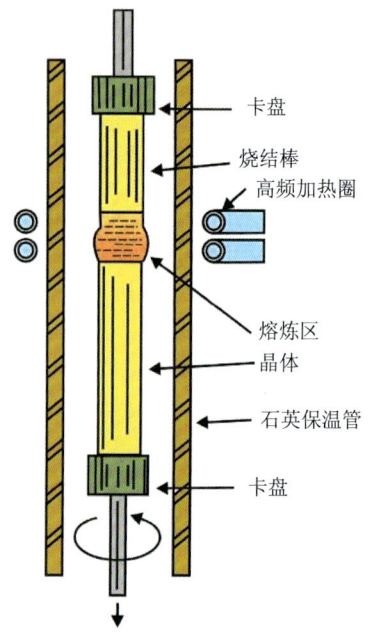

图10-1-6 浮区熔炼法合成装置

步的商业化，还不能进行大批量的生产。

A. 基本原理

钻石和石墨是碳的两种同质多象的变体。根据钻石-石墨相平衡（图10-1-7）可知，在常温常压下石墨是碳的稳定结晶形式，而钻石是一种亚稳定状态。钻石只有在高温高压下才是最稳定的，天然钻石形成并保存于上地幔高温高压的条件下充分证明了这一点。但要在常温常压下破坏钻石中的C—C键需要很高的能量，因此，钻石不会自动转变为石墨。而在高温高压（相图中钻石稳定区）条件下，石墨的中的碳原子会重新按钻石的结构排列，形成钻石。

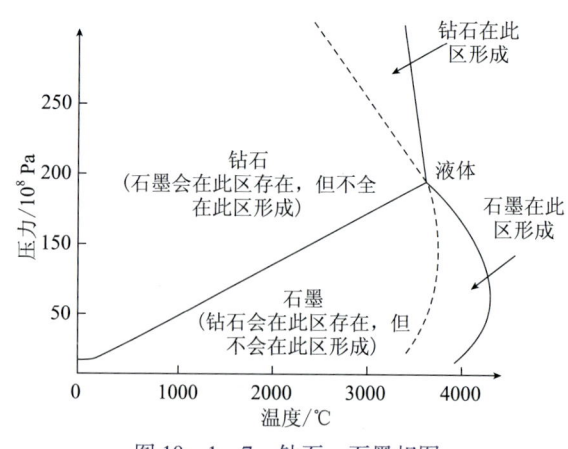

图10-1-7 钻石-石墨相图

B. 生产工艺

合成金刚石的方法主要有静压法、动压法和低压法（即在亚稳定区内生长钻石的方法）。合成钻石也是采用的静压法，但加入了种晶，所以又称为种晶触媒法。此法采用了金属触

媒来促进石墨向钻石的转化。金属触媒的主要作用是降低石墨向钻石转化的温度和压力条件，提高转化率。同时，金属触媒可以作为碳的溶剂。在适当的温度压力条件下，石墨和钻石都可以溶于触媒中，并且石墨的溶解度大于钻石，当压力升高时，两者的差异也增大。因此，当石墨在金属触媒中溶解达到饱和时，对钻石而言就已经达到过饱和了，此时，钻石容易从触媒中结晶出来。

原料通常选用天然或合成的钻石粉，石墨及石墨与钻石的混合物作为碳源。金属触媒一般用铁镍合金。原料在高温高压下溶解于铁镍触媒中，当温度降低或压力舱内存在温度梯度，溶解于触媒中的碳达到过饱和，并在种晶上以钻石的形式结晶出来。如此不断生长形成较大的钻石单晶体。

目前，合成宝石级钻石主要采用压带装置和分裂球装置。压带（Belt）装置由美国通用电气公司发明。通常采用两面顶压机加压，电流通过叶蜡石炉内的碳管电阻加热。所用原料为合成或天然的钻石粉，还需要两个钻石籽晶分别放在两个生长舱的两端，所以一炉只能生长两颗钻石。合成宝石级钻石所用的压力为 5.5～6 GPa，温度为 1650 ℃。圆筒中间温度较高（1650 ℃），两端较低（1550 ℃）。碳在中间溶解于金属触媒中，在两端析出于籽晶上。生长一颗 1 ct 的晶体需要 60 h。

分裂球（BARS）装置是 1990 年由俄罗斯人发明。目前市场上的合成钻石基本都是这种方法合成的。该装置由 2 个半球、8 瓣组成，合成需要的压力由液体注入压力桶获得。高压使 8 个球截体合拢，从而对构成八面体形状的 6 个活塞产生压力。中间是 1 个小的生长舱，一次只能生长 1 个晶体。合成温度和压力条件与压带装置的条件基本相同。1 ct 的晶体需要生长 3 d。

（2）从溶液中结晶

◆ 助熔剂法

助熔剂法又称盐熔法或熔剂法，是在高温下从熔融盐熔剂中生长晶体的一种方法。现在用助熔剂生长的晶体类型很多，从金属到硫族及卤族化合物，从半导体材料、激光晶体、光学材料到磁性材料、声学晶体，也用于生长宝石晶体，如助熔剂法红宝石和祖母绿。1940 年美国人 Carroll Chatham 用助熔剂法实现了合成祖母绿的商业生产。目前世界上祖母绿生产的大公司已经发展到了六七家，如美国的查塔姆（Chatham）、Regency、林德（Linde），澳大利亚的毕荣（Biron），法国的吉尔森（Gilson），日本的拉姆拉（Ramaura）等。

图 10-1-8　助熔剂法合成红宝石晶体

助熔剂法合成的宝石主要有祖母绿、红宝石（图 10-1-8）、蓝宝石和变石。

A. 基本原理

助熔剂法是将组成宝石的原料在高温下溶解于低熔点的助熔剂中，使之形成饱和溶液，然后通过缓慢降温或在恒定温度下蒸发熔剂等方法，使熔融液处于过饱和状态，从而使宝石晶体析出生长的方法。助熔剂通常为无机盐类，故也被称为盐熔法或熔剂法。

助熔剂的选择是助熔剂法生长宝石晶体的关键，它不仅能帮助降低原料的熔点，还直接影响到晶体的结晶习性、质量与生长工艺。常采用的助熔剂有两类，一类为金属，主要用于半导体单晶的生长；另一类为氧化物和卤化物（如 PbO、PbF_2 等），主要用于氧化物和离子材料的生长。

B. 生产工艺

a. 埃斯皮克（Espig）缓冷法生产工艺

早在 1888 年和 1900 年，科学家们就使用了自发成核法中的缓冷法生长出祖母绿晶体的技术。1924~1942年，德国的埃斯皮克等人进行了深入的研究，并对助熔剂缓冷法做了许多改进，生长出长达2 cm的祖母绿晶体。

缓冷法生长宝石晶体的设备为高温马弗炉和铂坩埚。合成祖母绿晶体生长常采用最高温度为1650 ℃的硅钼棒电炉。炉子一般呈长方体或圆柱体，要求炉子的保温性能好，并配以良好的控温系统。坩埚材料常用铂，坩埚可直接放在炉膛内，也可埋入耐火材料中。

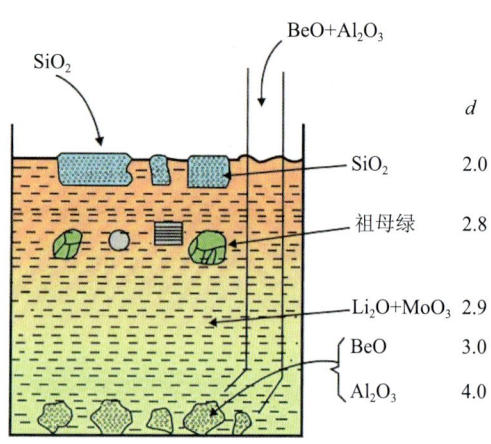

图10-1-9 助熔剂法合成祖母绿装置图

合成祖母绿所使用的原料是纯净的绿柱石粉或形成祖母绿单晶所需的纯氧化物，成分为氧化铍（BeO）、二氧化硅（SiO_2）、氧化铝（Al_2O_3）及微量的氧化铬（Cr_2O_3）。常用的助熔剂有氧化钒、硼砂、钼酸盐、锂钼酸盐、钨酸盐及碳酸盐等。目前多采用锂钼酸盐和五氧化二钒混合助熔剂。

生产装置如图10-1-9所示。

- 将铂坩埚用铂栅隔开，另有一根铂金属管通到坩埚底部，以便不断向坩埚中加料。
- 按比例称取天然绿柱石粉或二氧化硅（SiO_2）、氧化铝（Al_2O_3）和氧化铍（BeO）、助熔剂和少量着色剂氧化铬（Cr_2O_3）。
- 原料放入铂坩埚内，原料SiO_2以玻璃形式加入熔剂中，浮于熔剂表面，其他反应物Al_2O_3、BeO、Cr_2O_3通过导管加入到坩埚底部，然后将坩埚置于高温炉中。
- 升温至1400 ℃，恒温数小时，然后缓慢降温至1000 ℃保温。
- 通常底部料2 d补充一次，顶部料2~4周补充一次。
- 当温度升至800 ℃时，坩埚底部的Al_2O_3、BeO、Li_2CrO_4等已熔融并向上扩散，SiO_2熔融向下扩散。熔解的原料在铂栅下相遇并发生反应，形成祖母绿分子。
- 当溶液浓度达到过饱和时，便有祖母绿形成于铂栅下面悬浮的祖母绿种晶上。
- 生长结束后，将助熔剂倾倒出来，在铂坩埚中加入热硝酸进行溶解处理50 h，待温度缓慢降至室温后，即可得到干净的祖母绿单晶。
- 生长速度大约为每月0.33 mm，在12个月内可长出2 cm的晶体。

b. 吉尔森（Gilson）籽晶法生产工艺

法国陶瓷学家吉尔森采用籽晶法生长祖母绿晶体，能生长出14 mm×20 mm的单晶体，曾琢磨出18 ct大刻面的祖母绿宝石，并于1964年开始商业性生产。生产装置是在铂坩埚的中央加竖铂栅栏网，将坩埚分隔为两个区，一个区的温度稍高，为熔化区；另一个区的温度稍低，为生长区。生产工艺中使用酸性钼酸锂作为助熔剂。热区添加原料、助熔剂和致色剂；冷区吊挂籽晶，视坩埚大小可以排布多个祖母绿籽晶片。升温至原料熔融，热区熔融后的祖母绿分子扩散到温度稍低的冷区。当祖母绿熔融液浓度过饱和时，祖母绿便在籽晶上结晶生长。热区和冷区的温差很小，保持低的过饱和度以阻止硅铍石和祖母绿的自发成核作用。通过不断添加原料，一次可以生长出多粒祖母绿晶体。其生长速度大约为每月1 mm。

◆ 水热法

早在1882年，人们就开始了水热法合成晶体的研究，最早获得成功的是合成水晶。20世纪上半叶，由于军工产品的需要，水热法合成水晶投入了大批量的生产。随后，水热法合成红宝石于1943年由Laubengayer和Weitz首先获得成功，Ervin和Osborn进一步完善了这一技术。祖母绿的水热法合成是由澳大利亚的Johann Lechleitner在1960年研究成功的。到20世纪90年代，原苏联新西伯利亚合成出了海蓝宝石。随后，红色绿柱石等其他颜色绿柱石及合成刚玉也纷纷面市。

水热法合成的宝石主要有祖母绿、红宝石、蓝宝石、水晶、绿柱石等（图10-1-10）。

A. 基本原理

水热法是利用高温高压的水溶液使那些在大气条件下不溶或难溶的的物质溶解，或反应生成该物质的溶解产物，通过控制高压釜内溶液的温差使产生对流以形成过饱和状态而析出生长晶体的方法。

图10-1-10 水热法合成绿柱石晶体

自然界热液成矿就是在一定的温度和压力下，成矿物质从成矿热液中析出的过程。水热法合成宝石就是模拟自然界热液成矿过程中晶体的生长。

B. 生产工艺

水热法合成宝石采用的主要装置为高压釜，在高压釜内悬挂种晶，并充填矿化剂（水热法生长晶体时采用的溶剂）。

高压釜为可承受高温高压的钢制釜体。水热法采用的高压釜一般可承受1100 ℃的温度和10^9 Pa的压力，具有可靠的密封系统和防爆装置。因为具有潜在的爆炸危险，故又名"炸弹"（bomb）。由于内要装强腐蚀性的酸碱溶液，当温度和压力较高时，须在高压釜内要装有耐腐蚀的贵金属内衬，如铂金或黄金内衬，以防矿化剂与釜体材料发生反应，也可利用在晶体生长过程中釜壁上自然形成的保护层来防止进一步的腐蚀和污染。

a. 合成祖母绿生产工艺

1946年奥地利的Lechleitner N用水热法在实验室成功合成出了祖母绿；1965年美国的Linde公司实现了水热法合成祖母绿的商业生产。1988年我国有色金属工业总公司广西桂林宝石研究所曾骥良等用水热法合成出质量较好的宝石级祖母绿，最大的一颗达到6.42 ct。各个公司采用的具体生产工艺不完全相同，对生产技术严加保密。目前，合成祖母绿的国家或公司主要有：澳大利亚的莱切雷特纳（Lechleitner）、美国的林德（Linde）、中国桂林。

合成祖母绿生产装置如图10-1-11所示。将培养料分放在顶、底部，两处的物质被溶解、扩散，在中部相遇并发生反应，生成含有祖母绿

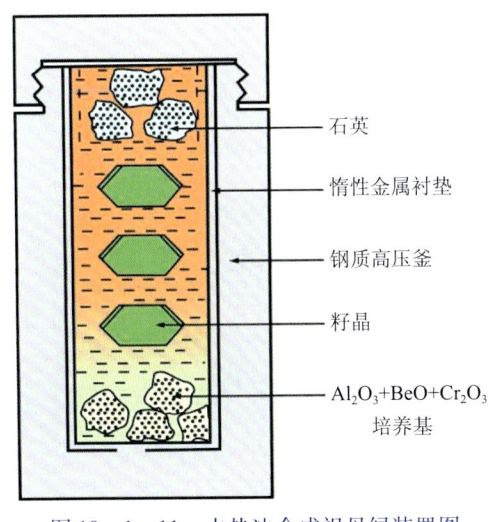

图10-1-11 水热法合成祖母绿装置图

成分的溶液，当祖母绿溶液达到过饱和时便会析出，在中部的种晶上生长。

原料：氧化铬、氧化铝和氧化铍粉末的烧结块，水晶碎块作为二氧化硅的来源。

矿化剂：国内采用HCl，充填度（充满高压釜内部空间的百分比）80%。

种晶：可用天然或合成的无色绿柱石或祖母绿为原料，种晶沿与柱面斜交35°方向切取，生长后的晶体为厚板状或柱状，切磨利用率较高，也可平行柱面和底轴面切取，生长成板状晶体。种晶用铂金丝挂于高压釜中部。

温度：600 ℃。

工作压力：1.7×10^8 Pa。高压釜内衬铂金（或黄金）衬里。

水热法合成祖母绿的基本过程：石英碎块用铂金网桶挂于高压釜顶部，氧化铬、氧化铝和氧化铍烧结块放在高压釜底部，高压釜内充填矿化剂（通常为含碱金属或铵的卤化物）。电炉在高压釜的底部加热，溶解的原料在溶液中对流扩散、相遇并发生反应，形成祖母绿溶液。当祖母绿溶液达到过饱和时，便在种晶上析出，结晶成祖母绿晶体。生长速度为 $0.5 \sim 0.8$ mm/d。

b. 合成石英生产工艺

合成水晶已经有近百年的历史。合成彩色水晶主要出现于 20 世纪 70 年代。目前全世界每年生产约 20 t 彩色水晶用于珠宝业。

原料：去皮的水晶碎块。

矿化剂：一般采用 NaOH、Na_2CO_3、K_2CO_3 或 KCl、NaCl，充填度为 80%。合成彩色石英时，一般采用矿化剂 K_2CO_3 或 K_2CO_3 与 NaOH 的混合液，有利于色素离子进入晶体结构。尤其是在加入了色素离子铁时，不采用 Na_2CO_3，以避免在溶液中形成硅酸铁钠（锥辉石晶体），影响铁进入晶体。

种晶：对合成不同颜色的石英要选用不同方向的种晶片。合成紫晶时，种晶板通常平行于菱面体面方向；合成黄水晶的种晶板平行于底轴面。还有与光轴夹角 70°切向的种晶等。种晶用铂金丝挂在高压釜中部。

温度：360 ℃左右，底部溶解区温度略高，约 360 ~ 380 ℃，上部生长区略低，约 330 ~ 350 ℃。

压力：$(1.1 \sim 1.6) \times 10^8$ Pa。

高压釜内部不必衬贵金属衬里，因为反应温度和压力条件不是很高。

生长过程：原料放在高压釜内温度较高的下部，种晶悬挂在温度较低的上部。釜内填以一定容量和浓度的矿化剂作溶剂。当容器内的溶液由于上、下部之间的温差产生对流时，高温区的饱和溶液被输送到低温区，变成过饱和状态，从而在种晶上生长。

为了获得彩色水晶，有时除了加入适当的致色元素外，还要对合成后的晶体进行热处理或辐照处理。

c. 合成刚玉生产工艺

水热法合成红宝石是 20 世纪中叶出现的，但直到 1992 年才由俄罗斯的 Tairvs 公司真正实现商业化生产。

原料：合成无色刚玉碎块，或 $Al(OH)_3$；另加致色元素。

矿化剂：通常采用 $NaHCO_3$ 和 $KHCO_3$，或 NaOH、Na_2CO_3 等，充填度为 80%。

温度：500 ~ 5600 ℃，底部溶解区温度略高，上部生长区略低，约为 470 ~ 4800 ℃。

工作压力：7.5×10^7 Pa。

高压釜要采用贵金属衬里。

种晶：通常选用焰熔法合成刚玉作种晶，按 Z 轴方向切成圆棒或条片。

(3) 化学沉淀结晶

◆ 化学液相沉淀法

A. 基本原理

相应的化学组分分散在液体中，在受控条件下，化学沉淀固结或沉淀结晶。

B. 生产工艺

合成欧泊于 1974 年由吉尔森首次合成成功，是与天然欧泊具有相同化学成分和内部结构的人工产品。采用化学沉淀固结的方法合成，其合成过程主要分三步：首先，让细粒的二氧化硅化合物在水和酒精的溶液中均匀地分布；然后加入碱（如氨水），使它们发生反应生成二氧化硅球粒；最后让这些球粒紧密堆积、脱水、固结。其品种有合成黑欧泊、合成白欧泊及合成火欧泊。

◆ 化学气相沉淀法

A. 基本原理

化学气相沉淀法是指相应宝石的化学组分以气态形式存在，在受控条件下，其气态组分沉淀结晶形成宝石晶体。此方法的英语简写为 CVD，故有人将化学气相沉淀法又称为 CVD 法。化学气相沉淀法目前主要用来合成钻石和碳硅石。

B. 生产工艺

a. CVD 法合成钻石生产工艺

近十几年来，化学气相沉淀法合成技术得到了飞速发展，尤其是 2003 年，CVD 技术取得了新的突破，可以相对低廉的成本生长出大颗粒的单晶体钻石，颜色、净度都可以达到较高的等级，甚至可以切磨出 1 ct 以上的 D 色级、净度级别为 IF 的首饰用钻石。

CVD 法合成单晶钻石的原理是将甲烷和氢气导入反应腔，利用电热丝、微波、火焰、直流电弧等设备，将碳从化合物分解成原子，在反应腔内形成等离子体。甲烷中的碳原子已具备四键结构，在氢的催化作用下，使每一个碳原子与四个碳原子结合形成钻石结构，并逐渐沉淀生长在预先制备好的"基座"上，其生长速度通常为每小时一微米至数十微米。生长基座可使用天然或高温高压合成的钻石切磨平行（100）晶面的薄片，用微波加热形成等离子场，在 $800\sim1000$ ℃和 0.1×10^5 Pa 条件下，可按需要合成出不同厚度或粒度大小的钻石。

b. 合成碳硅石生产工艺

天然碳硅石是 1904 年最先由莫依桑发现于亚利桑那的陨石中，自然界极为稀少。早在 1955 年莱利（Lely）就利用气相升华法生长出大颗粒的碳硅石，这种技术被称为莱利技术，但获得的是有六方、三方和立方晶系的多型混合物，主要用作工业磨料和半导体材料。莱利技术成熟于 1990 年，原料粉末经石墨的扩散作用加热升华成气态，不经过液态，直接在种晶上结晶，生长出碳化硅（SiC）的晶体，合成无色碳化硅晶体的具体工艺，现在还没有公布。20 世纪 90 年代末由北美的诗思公司将合成碳硅石作为首饰用投放于市场，并主要作为钻石的仿制品。

二、拼合宝石

1. 概述

拼合宝石简称拼合石，是指由两块或两块以上材料经拼合而成，且给人以整体印象的珠宝玉石。

宝石的拼合并不是一种新工艺，罗马帝国时代就已经出现了，罗马的首饰工匠将三种不同颜色的宝石用威尼斯松油粘接在一起制成拼合宝石。国际上，将由两块宝石组成的拼合石称作二层石（Doublets），由三块组成的称作三层石（Triplets）。二层石是通过无色胶粘接或熔接的方法将两块材料接合到一起。三层石是使用彩色胶与另外两块宝石材料粘接在一起，或是用无色胶将三块宝石粘接在一起而制成（图 10-1-12）。

拼合的目的是使一块较小的天然宝石经拼合制成较大的宝石，或者使宝石的颜色和外观更漂亮，并使宝石表面更耐磨损且光泽更强。拼合的另外一个目的是还可为又薄又易损坏的天然宝石的薄片提供坚硬的底托，例

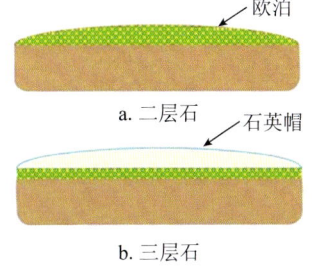

图 10-1-12 拼合宝石

如拼合欧泊。

衬底（Foilbacks）也属于拼合石的一种特殊类型，是将非透明的衬底物质加到宝石的背部，可以使用像镜子一样的反光物质（例如银衬或锡箔）来增加亮度和透明度，也可以采用彩色物质使宝石产生颜色或使较弱的星光效应映衬得更加明显，也可以采用刻线衬底来模仿猫眼效应或星光效应。

2. 品种

（1）石榴子石和玻璃二层石

将玻璃粘接到一片石榴子石上制作而成的二层石（图10－1－13，图10－1－14）。冠部所采用的石榴子石通常是较便宜的红色铁铝榴石，并且仅占冠部顶盖的一部分，其目的不是为了增加颜色而仅仅是为了加强耐久性，或用玻璃冒充石榴子石。事实上，从上面观察，看不到薄片石榴子石的颜色，石榴子石和玻璃二层石可以制作出各种颜色。

图10－1－13　石榴子石－
玻璃二层石

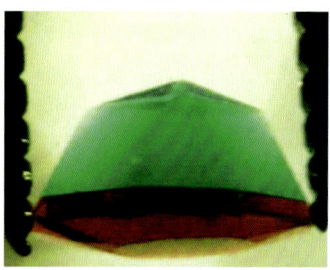
图10－1－14　石榴子石－
玻璃二层石油浸观察

图10－1－15　"莱茵石"

（2）仿钻石拼合石

曾经有一种无色的衬底玻璃是最流行的钻石仿制品，将其称为"莱茵石"（Rhinestones），名称最初来自于衬底莱茵河的水晶（图10－1－15）。今天虽然在高档首饰业见不到这种拼合石，但在时装首饰上还能见到。

另一种曾经很时髦的钻石仿制品是所谓的"漂亮宝石"（Nifty gem）。这种宝石的冠部是无色合成蓝宝石或无色合成尖晶石，腰部或腰部以下是人造钛酸锶。"漂亮宝石"充分应用了人造钛酸锶强光泽及高色散的优点，而合成蓝宝石或合成尖晶石增强了表面的硬度，即增加了耐久性。但是人造钛酸锶的色散太强，效果不佳；同时，人造钛酸锶的硬度较低，耐久性也差。现在这种拼合石已经完全被其他钻石仿制品（如合成立方氧化锆、合成碳硅石等）所取代。

（3）仿祖母绿拼合石

祖母绿使用焰熔法很难合成，用助熔剂法和水热法合成成本又高，因此祖母绿的拼合石一直在研究和生产之中。

一种拼合方法是以天然绿柱石为冠部和亭部，用绿胶粘接组成三层石。鉴定这种三层石时必须非常小心，因为它同祖母绿有基本一致的折射率。

另一种仿制品叫"苏德祖母绿"（Soude emeralds），其早期用无色石英作为冠部和亭部，中间用绿色胶粘接。现在新型的"苏德祖母绿"采用一层绿色玻璃代替了绿色胶，用无色胶将其与石英粘接，这种拼合石的折射率还是石英的折射率，但密度大于2.8 g/cm³，可能由于中间层的铅玻璃所致。

偶然能见到用天然绿柱石作为冠部或亭部，而用天然无色石英作为亭部或冠部制成的拼合石。

图 10-1-16　仿祖母绿拼合石

今天最常见的仿祖母绿拼合石是以无色合成尖晶石为冠部和亭部，中间用绿胶粘接制成，在法国将其称为"Soudeesur spinelles"（图 10-1-16）。还有一种类似拼合石，采用绿色玻璃代替了绿色胶，这种拼合石有时还制成黄绿色，用于模仿橄榄石。

（4）拼合欧泊

欧泊较薄而且易碎，单独使用用处不大。欧泊可以制成多种拼合石，最常见的是欧泊二层石和欧泊三层石（图 10-1-17）。

a. 二层石

b. 三层石

图 10-1-17　欧泊二层石和欧泊三层石

欧泊二层石是用胶将薄层欧泊粘在一个深色材料基底上制成，基底常为深色黑玉髓或黑色玻璃。所使用的粘胶常是一种深色沥青状物质，它保留某些柔韧性，因此增强了欧泊部分的耐久性，同时在黑色背景下，使欧泊变彩易见（同时产生最有价值的黑色体色）。必须十分小心的是，不要将这种拼合石同含有欧泊围岩的天然欧泊相混淆。天然带围岩的欧泊常显示出不规则的欧泊与围岩的交界面，而欧泊二层石常显示出直线状接合面。

欧泊三层石的制作基本上与欧泊二层石相同，区别在于欧泊三层石冠部有一种无色透明的材料，使用无色胶粘在欧泊之上以增加耐磨性。这种材料通常是水晶，有时也用玻璃、合成尖晶石和合成蓝宝石等。尽管这种欧泊三层石不难鉴定，但仍要注意与合成欧泊和一种产自加拿大的彩虹色菊石壳化石制作的相似三层石相区别。

（5）其他拼合石

近年来，在市场上还出现了如下多种由天然和合成宝石制成的品种复杂的拼合石：

1）以钻石为冠部，以无色石英、合成蓝宝石、合成尖晶石或玻璃为亭部制作的拼合石。很少见的一种拼合石是由一扁平钻石和另一较小的钻石拼合而成的，被称作"猪背钻石"（Piggy-back diamonds）。

2）由三块半透明近无色翡翠制成的拼合石。一块蛋圆形琢型翡翠插入中空圆盖形翡翠中，并用胶与第三块平底翡翠相粘接。在圆盖形和蛋圆形琢型翡翠之间充填绿色胶状物质，使拼合石整体看起来像优质绿色翡翠。

3）用合成刚玉制作出中空蛋圆形顶盖，在其中加入纤维状硼钠钙石（Ulexite）矿物，基底由中空蛋圆形合成刚玉组成。

4）由无色玻璃或塑料制成蛋圆型顶部，用胶粘接贝壳底座制成欧泊仿制品。

5）用于模仿天然宝石级晶体的其他拼合石。如许多拼合石用于模仿祖母绿晶体，一种是将天然石英晶体敲碎，然后用绿色环氧树脂将碎块重新粘接在一起制成；另一种是将浅色绿柱石在一端钻孔，然后用一种类似于树脂的绿色物质进行充填制成仿制品。

三、再造宝石

再造宝石是通过人工手段将天然珠宝玉石的碎块或碎屑熔接或压结成具整体外观的珠宝玉

石。如"再造琥珀""再造绿松石"。市场上出现用岩石或矿物的粉末、碎屑、下脚料,以及骨粉等用有色胶黏结、压实,制成各种颜色的材料,有的直接压制成形。

需要指出的是,现在有一种意见认为,把粉末或碎屑放到一起并加以黏结而制成的材料都是拼合材料。如果该拼合材料的大部分是由它所要仿制的宝石材料组成,则可使用术语"再造宝石"。

四、仿宝石

指用于模仿天然珠宝玉石的颜色、外观和特殊光学效应的人工宝石,以及用于模仿另外一种天然珠宝玉石的天然珠宝玉石可称为仿制宝石或仿宝石。仿宝石因不具所仿宝石的化学组成、原子结构及物理性质,因此"仿宝石"一词不能单独作为珠宝玉石名称。

1. 玻璃

在古代埃及、中国、波斯和印度等国,人们很早就会制造玻璃。3000~4000年前,埃及古墓中就发现玻璃饰品;我国山西也出土了距今3000年的玻璃质的管和珠。在古代,玻璃不仅是宝石的赝品,而且是名副其实的珍贵饰品,后来,由于玻璃生产技术的发展,玻璃的身价才大大降低。玻璃是最常用的仿制宝石材料,尤其现在,玻璃的品种千变万化,几乎可用来仿任何天然宝石。

玻璃仿制品是将传统的玻璃熔融并加入适当的材料而制得的。它具有与被仿制宝石相似的颜色、透明度、折射率、密度和某些特殊的光学效应等。

玻璃品种的类型、性质与加入的特殊材料有关。加入不同的着色剂,玻璃仿制品可呈现不同的颜色,甚至显示变色效应。如加入氧化铜,玻璃呈红色;加入氧化钴,玻璃呈蓝色。如果在玻璃中添加稀土成分,则可提高其折射率,甚至可制得折射率大于1.80的稀土玻璃,从而增强了玻璃仿制品的光泽。若同时加入铅或铊,可提高仿制品的色散及相对密度。

(1)基本性质

A. 化学组成

按其成分可划分两大类型。

无铅玻璃(冕牌玻璃):由二氧化硅及少量钠、钙的氧化物组成。主要用作窗、瓶及光学透镜等。

铅玻璃(燧石玻璃):由二氧化硅及少量钾、铅的氧化物组成。由于铅的加入,玻璃的折射率、色散增高了,但硬度也因此降低。主要用于仿宝石。

为了产生特征的颜色,还可加入一些致色元素。如为了获得红、绿、蓝色等,常加入Se、Cr、Co或REE等元素。

B. 物理性质

光泽:玻璃光泽。

透明度:透明至不透明。

导热性:较差,触感较晶体温,但比塑料凉。

断口:贝壳状断口。

硬度:摩氏硬度为5左右。

密度:2.0~4.2 g/cm³。

颜色:无色及任何色。

折射率:大多在1.44~1.70范围内,也有超出此范围的品种,最高者可达1.95,但大于1.70的玻璃较软,很少用于仿宝石。

光性特征：单折射，偏光镜下常显异常消光，如出现"扭动的黑十字"。

吸收光谱：彩色玻璃由于所采用的致色元素不同，其吸收光谱也很不一样。例如由钴致色的蓝色玻璃显钴谱，有 540 nm、580 nm、635 nm 三个吸收带，其中中间的吸收带较窄。以稀土元素致色的彩色玻璃显稀土谱，由一系列清晰的吸收线组成，两个吸收带分别位于黄、绿区。红色硒玻璃则显示红区以下全吸收的特征。

荧光性：大多数玻璃在短波紫外光下呈浅绿色，而在长波下为荧光惰性。

特殊光学效应：有些玻璃品种可显猫眼效应、砂金效应、变彩效应等。

其他特征：内部常含气泡、旋涡纹及某些人工添加物，如星彩玻璃中的规则铜片；表面常有模制痕，铸模的小面琢型玻璃宝石，刻面棱十分圆滑，小面有收缩凹坑。

玻璃内部原子结构是无序的，属非晶质，因而不具晶体的方向性特征，如解理、双折射、多色性等，随化学组成的变化，其物理性质也随之变化。

（2）常见的玻璃仿制品

1）仿透明宝石的玻璃品种。玻璃常用作红宝石、蓝宝石、祖母绿、海蓝宝石、橄榄石等透明宝石的仿制品。

2）玻璃拼合石。

3）仿玛瑙和玉髓的玻璃品种。

4）仿翡翠的脱玻化玻璃。脱玻化玻璃是一种部分结晶的玻璃。于 20 世纪 70 年代由东京 Imori 实验室生产，作为高档翡翠的仿制品，并以 "Meta Jade（脱水玉、变玉）" "Victoria stone（维多利亚石）" "Kinga stone" 的名称投放市场。有不同颜色和脱玻化程度的品种，而且内部含有树枝状、羊齿脉状雏晶集合体，在放大镜下即可见（图 10-1-18，图 10-1-19）。

5）仿欧泊的斯洛卡姆石（Slocum stone）。于 20 世纪 70 年代由美国 John Slocum 研制并投放市场的一种欧泊的玻璃仿制品（图 10-1-20）。折射率为 1.49~1.50，密度较大，为 2.4~2.5 g/cm^3。

图 10-1-18　脱玻化玻璃

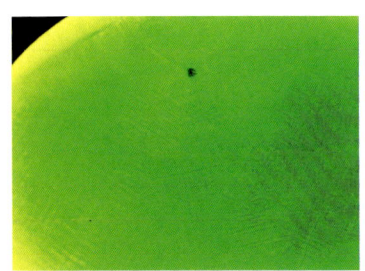
图 10-1-19　脱玻化玻璃内部的"蕨叶"状结构

图 10-1-20　斯洛卡姆石

6）星彩玻璃。一般为褐红色，用来仿日光石（图 10-1-21）。偶见深蓝色品种，用于仿青金石。在放大镜下可见大量不透明的三角形、六边形等规则形态的金属铜片。这些铜片在反射光下显强的金属光泽，透射光下不透明。这些铜片是玻璃中加入的氧化铜在随后的退火过程中被还原形成的。

7）玻璃猫眼。最初由美国 Cathay 公司生产，故得名"卡谢猫眼（Cathay stone）"。它是由几种不同玻璃的光纤以立方或六方的形式排列并熔结在一起，每平方厘米内有 150000 根光纤，能产生极好的猫眼效应（图 10-1-22）。折射率为 1.8，密度为 4.58 g/cm^3，摩氏硬度为 6。现在，这种材料大量地用于装饰品中，大多为鲜艳的红、绿、蓝、黄、橙、紫或白色，用放大镜观察其亮带两侧面可发现典型的蜂窝状结构，这是玻璃猫眼的诊断性特征（图 10-1-23）。

图 10 – 1 – 21　星彩玻璃

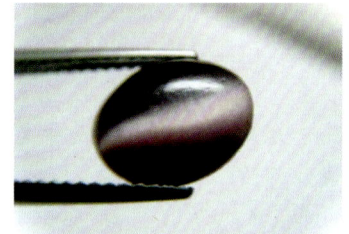
图 10 – 1 – 22　玻璃猫眼

图 10 – 1 – 23　玻璃猫眼的蜂窝状结构

目前市场上出现了不少仿白玉的半透明玻璃。这种材料经作假用来仿古白玉，如子岗玉牌，这种材料常为半透明至微透明，用强光照射不难揭示其内部的气泡。其密度亦较软玉低。

2. 塑料

古代埃及古墓中发现装香料的坛子就是塑料制品，1869 年就出现使用塑料仿制的珊瑚、珍珠和琥珀等。塑料的许多物理性质与有机宝石相近，因而常用于仿有机宝石，且具有较强的迷惑性。多数塑料仿制品采用铸模成型，有时也用于宝石的优化处理，如贴膜、背衬和表面涂层。

（1）基本性质

A. 化学成分

塑料主要由碳氢化合物组成。为了获得不同的物理性质和外观特征，可以添加一些其他成分。

B. 物理性质

导热性：差，有温感。

光泽：透明 – 不透明。

颜色：可呈各种颜色。

硬度：摩氏硬度为 1.5 ~ 3，钢针可刺入。

可切性：可切，易削成片。

折射率：1.46 ~ 1.70。

光性特征：单折射，正交偏光镜下可显异常双折射。

密度：1.05 ~ 1.55 g/cm^3，有的高于此范围。

内部特征：常含气泡、旋涡纹，或显示弯曲的颜色条带。

其他特征：塑料在热针测试中，因品种不同可发出辛辣味、醋味、水果香味、烧牛奶味等。

表面特征：可显示模制痕、圆滑的刻面棱及收缩凹坑。

（2）常见塑料仿制品

有塑料仿琥珀、欧泊、象牙、龟甲及骨质材料、珊瑚、贝壳、煤精。

3. 陶瓷

（1）制作工艺

陶瓷是由细粒的无机粉末经过加热、焙烧或烧结，有时需要加一定压力而生产出的多晶质固体材料，包括陶和瓷。

陶瓷仿制品的制作利用的是陶瓷工艺技术，即将研细的无机物粉末经加热或焙烧成烧结物，并通过热压而获得所需细晶固体材料的工艺过程。有时需加入低熔点的黏结剂以改变材料的黏性，某些黏结剂仅把尚未烧结的脆性粉末黏结在一起，本身在烧结的过程中消失。有时还在材料表面施釉，以增强其光泽。

（2）基本性质

陶瓷一般为不透明或微透明，几乎都是铸模成型，并表面上釉，很少切磨。表面可显示铸模痕。其折射率无法测定，没有鉴定意义。表面显示玻璃光泽。放大观察，可见均匀致密的微细颗粒结构，断口光泽暗淡。陶瓷的密度相当稳定，为 2.3 g/cm^3。有时可见到气泡。

吉尔森公司在 20 世纪 70 年代用制陶工艺生产出了一系列陶瓷仿制品，如吉尔森造绿松石、吉尔森造青金石、吉尔森造珊瑚等。有关它们的制造工艺一直没有公开。

学习任务二　认识优化处理宝石

◆ 任务目标：熟悉目前国内外常见宝石优化处理方法的基本原理和工艺特点，熟悉主要优化处理宝石品种的典型宝石学特征。

◆ 任务要求：认真辨析相关概念，结合标本观测，取得对常见宝石优化处理方法及优化处理宝石基本宝石学特性的较深入认识。

【学习材料】

一、概述

天然宝石属不可再生的珍贵矿产资源，近 20 年来，人们对天然优质宝石的需求递增，因此，开展宝石人工优化处理工艺技术的研究，可使不可再生的珍贵宝石资源得以充分地利用。据有关资料记载，我国早在先秦、秦代已出现了加热法，古罗马和古希腊人在公元前就已采用热处理工艺对玉髓进行改色处理。约公元前 2000 年，在印度曾出现较多的热处理红玛瑙和红玉髓。自 15 世纪下半叶，由于化学业、染料业的发展和冶金技术的提高，宝石的染色、充填、热处理技术达到了较高的水平，处理后的宝石颜色较艳丽、耐久。19 世纪末至 20 世纪初，科学技术的日新月异，X 射线、γ 射线相继发现，为宝石的辐照处理奠定了基础。当今宝石的高温高压、铍扩散、离子注入处理等工艺，充分体现出传统的优化处理技术与现代高新科技的完美结合。处理后的宝石外观特征更接近天然，耐久性更好。

二、概念

优化处理（Enhancement）定义为除切磨和抛光以外，用于改善珠宝玉石的外观（颜色、净度或特殊光学效应）、耐久性或可用性的所有方法。优化处理可进一步划分为优化（Enhancing）和处理（Treating）两类。

优化是指传统的、被人们广泛接受的使珠宝玉石潜在的美显示出来的各种改善方法，常见的优化方法有热处理、漂白、浸蜡、浸无色油、染色（玉髓、玛瑙类）等。

处理是指非传统的、尚不被人们接受的优化处理方法。常见的处理方法有浸有色油、充填（玻璃充填、塑料充填或其他聚合物等硬质材料充填）、浸蜡（绿松石）、染色、辐照、激光钻孔、覆膜、扩散、高温高压处理。

属于优化的珠宝玉石可以不用说明优化及优化的方法；属于处理的珠宝玉石，必须特别标识，如红宝石（处理）、红宝石（玻璃充填处理）。

三、工艺要求与特点

1. 美观

优化处理宝石的美应该和天然宝石的美相同,所不同的是优化处理宝石的美是通过人工的方法,使其潜在的美(主要为颜色和光学效应)得以充分展示。

2. 耐久

耐久指宝石的稳定性,即次品质的天然宝石经人工优化处理后,在随后的加工、销售及佩戴过程中,宝石的颜色、结构及某些光学性质不会发生明显的变化。

3. 无害

无害指天然宝石经人工优化处理后,其饰品对人体应不产生任何伤害。例如,明显带有放射性残余的辐照处理宝石饰品若在其半衰期内出售,会对人体造成不同程度的伤害,可能会导致皮肤癌、人体造血障碍等。

四、常见宝石的优化处理方法

由于科学技术的不断进步和发展,宝石的优化处理方法也在不断地进步和更新,常见宝石优化处理方法有如下几类。

1. 热处理

热处理是宝石传统的优化方法,将宝石放置在可控气氛和温度的加热设备中,添加不同的化合物、选择不同的温度范围、气氛条件(氧化、还原、中性)、加热速率(升温、冷却)及恒温时间对宝石进行热处理,使宝石的颜色、透明度、净度、光学效应等外观特征得到明显改善。经热处理后,宝石的颜色相对稳定(图10-2-1,图10-2-2)。

图10-2-1 热处理刚玉　　　　图10-2-2 热处理托帕石

2. 扩散处理

扩散处理是一种特殊的热处理,多应用于红、蓝宝石中,一般用以改善颜色和产生颜色或星光效应。其处理方法大致为把氧化铝和致色剂涂在宝石料表面,在超高温条件下加热,促使致色元素从表面扩散进入宝石内部,产生一个颜色层(表面扩散)或整体着色(体扩散)。由于高温所造成的表面熔融,宝石须经再次抛光。

3. 高温高压处理

实验室高温高压条件下得到的人工合成钻石为褐色、褐黄色、棕色,金刚石晶体中的原子及杂质原子提供了足够的均向压力和势能,人为调控所处的温度、压力及介质条件,有助于改善或改变钻石中的晶格缺陷,提高其色级或改变其颜色(图10-2-3)。

高温高压处理有助于Ⅱa型褐黄色金刚石晶体克服其所处的势垒,促使金刚石晶体最大限度地恢复其原本无色的面貌;Ⅰa型褐黄色金刚石晶体在现有高温高压处理技术条件下,尚无法消除其褐黄色而提高其色级。因此,只有在金刚石晶体原本存在的晶格缺陷基础上,通过高

a. 处理前　　　　　　　　　　b. 处理后

图 10-2-3　高温高压处理钻石

温高压处理并进一步加剧其塑性变形强度，促进晶体内晶格缺陷的增殖，从而达到改色（褐黄色转变为黄绿色、金黄色，少见粉红色及蓝色）之目的。

4. 辐照处理

利用辐照源的带电粒子（加速电子、质子）、中子或 γ 射线辐照宝石，从而在被辐照的宝石中产生晶体结构缺陷，进而产生颜色或改变颜色。在实践中，辐照处理主要是改变颜色，而不能改变颜色深浅程度，辐照处理一般和热处理配合使用。

5. 裂隙充填、熔合充填处理

（1）裂隙、孔洞充填处理

采用充填材料（有色或无色油、人造树脂、蜡、玻璃等），在一定的条件下（如真空、加压、加热等），对宝石中开放的裂隙、孔洞和玉石中的孔隙、晶粒间隙直接进行充填处理，旨在掩盖裂隙或强化结构。

（2）熔合充填处理

基于缅甸 Mong Hsu 红宝石中裂理、微裂隙十分发育，在热处理过程中普遍填入诸如硼酸钠（硼砂）及多聚磷酸盐等具弱助熔性的化学物质。高温条件下，填入的硼酸钠、多聚磷酸盐类物质呈流体状沿红宝石原裂隙处渗入，并沿原裂隙面两侧发生局部熔合，形成一种多成分混合的次生熔融体。随温度的下降，这种混合熔融体随之发生分离重结晶，其中一部分重结晶为再生红宝石，但更多的往往来不及重结晶，而形成明亮透明的次生玻璃体，最终使红宝石裂隙得到了不同程度的修复、填补和愈合（图 10-2-4）。

a. 处理前原料　　　　　b. 处理后半成品　　　　　c. 加工后成品

图 10-2-4　充填处理红宝石

6. 激光打孔处理

内含深色包裹体的钻石通过激光打孔处理去除内部的包裹体。在处理过程中，用激光束钻一个直径小于 0.02 mm 的细小孔道，直达深色包裹体处，激光束可以烧蚀包裹体，或用氢氟酸腐蚀并除去包裹体，激光孔道可用铅玻璃或人造树脂充填。激光处理方法较稳定，一般不会影响钻石的色级。

7. 染色处理

染色是一项古老的优化处理技术，主要选用一些不易褪色的无机和有机染料，在低温加热条件下对某些无色单晶宝石（需经淬火处理）和多晶质宝石、隐晶质宝石进行浸染处理，使之着色（见图9-1-50）。

染色处理宝石的耐久性在较大程度上取决于所选用的染色剂和染色处理方法（温度、时间、压力、浓度、pH、固色剂等）及待染色宝玉石的性质。一般而言，使用天然有机染色剂则稳定性较差，经过一段时间往往易褪色或变色，而使用诸如苯胺类等人造有机染料或加入金属盐则相对较稳定。一些化学性质相对稳定的无机染色剂，如铬盐、硫氰化钾、铁盐、镍盐、钴盐、铜盐等常被用于宝玉石的染色处理中。

8. 涂覆、镀膜处理

涂覆、镀膜属一种表面处理方法，其主要特点是采用一些无色或有色人造树脂材料均匀地附着在宝石戒面的表面，以期改变或改善宝石的视觉颜色及表面光洁度，或掩盖宝石的表面缺陷（坑、裂、擦痕等），具有一定的欺骗性。

（1）涂覆处理

把一些类似涂料和一些有色人造树脂材料均匀地涂在宝石表面，以增强宝石表面的光洁度或改变颜色。如浅色绿柱石和祖母绿戒面的亭部常被涂上一层绿色人造树脂膜，以改善其外观色，使其更像优质祖母绿；一些光泽较差的珍珠表面常被覆上一层二甲基硅氧烷膜，可明显改善其表面视觉光洁度；灰白色翡翠表面覆上一层绿色人造树脂薄膜，以仿高档绿色翡翠。

（2）镀膜处理

采用沉淀、溅射、喷镀技术，以期改变或改善宝石的视觉颜色或增强表面光洁度。如色级偏低的微黄色钻石戒面的亭部被覆上一层类似照相机镜头表面的蓝色薄膜，通过增加其补色，以抵消黄色调；在宝石表面喷镀金属膜，可产生虹彩效应，近年来市场上出现的所谓虹彩黄玉、晕彩石英（图10-2-5）、晕彩贝珠多为这类处理方法。

图10-2-5　晕彩石英

9. 漂白处理

漂白处理广泛应用于有机材料，如象牙、珊瑚、珍珠等宝石，用于削弱或去除颜色。最常使用的漂白剂是氯化合物或浓过氧化氢。通常，天然和养殖珍珠被漂白是通过淡化深色的有机壳质层而淡化颜色。同样，含黑色壳质的珊瑚也可被漂白而使之与稀少的褐色"金"珊瑚相似。深黄褐色具猫眼效应的虎睛石也可通过漂白而显出较浅的"蜂蜜"色。

【学习小结】

通过本项目学习，要求学生理解人工宝石和优化处理宝石的概念和内涵，熟悉市场中常见合成宝石的生产原理、方法和工艺特点，熟悉常见拼合宝石、再造宝石和仿宝石等人工宝石的性质与特征，熟悉常见宝石优化处理方法的运用范围和代表性宝石品种的基本特点。

【思考与练习】

1）目前珠宝市场上常见合成宝石的生产方法有哪些？
2）简述焰熔法合成宝石的生产工艺。
3）简述助熔剂法合成宝石的工艺特点。

4)列举市场上常见的主要合成宝石品种,并简要介绍其生产工艺特点。

5)有哪些宝石品种可以使用多种方法合成?

6)简述钻石的合成方法。

7)简述合成钻石的基本性质。

8)合成刚玉宝石的识别特征是什么?

9)列举主要的人造宝石品种,并描述其宝石学特征。

10)拼合宝石的主要品种有哪些?其共性是什么?

11)如何理解再造宝石的概念?

12)选取市场上的一种主要宝石,列举其主要的仿宝石品种,并简述如何区别它们。

13)优化处理宝石的工艺要求与特点是什么?

14)常见的优化处理方法有哪些?在珠宝玉石描述时,哪些宝石的优化处理方法应做标注?

15)简述宝石优化处理技术的新动向。

参 考 文 献

陈钟惠，等．1992．宝石学教程：初级教程　证书教程．武汉：中国地质大学出版社．
邓燕华．1992．宝（玉）石矿床．北京：北京工业大学出版社．
董振信．1999．宝玉石鉴定．北京：地震出版社．
李劲松，赵松龄．2001．宝玉石大典（上、下册）．北京：北京出版社．
李娅莉，薛秦芳．2002．宝石学基础教程．北京：地质出版社．
李兆聪．1994．宝石鉴定法．北京：地质出版社．
廖宗庭，等．1997．宝石学概论．上海：同济大学出版社．
刘瑞，等．2007．宝石学基础．北京：地质出版社．
潘兆橹．1993．结晶学及矿物学（第三版）．北京：地质出版社．
丘志力．1995．宝石中的包裹体——宝石鉴定的关键．北京：冶金工业出版社．
任开文，等．1999．宝石肉眼鉴别．北京：地质出版社．
申柯娅，王昶，袁军平．2009．珠宝首饰鉴定．北京：化学工业出版社．
宋焕斌．1997．宝石学导论．云南：云南教育出版社．
王娟鹃，刘瑞．2007．宝石鉴定．北京：地质出版社．
王新民，唐左军，王颖．2012．钻石．北京：地质出版社．
吴瑞华，王春生，等．1994．天然宝石的改善及鉴定方法．北京：地质出版社．
张蓓莉，王曼君．2013．翡翠品质分级及价值评估．北京：地质出版社．
张蓓莉．2006．系统宝石学（第二版）．北京：地质出版社．
中华人民共和国国家质量监督检验检疫总局，中国国家标准化管理委员会．2011．珠宝玉石　鉴定（GB/T 16553—2010）．北京：中国标准出版社．
中华人民共和国国家质量监督检验检疫总局，中国国家标准化管理委员会．2011．珠宝玉石　名称（GB/T 16552—2010）．北京：中国标准出版社．
中华人民共和国国家质量监督检验检疫总局，中国国家标准化管理委员会．2011．钻石分级（GB/T 16554—2010）．北京：中国标准出版社．
周佩玲，杨忠耀．2004．有机宝石学．武汉：中国地质大学出版社．

附　　录

附录一　实习指导书

实习一　宝石晶体对称操作及分类

一、实习目的与要求

1）掌握晶体对称的概念。
2）根据晶体模型和宝石晶体，分析晶体对称要素的种类与数量。
3）确定宝石晶体所属的晶系、晶族和对称型。
4）对晶体模型进行单形和聚形分析。

二、实习内容

1）通过观察分析八面体、立方体、六方柱、菱面体、四方双锥、斜方柱、四角三八面体单形及其聚形的晶体模型，加深对称概念的理解。
2）对不同晶系的晶体模型进行对称要素组合和对称要素特征分析。
3）观察尖晶石、黄铁矿、刚玉、绿柱石、锆石、碧玺、水晶、黄玉、正长石的晶体特征，进行单形和聚形分析。
4）对晶体模型进行单形和聚形分析，描述其对称型和对称要素。
5）观察宝石晶体表面的特征。

三、实习报告

1）分别列出三斜晶系、单斜晶系、斜方晶系、三方晶系、四方晶系、六方晶系和等轴晶系的单形。
2）分别对不同晶系中的聚形进行单形分析，指出其组合规律。
3）对晶体模型进行对称要素分析，并给出其对称型。
完成附表 1-1。

附表 1-1　晶体对称要素分析表

样品序号	单形名称和数量	对称型	所属晶系	备注

四、注意事项

1) 外形上相似的单形，在高级、中级和低级晶族属于不同的单形。如高级晶族中发育的八面体，在中级晶族中则为四方双锥，低级晶族中则为斜方双锥。
2) 实际晶体多属歪晶，同一单形的各个晶面并不同形等大。

实习二　宝石的物理性质与光学性质观测

一、实习目的与要求

1) 掌握观察宝石物理性质的方法，学会描述宝石的各种物理性质。
2) 掌握宝石的各种光学性质，了解宝石几种特殊光学效应的成因。
3) 初步了解某些宝石的表面特征。

二、实习内容

1) 观察宝石的颜色、透明度、光泽和特殊光学效应。
2) 测试宝石的力学性质，如硬度、密度、解理和断口；观察、测试钻石、蓝宝石、水晶、海蓝宝石、月光石、翡翠、萤石等宝石的密度、硬度和解理特征。
3) 观察宝石的特殊光学效应：猫眼效应、星光效应、变色效应、变彩效应、月光效应和砂金效应等。

三、实习报告

通过对宝石性质特征的观察，进一步深入理解宝石性质和特征对宝石鉴定和加工的意义。学生通过对宝石各种性质和特征的观察，结合宝石样品的物理性质特征。

完成附表 1-2。

附表 1-2　宝石的物理性质特征描述

宝石名称	宝石物理性质描述（颜色、透明度、光泽、光学效应、掂重等）	其他说明

四、注意事项

1) 用自然光或与之等效的光源反射光观察宝石的光泽；用透射光观察宝石和玉石的透明度。
2) 对特殊光学效应宝石的观察要注意对光源的要求，如观察猫眼效应需用点光源；变色效应需在不同主波长的光源下进行。
3) 对成品宝石不能进行硬度测试。
4) 对多孔宝石和小颗粒的宝石，相对密度测试的误差较大。

实习三　钻石鉴定与分级

一、实习目的与要求

1）熟记钻石的各种重要物理性质与特征。
2）使用常规宝石鉴定仪器对钻石的主要物理性质进行观察，如光泽、密度、折射率、发光性、热导率、包裹体特征等。并与其他无色透明宝石的性质与特征进行对比分析。
3）了解钻石4C质量分级及评价方法。

二、实习内容

1）观察钻石原石的晶体形态、光泽、透明度和其他结晶学特征（蚀象、生长纹与晶形等）。
2）肉眼或利用放大镜和显微镜观察钻石的颜色、光泽、色散、解理和加工特征。
3）与水晶、无色蓝宝石、托帕石、绿柱石、合成立方氧化锆等宝石的色散、切工质量及内部特征进行对比分析，说出它们的不同之处。
4）使用紫外荧光灯、热导仪、天平和分光镜观察、测试钻石的各种物理性质与特征。
5）初步确定钻石的净度、颜色级别，了解钻石的切工分级方法。

三、实习报告

对钻石和其他相似宝石进行物理性质的观察与测试。
完成附表1-3。

附表1-3　钻石及其相似宝石特征表

样品序号	克拉质量	颜色及光泽	宝石学性质	其他特征

四、注意事项

1）钻石属于贵重宝石，实习时不要丢失标本。
2）钻石具有亲油疏水性，要用钻石镊子去夹宝石，测试前要擦干净钻石。

实习四　红宝石、蓝宝石、祖母绿、金绿宝石识别

一、实习目的与要求

1）熟悉红宝石、蓝宝石、祖母绿、金绿宝石的结晶习性和实际晶体形态。
2）掌握红宝石、蓝宝石、祖母绿、金绿宝石的光学和力学性质及特征。

3）使用常规宝石鉴定仪器对红宝石、蓝宝石、祖母绿和金绿宝石的多色性、密度、可见吸收光谱、荧光特征、包裹体特征、折射率和双折射率进行观察测定。

二、实习内容

1. 原石鉴定

（1）红宝石和蓝宝石

属三方晶系，红宝石多呈板状晶体；蓝宝石则多呈桶状，常依菱面体成聚片双晶，以致在柱面、双锥面、板面常有聚片双晶形成的斜条纹或横纹。

（2）祖母绿

属六方晶系，常呈六方柱状，柱面常见纵纹，具有平行于底面的不完全解理，常见平行底面的裂开，断口呈贝壳状和参差状。

（3）猫眼和金绿宝石

斜方晶系，常呈扁平板状或短柱状，假六方三连晶、六边形偏锥状。在晶体底面（轴面）上常有条纹。

2. 宝石性质与特征观察

1）观察红宝石、蓝宝石、祖母绿、金绿宝石等宝石的颜色、光泽、透明度和包裹体特征。

2）实测和观察红宝石、蓝宝石、祖母绿、金绿宝石等宝石的折射率及双折射率和在偏光镜下的特征。

3）观察红宝石、蓝宝石、祖母绿、金绿宝石等宝石的吸收光谱特征和荧光特征。

4）实际测试红宝石、蓝宝石、祖母绿、金绿宝石等宝石的密度。

通过测定、观察红宝石、蓝宝石、祖母绿、金绿宝石的性质和特征。

完成附表 1-4。

附表 1-4 红宝石、蓝宝石、祖母绿、金绿宝石性质和特征表

颜色		琢型		光泽	
透明度		密度/(g·cm^{-3})		解理	
折射率		双折射率		多色性	颜色
					强度
偏光镜测试		光性特征		发光性（长波、短波）	
其他性质与特征					
宝石名称					

三、作业

1）写出红宝石、蓝宝石、祖母绿、金绿宝石的化学成分和矿物学名称。

2）描述红宝石、蓝宝石、祖母绿、金绿宝石的宝石学性质与特征。

3）解释猫眼效应、星光效应和变色效应的产生机理。

4）你所知道的，与红宝石、蓝宝石、祖母绿、金绿宝石相似的宝石有哪些？它们在宝石学性质上有何不同？

四、注意事项

1）具有红色色调的宝石级刚玉为红宝石，其他色调的宝石级刚玉均为蓝宝石。

2）祖母绿是中等（中亮到中暗）色调的绿色绿柱石，颜色是一种青翠悦目的纯绿或稍带黄的绿色或稍带蓝的绿色，过亮或过暗的绿色者只能归入绿色绿柱石，而且应该是透明的、没有严重的瑕疵。

3）只有"金绿宝石猫眼"才可直接称为"猫眼"；只有"变色金绿宝石"才可直接称为"变石"。

实习五　常见宝石性质特征识别

一、实习目的与要求

1）熟悉石英质宝石、石榴子石、尖晶石、碧玺、托帕石、橄榄石、锆石、绿柱石、海蓝宝石和长石族宝石的化学成分和类型。

2）掌握石英质宝石、石榴子石、尖晶石、碧玺、托帕石、橄榄石、锆石、绿柱石、海蓝宝石和长石族宝石的结晶形态、光学性质、力学性质和其他特征。

3）熟练运用各种仪器识别水晶、紫晶、烟晶、发晶、芙蓉石、石榴子石、尖晶石、碧玺、托帕石、橄榄石、锆石、海蓝宝石、绿柱石、月光石、日光石、拉长石和天河石。

二、实习内容

1）对水晶、石榴子石、尖晶石、碧玺、托帕石、橄榄石、锆石、海蓝宝石、长石等宝石矿物的晶体形态进行观察，分析它们的对称性和所属晶系。

2）观察上述宝石的宝石学性质与特征，包括光学性质、力学性质和包裹体特征等。

完成附表1-5。

附表1-5　宝石性质特征表

宝石名称	颜色	光泽	透明度	折射率	密度/($g \cdot cm^{-3}$)	多色性	其他特征
尖晶石							
石榴子石							
水晶							
托帕石							
碧玺							
海蓝宝石							
长石							
锆石							
橄榄石							
其他宝石							

三、注意事项

1）常见宝石定名到种，对长石、石榴子石类矿物定名到族即可。

2）对于折射率高于1.81的宝石，要找出其典型鉴定特征。

3）有的石榴子石会出现异常消光现象。
4）锆石和橄榄石的成品会出现后刻面棱线重影的现象。

实习六　常见玉石性质特征识别

一、实习目的与要求

1）熟悉和掌握一些常见玉石品种的基本性质和特征。
2）重点掌握优化、处理翡翠的鉴定特征，并确定其类型。
3）实习过程中要求写明玉石样品袋号、颜色、样品重、琢型。

二、实习内容

1）认真观察翡翠的外观特征，重点观察天然翡翠与漂白聚合物充填翡翠（B 货）、染色处理翡翠（C 货）的性质与特征。
2）掌握软玉与蛇纹石玉的性质与特征。
3）熟悉欧泊的三个品种，重点掌握欧泊与合成欧泊的性质与特征。
4）掌握石英岩玉、玉髓、木变石的定义及其宝石学性质。
5）熟悉绿松石、青金石、孔雀石的性质和特征。
6）观察蛇纹石玉、独山玉的结构与特征，掌握它们的主要性质与特征。
7）观察和测定其他玉石的宝石学特征。

三、实习报告

样品：翡翠、软玉、蛇纹石玉、石英岩玉、玛瑙、钠长石玉、独山玉、绿松石、青金石、天然玻璃、欧泊等。
1）认真核对以上样品，无误后按要求进行玉石性质和特征的观察。
2）放大观察玉石的结构特征。
完成附表 1 - 6。

附表 1 - 6　宝石性质特征表

玉石名称	颜色	光泽	透明度	折射率	密度/(g·cm^{-3})	结构特征	其他特征
翡翠							
软玉							
蛇纹石玉							
石英岩玉							
独山玉							
欧泊							
绿松石							
青金石							
钠长石玉							
玛瑙							
天然玻璃							

注意：实习结束后，请将仪器、样品按要求收好，归还样品。

实习七 有机宝石性质特征识别

一、实习目的与要求

1）了解有机宝石的成因，重点掌握珍珠的成分与结构特征，以及天然珍珠和养殖珍珠在性质上的不同。

2）掌握象牙、珊瑚、琥珀、煤精等有机宝石的宝石学性质与特征。

二、实习内容

1）珍珠的结构及特征观察：珍珠是由珠核、珍珠层组成，具有典型的同心层状结构。珠核外是珍珠层，由文石、方解石及有机质组成，珍珠层呈围绕珠核的一系列同心圆状结构。

2）观察琥珀、珊瑚、煤精、象牙、龟甲的颜色、光泽、透明度、结构特征、密度和荧光特征。

3）对有机宝石的性质和特征进行观察测试。

完成附表1-7。

附表1-7 有机宝石性质特征表

有机宝石名称	颜色	光泽	透明度	结构特征	密度/(g·cm^{-3})	荧光特征	其他特征
珍珠							
珊瑚							
琥珀							
煤精							
象牙							
龟甲							

三、注意事项

1）有机宝石的硬度较低，通常不能进行硬度测试。

2）尽量不要将有机宝石和有机液体接触，以免使有机宝石的颜色发生改变。

实习八 人工宝石及优化处理宝石性质特征识别

一、实习目的与要求

1）了解珠宝市场中常见的人工宝石品种及种类，了解宝石优化处理的方法。

2）熟悉合成宝石、人造宝石的结晶形态、光学性质、力学性质及其他特征。

3）熟悉市场常见拼合宝石和仿制宝石的类型和基本性质。

4）掌握合成宝石、人造宝石与对应天然宝石的区别。

二、实习内容

1）熟悉常见合成宝石和优化处理宝石的品种和种类，以及它们的生产合成方法。

2）观察常见合成宝石：合成立方氧化锆、合成红宝石、合成蓝宝石、合成祖母绿、合成水晶、合成欧泊、合成碳硅石等的表面特征和包裹体特征。

熟记附表1-8。

附表1-8 各种方法合成刚玉的包裹体特征

合成方法	焰熔法	提拉法	助熔剂法	水热法
包裹体特征	气泡、弧形生长纹、未熔残余物	钼、钨等金属包裹体；位错、拉长的气泡和细密的弯曲生长纹	指纹状包裹体；束状、纱幔状、球状、微滴状助熔剂残余；三角形或六边形金属板	树枝状生长纹、色带、金黄色金属片、无色透明的纱网状包裹体或钉状包裹体

3）对常见的优化处理方法，如热处理、扩散处理、充填处理、漂白处理、染色处理宝石的特征进行观察，并指出不同处理方法的识别特征。

4）对拼合宝石和再造宝石的性质和特征进行观察，指出其和天然未处理宝石的不同之处。

5）对玻璃和塑料等仿制宝石的性质和特征进行观察。

三、作业

1）合成宝石和人造宝石的异同点是什么？如何与天然宝石相区别？

2）祖母绿的优化处理手段有哪些？分别怎样定名？

3）翡翠的优化处理手段有哪些？分别怎样定名？

4）肉眼如何识别各种人工宝石？

四、注意事项

1）石榴子石为顶的拼合石是石榴子石和玻璃熔融接合在一起的，具有红环效应。

2）碳硅石的成品会出现后刻面棱线重影的现象。

3）高折射率的玻璃制品，具有密度大、硬度低的特点。

附录二 珠宝玉石名称

天然宝石名称见附表2-1，天然玉石名称见附表2-2，天然有机宝石名称见附表2-3，合成宝石名称见附表2-4，人造宝石名称见附表2-5。

附表2-1 天然宝石名称

天然宝石基本名称	英文名称	矿物名称
钻石	Diamond	金刚石
刚玉 　红宝石 　蓝宝石	Corundum 　Ruby 　Sapphire	刚玉
金绿宝石 　猫眼 　变石 　变石猫眼	Chrysoberyl 　Chrysoberyl cat's-eye 　Alexandrite 　Alexandrite cat's eye	金绿宝石
绿柱石 　祖母绿 　海蓝宝石	Beryl 　Emerald 　Aquamarine	绿柱石
碧玺	Tourmaline	电气石
尖晶石	Spinel	尖晶石
锆石	Zircon	锆石
托帕石	Topaz	黄玉
橄榄石	Peridot	橄榄石
石榴石 　镁铝榴石 　铁铝榴石 　锰铝榴石 　钙铝榴石 　钙铁榴石 　翠榴石 　黑榴石 　钙铬榴石	Garnet 　Pyrope 　Almandite 　Spessartite 　Grossularite 　Andradite 　Demantoid 　Melanite 　Uvarovite	石榴石 　镁铝榴石 　铁铝榴石 　锰铝榴石 　钙铝榴石 　钙铁榴石 　翠榴石 　黑榴石 　钙铬榴石
水晶 　紫晶 　黄晶 　烟晶 　绿水晶 　芙蓉石 　发晶	Rock crystal 　Amethyst 　Citrine 　Smoky quartz 　Green quartz 　Rose quartz 　Rutilated quartz	石英

续表

天然宝石基本名称	英文名称	矿物名称
长石 　月光石 　天河石 　日光石 　拉长石	Feldspar 　Moonstone 　Amazonite 　Sunstone 　Labradorite	长石 　正长石 　微斜长石 　奥长石 　拉长石
方柱石	Scapolite	方柱石
柱晶石	Kornerupine	柱晶石
黝帘石 　坦桑石	Zoisite 　Tanzanite	黝帘石
绿帘石	Epidote	绿帘石
堇青石	Iolite	堇青石
榍石	Sphene	榍石
磷灰石	Apatite	磷灰石
辉石 　透辉石 　顽火辉石 　普通辉石 　锂辉石	Pyroxene 　Diopside 　Enstatite 　Augite 　Spodumene	辉石 　透辉石 　顽火辉石 　普通辉石 　锂辉石
红柱石 　空晶石	Andalusite 　Chiastolite	红柱石
矽线石	Sillimanite	矽线石
蓝晶石	Kyanite	蓝晶石
鱼眼石	Apophyllite	鱼眼石
天蓝石	Lazulite	天蓝石
符山石	Idocrase	符山石
硼铝镁石	Sinhalite	硼铝镁石
塔菲石	Taaffeite	塔菲石
蓝锥矿	Benitoite	蓝锥矿
重晶石	Barite	重晶石
天青石	Celestite	天青石
方解石 　冰洲石	Calcite 　Iceland spar	方解石
斧石	Axinite	斧石
锡石	Cassiterite	锡石
磷铝锂石	Amblygonite	磷铝锂石
透视石	Dioptase	透视石
蓝柱石	Euclase	蓝柱石
磷铝钠石	Brazilianite	磷铝钠石
赛黄晶	Danburite	赛黄晶
硅铍石	Phenakite	硅铍石

附表 2-2 天然玉石名称

天然玉石基本名称	英文名称	主要组成矿物
翡翠	Jadeite, Feicui	硬玉、钠铬辉石、绿辉石
软玉	Nephrite	透闪石、阳起石
和田玉	Nephrite, Hetian Yu	
白玉	Nephrite	
青白玉	Nephrite	
青玉	Nephrite	
碧玉	Nephrite	
墨玉	Nephrite	
糖玉	Nephrite	
欧泊	Opla	蛋白石
白欧泊	White opal	
黑欧泊	Black opal	
火欧泊	Fire opal	
玉髓	Chalcedony	石英
玛瑙	Agate	
蓝玉髓	Chalcedony	
绿玉髓（澳玉）	Chalcedony	
黄玉髓（黄龙玉）	Chalcedony	
木变石	Tiger's eye	石英
虎睛石	Tiger's eye	
鹰眼石	Hawk's eye	
石英岩	Quartzite	石英
东陵石	Aventurine quartz	
蛇纹石玉	Serpentine	蛇纹石
岫玉	Serpentine, Xiu Yu	
独山玉	Dushan Yu	斜长石-黝帘石
查罗石	Charoite	紫硅碱钙石
钠长石玉	Albite jade	钠长石
蔷薇辉石	Rhodonite	蔷薇辉石、石英
阳起石	Actinolite	阳起石
绿松石	Turquoise	绿松石
青金石	Lapis lazuli	青金石
孔雀石	Malachite	孔雀石
硅孔雀石	Chrysocolla	硅孔雀石
葡萄石	Prehnite	葡萄石
大理石	Marble	方解石、白云石
汉白玉	Marble	
蓝田玉	Lantian Yu	蛇纹石化大理石

续表

天然玉石基本名称	英文名称	主要组成矿物
菱锌矿	Smithsonite	菱锌矿
菱锰矿	Rhodochrosite	菱锰矿
白云石	Dolomite	白云石
萤石	Fluorite	萤石
水钙铝榴石	Hydrogrossular	水钙铝榴石
滑石	Talc	滑石
硅硼钙石	Datolite	硅硼钙石
羟硅硼钙石	Howlite	羟硅硼钙石
方钠石	Sodalite	方钠石
赤铁矿	Hematite	赤铁矿
天然玻璃 　黑曜岩 　玻璃陨石	Natural glass 　Obsidian 　Moldavite	天然玻璃
鸡血石	Chicken-blood stone	血：辰砂 地：迪开石、高岭石、叶蜡石、明矾石
寿山石 　田黄	Larderite 　Tian Huang	迪开石、高岭石、珍珠陶土、叶蜡石
青田石	Qingtian stone	叶蜡石、迪开石、高岭石
水镁石	Brucite	水镁石
苏纪石	Sugilite	苏纪石
异极矿	Hemimorphite	异极矿
云母 　白云母 　锂云母	Mica 　Muscovite 　Lepidolite	云母 　白云母 　锂云母
针钠钙石	Pectolite	针钠钙石
绿泥石	Chlorite	绿泥石

附表 2-3　天然有机宝石名称

天然有机宝石基本名称	英文名称	材料名称
天然珍珠 　天然海水珍珠 　天然淡水珍珠	Natural pearl 　Seawater natural pearl 　Freshwater natural pearl	天然珍珠
养殖珍珠（珍珠） 　海水养殖珍珠（海水珍珠） 　淡水养殖珍珠（淡水珍珠）	Cultured pearl 　Seawater cultured pearl 　Freshwater cultured pearl	养殖珍珠
珊瑚	Coral	珊瑚

天然有机宝石基本名称	英文名称	材料名称
琥珀 　蜜蜡 　血珀 　金珀 　绿珀 　蓝珀 　虫珀 　植物珀	Amber	琥珀
煤精	Jet	褐煤
象牙	Ivory	象牙
龟甲 　玳瑁	Tortoise shell	龟甲
贝壳	Shell	贝壳
硅化木	Pertrified wood	硅化木

附表 2-4　合成宝石名称

合成宝石基本名称	英文名称	材料名称
合成钻石	Synthetic diamond	合成金刚石
合成刚玉 　合成红宝石 　合成蓝宝石	Synthetic corundum 　Synthetic ruby 　Synthetic sapphire	合成刚玉
合成绿柱石 　合成祖母绿	Synthetic beryl 　Synthetic emerald	合成绿柱石
合成金绿宝石 　合成变石	Synthetic chrysoberyl 　Synthetic alexandrite	合成金绿宝石
合成尖晶石	Synthetic spinel	合成尖晶石
合成欧泊	Synthetic opal	合成蛋白石
合成水晶 　合成紫晶 　合成黄晶 　合成烟晶 　合成绿水晶	Synthetic quartz 　Synthetic amethyst 　Synthetic citrine 　Synthetic smoky quartz 　Synthetic green quartz	合成水晶
合成金红石	Synthetic rutile	合成金红石
合成绿松石	Synthetic turquoise	合成绿松石
合成立方氧化锆	Synthetic cubic zirconia	合成立方氧化锆
合成碳硅石	Synthetic moissanite	合成碳硅石
合成翡翠	Snythetic jadeite	合成翡翠

附表2-5 人造宝石名称

人造宝石基本名称	英文名称	材料名称
人造钇铝榴石	YAG-artificial product	人造钇铝榴石
人造钆镓榴石	GGG-artificial product	人造钆镓榴石
人造钛酸锶	Strotium titanate-artificial product	人造钛酸锶
人造硼铝酸锶	Strotium aluminate borate-artificial product	人造硼铝酸锶
塑料	Plastic-artificial product	塑料
玻璃	Glass-artificial product	玻璃

附录三 常见珠宝玉石优化处理

常见珠宝玉石优化处理方法及类别见附表 3–1。

附表 3–1 常见珠宝玉石优化处理方法及类别

珠宝玉石基本名称	优化处理方法	效果	优化处理类别
钻石	激光钻孔	改善净度	处理
	覆膜	改变颜色等外观	处理
	充填	改善净度	处理
	辐照（常附加热处理）	改变颜色	处理
	高温高压	改善或改变颜色	处理
红宝石	热处理	改善外观	优化
	染色	改善或改变颜色	处理
	充填	改善外观	处理
	扩散	改善颜色或产生星光效应	处理
蓝宝石	热处理	改善外观	优化
	染色	改善或改变颜色	处理
	扩散	改善颜色或产生星光效应	处理
	辐照	改变颜色	处理
猫眼	辐照	改善光线和颜色等外观	处理
祖母绿	浸无色油	改善外观	优化
	染色	改善或改变颜色	处理
	充填	改善外观、耐久性	处理
	覆膜	改变颜色等外观	处理
海蓝宝石	热处理	改善颜色	优化
	充填	改善外观、耐久性	处理
绿柱石	热处理	改善颜色	优化
	辐照	改变颜色	处理
	覆膜	改变颜色等外观	处理
碧玺	热处理	改善颜色	优化
	染色	改善或改变颜色	处理
	充填	改善外观、耐久性	处理
	辐照	改变颜色	处理
	覆膜	改变颜色等外观	处理
锆石	热处理	改善或改变颜色	优化
	辐照	改变颜色	处理

续表

珠宝玉石基本名称	优化处理方法	效果	优化处理类别
托帕石	热处理	改善或改变颜色	优化
	辐照	改变颜色	处理
	扩散	改变颜色等外观	处理
	覆膜	改变颜色等外观	处理
石榴子石	热处理	改善颜色	优化
	充填	改善外观、耐久性	处理
水晶	热处理	改善或改变颜色	优化
	辐照	改变颜色	优化
	染色	改善或改变颜色	处理
	充填	改善外观、耐久性	处理
	覆膜	改变颜色等外观	处理
长石	浸蜡	改善外观、耐久性	优化
	覆膜	改变颜色等外观	处理
	扩散	改善或改变颜色	处理
	辐照	改变颜色	处理
黝帘石（坦桑石）	热处理	改善颜色	优化
	覆膜	改善或改变颜色	处理
锂辉石	辐照	改变颜色	处理
红柱石	热处理	改善颜色	优化
方解石	染色	改善或改变颜色	处理
	充填	改善外观、耐久性	处理
	辐照	改变颜色	处理
蓝柱石	辐照	改变颜色	处理
翡翠	热处理	改善或改变颜色	优化
	漂白、浸蜡	改善外观	处理
	漂白、充填	改变外观	处理
	染色	改善或改变颜色	处理
	覆膜	改变颜色等外观	处理
软玉	浸蜡	改善外观	优化
	染色	改善或改变颜色	处理
欧泊	浸无色油	改善外观	优化
	染色	改善外观	处理
	充填	改善外观、耐久性	处理
	覆膜	改变颜色等外观	处理
玉髓（玛瑙）	热处理	改善或改变颜色	优化
	染色	改善或改变颜色	优化
石英岩	染色	改善或改变颜色	处理
	充填	改善外观、耐久性	处理

续表

珠宝玉石基本名称	优化处理方法	效果	优化处理类别
蛇纹石玉	浸蜡	改善外观	优化
	染色	改善或改变颜色	处理
绿松石	浸蜡	改善外观	优化
	充填	改善颜色、耐久性	处理
	染色	改善或改变颜色	处理
孔雀石	浸蜡	改善外观	优化
	充填	改善外观、耐久性	处理
青金石	浸蜡	改善外观	优化
	浸无色油	改善外观	优化
	染色	改善或改变颜色	处理
大理石	染色	改变颜色	处理
	充填	改善外观、耐久性	处理
	覆膜	改变颜色等外观	处理
萤石	热处理	改善颜色	优化
	充填	改善外观、耐久性	处理
	覆膜	改善外观、耐久性	处理
	辐照	改变颜色	处理
滑石	染色	改变颜色	处理
	覆膜	改变颜色等外观	处理
羟硅硼钙石	染色	改变颜色	处理
鸡血石	充填	改善外观	处理
	染色	改善颜色	处理
	覆膜	改变颜色等外观	处理
寿山石	热处理	改善或改变颜色	优化
	染色	改善或改变颜色	处理
	覆膜	改变颜色等外观	处理
绿泥石	染色	改变颜色	处理
天然珍珠	漂白	改善外观	优化
	染色	改善或改变颜色	处理
养殖珍珠	漂白	改善颜色等外观	优化
	增白	改善颜色等外观	优化
	染色	改善或改变颜色	处理
	辐照	改变颜色	处理
珊瑚	漂白	改善外观	优化
	浸蜡	改善外观	优化
	染色	改善或改变颜色	处理
	充填	改善外观、耐久性	处理
	覆膜	改变外观	处理

续表

珠宝玉石基本名称	优化处理方法	效果	优化处理类别
琥珀	热处理	改善颜色等外观	优化
	压固	改善外观、耐久性	优化
	无色覆膜	改善外观、耐久性	优化
	有色覆膜	改变颜色等外观	处理
	染色	改善或改变颜色	处理
	加温加压改色	改变颜色	处理
	充填	改善外观	处理
象牙	漂白	改善外观	优化
	浸蜡	改善外观	优化
	染色	改变颜色	处理
贝壳	覆膜	改善外观	处理
	染色	改善或改变颜色	处理

附录四 常见合成宝石方法及宝石品种

常见合成宝石方法及品种见附表4-1。

附表4-1 常见合成宝石方法及品种

合成方法		宝石品种
焰熔法合成宝石（维尔纳叶法）		合成红宝石
		合成尖晶石
		合成金红石
		人造钛酸锶
冷坩埚法合成宝石		合成立方氧化锆
提拉法和导模生长法合成宝石	α-Al_2O_3 晶体生长	合成蓝宝石
		合成红宝石
	人造钆镓榴石（GGG）	
	人造钇铝榴石（YAG）	
	合成金绿宝石	
助熔剂法合成宝石	合成红宝石	查塔姆（Chatham）合成红宝石
		克尼什卡（Knischka）合成红宝石
		拉姆拉（Ramaura）合成红宝石
		多罗斯（Douros）合成红宝石
	合成祖母绿	Espig 助熔剂法合成祖母绿晶体
		Chatham 合成祖母绿
		Gilson 助熔剂法合成祖母绿
水热法生长宝石晶体		合成 α-石英
		合成祖母绿
		合成刚玉类宝石
高温超高压法合成宝石	HTHP 法合成宝石级钻石	压带法合成钻石
		"BARS" 法合成钻石
化学气相沉积法合成宝石		CVD 法合成金刚石薄膜
		CVD 法合成钻石单晶体
		合成碳硅石晶休

附录五 宝石性质特征表

常见宝石性质特征见附表5-1。

附表5-1 宝石性质特征表

宝石名称	颜色	光泽	晶系及光性	偏光性	多色性	折射率	双折射率	密度 g·cm⁻³	摩氏硬度	解理	紫外荧光	其他特征
钻石	无色至浅黄色、浅彩色等	金刚光泽	等轴晶系	均质体	无	2.417±	无	3.52±0.01	10	四组完全解理	无至强	浅色至深色矿物包裹体、云状物、点状包裹体、羽状纹、生长纹、肉凹原始晶面、原始晶面、解理、生长棱线锋利、色散强(0.044)、热导率高
红宝石	红色、紫红色、褐红色等	玻璃光泽至亚金刚光泽	三方晶系 一轴（-）	非均质体	二色性强	1.762~1.770	0.008~0.010	4.00±0.05	9	无解理，可显三组裂理	无至强	丝状物、针状、气液、指纹状、雾状包裹体、负晶、生长带、双晶纹
蓝宝石	蓝色、蓝绿色、绿色等	玻璃光泽至亚金刚光泽	三方晶系 一轴（-）	非均质体	二色性强	1.762~1.770	0.008~0.010	4.00±0.05	9	无解理，可显三组裂理	无至强	色带、负晶、气液两相、指纹状、针状、雾状、丝状、固体矿物包裹体、双晶纹
金绿宝石	浅至中等黄、黄绿色等	玻璃光泽至亚金刚光泽	斜方晶系 二轴（+）	非均质体	三色性弱至中	1.746~1.755	0.008~0.010	3.73±0.02	8~8.5	三组不完全解理	无至黄绿色	指纹状、丝状包裹体、透明宝石可显双晶纹、阶梯状生长面
变石	黄绿色、橙红色	玻璃光泽至亚金刚光泽	斜方晶系 二轴（+）	非均质体	三色性强	1.746~1.755	0.008~0.010	3.73±0.02	8~8.5	无解理	无至紫红色	指纹状、丝状包裹体
祖母绿	绿色、蓝绿色、黄绿色	玻璃光泽	六方晶系 一轴（-）	非均质体	二色性中至强	1.577~1.583	0.005~0.009	2.72±	7.5~8	一组不完全解理	无至弱	气-液-固三相、气-液两相、矿物包裹体、裂隙较发育

附录五 宝石性质特征表

续表

宝石名称	颜色	光泽	晶系及光性	偏光性	多色性	折射率	双折射率	密度 g·cm⁻³	摩氏硬度	解理	紫外荧光	其他特征
海蓝宝石	绿蓝至各种绿、浅蓝色	玻璃光泽	六方晶系一轴（-）	非均质体	二色性弱至中	1.577~1.583	0.005~0.009	2.72±	7.5~8	一组不完全解理	无至弱	液体、气-液两相、三相、平行管状包裹体
绿柱石	无色至各种颜色	玻璃光泽	六方晶系一轴（-）	非均质体	二色性弱至中	1.577~1.583	0.005~0.009	2.72±	7.5~8	一组不完全解理	无至弱	固态矿物、气-液两相、平行管状包裹体
碧玺	各种颜色	玻璃光泽	三方晶系一轴（-）	非均质体	二色性中至强	1.624~1.644	0.018~0.040	3.06±	7~8	无解理	无至弱	气液、不规则管状、平行线状包裹体
尖晶石	各种颜色	玻璃光泽至亚金刚光泽	等轴晶系	均质体	无	1.718±	无	3.60±	8	不完全解理	无至中	固体包裹体、细小八面体负晶，可单个或指纹状分布，双晶纹
锆石	各种颜色	玻璃光泽至金刚光泽	四方晶系一轴（+）	非均质体	弱至强	高型 1.925~1.984 中型 1.875~1.905 低型 1.810~1.815	0.001~0.060	3.90~4.80	6~7.5	无解理	无至强	可见2~40条吸收线，特征线为653.5 nm；高型锆石可见愈合裂隙，矿物包裹体，重影明显；中、低型锆石可显示平直的分带现象，絮状包裹体；性脆，棱角易磨损
托帕石	无色至各种颜色	玻璃光泽	斜方晶系二轴（+）	非均质体	三色性弱至中	1.619~1.627	0.008~0.010	3.53±0.04	8	一组完全解理	无至弱	气-液-固三相、气-液两相包裹体、负晶
橄榄石	黄绿色、绿色、褐绿色	玻璃光泽	斜方晶系二轴（±）	非均质体	三色性弱	1.654~1.690	0.035~0.038	3.34±	6.5~7	{010}中等解理	无	盘状气液两相、深色矿物包裹体、负晶
石榴子石	除蓝色外各种颜色	玻璃光泽至亚金刚光泽	等轴晶系	均质体	无	1.710~1.940	无	3.50~4.30	7~8	无解理	无	针状、不规则或浑圆状同晶包裹体，锆石放射状晕圈，钙铁榴石中可见"马尾"状包裹体
水晶	无色至各种颜色	玻璃光泽	三方晶系一轴（+）	非均质体	二色性弱	1.544~1.553	0.009±	2.66±	7	无解理	无	色带、液体及气液两相、针状金红石、气-液-固三相包裹体、电气石及其他矿物包裹体、负晶

续表

宝石名称	颜色	光泽	晶系及光性	偏光性	多色性	折射率	双折射率	密度 g·cm^{-3}	摩氏硬度	解理	紫外荧光	其他特征
长石	无色至浅黄、绿色等	玻璃光泽	单斜或三斜晶系 二轴(±)	非均质体	三色性弱	1.518~1.588	0.005~0.013	2.55~2.75	6~6.5	两组完全解理	无至弱	解理,双晶纹,聚片双晶,气液,针状包裹体
方柱石	无色、粉红色、橙色等	玻璃光泽	四方晶系 一轴(-)	非均质体	二色性弱至强	1.550~1.564	0.004~0.037	2.60~2.74	6~6.5	一组中等解理,一组不完全解理	无至强	平行管状、针状、固态矿物、气液包裹体,负晶
柱晶石	黄绿色至褐绿色	玻璃光泽	斜方晶系 二轴(-)	非均质体	三色性强	1.667~1.680	0.012~0.017	3.30±	6~7	两组完全解理	无至强黄色	固体及气液、针状包裹体
黝帘石(坦桑石)	蓝、紫蓝、褐紫色等	玻璃光泽	斜方晶系 二轴(+)	非均质体	三色性强	1.691~1.700	0.008~0.013	3.35±	8	一组完全解理	无	气液包裹体,阳起石、石墨和十字石等矿物包裹体
绿帘石	浅至深绿至棕褐色	玻璃光泽至油脂光泽	单斜晶系 二轴(-)	非均质体	三色性强	1.729~1.768	0.019~0.045	3.40±	6~7	一组完全解理	无	气液、固体矿物包裹体
堇青石	浅至深蓝、紫色	玻璃光泽	斜方晶系 二轴(-)	非均质体	三色性强	1.542~1.551	0.008~0.012	2.61±0.05	7~7.5	一组中等解理	无	颜色分带
榍石	黄、绿、褐红色等	金刚光泽	单斜晶系 二轴(+)	非均质体	三色性中至强	1.900~2.034	0.100~0.135	3.52±0.02	5~5.5	两组中等解理	无	双折射清晰,指纹状包裹体,矿物包裹体,负晶
磷灰石	无色、黄、绿色等	玻璃光泽	六方晶系 一轴(-)	非均质体	二色性弱至强	1.634~1.638	0.002~0.008	3.18±0.05	5~5.5	两组不完全解理	无至中	气液包裹体,固体矿物包裹体,解理
辉石	各种颜色	玻璃光泽	单斜或斜方晶系 二轴(+)	非均质体	三色性弱至强	1.660~1.772	0.008~0.033	3.10~3.52	5~6	两组完全解理	无	气液、纤维状包裹体、矿物包裹体、解理
红柱石	黄绿色、黄褐等	玻璃光泽	斜方晶系 二轴(-)	非均质体	三色性强	1.634~1.643	0.007~0.013	3.17±0.04	7~7.5	一组中等解理	无至中	针状包裹体,空晶石变种为黑色碳质包裹体,呈十字形分布
矽线石	白至灰色、褐色等	玻璃光泽	斜方晶系 二轴(+)	非均质体	三色性强	1.659~1.680	0.015~0.021	3.25±	6~7.5	一组完全解理	弱	纤维状结构

附录五 宝石性质特征表

续表

宝石名称	颜色	光泽	晶系及光性	偏光性	多色性	折射率	双折射率	密度 g·cm⁻³	摩氏硬度	解理	紫外荧光	其他特征
蓝晶石	浅至深蓝、绿色等	玻璃光泽	三斜晶系 二轴（-）	非均质体	三色性中等	1.716~1.731	0.012~0.017	3.68±	随方向变化	一组完全解理，一组中等解理	无至弱	固体矿物包裹体、解理、色带
鱼眼石	无色、黄色、绿色等	玻璃光泽至珍珠光泽	四方晶系 一轴（-）	非均质体	二色性弱至中	1.535~1.537	0.002±	2.40±0.10	4~5	一组完全解理	无至弱淡黄色	气液包裹体
天蓝石	深绿、蓝绿、紫蓝色	玻璃光泽	单斜晶系 二轴（-）	非均质体	三色性强	1.612~1.643	0.031±	3.09±	5~6	不清晰，少见	无	块状集合体，可含有白色包裹体
符山石	黄绿、棕黄色等	玻璃光泽	四方晶系 一轴（±）	非均质体	二色性无至弱	1.713~1.718	0.001~0.012	3.40±	6~7	不完全解理	无	气液、矿物包裹体
硼铝镁石	绿黄至褐黄色	玻璃光泽	斜方晶系 二轴（-）	非均质体	三色性中等	1.668~1.707	0.036~0.039	3.48±0.02	6~7	不清晰解理	无	可见各种天然包裹体
塔菲石	粉至红、蓝、紫红色	玻璃光泽	六方晶系 一轴（-）	非均质体	二色性弱至中	1.719~1.723	0.004~0.005	3.61±0.01	8~9	无解理	无至弱	矿物、气液包裹体
蓝锥矿	蓝、紫蓝色	玻璃光泽至亚金刚光泽	六方晶系 一轴（+）	非均质体	三色性强	1.757~1.804	0.047±	3.68±	6~7	一组不完全解理	无至强	指纹状包裹体、矿包裹体、色带、重影
重晶石	无色至红、黄色等	玻璃光泽	斜方晶系 二轴（+）	非均质体	三色性弱	1.636~1.648	0.012±	4.50±	3~4	两组完全解理	弱蓝或浅绿	包裹体多，气液两相包裹体
天青石	浅蓝、无色、黄色等	玻璃光泽	斜方晶系 二轴（+）	非均质体	三色性弱	1.619~1.637	0.018	3.87~4.30	3~4	两组完全解理	无	矿物包裹体，气液包裹体
方解石（冰洲石）	各种颜色	玻璃光泽	三方晶系 一轴（-）	非均质体	二色性无至弱	1.486~1.658	0.172	2.70±0.05	3	三组完全解理	随体色变化	强双折射现象，解理
斧石	褐、紫褐色等	玻璃光泽	三斜晶系 二轴（-）	非均质体	三色性强	1.678~1.688	0.010~0.012	3.29±	6~7	一组中等解理	无至弱	矿物包裹体，气液包裹体

续表

宝石名称	颜色	光泽	晶系及光性	偏光性	多色性	折射率	双折射率	密度 g·cm^{-3}	摩氏硬度	解理	紫外荧光	其他特征
锡石	暗褐至黑色、黄褐色	金刚光泽至亚金刚光泽	四方晶系 一轴(+)	非均质体	二色性弱至中	1.997~2.093	0.096~0.098	6.95±0.08	6~7	两组不完全解理	无	常见色带，强的双折射
磷铝锂石	无色至浅黄、绿黄色	玻璃光泽	三斜晶系 二轴(±)	非均质体	三色性无至弱	1.612~1.636	0.020~0.027	3.02±0.04	5~6	两组完全解理	弱	似脉状液体包裹体，平行解理方向的云状物
透视石	蓝绿、绿色	玻璃光泽	三方晶系 一轴(+)	非均质体	三色性弱	1.655~1.708	0.051~0.053	3.30±0.05	5	三组完全解理	无	气液包裹体
蓝柱石	无色、蓝绿色等	玻璃光泽	单斜晶系 二轴(-)	非均质体	三色性无至弱	1.652~1.671	0.019~0.020	3.08±	7~8	一组完全解理	无至弱	颜色环带，红或蓝色板状包裹体
磷铝钠石	黄绿至绿黄色	玻璃光泽	单斜晶系 二轴(+)	非均质体	三色性	1.602~1.621	0.019~0.021	2.97±0.03	5~6	一级中等解理	无	气液、固相包裹体
赛黄晶	黄、褐色等	玻璃光泽	斜方晶系 二轴(-)	非均质体	三色性	1.630~1.636	0.006±	3.00±0.03	7	一组极不完全解理	无至强	气液、固相包裹体
硅铍石	无色、浅红色等	玻璃光泽至油脂光泽	三方晶系 一轴(+)	非均质体	二色性弱至中	1.654~1.670	0.016±	2.95±0.05	7~8	一组中等解理，一组不完全解理	无至弱	固体包裹体，铅矿
翡翠	白色、绿色等	玻璃光泽至油脂光泽	单斜晶系 二轴(+)	非均质集合体	不可测	1.66±	不可测	3.25~3.40	6.5~7	集合体可见微小解理面闪光	无至弱	星点、针状、片状闪光，常见片状云母至粒状纤交织结构
软玉	浅绿深绿、黄褐绿色等	玻璃光泽	单斜晶系 二轴(-)	非均质集合体	不可测	1.60~1.61	不可测	2.95±	6~6.5	两组完全解理，集合体通常不见	无	纤维交织结构，黑色固体包裹体
欧泊	各种颜色	玻璃光泽至树脂光泽	非晶质体	均质体	不可测	1.37~1.47	不可测	2.15±	5~6	无解理	无至中	色斑不规则片状，边界平坦且较模糊，表面呈绢状外观
玉髓	各种颜色	油脂光泽至玻璃光泽		隐晶质集合体	不可测	1.53~1.54	不可测	2.60±	6.5~7	无解理	无	隐晶质结构，特殊图纹

附录五 宝石性质特征表

续表

宝石名称	颜色	光泽	晶系及光性	偏光性	多色性	折射率	双折射率	密度 /g·cm⁻³	摩氏硬度	解理	紫外荧光	其他特征
木变石	棕黄、灰蓝色等	蜡状光泽至丝绢光泽		非均质集合体	不可测	1.53±	不可测	2.64~2.71	7	无解理	无	纤维状结构，虎睛石可具波状纤维结构，鹰眼石纤维清晰
石英岩	各种颜色	玻璃光泽至油脂光泽		非均质集合体	不可测	1.54±	不可测	2.64~2.71	6.5~7	无解理	无至弱	粒状结构，可含云母或其他矿物包裹体
蛇纹石玉	绿至绿黄、白色等	蜡状光泽至玻璃光泽	单斜晶系 二轴（−）	非均质集合体	不可测	1.560~1.570	不可测	2.57±	2.5~6	无解理	无至弱	黑色矿物包裹体，白色条纹，叶片状，纤维状交织结构
独山玉	白色、绿色、紫色等	玻璃光泽		集合体	不可测	1.56~1.70	不可测	2.70~3.09 一般为2.90	6~7	无解理	无至弱	纤维粒状结构，可见蓝色、蓝绿色或紫色色斑
查罗石（紫硅碱钙石）	紫色、紫红色等	玻璃光泽	单斜晶系 二轴（+）	非均质集合体	不可测	1.550~1.559	不可测	2.68±	5~6	三组解理，集合体不可见	无至弱	纤维状结构，含绿黑色霓石、绿色蛇长石等矿物、色斑
钠长石玉	灰白、灰绿色等	油脂光泽至玻璃光泽	二轴晶	非均质集合体	不可测	点测 1.52~1.53	不可测	2.60~2.63	6	钠长石具{001}完全解理	无	纤维状或粒状结构
蔷薇辉石	浅粉、粉红色等	玻璃光泽	三斜晶系 二轴（±）	非均质集合体	不可测	1.73	不可测	3.50±	5.5~6.5	两组完全解理，集合体不可见	无	粒状结构，可见黑色脉状或点状氧化锰
阳起石	浅至深绿色、黄绿色	玻璃光泽	单斜晶系 二轴（−）	非均质集合体	不可测	1.63±	0.022~0.027	3.00±	5~6	两组完全解理，集合体不可见	无	平行纤维结构
绿松石	浅至中等蓝色、绿蓝色等	蜡状光泽至玻璃光泽	三斜晶系 二轴（+）	非均质集合体	不可测	1.61±	不可测	2.76±	5~6	无解理	无至弱	常见暗色基质
青金石	中至深微蓝至紫蓝色	玻璃光泽至蜡状光泽	等轴晶系	均质体晶体集合体	不可测	1.50±	不可测	2.75±0.25	5~6	无解理	粉红、绿黄	粒状结构，常含方解石、黄铁矿等

续表

宝石名称	颜色	光泽	晶系及光性	偏光性	多色性	折射率	双折射率	密度 g·cm⁻³	摩氏硬度	解理	紫外荧光	其他特征
孔雀石	微蓝绿至绿色	丝绢光泽至玻璃光泽	单斜晶系 二轴(−)	非均质集合体	不可测	1.655~1.909	集合体不可测	3.95±	3.5~4	无解理	无	条纹状，同心环状结构
硅孔雀石	绿色、浅蓝绿色	蜡状至玻璃光泽	单斜晶系 二轴(+)	非均质集合体	不可测	1.50±	不可测	2.0~2.4	2~4	无解理	无	隐晶质结构
葡萄石	常呈浅绿色	玻璃光泽	斜方晶系 二轴(+)	非均质集合体	不可测	1.63±	不可测	2.80~2.95	6~6.5	集合体通常不见解理	无	纤维状结构，放射状排列
大理石	各种颜色	玻璃光泽至油脂光泽	三方晶系 一轴(−)	非均质集合体	不可测	1.486~1.658	不可测	2.70±0.05	3	三组解理	多变	粒状结构，可见三组解理发育，或片状(板状)结构，或纤维状结构
菱锌矿	绿、蓝、黄色等	玻璃光泽至亚玻璃光泽	三方晶系 一轴(−)	非均质集合体	不可测	1.621~1.849	0.225~0.228 集合体不可测	4.30±0.15	4~5	三组完全解理，集合体通常不见	无至强	单晶见三组完全解理，集合体常呈放射状结构
菱锰矿	粉红色	玻璃光泽至亚玻璃光泽	三方晶系 一轴(−)	非均质集合体	不可测	1.597~1.817	0.220 集合体不可测	3.6±	3~5	三组完全解理，集合体通常不见	无至中	条带状，层纹状构造
白云石	无色、白色等	玻璃光泽至珍珠光泽	三方晶系 一轴(−)	非均质集合体	不可测	1.505~1.743	0.179~0.184 集合体不可测	2.86~3.20	3~4	三组完全解理	橙、蓝、绿、绿白	可见三组完全解理
萤石	绿、蓝、棕色等	玻璃光泽至亚玻璃光泽	等轴晶系	均质体	无	1.434±0.001	无	3.18±	4	四组完全解理	强	色带，两相或三相包裹体，可见解理
水钙铝榴石	绿至绿蓝绿、粉绿色等	玻璃光泽	等轴晶系	均质体常呈集合体	无	1.72	无	3.47±	7	无解理	无	黑色点状包裹体
滑石	浅至深绿、白色等	蜡光泽至油脂光泽	单斜晶系 二轴(−)	非均质体常呈集合体	不可测	1.540~1.590	0.050 集合体不可测	2.75±	1~3	无解理	无至弱	常有脉状、斑块状掺杂物，手感滑润
硅硼钙石	无色、白、浅绿色等	玻璃光泽	单斜晶系 二轴(−)	非均质集合体	不可测	1.626~1.670	0.044~0.046 集合体不可测	2.95±	5~6	无解理	无至中	双放射线，气液包裹体

附录五 宝石性质特征表

续表

宝石名称	颜色	光泽	晶系及光性	偏光性	多色性	折射率	双折射率	密度/g·cm⁻³	摩氏硬度	解理	紫外荧光	其他特征
羟硅硼钙石	白色、灰白色	玻璃光泽		非均质集合体	不可测	1.59±	不可测	2.58±	3~4	无解理	弱至中	深灰色或黑色蛛网状脉
方钠石	深灰至紫蓝色	玻璃光泽至油脂光泽	等轴晶系	均质集合体	无	1.483±	无	2.25±	5~6	{110}六组解理，集合体不易见	无至弱	常见白色脉
赤铁矿	深灰色至黑色	金属光泽	三方晶系	常呈集合体	不可测	2.940~3.220	0.280 集合体不可测	5.2±	5~6	无解理	无	外部可见断口
天然玻璃	黄色、灰绿色等	玻璃光泽	非晶质体	均质体	无	1.490±	无	玻璃陨石 2.36±0.04 火山玻璃 2.40±0.10	5~6	无解理	无	圆形和拉长气泡，流动构造，黑曜岩中常见晶体包裹体，似针状包裹体
鸡血石	血：鲜红色，地：白、灰白色、黄色	土状光泽、蜡状光泽至玻璃光泽		集合体	不可测	地：点测1.56 血：大于1.81	不可测	2.53~2.74 平均2.61	2.5~7	无解理	无	"血"呈微细粒或细粒状，成片分布于"地"中
寿山石	黄、红、褐色等	土状光泽、蜡状光泽或油脂光泽		集合体	不可测	1.56	不可测	2.5~2.7	2~3	无解理	无	致密块状构造，隐晶质结构，显微鳞片状结构，其中田黄或某些冻石具特殊的"萝卜纹"状条纹构造
青田石	浅绿、浅黄、白色、灰色	玻璃光泽、油脂光泽		非均质集合体	不可测	1.53~1.60	不可测	2.65~2.90	1~1.5	无解理	无	致密块状，可含蓝色、白色等斑点
水镁石	白、灰、浅绿色等	玻璃光泽		非均质集合体	不可测	1.57	不可测	2.38~3.40	2~3	无解理	无	呈板状，结构细腻
苏纪石	红紫色、蓝紫色	蜡状光泽至玻璃光泽		非均质集合体，常呈集合体	不可测	点测1.61	集合体不可测	2.74 (+0.05)	5.5~6	无	无至中	粒状结构

续表

宝石名称	颜色	光泽	晶系及光性	偏光性	多色性	折射率	双折射率	密度 g·cm⁻³	摩氏硬度	解理	紫外荧光	其他特征
异极矿	无色或浅蓝色	玻璃光泽	斜方晶系 二轴(+)	非均质体 常呈集合体	不可测	1.614~1.636	集合体不可测	3.40~3.50	4~5	{110}完全解理，{101}不完全解理	无	常具放射状结构
云母	浅紫色、白色等	玻璃光泽	单斜晶系 二轴(-)	非均质体 常呈集合体	不可测	1.54~1.61	集合体不可测	2.2~3.4	2~3	{001}极完全解理	无	常见鳞片状结构
针钠钙石	无色、白色等	玻璃光泽或丝绢光泽	三斜晶系 二轴(+)	非均质体 常呈集合体	不可测	1.599~1.628	集合体不可测	2.81±	4.5~5	{001}、{100}完全解理	无至中	常呈致密针状或纤维状结构，或放射状球粒结构
绿泥石	无色、灰白、浅绿至深绿色等	玻璃光泽至土状光泽		非均质 集合体	不可测	1.572~1.685 点测1.57	集合体不可测	2.6~3.4	2~3	{001}完全解理	无	常呈致密块状、粒状、鳞片状结构
天然珍珠	各种颜色	珍珠光泽		非均质 集合体	不可测	1.530~1.685	不可测	海水珍珠 2.61~2.85 淡水珍珠 2.66~2.78	2.5~4.5	无解理	无至强	同心放射层状结构，表面具生长纹理，遇酸起泡，过热烧变褐色，摩擦有砂感
养殖珍珠	各种颜色	珍珠光泽		集合体	不可测	1.530~1.685	不可测	海水养殖珍珠 2.72~2.78	2.5~4.0	无解理	无至强	有核养殖珍珠具核层状结构，珍珠层呈薄层同心放射层状，表面处有反白色层纹；珠核可呈平行层状，冷光；遇酸起泡，表面摩擦有砂感
珊瑚	红色、白色、金色等	蜡质光泽		集合体	不可测	钙质珊瑚 1.486~1.658 角质珊瑚 1.560~1.570	不可测	钙质珊瑚 2.65±0.05 角质珊瑚 1.35	3~4	无解理	无至弱	钙质珊瑚：颜色和透明度有不同的平行条带，波状构造，遇盐酸起泡；角质珊瑚：年轮状外观，珊瑚原枝纵面表层具丘疹状外观，横截面可见弯月形图案，遇盐酸无反应

附录五 宝石性质特征表

续表

宝石名称	颜色	光泽	晶系及光性	偏光性	多色性	折射率	双折射率	密度 g·cm⁻³	摩氏硬度	解理	紫外荧光	其他特征
琥珀	浅黄、黄至深棕红色等	树脂光泽	非晶质体	均质体	无	1.54±	无	1.08±	2~2.5	无解理	弱至强	气泡，流动线，昆虫或动、植物碎片，其他有机和无机包裹体；遇热针熔化，并有芳香味，摩擦可带电
煤精	黑、褐黑色	玻璃光泽至树脂光泽	非晶质体	均质体	无	1.66±	无	1.32±	2~4	无解理	无	条纹构造，可燃烧，烧后有煤烟味，摩擦带电
象牙	白色至浅黄、浅棕色或白色	油脂光泽至蜡状光泽	非晶质体	集合体	不可测	1.535~1.540	集合体不可测	1.70~2.00	2~3	无解理	弱至强蓝白色至蓝紫色	波纹结构纹（引擎状效应）
龟甲	黄色、褐色、黑色或浅白色	油脂光泽至蜡状光泽	非晶质体	均质体	无	1.550（±0.010）	无	1.29±	2~3	无解理	黄色部分呈蓝白色	球状颗粒组成斑状结构
贝壳	各种颜色	油脂光泽至珍珠光泽		集合体	不可测	1.530~1.685	集合体不可测	2.86±	3~4	无解理	因种类而异	层状结构，表面叠复层结构，"火焰"状结构等
硅化木	浅黄至黄色、褐色等	抛光面具玻璃光泽		集合体	不可测	1.544~1.553	不可测	2.50~2.91	7	无解理	无	木质纤维结构，木纹
合成钻石	黄色、蓝色等	金刚光泽	等轴晶系	均质体	无	2.417±	无	3.52±0.01	10	四组完全解理	无至中	HPHT合成钻石内部可见金属包裹体，呈云雾状分布的点状或色块，长方形包裹体，弧形生长纹；CVD合成钻石内部可见点状包裹体，可沿某一个面分布或杂乱分布
合成红宝石	红色、橙红色、紫红色等	玻璃光泽至亚金刚光泽	三方晶系 一轴（−）	非均质体	二色性强	1.762~1.770	0.008~0.010	4.00±0.05	9	无解理	中至强	焰熔法：气泡、弧形生长纹；助熔剂法：助熔剂包裹体、铂金属片、糖浆状色带，彗星状包裹体，金黄色金属片，无色透明的纱网状包裹体或钉状包裹体

续表

宝石名称	颜色	光泽	晶系及光性	偏光性	多色性	折射率	双折射率	密度 $g \cdot cm^{-3}$	摩氏硬度	解理	紫外荧光	其他特征
合成蓝宝石	蓝色,蓝绿色,绿色等	玻璃光泽	三方晶系 一轴(-)	非均质体	二色性强	1.762~1.770	0.008~0.010	4.00±0.05	9	无解理,可显三组裂理	无至强	焰熔法:弧形生长纹、气泡、未熔残余物;助熔剂法:指纹状包裹体、束状、纱幔状、球状、微滴状助熔剂残余或形成三角形金属板;水热法:树枝状生长纹、色带、金黄色金属片、无色透明的纱网状包裹体或钉状包裹体
合成祖母绿	绿色,蓝绿色,黄绿色	玻璃光泽	六方晶系 一轴(-)	非均质体	二色性中至强	1.577~1.583	助熔剂法 0.003~0.004 水热法 0.005~0.006	2.65~2.73	7.5~8	无解理	弱至中	助熔剂法:助熔剂残余(面纱状、网状、有时呈小滴状、铂金片、硅铍石晶体、均匀的平行生长面;水热法:钉状包裹体("钉尖"为硅铍石晶体)、树枝状生长纹、无色种晶体、平行线状微小的两相两相包裹体、平行管状两相包裹体
合成绿柱石	红色,紫色,粉色,浅蓝色等	玻璃光泽	六方晶系 一轴(-)	非均质体	二色性强	助熔剂法 1.568~1.572 水热法 1.575~1.581	0.004~0.006	2.65~2.73	7.5~8	一组不完全解理	无	助熔剂法:助熔剂残余(面纱状、网状、有时呈小滴状、硅铍石晶片、均匀的平行生长面;水热法:硅铍石晶体、钉状包裹体、金属包裹体、无色种晶片、平行线状微小的两相包裹体、平行管状两相包裹体

续表

宝石名称	颜色	光泽	晶系及光性	偏光性	多色性	折射率	双折射率	密度/g·cm⁻³	摩氏硬度	解理	紫外荧光	其他特征
合成金绿宝石	浅至中等黄、黄绿色等	玻璃光泽	斜方晶系 二轴(+)	非均质体	黄/绿/褐红色	1.746~1.755	0.008~0.010	3.73±0.02	8~9	无解理	无	助熔剂包裹体，呈三角形、六边形的铂金属片
合成变石	黄绿、橙红色等	玻璃光泽至亚金刚光泽	斜方晶系 二轴(+)	非均质体	绿/橙/紫红色	1.746~1.755	0.008~0.010	3.73±0.02	8.5	无解理	中至强	助熔剂法：纱缦状包裹体，残余助熔剂，金属铂片，平行生长纹；提拉法：针状包裹体，弯曲生长纹；区域熔炼法：气泡，旋涡结构
合成尖晶石	各种颜色	玻璃光泽	等轴晶系	均质体	无	1.728±	无	3.64±	8	无解理	无至强	熔法：结晶，偶见弧形生长纹，气泡；助熔剂法：残余助熔剂（呈滴状或面纱状），金属薄片
合成欧泊	白、黑、灰、深蓝及橙色	玻璃光泽至树脂光泽	非晶质体	均质体	无	1.43~1.47	无	1.97~2.20	4.5~6	无解理	无至强	变彩色斑呈镶嵌状结构，边缘呈锯齿状，每个镶嵌块肉可有蛇皮状、蜂窝状、阶梯状结构
合成水晶	无色、紫、黄、绿色等	玻璃光泽	三方晶系 一轴(+)	非均质体	二色性弱	1.544~1.553	0.009	2.66±	7	无解理	无	渣状包裹体、气液两相包裹体（垂直子晶晶板）反色带（平行种晶板），应力裂隙（与种晶板成直角），缺乏巴西双晶律，火焰状双晶（偏光镜下检查）
合成金红石	浅黄、蓝、蓝绿色等	亚金刚至金属光泽	四方晶系 一轴(+)	非均质体	二色性弱	2.616~2.903	0.287±	4.26±0.03	6~7	不完全解理	无	强重影（双折射），一般洁净，偶见有气泡
合成绿松石	浅至中等蓝色	蜡状光泽至玻璃光泽	三斜晶系 二轴(+)	非均质集合体	不可测	点测1.61	不可测	2.76±	5~6	无解理	无至弱	浅色基底中见细小蓝色微粒，蓝丝状包裹体，人工加入的黑色网脉

续表

宝石名称	颜色	光泽	晶系及光性	偏光性	多色性	折射率	双折射率	密度 g·cm^{-3}	摩氏硬度	解理	紫外荧光	其他特征
合成立方氧化锆	各种颜色	亚金刚光泽	等轴晶系	均质体	无	2.15±	无	5.80±	8.5	无解理	弱至强	通常洁净，可含未熔氧化锆残余，有时呈面包渣状、气泡
合成碳硅石	无色或略带浅黄、浅绿色	亚金刚光泽	六方晶系 一轴（+）	非均质体	不特征	2.648~2.691	0.043±	3.22±	9.25	无解理	无至橙色	可有点状、丝状包裹体，双折射明显、导热性强，热导仪测试可发出鸣响，色散强（0.04）
合成翡翠	绿至黄绿色	玻璃光泽		非均质集合体	不可测	1.66	不可测	3.31~3.37	6.5~7	无解理	弱至强	微晶结构为主，局部呈定向平行排列或卷曲状至波纹状构造
人造钇铝榴石（YAG）	无色、绿色等	玻璃光泽至亚金刚光泽	等轴晶系	均质体	无	1.833±0.010	无	4.50~4.60	8	无解理	无至强	洁净，偶见气泡
人造钆镓榴石（GGG）	无色、浅褐色、黄色	玻璃光泽至亚金刚光泽	等轴晶系	均质体	无	1.970±0.06	无	7.05±	6~7	无解理	中至强	可有气泡、三角形板状包裹体，色散强（0.045）
人造钛酸锶	无色、绿色等	玻璃光泽至亚金刚光泽	等轴晶系	均质体	无	2.409±	无	5.13±0.02	5~6	无解理	无	气泡（少见），抛光差（硬度低），色散强（0.190）
人造硼铝酸锶	浅黄、黄、绿色等	玻璃光泽	单斜晶系	非均质集合体	不可测	1.65~1.68	集合体不可测	3.20~3.58	6.5	无解理	中至强	气泡
塑料	各种颜色	蜡状光泽至玻璃光泽	非晶体	均质体	无	1.460~1.700	无	1.05~1.55	1~3	无解理	无至强	气泡、流动纹、橘皮效应、浑圆状刻面棱线，遇热针熔化并有辛辣味、摩擦带电、触摸温感
玻璃	各种颜色	玻璃光泽	非晶体	均质体	无	1.470~1.700	无	2.30~4.50	5~6	无解理	弱至强	气泡、表面洞穴、拉长的空管、浑圆状刻面棱线、流动线、橘皮效应、浑圆状刻面棱线